VERHANDLUNGSFLOW

Florian Weh ist Manager bei der Deutschen Bahn und dort als Hauptgeschäftsführer des Arbeitgeberverbands MOVE für die Tarifverhandlungen des Konzerns verantwortlich. Zuvor war er Head of Negotiation Management bei der Lufthansa und Hauptgeschäftsführer des Arbeitgeberverbands Luftverkehr. Daneben ist er selbstständiger Experte für anspruchsvolle und komplexe Verhandlungen. Florian Weh ist Lehrbeauftragter an der Goethe-Universität in Frankfurt a. M. und an der Bucerius Law School in Hamburg für Verhandlungsmanagement. Er ist Rechtsanwalt, ausgebildeter Mediator und wurde an der Harvard University zum Verhandlungsführer ausgebildet.

Florian Weh

VERHANDLUNGS FLOW

Wie Sie anspruchsvolle Verhandlungen mit Leichtigkeit zum Ziel führen

Campus Verlag
Frankfurt/New York

Für meine Familie
in Dankbarkeit

ISBN 978-3-593-51270-9 Print
ISBN 978-3-593-44496-3 E-Book (PDF)
ISBN 978-3-593-44508-3 E-Book (EPUB)

Umschlaggestaltung: total italic, Thierry Wijnberg, Amsterdam/Berlin
Umschlagmotiv: © Shutterstock / Olga Wmelevskaya
Satz: Publikations Atelier, Dreieich
Gesetzt aus: Minion und Myriad
Druck und Bindung: Beltz Grafische Betriebe GmbH, Bad Langensalza
Printed in Germany

www.campus.de

Inhalt

Was ist Verhandlungsflow?

Verhandlungsflow ist der Sehnsuchtsort jedes Verhandlers. Wer einmal dort war, möchte immer wieder hin.

Am Ende jeder anspruchsvollen Verhandlung steht das große Finale. Die Dynamik ist hoch. Jetzt ist der Moment gekommen für letzte Lösungsideen und Zugeständnisse. Manche nennen diese Phase den Verhandlungstanz. Sind die Partner im Flow, gehen sie jetzt fast spielerisch miteinander um. Und völlig im Verhandeln auf. Sie finden den Schlüssel für scheinbar unlösbare Probleme. Virtuos und schnell getaktet nähern sie ihre Paketlösungen an. Alle im Verhandlungsteam sind hochkonzentriert. Ein wildes Geben und Nehmen, ein Hin- und Hertauschen kommt in Gang. Bis die Potenziale ausgereizt sind und ein Optimum erreicht ist. Die Spannung fällt langsam ab. Alle Beteiligten erinnern sich später mit Freude an den Nervenkitzel und das intensive Teamerlebnis.

Erscheint Ihnen das unrealistisch? Vielleicht haben Sie diesen Zustand bereits erlebt. Falls nicht, sprechen Sie mit erfahrenen Verhandlungsführern. Ich versprechen Ihnen, jeder hat eine Geschichte zu seinem Verhandlungsflow parat. Mit meinen Teams und unseren Partnern erlebte ich diesen Zustand mehrfach. Einmal fragte mich ein Kollege: Warum tust du dir das immer wieder an mit dem Verhandeln? »Verhandlungsflow!«, war meine spontane Antwort, und der Begriff war geprägt. Unter Verhandlungsflow verstehe ich das Eintauchen in einen Zustand konzentrierter und scheinbar müheloser Problemlösung mit dem Verhandlungspartner.

Wie gelangen wir an diesen magischen Verhandlungsort?

Das psychologische Phänomen Flow wurde erstmals vom Glücksforscher Mihály Csíkszentmihályi beschrieben. Entscheidend für Flow ist, dass Sie eine Beschäftigung weder überfordert noch unterfordert. Ihre ganze Aufmerksamkeit ist gefordert, aber nicht mehr.

Genau das ist das Problem vieler Verhandlungen. Zu Beginn der Verhandlungen belauern sich beide Seiten. Keine möchte einen Fehler machen. Die Partner bearbeiten nicht ihre Konflikte. Langeweile macht sich breit, die geballte Kompetenz beider Seiten bleibt ungenutzt. Dieser Zustand hält häufig bis weit in das Verhandlungsfinale hinein an. Jetzt muss alles gleichzeitig geschehen. Druck und Stress entstehen. Gute Lösungen sind jetzt außer Griffweite. Augen zu und durch. Hoffend, keinen Fehler zu machen. Vielleicht scheitern die Verhandlungen. Einigen sich die Partner in letzter Sekunde, bleibt viel Potenzial auf dem Tisch liegen. Ist zumindest ein Partner mit dem Ergebnis unzufrieden, schlägt dies in der Regel auf die Beziehung durch. Sind die Partner voneinander abhängig, manifestiert sich nach solchen Momenten gerne ein Dauerkonflikt.

Verhandlungsflow stellt sich nicht von allein ein. Nur wer von der ersten Verhandlungsidee an beharrlich daran arbeitet, das Verhandlungsfinale optimal vorzubereiten, kommt in den Genuss dieses Hochgefühls. Es ist wie bei der Tiefschneeabfahrt am Ende einer langen Skitour. Zunächst müssen wir den Gipfel mit guter Kondition, Technik und Ausrüstung erklimmen. Ist er erreicht, stellt sich bei der anspruchsvollen Abfahrt Flow ein. Die Vorfreude auf den krönenden Abschluss lässt die Entbehrungen bis dahin erträglich erscheinen.

Gibt es eine Garantie auf Verhandlungsflow? Natürlich nicht. Sie können sich allein und mit Ihrem Gegenüber akribisch auf das Verhandlungsfinale vorbereiten und einen produktiven Rahmen schaffen. Ob Verhandlungsflow eintritt, lässt sich nicht verlässlich vorhersagen. Ihr Partner, Ihre Organisation und das Umfeld bringen eine Dynamik ins Spiel, die nicht beherrschbar ist. Wenn kein Flow am Ende eintritt, haben Sie sich zumindest zielorientiert auf das Finale vorbereitet. Verhandlungsflow ist übrigens eine sich selbst erfüllende Prophezeiung. Wer darauf hinarbeitet, erhöht seine Chance, Flow zu erleben. Wer hingegen die Sackgasse vor Augen hat, darf sich nicht wundern, wenn er regelmäßig in ihr landet.

Warum sind Verhandlungen anspruchsvoll?

Es liegt entweder an der Situation oder an Ihrem Gegenüber. Schnell geben wir unserem Partner die Schuld und personalisieren das Problem. Nüchtern betrachtet liegt das Problem nach meiner Erfahrung weitaus häufiger in der Situation als in der Person begründet. Geschäftliche und politische Verhandlungen werden zunehmend komplexer. Auf beiden Seiten handelt eine Vielzahl von Beteiligten mit unterschiedlichen Interessen. Die Themen sind vielfältig, viele Einzelfragen erfordern vertieftes Expertenwissen. All dies findet in einer dynamischen Umwelt mit sich ändernden Bedingungen statt. Das überfordert uns schnell, und unserem Gegenüber geht es ebenso. Der moderne Verhandlungsführer ist in erster Linie Komplexitätsmanager. Es kommt auch vor, dass in diesem Spiel einige unserer Pendants à la Donald Trump versuchen, sich mit Druck, Tricks oder Mauern einen unfairen Vorteil zu verschaffen. Dafür gibt es aber Rezepte (siehe Kapitel 3.1.)

Keine Patentrezepte gibt es dafür, wie wir die Komplexität beim Verhandeln in den Griff bekommen. Nehmen Sie sich in Acht vor allen, die Ihnen einfache Lösungen anbieten, die stets funktionieren. Es gibt viele gute Werkzeuge für das Verhandeln. Aber jede Verhandlung ist anders. Die Themen, die Menschen und der Rahmen unterscheiden sich von Verhandlung zu Verhandlung. Ein Einheitskonzept kann es da nicht geben.[1] Sie müssen die Strategie und die Werkzeuge verwenden, die zu der jeweiligen Situation passen. Viele Verhandlungsratgeber führen Glaubenskriege. Beispielsweise darüber, ob es grundsätzlich beim Verhandeln ums Zusammenarbeiten und Win-win (Harvard-Konzept) oder um den Sieg und Win-lose (Schranner-Konzept) geht. Zu Unrecht. Die Wahrheit ist, Sie benötigen beide Fähigkeiten. Wenn Sie den Verhandlungsprozess gestalten oder den Verhandlungskuchen vergrößern möchten, müssen Sie zunächst zusammenarbeiten (siehe Kapitel 2.4). Am Ende müssen die Parteien den Kuchen dann aufteilen. Das geht selten ohne Feilschen und ein wenig Sportsgeist.

Wie managen wir die Komplexität in unseren Verhandlungen am besten?

Nicht der eine große Fehler bringt eine komplexe Verhandlung zum Scheitern, sondern die Addition vieler kleiner Fehler.[2] Im Umkehrschluss gilt es achtsam zu sein für die vielen Details, die beim Verhandeln eine Rolle spielen. Das ist die Grundidee dieses Buches. Ich führe Sie anhand von sieben vernetzten Prinzipien zu den Kernfertigkeiten des Verhandelns. Bei jedem Prinzip gebe ich Ihnen größere und kleinere Werkzeuge an die Hand. Manche sind neu, andere bekannt. Allen ist gemeinsam, dass ich sie in der Praxis erprobt habe und vom Nutzen überzeugt bin. Sofern das Werkzeug zur jeweiligen Situation passt.

Diese Mikrokompetenzen müssen Sie an einem strategischen Ziel ausrichten. Andernfalls fehlt Ihnen die große Linie, wie einem Anfänger beim Schachspielen: Zwar wissen Sie, wie jede Figur zieht, aber wohin das führen soll, bleibt Ihnen unklar. Wie Sie anhand Ihrer Interessen ein Zielsystem für Ihre Verhandlungen entwickeln, sehen wir uns beim Prinzip der Nutzenoptimierung an (Kapitel 2.1).

Eine spannende Frage ist, ob aktuelle Entwicklungen die Art und Weise, wie wir verhandeln, grundsätzlich verändern. Weil wir uns zunehmend weltweit vernetzen, nehmen Komplexität und Konflikte beim Verhandeln zu. Die Informationsmenge steigt, sprachliche und kulturelle Barrieren kommen hinzu. Gleichzeitig bekommen wir digitale Werkzeuge an die Hand, um Komplexität zu bewältigen. Gut aufgestellte Verhandlungsteams berechnen heute in Echtzeit den Mehrwert, der durch veränderte Paketlösungen entsteht. Meine Beobachtung ist, dass sich die Zunahme und die Bewältigung der Komplexität die Waage halten. Genauso verhält es sich mit globaleren Partnern einerseits und verbesserter Kommunikationstechnik andererseits. Videokonferenzen, Chats und digitales simultanes Übersetzen gleichen die körperliche Entfernung aus. Der Kern des Verhandelns verändert sich durch Globalisierung und Digitalisierung aber nicht. Im Kern bleibt Verhandeln eine menschliche Kernkompetenz: ein gemeinsamer Problemlösungsprozess mit kooperativen und wettbewerblichen Elementen.

Verhandlungsteams in Unternehmen waren übrigens funktionsübergreifend und agil, lange bevor diese Begriffe existierten. Viele Ideen des agilen Projektmanagements passen wunderbar zur Arbeit in Verhandlungsteams (siehe Kapitel 2.7).

Wie kommt die Leichtigkeit ins Verhandeln?

Wer ein positives Verhältnis zu Menschen und Konflikten hat, erleichtert sich das Leben beim Verhandeln. Was den Menschen von allen anderen Lebewesen unterscheidet, ist seine Fähigkeit zur flexiblen und tiefgehenden Kooperation.[3] Das macht ihm die künstliche Intelligenz nicht so leicht nach. Diese Fähigkeit versuche ich beim Verhandeln zu entfachen. Ich begreife meinen Verhandlungspartner und mich als Team. Unsere Verantwortung ist es, eine gute Lösung für das gemeinsame Problem zu finden. Erst wenn beide Seiten Ja sagen, steht der Deal.

Ein Konflikt ist zunächst neutral. Konflikte sind Interessenunterschiede. Sie gibt es, weil Menschen sich unterscheiden und sich in abweichenden Situationen befinden. Das ist normal. Durch gegensätzliche Interessen kann es zu Spannungen zwischen den Parteien kommen. Diese Spannungen setzen Energie frei. Diese Energie ist der Motor, um zu besseren Lösungen zu kommen. Konflikte sind die Triebfeder von Veränderung. Und gutes Verhandeln ist eine effektive und leicht verfügbare Methode, um diese Konflikte zu lösen.

Lassen Sie uns in Konflikten stets die Triebfeder zur Verbesserung sehen. Glauben Sie daran, dass Menschen in der Lage sind, hervorragend zusammenzuarbeiten, sobald sie gemeinsam Verantwortung für die Problemlösung übernehmen. Dann bringen wir die Energie auf, gemeinsam alles in Gang zu bringen, um das Verhandlungsfinale vorzubereiten. Verhandlungsflow kann kommen.

Warum sich zwischen Wissenschaft und Praxis entscheiden?

Meine Schule des Verhandelns waren Tarifverhandlungen. Zunächst in der Luftfahrtbranche. Mein erster Arbeitstag war eine Tarifverhandlung mit Piloten. Zugegeben, es stellte sich kein Verhandlungsflow ein. Es folgten unzählige weitere Verhandlungen mit so verschiedenen Charakteren wie Technikern, Check-In-Mitarbeitern, Flugbegleitern und Piloten. In Tarifverhandlungen kämpfen alle Seiten mit harten Bandagen. Streiks bringen Emotionen und Dynamik in die Konflikte. Gleichzeitig waren die Inhalte anspruchsvoll. Von Schichtplan-Regelungen über Zeitzonen hinweg über komplexe Altersversorgungen bis zum Schutz vor Auslagerung war alles geboten. Und das dreifach abgewandelt, für jede der drei Gewerkschaften passend. Ein Trainingscamp für Verhandler.

Der intuitive Verhandlungsstil vieler Beteiligter war nicht mehr in der Lage, die zunehmende Komplexität zu bewältigen. Eskalierende Konflikte endeten gerne in schlechten Lösungen. Es war greifbar, dass Verhandlungsführung und Konfliktlösung einen Professionalisierungsschub benötigen. Zunehmend integrierte ich die wissenschaftlichen Erkenntnisse der Verhandlungsforschung in meine Arbeit. Zusätzlich hielt ich mich fit durch regelmäßige Verhandlungstrainings an der ESMT Berlin und der Harvard University. Für effektives Verhandeln ist es wichtig, Wissenschaft und Praxis zusammenzubringen. Die empirische Verhandlungsforschung hält spannende Erkenntnisse bereit. Sie klärt uns über systematische Denkfehler auf und ermittelt, welche Strategien erfolgversprechend sind. Ich werde diese Erkenntnisse an zahlreichen Stellen in diesem Buch einfließen lassen. Auf der anderen Seite ist die wissenschaftliche Landkarte des Verhandelns weiß, mit wenigen bunten Flecken. Deshalb ist es wichtig, das wissenschaftliche Fundament mit praktischer Führungserfahrung bei anspruchsvollen Verhandlungen zu ergänzen. Die hier vorgestellten Prinzipien konnte ich als Verhandlungsführer und Berater nicht nur bei Tarifverhandlungen erfolgreich einsetzen. Auch beim strategischen Einkauf, internationalen Joint Ventures oder bei Verhandlungen von Überflugrechten gelang uns damit immer wieder der Durchbruch.

Für wen ist dieses Buch?

Leitbild für dieses Buch ist die geschäftliche Teamverhandlung im komplexen Umfeld. Sie ist heute die Normalität von Managern in mittleren und großen Organisationen. Die hier vorgestellten Prinzipien geben Ihnen aber auch in Ihren privaten oder in politischen Verhandlungen Orientierung. Zahlreiche Tipps helfen Ihnen auch, wenn Sie allein verhandeln. Oder wenn das Thema nicht so komplex ist, etwa bei reinen Preisverhandlungen.

Wenn ich im Folgenden vom Verhandlungsführer spreche, gehe ich von einem Idealbild aus. In diesem Bild ist der Verhandlungsführer zugleich Architekt des Prozesses, Designer der Lösung und Moderator am Tisch. Verhandeln wir im Team, kann es sein, dass wir nur für Teile dieser Aufgaben verantwortlich sind. Dieses Buch richtet sich genauso an Sie. Viele Ratschläge und Strategien sind unmittelbar für Sie anwendbar. Zudem ist es für jedes Teammitglied nützlich, sich in die Perspektive des Verhandlungsführers zu versetzen. Zur besseren Lesbarkeit verwende ich in diesem Buch meist die männliche Form. Dieses Buch richtet sich natürlich auch an Verhandlungsführerinnen. Zum Glück gibt es davon immer mehr. In meiner Praxis durfte ich viel von Verhandlerinnen lernen. Diese Erkenntnisse sind in dieses Buch eingeflossen. Die Strategien und Werkzeuge dieses Buches sind geschlechtsneutral.

Was können wir von Piloten über das Verhandeln lernen?

Diese Frage mag Sie auf den ersten Blick überraschen. Doch manchmal ist es sinnvoll, Themen ins Verhältnis zu setzen, die scheinbar nichts miteinander zu tun haben. Mir liegt die Professionalisierung der Verhandlungsführung am Herzen.

Was die Professionalisierung anbelangt, könnte die Diskrepanz zwischen Piloten und Verhandlungsführern nicht größer sein. Piloten werden selektiv ausgewählt, systematisch geschult und trainieren regelmäßig im Simulator. Sie arbeiten in einem hochstrukturierten Umfeld mit festen Routinen und Checklisten. Das gibt ihnen Kapazität, um in Drucksituationen besonnen zu agieren und zu entscheiden. Das würde ich mir bei professionellen Verhandlern ebenfalls wünschen. Deshalb habe ich mir angesehen, was Verhandlungsführer von Piloten lernen können. Mir kam zugute, dass ich auf die Expertise meiner Frau zurückgreifen konnte, die A-380-Pilotin ist. Außerdem verhandelte ich bei Lufthansa viele Jahre mit Vertretern der Vereinigung Cockpit. Manche behaupten, die kleine Berufsgewerkschaft sei die härteste Gewerkschaft der Welt. Diese Erkenntnisse sind in mehreren Info-Boxen über das Buch verteilt dargestellt und in den jeweiligen Verhandlungskontext eingebettet.

Wie ist dieses Buch aufgebaut?

Im ersten Teil sehen wir uns die Grundlagen an, die wichtig sind, um Verhandlungsflow zu erzeugen.

Seit den ersten wissenschaftlich fundierten Ratgebern zum Thema Verhandeln hat sich viel getan. Ich habe für Sie als Serviceleistung in Kapitel 1.1 die Essenz des modernen Verhandlungswissens kurz zusammengefasst. Diese Basistipps bilden das Fundament dieses Buchs. Vielleicht bringen Sie noch keine Vorkenntnisse mit. Dann bietet Ihnen diese Zusammenfassung die Gelegenheit, sich in aller Kürze auf den aktuellen Stand zu bringen. Die Vorlektüre anderer Ratgeber ist dadurch entbehrlich. Sofern Sie Vorwissen mitbringen, genügt es, kurz die Überschriften zu überfliegen. Bei Bedarf vertiefen Sie den ein oder anderen Punkt.

In Teil 1.2 beschäftigen wir uns mit dem Ablauf von Verhandlungen. Verhandeln nach Rezept funktioniert nicht. Verhandlungen sind ein iterativer Prozess, bei dem Sie sich in mehreren Schleifen dem Ergebnis nähern. Ich räume mit den Mythen auf, die verhindern, dass Sie das Potenzial des Augenblicks in Ihren Verhandlungen voll ausschöpfen.

Zum Abschluss des ersten Teils gebe ich Ihnen in Kapitel 1.3 Denkanstöße für eine produktive Haltung zum Verhandeln. Ich rate zu einem optimistischen Blick auf die außergewöhnliche Fähigkeit des Menschen, gemeinsam Problem zu lösen. Wie vertiefen die Frage, wie Sie in den Verhandlungsflow kommen.

Im zweiten Teil des Buchs führe ich Sie in die sieben Prinzipien erfolgreichen Verhandelns ein. Ich gebe Ihnen mit den Prinzipien einen Kompass an die Hand, mit dem Sie sicher durch Ihre eigenen Verhandlungen navigieren. Wenn Sie diesen Prinzipien folgen, erhöhen Sie Ihre Chancen, in den Verhandlungsflow zu kommen. Zu Beginn jedes Prinzips stelle ich typische Fehler dar, die ich erlebte. Am Ende jedes Prinzips fasse ich seinen Inhalt in Form einer Checkliste zusammen. Damit können Sie vor einer Verhandlung überprüfen, ob Sie gut aufgestellt sind, oder bei Verhandlungen in der Krise Ideen entwickeln, wie Sie Auftrieb erzeugen.

Die Prinzipien habe ich aus Defiziten abgeleitet, die mir regelmäßig beim Verhandeln begegnen:

1. **Prinzip der Nutzenoptimierung:** Wir treten nicht ambitioniert genug für unsere Interessen ein, und interessieren uns zu wenig für den Nutzen unserer Partner (Kapitel 2.1).
2. **Prinzip der Informiertheit:** Wir sammeln nicht akribisch und strukturiert genug wichtige Informationen (Kapitel 2.2).
3. **Prinzip der Führung:** Wir sind zu passiv bei der Gestaltung des Verhandlungsprozesses, und agieren zu wenig abseits des Verhandlungstisches (Kapitel 2.3).

4. **Prinzip der Zusammenarbeit:** Wir nutzen zu wenig das Potenzial, das durch zusammenarbeiten beim Verhandeln entsteht (Kapitel 2.4).
5. **Prinzip der Zweigleisigkeit:** Wir halten zu wenig aus, in mehrere Richtungen gleichzeitig zu denken und zu handeln (Kapitel 2.5).
6. **Prinzip der Rationalität:** Wir fallen zu viel auf Denkfehler herein und regulieren unsere Emotionen zu wenig (Kapitel 2.6).
7. **Prinzip der Kreativität:** Wir sind zu wenig kreativ beim Verhandeln (Kapitel 2.7).

Im dritten Teil sehen wir uns fünf besondere Situationen an, die nicht in jeder, aber in vielen Verhandlungen bedeutsam sind.

Wir legen uns Strategien für Sackgassen in Verhandlungen (Kapitel 3.1) und für schwierige Partner (Kapitel 3.2) zurecht. Im Kapitel 3.2 beschäftigen wir uns auch damit, welchen Einfluss der Verhandlungsstil des US-Präsidenten Donald Trump auf die heutige Verhandlungskultur hat. Ich statte Sie mit Profiwissen aus, um Verhandlungen für Dritte (Kapitel 3.3.) und im Team (Kapitel 3.4) erfolgreich zu meistern. Kapitel 3.5. beschäftigt sich mit den besonderen Gesetzen des elektronischen Verhandelns per Webkonferenz.

Im Abschlusskapitel (Kapitel 4) beantworte ich die Frage, wie Sie das Wissen dieses Buches optimal anwenden, damit Sie zum Verhandlungsprofi werden und dabei so oft wie möglich Flow erleben.

1
Ready for Departure: Mit Verhandlungslust und Professionalität zu besseren Lösungen

Zwei Elemente fehlen bei vielen anspruchsvollen Verhandlungen. Das erste Element ist Lust auf Konflikt und vor allem Lust auf gute Konfliktlösung. Verhandeln ist ein schöpferischer Akt, den es zu zelebrieren gilt. Darauf möchte ich Ihnen Lust machen. Das zweite Element, das ich vermisse, ist Professionalität. Selbst wenn es um zwei- oder dreistellige Millionenbeträge oder um 10 000 Existenzen geht, unterscheiden sich die Verhandlungsstrategien und -techniken kaum von einer einfachen Basarverhandlung oder einem Gebrauchtwagenkauf. Die Zeit ist gekommen, dies grundlegend zu ändern. Die Werkzeuge sind vorhanden, jetzt müssen wir sie in unseren Verhandlungsalltag integrieren.

Bevor wir uns die Prinzipien erfolgreichen Verhandelns ansehen, möchte ich mit Ihnen das Grundsätzliche klären. Drei Aspekte halte ich für wesentlich. Zwar ist dies ein Buch für fortgeschrittene Verhandlungen. Als Serviceleistung vermittle ich Ihnen dennoch das erforderliche Grundwissen komprimiert in Form von zwölf Verhandlungstipps.

Verhandlungen sind eine iterative und komplexe soziale Interaktion. Die meisten Verhandelnden stellen sich allerdings einen einfachen chronologischen Verhandlungsablauf vor. Wir räumen mit vier Mythen zum Ablauf von Verhandlungen auf, um Sie mit einem breiten Blick für Ihre zukünftigen Verhandlungen auszustatten.

Zuletzt beschäftigen wir uns mit der Frage, wie eine produktive Haltung zu Verhandlungen und zur Konfliktlösung aussieht, und lüften das Geheimnis, wie Sie in den Verhandlungsflow gelangen.

1.1 Fundament: Bauen Sie auf die Grundlagen modernen Verhandelns

Nur bei 30 Prozent der deutschen Manager, die Verhandlungen führen, war Verhandeln Teil der Ausbildung. Gerade einmal 38 Prozent der deutschen Unternehmen geben ihren Verhandlungsführern überhaupt irgendeine Hilfestellung bei der Übernahme von Verhandlungsaufgaben.[1] Dennoch erkenne ich bei vielen Verhandlungsteams mittlerweile ein gewisses Verhandlungs-Grundwissen. Jeder, der anspruchsvoll verhandelt, sollte über gefestigte und zuverlässige Grundlagen moderner Verhandlungsführung verfügen. Allein schon, um auf Augenhöhe mit seinen Vorgesetzten, Partnern und Teams zu sein und eine gemeinsame »Verhandlungssprache« zu sprechen. Ich ziehe diese Grundlagen bewusst vor die Klammer, damit wir in den folgenden Kapiteln auf einer gemeinsamen Basis aufsetzen. Sofern eine Vertiefung einzelner Aspekte für den praktischen Verhandlungserfolg relevant ist, werde ich die Konzepte in Teil 2 und 3 praxisnah aufgreifen. Sollten Sie bereits Vorkenntnisse haben, können Sie die folgenden zwölf Basics getrost überfliegen.

In der Praxis stelle ich fest, dass nur die Schlagworte der Verhandlungssprache hängen geblieben sind, echtes Verständnis der Konzepte oder gar die Einordnung in einen strategischen Gesamtkontext erlebe ich selten. Deshalb gebe ich zusätzlich Hinweise zu üblichen Fehlern und der strategischen Bedeutung im gesamten Verhandlungskontext.

1. Schätzen Sie die Verhandlungssituation anhand von BATNA, Rückzugspunkt und ZOPA ein

Die folgenden drei Begriffe der Verhandlungsanalyse benötigen Sie in jeder Verhandlung. Sie wurden anhand von Preisverhandlungen entwickelt. Die Konzepte sind aber auf jede Verhandlung übertragbar.

Arbeiten Sie an der besten Alternative zur Ihrer Verhandlungslösung (»BATNA«). Die Abkürzung BATNA steht für »Best Alternative to Negotiated Agreement«. Gemeint ist damit die beste Alternativoption, die zur Verfügung steht, falls sich die Partner nicht einigen können. Wenn ein Kandidat für eine ausgeschriebene Stelle von Ihnen 100 000 Euro Jahresgehalt fordert, Sie aber bereits zuvor 90 000 Euro mit einem gleichwertigen Kandidaten verhandelt haben, dann haben Sie eine starke Verhandlungsposition, da Ihre BATNA besser ist. Die BATNA ist gut für Ihre Klarheit im Denken. Bei Verhandlungen sind Sie sind umso mächtiger, je besser Ihre Alternativen sind. Ihrem Verhandlungspartner geht es genauso. Deshalb lautet die Maxime: Verbessern

Sie Ihre eigenen Alternativen und beeinflussen Sie die Alternativen Ihres Partners, sofern möglich.

In der Praxis ist häufig das Problem, das die BATNA beider Seiten nicht klar ist. Entweder weil die Bestimmung anspruchsvoll ist oder weil die entsprechenden Informationen zur Bestimmung nicht vorliegen. Wann hatten Sie bei einer Stellenbesetzung wirklich zwei gleichwertige Kandidaten, die direkt miteinander vergleichbar sind? Wie gehen Sie damit um, wenn Ihr Bewerber behauptet, er habe ein besseres Angebot eines anderen Unternehmens? Wobei Sie sich nicht sicher sind, ob das wirklich stimmt. Nicht immer ist die Suche nach Alternativen einfach. Denken Sie an Verhandlungen mit einem Monopolisten. Wenn sie als Airline an Ihr Drehkreuz gebunden und mit den Flughafengebühren nicht einverstanden sind, können Sie Ihre Flugzeuge und Mitarbeiter nicht ohne Weiteres an einen anderen Flughafen verschieben, mit dem Sie einen besseren alternativen Deal abgeschlossen haben. Die vorliegenden Alternativen sind häufig nicht wirklich gleichwertig. Dann müssen Sie abwägen. Wichtig ist an dieser Stelle, dass die BATNA zwar eine wichtige Quelle von Verhandlungsmacht ist, allerdings nicht die einzige. Wir werden das Thema im Kapitel 2.3 unter »Stärken Sie Ihre Verhandlungsmacht« vertiefen.

Ein wichtiger Hinweis zur BATNA: Bei der BATNA geht es nicht um Wunschdenken, sondern um eine realistische, faktenbasierte Einschätzung, was Sie tun können, wenn Sie sich nicht am Verhandlungstisch einigen. Dies wird von vielen Verhandlungsführern nicht so gehandhabt. Dann wähnen sie sich in zu großer Sicherheit und versuchen, zu hohe Forderungen am Verhandlungstisch durchzusetzen. Falls die Verhandlungen scheitern, wird die BATNA den überoptimistischen Erwartungen in aller Regel nicht gerecht.

Bestimmen Sie Ihren Rückzugspunkt. Eng verwandt mit der BATNA ist der Rückzugspunkt. Er wird auch »walk-away«, »bottom-line« oder Reservationspunkt genannt. Unterschreitet oder überschreitet ein Lösungsvorschlag diesen gesetzten Wert, dann ist der Verhandlungsführer nicht bereit, sich zu einigen. Wenn Sie ein besseres Angebot für eine vergleichbare Alternative haben, dann bestimmt dieses Angebot Ihren Rückzugspunkt. Bietet Ihnen zum Beispiel ein Headhunter einen Job an, der mit Ihrer aktuellen Stelle vergleichbar ist, dann ist ihr Rückzugspunkt ihr aktuelles Gehalt, darunter wechseln Sie nicht. Allerdings: Die Realität ist komplizierter. Sie werden sich bei einem Jobangebot wahrscheinlich nicht nur auf das Grundgehalt fixieren, sondern zusätzlich andere Themen wie Bonus, Altersversorgung, Dienstwagen, Verantwortung, Chef, Risiko, Titel oder Unternehmenskultur einpreisen. Dann benötigen Sie ein Scoring-System[2], um den Rückzugspunkt präzise zu bestimmen. Jedem Thema und jeder Lösungsoption innerhalb eines Themas wird ein Punktwert zugeordnet, um verschiedene Themen miteinander vergleichbar zu machen. Selbst wenn es keine oder unklare Alternativen gibt, ist es sinnvoll, einen Rückzugspunkt zu setzen. Wenn Sie im Auftrag handeln, dann macht Ihnen Ihr Auftraggeber eine Vorgabe zum Rückzugspunkt. Oder Sie möchten sich ein Limit setzen, bei dem Sie die Verhandlungen unterbrechen und nochmals allein, mit Ihrem Team oder Ihrem Auftraggeber über die weitere Strategie nachdenken.

Zu nichts wird in Verhandlungen mehr gelogen als zum eigenen Rückzugspunkt. Konventionelle Verhandlungsführer verwenden sehr viel Energie darauf, die Vorstellung ihrer Verhandlungspartner zum eigenen Rückzugspunkt zu manipulieren. Seien Sie deshalb vorsichtig mit diesen Informationen und überprüfen Sie sie. Ob Sie sich selbst an diesen Manipulationen beteiligen sollten, erörtern wir später. So viel vorab: Ich rate davon ab.

Analysieren Sie, ob es für Ihre Verhandlung einen Lösungsraum gibt (»ZOPA«). Aus den Rückzugspunkten der beiden Verhandlungsführer entsteht die sogenannte ZOPA, die »Zone of Possible Agreement.« Andere Namen hierfür sind der Lösungsraum oder die Verhandlungszone. Im Lösungsraum befinden sich alle Verhandlungsergebnisse, die für beide Seiten akzeptabel sind. Der Lösungsraum spannt sich dann auf, wenn sich die beiden Rückzugspunkte überlappen. Ein einfaches Beispiel veranschaulicht das (siehe Abbildung 1): Wenn Sie bereit sind, einem Kandidaten höchstens 130 000 Euro Jahresgehalt zu bezahlen, und er bereit ist, 100 000 Euro als Minimum zu akzeptieren, dann entsteht eine ZOPA zwischen 100 000 und 130 000 Euro. Sind Sie aber nur bereit, 90 000 Euro zu bezahlen, dann ist kein Lösungsraum vorhanden. Der Fachbegriff für diesen Zustand lautet »NOPA«[3] für »No Possible Agreement.«

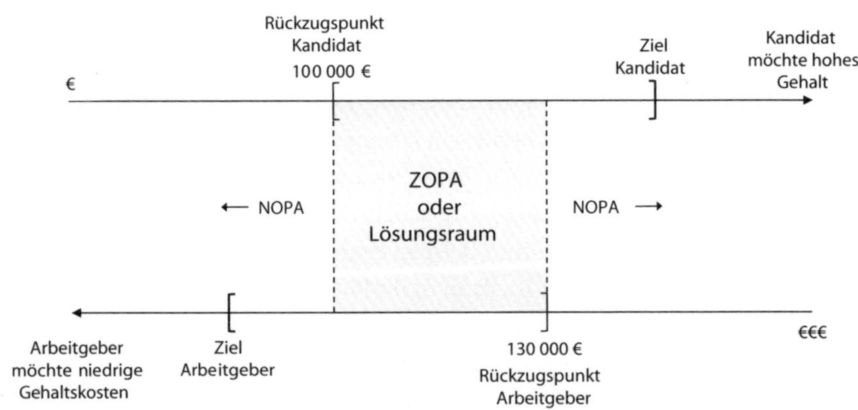

Abbildung 1: Zone of Possible Agreement («ZOPA«)

Ein Hinweis zum Abschluss: BATNA und ZOPA sind hilfreiche Modelle, um Verhandlungen zu analysieren. Sie eignen sich nur eingeschränkt als echte Verhandlungswerkzeuge. In komplexeren geschäftlichen Verhandlungen habe ich nur vereinzelt Berechnungen zur eigenen BATNA, geschweige denn zur BATNA der anderen Seite gesehen. Häufig fehlt es an Know-how, Wissen und Zeit hierzu. Sofern Sie über gute Informationen und Analytiker verfügen, können BATNA-Berechnungen ein entscheidender Vorteil Ihrer Seite sein. Besonders komplex werden BATNA-Überlegungen, wenn mehr als zwei Parteien miteinander verhandeln, da sich die BATNAs dann dynamisch verändern.

2. Ankern Sie richtig und planen Sie Ihre Konzessionen

Der bekannteste Denkfehler bei Verhandlungen ist der Ankereffekt.[4] Er ist für jede Verhandlungen relevant. Seine Grundlagen müssen sitzen. Nach Hunderten von Verhandlungssimulationen mit Studenten und Praktikern ist mir klar, dass man die Wirkungen des Ankerns nicht überschätzen kann. Worum geht es? Das erste Angebot oder die erste Forderung nennen wir Anker. Wer zuerst ankert, beeinflusst die weitere Verhandlung in Richtung seines Ankers. Das ist zwar irrational, aber systematisch nachweisbar. Anker wirken stärker, wenn die ZOPA unklar ist. Besonders gut funktioniert das Ankern mit Zahlen. Aber auch andere Inhalte unterliegen dem Ankereffekt. Dies haben zahlreiche Studien ergeben: Der Ankereffekt ist sehr robust, selbst Experten sind betroffen.[5]

Stellen Sie sich vor, dass Sie sich auf eine Stelle beworben haben. Sie finden den Job inhaltlich spannend, aber Ihnen liegen noch keine Informationen zum Gehalt vor. Insgeheim malen Sie sich aus, ein Jahresgehalt von 120 000 Euro zu verhandeln. Die Wahrscheinlichkeit ist groß, dass Sie sich vom ersten Angebot des Arbeitgebers von 70 000 Euro so beindrucken lassen, dass Ihr Gegenvorschlag weit von den vorgestellten 120 000 Euro entfernt liegt. Der Ankereffekt hat zugeschlagen.

Beherrschen Sie die Grundlagen des Ankereffekts. Trotz allen Wissens um den Ankereffekt sollten Sie mit schnellen Angeboten vorsichtig sein. Mit dem ersten Angebot endet die Phase der gemeinsamen Informationsgewinnung. Beenden Sie die Phase zu früh, fehlen möglicherweise wichtige Informationen für intelligente Lösungen. Zusätzlich schaffen Sie eine Atmosphäre der Rivalität. Kooperationsgewinne lassen sich dann nur noch schwerlich heben. Ankern Sie nur, wenn Sie mehr über den Lösungsraum wissen als die andere Seite. Sonst geht es Ihnen wie dem Beatles-Manager Epstein, der sich zwar im Platten-Business gut auskannte. Beim ersten Film der Beatles ankerte er allerdings die Filmstudiomanager »hart« mit einer Forderung nach 7,5 Prozent Honorarbeteiligung an den Erlösen. Bei Plattenverträgen waren 5 Prozent Honorarbeteiligung üblich. Anders als die Filmstudiomanager wusste er nicht, dass bei Filmen 20–25 Prozent Honorar der Standard waren.[6]

Sitzen auf beiden Seiten Profis mit guten Informationen zum Lösungsraum, fällt der Ankereffekt geringer aus. Dann wirkt Ankern unter Umständen manipulativ und unfair.

Was können Sie tun, wenn Sie weniger über den Lösungsraum wissen als die andere Seite? Eine Möglichkeit ist, »elegant-aggressiv« zu ankern. Wenn Sie zum Beispiel 110 000 Euro Gehalt für möglich halten, Ihnen im Übrigen aber keine genauen Informationen zum möglichen Gehalt vorliegen, könnten Sie ein Nichtangebot unterbreiten: »Korrigieren Sie mich, wenn ich falsch liege. Ich gehe davon aus, dass man mit meinen Qualifikationen bei Ihnen zwischen 130 000 und 150 000 Euro verdienen kann.« Damit stehen die genannten Zahlen im Raum. Der Ankereffekt wirkt unweigerlich. Dennoch täuschen Sie Ihren Partner nicht über alternative Angebote oder Ähnliches.

Haben Sie schlechtere Informationen zum Rückzugspunkt, müssen Sie damit rechnen, zuerst geankert zu werden. Ein erstes Angebot von Ihnen wäre zu riskant. Wenn Sie geankert werden, lauten die drei üblichen Gegenstrategien:

1. Ignorieren Sie den Anker komplett.
2. Weisen Sie den Anker scharf zurück und drohen Sie mit Verhandlungsabbruch.
3. Nehmen Sie sich eine Pause und setzen einen aggressiven Gegenanker.

Eine weitere kluge Möglichkeit ist es, zu Beginn der Verhandlungen eine Spielregel zu etablieren, die verhindert, dass Sie geankert werden: »Lassen Sie uns zuerst intensiv Informationen austauschen. Erst wenn wir uns darauf einigen, dass ein weiterer Informationsaustausch nicht mehr sinnvoll ist, treten wir gemeinsam in die Angebotsphase ein.«

Übrigens können Sie sich selbst ankern. Dies geht einerseits zu Ihrem Nachteil, wenn Sie sich von Ihrem Rückzugspunkt ankern lassen. Gerade wenn Sie im Auftrag verhandeln, gibt der Auftraggeber in der Regel einen Rückzugspunkt vor. Dadurch entsteht die Gefahr, sich als Verhandlungsführer zu stark auf diesen Wert zu fokussieren und sich zu wenig auf das am Verhandlungstisch Mögliche zu konzentrieren. Sie geben sich zu schnell mit einem suboptimalen Ergebnis zufrieden, obwohl die Verhandlung mehr Potenzial gehabt hätte.

Andererseits können Sie sich mit einem ambitionierten Ziel zu Ihrem Nutzen selbst ankern. Es gibt klare wissenschaftliche Belege dafür, dass konkrete und gleichzeitig herausfordernde Verhandlungsziele zu numerisch besseren Verhandlungsergebnissen führen. Dies hat allerdings seinen Preis: Die hochankernden Personen wurden von ihren Verhandlungspartnern als weniger sympathisch eingestuft, die Verhandlungspartner wollen in Zukunft mit ihnen weniger kooperieren.[7] Dieses Spannungsverhältnis nennt man »Negotiator's Dilemma«; wir werden uns in den folgenden Kapiteln mit diesem Spannungsverhältnis aus Durchsetzung und Kooperation näher beschäftigen. Es liegt jeder Verhandlung zugrunde und ist unvermeidlich.

Planen Sie Ihre Zugeständnisse systematisch. Wenn Sie mit einem ersten Angebot oder einer ersten Forderung beginnen, sind Sie meist nicht am Ende. Sie befinden sich mitten in einer Basarverhandlung, Zum kleinen Einmaleins des Verhandelns zählt, die auf den ersten Anker folgenden Konzessionsschritte systematisch zu planen: Betonen Sie dabei Ihre Zugeständnisse deutlich, Sie werden von Ihrem Verhandlungspartner systematisch unterschätzt. In einem klassischen Basar-Setup sollten Ihre Zugeständnisse Schritt für Schritt kleiner werden. Damit signalisieren Sie der anderen Seite: Wir nähern uns meinem Rückzugspunkt. Ob das wirklich stimmt, ist eine andere Frage.

Die allgemeine Empfehlung lautet: Bieten Sie niemals gegen sich selbst. Sobald Sie ein Zugeständnis gemacht haben, warten Sie, bis es die andere Seite erwidert. Warten Sie so lange, bis es die andere Seite nicht mehr aushält. Genügt das nicht, signalisieren Sie der anderen Seite, wie sie erwidern könnte. Notfalls thematisieren Sie ausführlich, dass nun die andere Seite am Zug ist.

Wenn Sie es eilig haben und es vor allem um Preise geht, ist das Ackerman-System[8] eine hilfreiche Stütze, um Ihre Zugeständnisse systematisch zu planen: Ausgangspunkt ist Ihr Zielpreis. Diesem nähern Sie sich in drei Schritten: mit einem 65-Prozent-, 85-Prozent- und 95-Prozent-Angebot beziehungsweise einer spiegelbildlichen Forderung (135 Prozent/115 Prozent/105 Prozent). Wenn Sie für einen Gebrauchtwagen nach ordentlicher Marktrecherche 20 000 Euro bezahlen möchten, steigen Sie in der Logik des Ackerman-Systems mit 13 000 Euro ein. »Eigentlich wollte ich nicht mehr als 13 000 Euro ausgeben.« Warten Sie ab, was passiert. Bieten Sie nicht gegen sich selbst. Der nächste Schritt nach dem Gegenangebot Ihres Verhandlungspartners wäre, 17 000 Euro anzubieten. Warten Sie wieder ab, bis Ihr Partner ein Gegenangebot unterbreitet. Schließlich bieten Sie 19 000 Euro als 95-Prozent-Angebot an. »Damit ist meine Schmerzgrenze erreicht.« In der Logik des Systems ist alles in Stellung gebracht, um bei 20 000 Euro zu landen.

Mit dem Ackerman-System ist ein ordentlicher Ankereffekt verbunden. Gleichzeitig sind bereits abnehmende Konzessionsschritte eingebaut. Das System ist als Daumenregel zu verstehen. Jegliche schematische Anwendung verbietet sich für den Profi.

Ein Laientrick ist es, dem 100-Prozent-Angebot eine ungerade Zahl hinzufügen (zum Beispiel 20 133 Euro für den Gebrauchtwagen), um zu signalisieren, dass Sie Ihren letzten Spielraum ausgeschöpft haben und Ihre Hosentaschen geleert sind. Aber Vorsicht: Unter Profis kann das leicht lächerlich wirken.

Jeder Verhandler sollte die Grundlagen des Ankerns und der Konzessionsschritte kennen. Dabei handelt es sich um reine Verteilungstaktiken. Mit fortgeschrittenen Verhandlungsstrategien hat das noch nichts zu tun.

3. Beachten Sie beim Verhandeln Inhalts-, Beziehungs- und Prozessebene

Am Ende meiner Trainings bitte ich die Teilnehmer, eine Sache zu notieren, die sie beim Verhandeln verändern werden. Eine Einsicht führen die Teilnehmer besonders häufig an: Steuern Sie Verhandlungen stets auf den drei Ebenen Inhalt, Beziehung und Prozess.[9] Die häufige Nennung verwundert mich nicht. In dieser Struktur liegt viel Weisheit.

Worum es sich beim Inhalt handelt, ist klar. Es geht um den Gegenstand des Verhandelns und den möglichen Deal, auf den man sich einigen möchte. Der Inhalt stellt sich von allein in den Vordergrund. Auf der Inhaltsebene gilt es, den komplexen Sachverhalt zu strukturieren und mittels kluger Lösungen Wert zu schaffen.

Die Kernaussage für die Beziehungsebene lautet: Sie verhandeln immer auch Ihre Beziehung mit Ihrem Verhandlungspartner. Das ist ein weites Feld. Im Verhandlungsjargon verwenden wir den französischen Begriff »Rapport«. »Rapport« bedeutet Beziehung oder Verbindung. Es geht um den Faktor Mensch, um die an den Verhandlungen beteiligten Personen. Deren Emotionen, Grundbedürfnisse und Kommunikation »at the table«[10] stehen im Vordergrund. Ebenso die Frage, ob sich die Partner vertrauen. Eine Empfehlung des Harvard-Konzeptes dazu lautet, die Beziehung und die Inhalte zu trennen. Beide Felder sollen die Verhandelnden bearbeiten. Allerdings nicht gleichzeitig, sondern hintereinander. Immer wenn Sie besonders hart auf der Sachebene sein müssen, sollten Sie sich besonders intensiv um die Beziehungsebene kümmern. Erliegen Sie nicht der Versuchung, durch inhaltliches Nachgeben die Beziehung zu verbessern. Ein Tiger wird nicht Vegetarier, nur weil Sie ihm ein Stück Fleisch hinwerfen. Kaufen Sie sich nicht mit Geld Zuneigung. Das führt beim Gegenüber zu falschen Anreizen und Lerneffekten.

Die dritte Ebene einer Verhandlung ist die Prozessebene. Sowohl der gesamte Verhandlungsablauf als auch das einzelne Gespräch haben eine zeitliche Dimension, die zu beachten sich lohnt. Vereinbaren Sie diese Phasen mit Ihrem Partner. Sie stellen sich nicht von selbst ein. Je nach Phase gilt es, bestimmte Dinge zu tun beziehungsweise zu unterlassen. Auch hierüber verhandeln Sie mit Ihren Partnern. Dies nennt man Verhandlungsverträge[11], von denen es während einer Verhandlung mehrere geben kann. Gelingt es nicht, den Verhandlungsprozess zu strukturieren, geraten die Partner schnell in den sogenannte Basarstil, den die Experten intuitives Verhandeln nennen. Dieser Stil hat bei komplexen Verhandlungen Nachteile, weil Werte auf dem Tisch liegen bleiben, ist aber nicht immer zu vermeiden.[12] Nicht jeder Prozessschritt einer Verhandlung findet in Anwesenheit der Partner statt. Gerade die Phasen ohne den Partner »away from the table«[13] sind wesentlich: Welche Strategien und Ziele verfolgen Sie? Welche Informationen können Sie anderweitig sammeln? Arbeiten Sie an Ihrem Plan B?

Ob Sie mit leichten oder schweren Themen einsteigen, hängt von der jeweiligen Situation ab. Grundsätzlich ist es sinnvoll, mit einer einfacheren Fingerübung zu beginnen, um Arbeitsvertrauen aufzubauen. Allerdings sollten Sie nicht zu viel Zeit mit simplen Themen verschwenden, wenn es schwierige Themen gibt, die aus dem Weg zu räumen sind.

Eine weitere klassische Frage zum Prozess lautet: Sollen Sie die Themen besser nacheinander (= sequenziell) oder gleichzeitig (= parallel) verhandeln? Es ist tatsächlich nur möglich, Themen hintereinander zu besprechen. Wichtig ist aber der Hinweis zu Beginn, dass nichts vereinbart ist, bevor alles vereinbart ist. Das ermöglicht Ihnen am Ende zwischen verschiedenen Themen zu tauschen. Sind einzelne Themen für die Partner unterschiedlich wichtig, können sie durch geschicktes Tauschen Mehrwert schaffen. Dies nennt man auch »Trade-offs.« Sie tauschen Inhalte, die für Sie wichtig und Ihren Partner unwichtig sind, gegen Themen, die für Sie unwichtig und Ihren Partner wichtig sind. Stellen Sie sich vor, Sie verhandeln mit einem neuen Mitarbeiter um seinen Arbeitsvertrag. Es geht um Gehalt, Urlaub und Weiterbildung. Einigen Sie sich zuerst auf Gehalt und Urlaub, dann sind womöglich Ihre Spielräume für besondere Weiterbildungswünsche gering. Eigentlich wäre es für Sie von Vorteil, dem Mitarbeiter die Weiterbildung zu bezahlen und dafür weniger Gehalt aufzuwenden. Nicht hilfreich ist, wenn dies der Mitarbeiter so empfindet, als würden Sie wieder etwas vom Tisch ziehen. Deshalb empfehle ich Ihnen, so einzusteigen: »Lassen Sie uns durch die einzelnen Themen gehen und wir schauen jeweils, ob wir einen Lösungskorridor beschreiben können. Am Ende betrachten wir das Gesamtpaket und sehen, ob wir schon die optimale Lösung für beide Seiten gefunden haben. Ich würde vorschlagen, dass nichts vereinbart ist, bevor alles vereinbart ist. Ist das okay für Sie?«

Die Kernaussage dieses Tipps ist, dass Sie während des gesamten Verhandlungsprozesses die drei Ebenen Inhalt, Beziehung und Prozess beobachten, steuern und verhandeln. Trennen Sie im Verhandlungsgespräch deutlich die drei Ebenen. Die andere Seite sollte immer verstehen, auf welcher Ebene Sie sich gerade befinden. Das verhindert Missverständnisse. Immer wenn Sie auf einer Ebene im Gespräch nicht weiterkommen, ist es klug, auf eine andere Ebene zu wechseln. Kommen Sie in der Sache nicht weiter, wechseln Sie auf die Beziehungsebene: »Ich schlage vor, eine Pause zu machen. Danach könnten wir die Inhalte kurz ruhen lassen und darüber sprechen, wie wir unsere Kommunikation besser gestalten. Ich habe den Eindruck, dass es noch zu vielen Missverständnissen kommt.« Funktioniert auch das nicht, retten Sie sich im nächsten Schritt auf die Prozessebene: »Ich glaube, wir drehen uns im Kreis. Wie würden Sie es finden, wenn wir nach der Mittagspause zunächst den Experten XY gemeinsam befragen? Danach könnten wir Ihnen unseren Vorschlag für eine Formulierung zum Thema Z vorstellen. Zum Abschluss für heute könnten wir die nächsten Schritte vereinbaren.«

4. Kennen Sie die fünf Konfliktmodi?

Mit den fünf klassischen Konfliktmodi vertraut zu sein, ist eine wesentliche Grundlage für jeden Verhandlungsführer. Sie geben Ihnen eine Sprache, um Verhandlungen zu analysieren und strategische Entscheidungen zu fällen. Die Gelehrten streiten sich, ob es sich um Strategien, Verhalten, Stile oder Absichten handelt.[14] Diese Einteilung ist nicht entscheidend. Die Matrix kann variabel für unterschiedliche Zwecke verwendet werden. Führen Sie sich stets vor Augen, dass es sich lediglich um ein Modell handelt, das im Verhandlungsalltag nützlich ist. Worum geht es?

Auf den ersten Blick steht bei einem Konflikt die Fähigkeit im Mittelpunkt, sich durchzusetzen. Erweitert man diese übliche, aber zu enge Sichtweise um eine weitere Dimension, nämlich um die Bereitschaft zu kooperieren, können Sie unterschiedliches menschliches Verhalten im Konflikt beschreiben.[15] Sehen Sie sich folgende Abbildung an:

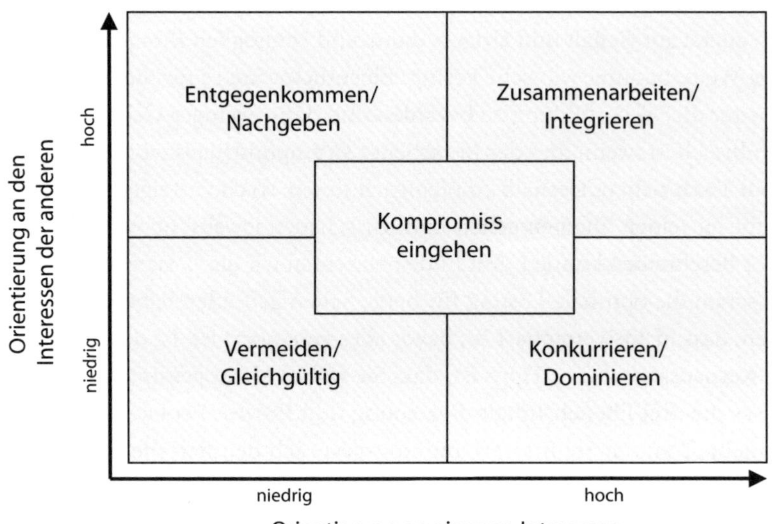

Abbildung 2: Die fünf Konfliktmodi

Analysieren Sie stets die Durchsetzungs- und die Kooperationsbereitschaft. Das Modell hat zwei Achsen: die Orientierung an eigenen Interessen und die Orientierung an den Interessen des Verhandlungspartners. Jede der Dimensionen kann hoch oder niedrig ausgeprägt sein. Hinzu kommt der Sonderfall Kompromiss. Daraus ergeben sich fünf Konfliktmodi:

1. **Konkurrieren/dominieren:** starkes Durchsetzen der eigenen Ziele bei schwacher Kooperation

2. **Entgegenkommen/nachgeben:** schwaches Durchsetzen der eigenen Ziele bei hoher Bereitschaft zur Kooperation
3. **Kompromisse eingehen:** liegt zwischen Konkurrieren und Entgegenkommen. Jede Seite setzt sich ein wenig durch und gibt ein wenig nach.
4. **Vermeiden/gleichgültig sein:** Sie setzen sich weder durch, noch kooperieren Sie.
5. **Zusammenarbeiten/integrieren:** Sie setzen Ihre Ziele durch und kooperieren gleichzeitig mit der anderen Seite. Dies ist die Aufwendigste der fünf Disziplinen.

Was können Sie mit diesem Modell konkret tun? Zunächst finden Sie für sich selbst und Ihr Team heraus, ob Sie einen Stil bevorzugen. Das können Sie mit dem »Thomas-Kilman Conflict Mode Instrument«, dem sogenannten TKI, ermitteln. Das TKI ist online verfügbar und ohne weitere Hilfe durchführbar. Wichtig ist, mit dem Ergebnis spielerisch umzugehen. Je nach vorgestellter Situation und Lebensphase verändert sich das Ergebnis. Das Ergebnis des Tests gibt Ihnen eine erste Indikation und einen guten Anlass, über Ihr Konfliktverhalten nachzudenken. Hervorzuheben ist: Es gibt keinen guten oder schlechten Konfliktstil. Jeder Stil hat in bestimmten Situationen seine Berechtigung. Beispielsweise kann Konfliktvermeidung verhindern, dass Sie unnötig Zeit mit Themen geringer Priorität verschwenden. Nachgeben ergibt Sinn, wenn es darum geht, ein erstes positives Signal zu setzen. Oder Verluste durch einen Konflikt zu minimieren und ein schnelles Ende zu finden.[16] Das Ziel des professionellen Verhandlungsführers ist, sein Verhaltensrepertoire beim Verhandeln zu erweitern. Das bedeutet, jeden Modus zu beherrschen und passend zur Situation einzusetzen. Im Rahmen dieses Lernprozesses gilt es zwei Herausforderungen zu meistern: Entwickeln Sie zunächst ein Gefühl dafür, in welcher Situation welcher Konfliktstil angemessen ist. Legen Sie sich dann Schritt für Schritt Werkzeuge zu, um den für richtig erkannten Stil praktisch umzusetzen.[17]

Eine weitere Anwendungsmöglichkeit des Instruments ist, zu analysieren, welchen Konfliktmodus der Partner bevorzugt. Bestimmte Kombinationen wie Konkurrieren-Konkurrieren bergen mehr Sprengstoff in sich als zum Beispiel Zusammenarbeiten-Zusammenarbeiten. Wenn Konkurrieren auf Zusammenarbeiten stößt, ist besondere Vorsicht vonnöten. Andernfalls läuft der Kooperationsbereite Gefahr, ausgebeutet zu werden.

Eine hervorragende Idee ist es, wenn zum Einstieg in eine Verhandlung alle Seiten gemeinsam ihren TKI ermitteln. Allerdings erfordert dies Mut und Vertrauen. Ist eine gemeinsame Ermittlung nicht möglich, versuchen Sie, möglichst viele Informationen über Ihren Partner zu gewinnen und eine Hypothese aufzustellen, welchen Konfliktmodus er im Zweifel bevorzugt. Überprüfen Sie Ihre Hypothese im Rahmen des Verhandlungsgesprächs.

Schöpfen Sie stets das gesamte Repertoire der Konfliktmodi aus. Sie können mit den fünf Konfliktmodi nicht nur individuelle Präferenzen bestimmen, sondern Ihre

Strategie für den gesamten Verhandlungsprozess oder ein einzelnes Verhandlungsgespräch festlegen. Geht es in der anstehenden Verhandlung darum, sich durchzusetzen, oder ist auch ein Kompromiss vorstellbar? Planen Sie komplexere Abfolgen: Zeigen Sie der anderen Seite, dass Sie offen sind für eine Zusammenarbeit. Gelingt dies nicht, können Sie die Konfliktbearbeitung abbrechen und Ihre BATNA verfolgen, um dann nach dem Einlenken des Partners zur Zusammenarbeit zurückzukehren. Bedenken Sie, dass jede große Verhandlung aus tausend kleinen Verhandlungen besteht. Auch wenn die Gesamtstrategie von Kooperation geprägt ist, gibt es trotzdem einzelne Punkte, bei denen Sie sich durchsetzen müssen oder bei denen Sie kompromissbereit sein sollten.

Vielleicht fragen Sie sich jetzt, wie genau es möglich sein soll, sich durchzusetzen und dennoch zu kooperieren. Das werden wir noch intensiv im Kapitel 2.5 im Rahmen des Prinzips der Zweigleisigkeit behandeln. Zum jetzigen Zeitpunkt müssen Sie mir glauben: Das ist möglich.

5. Stellen Sie effektive Fragen[18]

In der Praxis gibt es beim Fragen zwischen den Verhandlern Qualitätsunterschiede. Hier lohnt es sich, an sich zu arbeiten. Ich führe zum Beispiel eine Liste, in die ich mir neue effektive Fragen notiere. Verhandlungsführer, die mehr fragen als andere, sind erfolgreicher darin, Potenziale in Verhandlungen zu nutzen.[19]

Eine gute Frage ist eine Frage, auf die die andere Seite nicht sofort eine Antwort weiß, sondern erst nachdenken muss. Die kognitive Last liegt dann bei Ihrem Partner. Damit versetzen Sie die andere Seite in den Lösungsmodus und geben ihr gleichzeitig das Gefühl, die Situation zu kontrollieren. Eine Daumenregel ist die 70:30-Regel, die besagt, dass Sie 30 Prozent der Verhandlungszeit reden und 70 Prozent zuhören sollten. Das funktioniert nicht, wenn beide Seiten diesem Ratschlag folgen, aber das kommt selten vor.

Wozu dienen die Fragen? Verhandlungen sind ein Informationsspiel. Natürlich recherchieren Sie auch abseits des Verhandlungstisches nach Informationen. Das Verhandlungsgespräch ist allerdings Ihre Chance, Ihre blinden Flecken bei den Themen der anderen Seite zu entdecken. Hier überprüfen Sie Ihre Hypothesen. Das Gespräch ist die Gelegenheit, die Interessen und Präferenzen der anderen Seite zu verstehen.

Stellen Sie nach dem Einstieg als Erster Fragen und lassen Sie die andere Seite sprechen. Keine Sorge, Sie werden Ihre Botschaften noch los. Viele Gesprächspartner hören ohnehin erst richtig zu, wenn sie ihre Botschaften losgeworden sind.

Was ist beim Fragenstellen zu beachten? Als Erstes sollten Sie zwischen offenen und geschlossenen Fragen unterscheiden. Geschlossene Fragen können Sie mit Ja oder

Nein beantworten, offene Fragen nicht. »Was ist Ihnen beim Thema Arbeitsbedingungen wichtig?« ist eine offene Frage. »Sind Sie mit unserem Vertragsentwurf einverstanden?« ist eine geschlossene Frage. Offene Fragen leiten Sie mit den W-Fragen ein: was, wann, wer, warum. Beim Verhandeln empfehlen die Experten, offene Fragen zu bevorzugen. Sie sind die Fragen des integrativen Verhandelns. Sie öffnen den Raum für neue Aspekte und liefern Nebeninformationen. Kommt die andere Seite zu relevanten Punkten ins Reden, bleibt der versierte Verhandler dran und unterstützt diesen Energiefluss. Fragen wie »Können Sie dazu etwas mehr erzählen?« oder »Was steht hinter Ihren Überlegungen?« sind in solchen Situationen nützlich.

Geschlossene Fragen haben in bestimmten Situationen ihre Berechtigung. Möchten Sie die andere Seite zu einer Entscheidung bringen, erhöhen Sie den Druck durch eine geschlossene Frage: »Werden Sie unserem Angebot zustimmen?« führt zu einer Ja-Nein-Situation. Sie können den Korridor der Entscheidung durch eine Oder-Frage einengen: »Möchten Sie bei uns lieber im Januar beginnen oder besser im Februar?« Die Möglichkeit, nicht zu beginnen, nennen Sie überhaupt nicht. Eine solche Druckerhöhung ist nicht risikolos. Ihr Gegenüber wird die Neigung verspüren, sich der zunehmenden Verhörsituation zu entziehen. Wägen Sie Risiko und Nutzen in der konkreten Situation ab. Achten Sie darauf, den richtigen Ton zu treffen.

Was ist bei der Tonwahl zu beachten? Hier wird gerne die 7-38-55-Regel[20] zitiert. Im Laborexperiment zeigte sich, dass für die positive Wahrnehmung einer Botschaft beim Empfänger nur zu 7 Prozent der Inhalt, aber zu 38 Prozent der Tonfall und 55 Prozent die Körpersprache verantwortlich sind. Nicht umsonst heißt es: »Der Ton macht die Musik.« Bei Fragen, die für die andere Seite schwierig sein könnten, achten Sie ganz bewusst auf Ihre Stimme. Freundliche Gelassenheit ist ein guter Anker für Ihre Stimme, entspannen Sie sich und lächeln Sie innerlich. Falls es hektisch ist, können Sie bewusst mit einer tieferen Stimmlage einsteigen, etwa wie ein nächtlicher Radiomoderator.[21] Bitten Sie regelmäßig Ihre Teamkollegen, Ihnen Feedback zu Ihrer Stimme zu geben. Nutzen Sie jede Gelegenheit, sich Ihre Stimme anzuhören, zum Beispiel bei Videoaufnahmen im Rahmen von Trainings.

Das sogenannte Reflecting hilft Ihnen, Ihren Partner im Gesprächsfluss zu halten. Sie wiederholen dazu etwa ein bis vier zusammenhängende Schlüsselwörter der Aussage Ihres Partners. Am Ende dieser Wiederholung heben Sie die Stimme zur Frage. Schweigen Sie und warten die Antwort Ihres Partners ab. Stellen Sie sich vor, ein Jobbewerber sagt zu Ihnen: »Das vorgeschlagene Paket ist für mich noch nicht rund.« Dann können Sie elegant mit einem »Noch nicht rund?« (Stimme anheben) weitere Hintergründe erfahren und den Bewerber am Sprechen halten.

Zum Basiswissen des Verhandlers gehören einige fortgeschrittenere Fragetypen. Eine förderliche Frage ist die sogenannte »Was-wäre-wenn«-Frage. Zum Beispiel: »Was wäre, wenn wir Ihnen vorschlagen würden, Sie nach zwei Jahren guter Leistung beim MBA zu unterstützen?« Die Vorteile: Der Befragte kann eigene Schlussfolgerungen ziehen. Sie können Versuchsballons starten und dadurch etwas über die Prioritäten Ihres Partners lernen.[22]

Ein weiterer geeigneter Fragentyp sind die zirkulären Fragen. Dabei versuchen Sie, den Partner um die Ecke denken zu lassen. Er nimmt entweder eine Außenperspektive ein oder kann seine Gedanken unter dem Deckmantel eines Dritten äußern. Zwei Beispiele: »Wie würde es Ihre Frau finden, wenn wir vereinbaren, dass Sie zwei Tage die Woche von zu Hause arbeiten?« Oder: »Was glauben Sie, würde das Kartellamt zu Ihrem Vorschlag sagen?«

Um eine ehrliche und ergiebige Antwort auf Ihre Frage zu bekommen, gilt es, den passenden Moment abzuwarten. Statt die Frage beim offiziellen Verhandeln zu stellen, ist es manchmal eine gute Idee, einen informellen Moment zu nutzen. Zum Beispiel an der Kaffeemaschine oder beim Hinausgehen nach Ende der offiziellen Verhandlungen

Noch ein Tipp eines Praktikers: Ich habe viele großartige Fragen in Verhandlungen gehört, ohne jemals die Antwort der anderen Seite zu hören. Warum? Weil der Fragesteller die Stille nicht aushielt und die Lücke mit einer hypothetischen Antwort füllte. Üben Sie gezielt, nach Ihrer Frage zu schweigen, bis die andere Seite antwortet.

6. Hören Sie aktiv zu

Es nützt nichts, gute Fragen zu stellen, wenn Sie danach nicht zuhören. Und doch passiert es uns häufig: Während die andere Seite noch spricht, überlegen wir bereits, was wir als Nächstes sagen. Was können wir tun, um besser zuzuhören?

Als Erstes hilft eine gute Gesprächsvorbereitung. Überlegen Sie sich vor Gesprächsbeginn ihre Kernbotschaften und -fragen und schreiben Sie diese auf einen Spickzettel. Das entlastet Sie während des Verhandlungsgesprächs.

Wenn Sie im Team verhandeln, vergeben Sie an eines Ihrer Teammitglieder die Rolle des »Designated Listeners.«[23] Dessen Aufgabe ist es, präzise zuzuhören und mitzuschreiben. Im Übrigen sollten stets alle Teammitglieder das in den Gesprächen Gehörte und Beobachtete notieren und in der Verhandlungspause untereinander austauschen. Achten Sie auf Besonderheiten bei Stimme und Körpersprache. Sie verraten bisweilen, wenn das Gesagte und das Gedachte auseinanderfallen.

Wie hört man aktiv zu? Wenn Sie etwas Wesentliches nicht verstehen, stellen Sie kurze Verständnisfragen. Am besten so lange, bis Sie es verstanden haben. Haben Sie keine Scheu, naiv zu wirken. Das macht Sie weniger perfekt und damit sympathischer. Ich kenne einen Mediator und Verhandlungsexperten, der seine Rückfragen gerne mit: »Ich weiß, ich bin langsamer als andere, aber ich habe es noch nicht verstanden. Könnten Sie es mir bitte nochmals wie einem Sechsjährigen erklären …« einleitet. Das wirkt Wunder. Der Befragte wird Ihnen sein Thema verständlich und klar erläutern. Bitte führen Sie sich an dieser Stelle vor Augen: Es geht beim Verhandeln nicht darum, den anderen durch spitzfindige Fragen aus dem Konzept zu bringen. Wir sind nicht vor Gericht.

Die klassische Methode des aktiven Zuhörens ist das sogenannte Paraphrasieren. Sobald sich die erste natürliche Gelegenheit ergibt, versuchen Sie, mit eigenen Worten die Hauptaussagen Ihres Gesprächspartners kurz zusammenzufassen. Widerstehen Sie der Versuchung, durch strategisches Weglassen oder Betonung für Sie hilfreicher Aspekte die Zusammenfassung zu manipulieren. Das fliegt auf und belastet die Atmosphäre. Formulierung: »Wenn ich Sie richtig verstanden habe, sind Ihnen drei Punkte wichtig: … Habe ich das richtig wiedergegeben?«

Beim aktiven Zuhören gilt ein Bewertungsverbot. Sie hören immer erst zu und geben eine Bewertung – wenn überhaupt – erst in einem späteren Gesprächsabschnitt ab. Sonst ist es ungewiss, dass die andere Seite sich öffnet und der Gesprächsfluss in Gang kommt.

Klar ist auch: Verstehen heißt nicht, einverstanden sein. Nur weil eine Seite versucht, sich in die andere Seite hineinzuversetzen, ist damit nicht alles geklärt.[24] Es ist sinnvoll, dies zu Beginn klarzustellen und als Grundregel zu vereinbaren. Das verhindert Missverständnisse.

Wenn Sie deutliche Gefühle bei Ihrem Partner wahrnehmen, während Sie zuhören, kann es hilfreich sein, diese vorsichtig zu benennen: »Vielleicht irre ich mich. Ich habe den Eindruck, dass Sie sehr enttäuscht klingen.« Der Fachbegriff dafür ist »emotionales Labeling.« Diese Methode hat viele Vorteile. Sie kann die Situation entspannen. Sie zeigt der anderen Seite, dass Sie ein aufmerksamer Zuhörer und Beobachter sind. Schließlich kann sie der Ausgangspunkt dafür sein, dass sich Ihr Partner dem Gespräch öffnet. Die Methode ist nicht risikolos. Es kann sein, dass Sie mit Ihrer Wahrnehmung falsch liegen oder Ihr Partner seine Gefühle nicht zugeben möchte. Das müssen Sie dann aushalten. In der Regel überwiegen aber die Chancen die Risiken. Achten Sie auf die Details der Methode: Senden Sie eine Ich-Botschaft, es ist Ihre Wahrnehmung. Also nicht: »Warum sind Sie so wütend?«, sondern: »Ich habe den Eindruck, dass Sie wütend sind.« Machen Sie deutlich, dass Sie sich mit Ihrer Wahrnehmung auch irren können. Seien Sie möglichst präzise mit Ihrem emotionalen Label (nicht: »Ich habe den Eindruck, Sie sind emotional«, sondern: »Ich habe den Eindruck, Sie sind wütend.«). Und wie nach jeder anderen guten Frage gilt: schweigen und auf Antwort warten.

7. Harvard-Ansatz 1: Achten Sie auf die Interessen aller Verhandlungspartner

Der wichtigste Ratschlag des Harvard-Konzepts lautet: »Stellen Sie Interessen in den Mittelpunkt, nicht Positionen«[25]. Positionen besagen, was Sie wollen; Interessen besagen, warum Sie was wollen. Bei einer Gehaltsverhandlung lautet Ihre Position, dass Sie ein Grundgehalt von 150 000 Euro fordern. Ihr Interesse könnte sein, deutlich besser zu verdienen als aktuell. Oder einen Ausgleich für die höhere Arbeitsbelastung zu erhalten. Oder angemessen an der Wertschöpfung beteiligt zu werden, die Sie für das Unternehmen leisten. Oder alle drei Themen gleichzeitig.

Warum sind Interessen wichtig, wenn wir verhandeln? Der große Vorteil eines Interesses ist, dass es auf mehr als eine Weise erfüllt werden kann. Damit erhöht sich der Spielraum für Verhandlungslösungen. Die beiden Positionen »Forderung von 150 000 Euro« und »Angebot des Arbeitgebers von 90 000 Euro« stehen unvereinbar gegenüber. Betrachten wir das hinter der Position stehende Interesse des Arbeitnehmers, kommt Bewegung in die Sache. Nehmen wir an, das Interesse eines Ausgleichs für eine höhere Arbeitsbelastung steht im Vordergrund. Schnell fallen uns mehrere alternative Lösungen ein: ein erhöhter Bonus, Freizeitausgleich, Unterstützung bei der Kinderbetreuung, ein komfortablerer Dienstwagen oder die Aussicht auf ein Sabbatical.

Nicht alle Interessen sind gegenläufig. Daneben existieren gemeinsame und abweichende Interessen. Worin liegt der Unterschied?

Bei gemeinsamen Interessen ziehen die Partner am gleichen Strang. Sie gilt es zu betonen und auszubauen. Sie stabilisieren die Verhandlungen und stärken die Beziehung. Wird eine Stelle neu besetzt, eint Bewerber und Arbeitgeber das gemeinsame Interesse, dem Bewerber zu einem guten Start zu verhelfen.

Gegenläufige Interessen sind wie Tauziehen. Der Nutzen des einen ist der Nachteil des anderen und umgekehrt. Hier hilft es, objektive Kriterien heranzuziehen, an denen sich eine faire Aufteilung orientiert. Damit werden wir uns noch im Tipp 9 »Harvard-Ansatz 3: Finden Sie objektive Kriterien für Verteilungskonflikte« beschäftigen.

Abweichende Interessen sind Interessen, die einer Seite wichtiger sind als der anderen. Verbinden die Partner zwei abweichende Interessen, schaffen sie Wert. Nehmen wir an, dem Arbeitgeber ist eine höhere Wochenarbeitszeit wichtig, dem Arbeitnehmer aber relativ gleichgültig. Auf der anderen Seite hat der Arbeitnehmer einen höheren Urlaubswunsch, der Arbeitgeber kann den Mitarbeiter vielleicht in Nachfragedellen entbehren. Die Parteien können diese beiden Punkte verknüpfen. Solche Tauschgeschäfte sind wichtiger Bestandteil guter Deals. Durch das Beharren auf Positionen sind diese Potenziale nicht zu heben. Ein besseres Verständnis der Interessen weist den Weg zu Lösungen mit Mehrwert.

Zum Verhandeln gehören mindestens zwei. Es geht darum, die Interessen der eigenen und der anderen Seite zu verstehen. Wie kommen Sie an die Interessen heran? Am besten geht dies mit kraftvollen Fragen. Sie können zum einen die geäußerte Position als Anker nutzen. Direkt: »Was steht hinter Ihrer Forderung nach 150 000 Euro Gehalt?« Indirekter: »Was passiert, wenn wir Ihre Forderung erfüllen?« Offener: »Warum ist Ihnen dieser Punkt wichtig?« Die andere Variante ist, sich geäußerte Bedürfnisse greifbar erklären zu lassen: »Könnten Sie bitte konkreter formulieren, was Sie mit Work-Life-Balance meinen?«, »Gibt es einen Aspekt beim Thema Anerkennung, der Ihnen besonders wichtig ist?« Diese Fragen helfen Ihnen nicht nur mit Ihrem Gegenüber. Sie verwenden Sie auch, um sich selbst zu erforschen, und zum besseren Verständnis der Interessen Ihres Auftraggebers.

Verhandelnde fassen Interessen häufig wenig griffig. Drei Punkte sind wesentlich:[26]

- **Formulieren Sie lösungsoffen.** »Mein Interesse ist es, 34 Tage Urlaub zu haben«, ist kein Interesse. Es muss immer mehr als eine Lösung geben: »Mir ist Zeit mit meiner Familie besonders wichtig,« kann auf verschiedene Art und Weise erfüllt werden.
- **Benennen Sie Interessen greifbar und konkret.** Wenn Sie zu abstrakt formulieren, hilft Ihnen das nicht. »Ich möchte ein angenehmes Arbeitsklima« ist wenig fassbar. Mit der Nachfrage »Bitte formulieren Sie konkret, was ein angenehmes Arbeitsklima für Sie ausmacht« erhalten Sie anschaulichere Antwort. Sind Sie nach mehreren Warum-Fragen bei den Grundbedürfnissen angekommen wie »Mir ist Sicherheit wichtig«, haben Sie zu tief gebohrt. Das von Ihrem Gegenüber unmittelbar zuvor geäußerte Interesse ist meist greifbarer: »Ich würde mir wünschen, nicht jeden Tag Sorge um meinen Arbeitsplatz haben zu müssen.«
- **Drücken Sie Interessen positiv aus und nicht negativ.** Die positive Abfassung gibt Ihnen konkretere Anhaltspunkte, um Lösungen zu finden: »Ich möchte keine Leitungsaufgaben« ist mehrdeutig. Klarer wird es, wenn Sie das Interesse positiv benennen: »Ich bin sehr stark fachlich motiviert und möchte meine Expertise in ein Team einbringen.«

Interessen sind beim Verhandeln nicht nur wichtig. Sie sind zentral:

- **Sie bilden das Leitmotiv für Ihre Fragen:** Was ist in dieser Verhandlung wirklich wichtig? Warum?
- **Sie helfen Ihnen, Ihre Ziele zu bestimmen:** Wie messen wir, ob das Ergebnis unsere Interessen erfüllt?
- **Sie dienen als Nährboden für Win-win-Lösungen:** Wie bringen wir die Interessen beider Seiten unter einen Hut?
- **Sie sind der Ankerpunkt für Ihre Argumentation:** Für uns ist wichtig, dass … (Interesse nennen). Was würden Sie uns raten?

Warum verhandeln wir nicht immer interessenorientiert? Positionen sind klar und einfach zu formulieren und zu merken. Interessen hingegen sind vielschichtig und widersprüchlich. Sie sind schwerer zu formulieren und zu kommunizieren. Wer mit Interessen arbeitet, muss viel Zeit investieren, um die Interessen zu ordnen und zu strukturieren. Er muss Komplexität aushalten. Über die erforderliche Zeit und Ressourcen verfügen wir nicht in jeder Verhandlung. Jeder, der seine Interessen offenbart, läuft außerdem Gefahr, dass die andere Seite diese Information ausnutzt. Wie wir damit umgehen, sehen wir uns beim Prinzip der Informiertheit im Kapitel 2.2 näher an.

8. Harvard-Ansatz 2: Entwickeln Sie mehrere Lösungsoptionen

Nachdem die Interessen ausgetauscht sind, sieht das Harvard-Konzept vor, möglichst viele Lösungsoptionen je Thema zu finden. Durch das vertiefte Verständnis der Interessen inspiriert, werden in einem kreativen Prozess vielfältige Möglichkeiten entwickelt. Besonderes Augenmerk gilt dabei Lösungen, die die Interessen beider Seiten bedienen.

In der Tat können gute Lösungsideen den Verlauf einer Verhandlung maßgeblich beeinflussen. Anschaulich ist das Beispiel eines kalifornischen Müllentsorgers: Eine kalifornische Stadt schrieb die Mülltransporte in die Wüste von Arizona aus. Eine Unternehmerin bekam den Zuschlag sogar zu einem höheren Preis pro Tonne, als die Stadt ursprünglich geplant hatte, weil sie der Stadt anbot, auf dem Rückweg aus der Wüste von Arizona Sand für die wegschwemmenden Strände der Stadt gratis mitzubringen. Kleiner Mehraufwand für das Unternehmen, großer Nutzen für die Stadt. Die Unternehmerin hatte sich genau die Interessen ihres Partners angesehen und eine kreative Lösungsoption gefunden.[27]

Was ist bei der Entwicklung von Optionen zu beachten? Wie bei einem guten Brainstorming zählt zunächst die Masse an neu generierten Lösungsideen je Thema. Je mehr Optionen Sie generieren, deso höher ist die Wahrscheinlichkeit, eine hilfreiche Variante zu finden. Im zweiten Schritt werden aus den einzelnen Optionen je Thema Lösungspakete geschnürt. Die Qualität der Lösungspakete wird anhand der priorisierten Interessen beider Seiten bewertet.[28] Studien zeigen, dass erfolgreiche Verhandlungsführer ungefähr doppelt so viele Lösungsoptionen im Rahmen ihrer Vorbereitung entwickeln wie durchschnittliche Verhandlungsführer.[29]

Beachten Sie die oberste Grundregel des Brainstormings: erst sammeln, dann bewerten. Denn »Urteil hemmt die Fantasie.« Dies gilt einerseits für das eigene Sammeln von Lösungsoptionen. Andererseits gilt die Regel auch für die Königsdisziplin, das gemeinsame Sammeln von Optionen mit dem Verhandlungspartner. Trennen Sie Workshops, in denen Lösungsoptionen generiert werden, von anderen Verhandlungsphasen ab.

Entwickeln Sie nicht nur Lösungsoptionen, die für Ihre Seite günstig sind, sondern scheuen Sie sich nicht vor Optionen, die den Interessen Ihres Partners dienen. Machen Sie Ihrem Partner klar, nur weil Sie eine Option entwickeln, bedeutet das nicht, dass Sie diesem Punkt zustimmen. Machen Sie sich selbst und Ihrem Team klar, dass es nicht unredlich ist, Optionen zu entwickeln, die der anderen Seite nützen. Im Rahmen eines

Gesamtpaketes kann eine solche Idee gegen etwas Nützliches für Sie getauscht werden. Ein Tausch über Themen hinweg ergibt für Sie nur Sinn, wenn Sie an Kuchenvergrößerungen glauben und nicht dem Nullsummenmythos erliegen. Mit der Kuchenvergrößerung werden wir uns in Tipp 10 »Vergrößern Sie den Verhandlungskuchen« auseinandersetzen. Um für beide Seiten nutzenoptimierte Lösungen zu finden, gilt es, viel Substanz zu sammeln und diese immer wieder kunstvoll zu arrangieren.

In Verhandlungen kommen Sie auch ungeplant in Situationen, in denen neue Lösungsoptionen entwickelt werden. Bewerten Sie auch dann nicht unmittelbar. Das hemmt zusätzliche Ideen. Vermeiden Sie auch die beliebten: »Ja, aber«-Einwände. Mit einer »Ja, und«-Erwiderung stimulieren Sie hingegen die Kreativität in der Gruppe.

9. Harvard-Ansatz 3: Finden Sie objektive Kriterien für Verteilungskonflikte

Bei vielen Themen sind die Interessen der Parteien schlicht gegenläufig, es handelt sich um einen Verteilungskonflikt. Statt eines Basarspiels mit aggressivem Ankern, Konzessionen und Machtspielen schlägt das Harvard-Konzept vor, sich an anerkannten Standards zu orientieren. Objektivität statt Armdrücken lautet die Devise.[30]

Nehmen wir wieder das Beispiel Gehaltsverhandlung: Der Arbeitgeber bietet 90 000 Euro, und der Arbeitnehmer fordert 150 000 Euro Jahresgehalt. Statt zu feilschen, zieht der Bewerber eine Online-Gehaltsstudie heran, die seine Forderung stützt. Der Arbeitgeber präsentiert einen Benchmark einer renommierten globalen Vergütungsberatung. Im Rahmen ihrer Diskussion können die Verhandlungspartner die Unterschiede diskutieren. Die Online-Studie berücksichtigt vielleicht nicht die Firmenrabatte und den besonderen Kündigungsschutz des Konzerns. Der globale Benchmark vernachlässigt den hochpreisigen Großstadt-Standort und die besonders hohe aktuelle Nachfrage nach der speziellen Qualifikation des Bewerbers. Wenn die Partner nun Auf- oder Abschläge für die einzelnen Faktoren finden, nähern sie sich Schritt für Schritt an. So weit die Theorie. In der Praxis bleibt meist trotzdem eine Lücke zwischen den Verhandelnden.

Was ist beim Thema objektive Kriterien handwerklich zu beachten? Verschaffen Sie sich am besten einen Überblick über alle verfügbaren Standards. Ordnen Sie die Standards der Reihenfolge nach. Beginnen Sie mit Standards, die vorteilhaft für die eigene Sichtweise sind, und enden Sie mit Standards, die die andere Seite stützen. Bei vielen Sachfragen gibt es mehrere Standards. Das müssen wir akzeptieren und sollten uns eingestehen, dass es reine Objektivität nicht gibt.

Objektive Standards können Marktvergleiche sein, technische, ökonomische, rechtliche Gutachten, Präzedenzfälle, Kostenvergleiche, Traditionen, moralische Aspekte, Gegenseitigkeitsgesichtspunkte oder Einschätzungen von Autoritäten.

Am besten können Sie die andere Seite mit Standards überzeugen, die sie selbst als fair und gerecht anerkennt. Halten Sie nach Standards und Autoritäten Ausschau, die von der anderen Seite aktuell oder in der Vergangenheit anerkannt wurden und die Ihren Standpunkt stützen. Das sind die stärksten Argumente. Der Mensch hat das Bedürfnis, sich stets konsistent zu seinen früheren Aussagen zu verhalten. Sollten Sie fündig werden, haben Sie einen »normativen Hebel«[31]. Wir vertiefen das in Kapitel 2.3 unter »Stärken Sie Ihre Verhandlungsmacht«.

Sind Sie mit einem Standard der anderen Seite nicht einverstanden, lassen Sie sie den Test der gegenseitigen Anerkennung machen: »Würden Sie diesen Standard anerkennen, wenn Sie an meiner Stelle wären?«

Objektive Kriterien sind kein Allheilmittel. Es gibt Situationen, in denen keine vernünftigen Standards herangezogen werden können. Denken Sie an den Verkauf eines Oldtimer-Einzelstücks oder eines Nischenunternehmens. In der Regel gibt es aber mehrere Standards. Häufig bleibt zwischen den jeweils bevorzugten Kriterien eine Lücke, die Sie schließen müssen.

In umstrittenen Fragen können objektive Dritte helfen, die von beiden Seiten anerkannt sind. Schlichter in einem Tarifkonflikt übernehmen diese Funktion. Gerade wenn Dritte herangezogen werden, ist es wichtig, ein objektives Kriterium in die Verhandlung eingeführt zu haben. Dritte orientieren sich gerne an anerkannten Standards. Streiten Sie sich mit der anderen Seite über den richtigen Standard, kann der Dritte entscheiden, welcher Standard passender oder fairer ist oder ob eine Kombination beider zu einer Lösung führt.

Bestehende Lücken können auch klassisch mit einem Halbe-Halbe-Kompromiss geschlossen werden.

Auch Losverfahren oder Münzwürfe sind legitime Verfahren, wenn es nicht mehr weitergeht. Ich werde nie vergessen, wie wir eine monatelang mit der Gewerkschaft diskutierte Frage am Ende mit Münzwurf gelöst haben, weil uns weder der Dritte helfen konnte, noch ein überzeugender Standard zur Verfügung stand. Zum Glück landete die Münze auf der richtigen Seite.

10. Vergrößern Sie den Verhandlungskuchen

König Midas hatte die Fähigkeit, durch bloßes Berühren aus einfachen Dingen Gold zu machen. Verhandlungsführer können das Gleiche: Indem sie kluge Lösungen vorschlagen, können sie echte Werte schaffen und den gemeinsamen Verhandlungskuchen vergrößern. Was genau meine ich?

In jedem Seminar zu den Grundlagen des Verhandelns achte ich auf eine Sache: dass es bei allen Teilnehmern beim Thema Kuchenvergrößerung »klick« macht. Unter dem sogenannten Verhandlungskuchen versteht man den Saldo aller Vor- und Nachteile, die durch das Verhandlungsergebnis entstehen.[32] Gemeint sind die Vor- und Nachteile aller Verhandlungsbeteiligten, es gibt also nur einen Verhandlungskuchen für alle. In jeder Verhandlung gibt es folglich zwei Grunddisziplinen: den gemeinsamen Kuchen zu vergrößern, auch Wertschöpfung genannt, und den gemeinsamen Kuchen zu verteilen, auch als Wertverteilung bezeichnet. Konventionelle Verhandler fokussieren sich auf die Wertverteilung, kooperative Verhandler auf die Wertschöpfung. Kluge Verhandler beherrschen beide Disziplinen und sind in der Lage, das daraus entstehende Spannungsverhältnis zu balancieren.

Jeder einzelne Lösungsvorschlag, der eingeführt wird und den Gesamtnutzen des Verhandlungsergebnisses erhöht, ist eine Kuchenvergrößerung. Kuchenvergrößerungen gibt es in verschiedenen Varianten: Die erste Variante ist, dass sich der Nutzen für beide Seite erhöht (»Win-win«). Die zweite Variante ist, dass der Vorschlag nur den Nutzen einer Seite erhöht, der anderen Seite aber nichts kostet (»High value/No-cost). Und der dritte Fall ist, dass der Vorschlag der einen Seite mehr nützt, als er der anderen kostet (»High value/Low-cost«). Bloße Verteilungsvorschläge, die keinen Mehrwert stiften, sind keine Kuchenvergrößerungen. Wenn sich zum Beispiel Arbeitgeber und Arbeitnehmer auf 100 000 Euro Grundgehalt einigen, nachdem 90 000 Euro geboten und 110 000 Euro gefordert wurden, ist das keineswegs Win-win oder eine Kuchenvergrößerung, sondern lediglich ein Kompromiss. Der Vorteil der anderen Seite ist spiegelbildlich der Nachteil der anderen Seite.

Vielen Verhandlungslaien ist das nicht geläufig. Sie verwechseln Kompromiss und Win-win. Wenn der Arbeitnehmer vorschlägt, der Arbeitgeber könne einen Teil des Grundgehalts in die Altersversorgung einbezahlen, und der Arbeitgeber sich dabei Sozialversicherungsbeiträge erspart und der Arbeitnehmer daraus Steuervorteile erhält, dann vergrößert dieser Vorschlag den Verhandlungskuchen. Eine zweite Frage ist dann, wie dieser größere Verhandlungskuchen aufgeteilt wird.

Übrigens ist jedes Verhandlungsergebnis, auf das sich zwei Parteien einigen, das für jede Seite besser ist als die jeweilige beste Alternative (BATNA), insgesamt betrachtet eine Kuchenvergrößerung. Die spannende Frage ist allerdings: Wurden alle möglichen und sinnvollen kuchenvergrößernden Elemente ausgeschöpft oder wurden Werte »auf dem Tisch liegen gelassen«? Wir sind ehrgeizig und wollen nicht nur irgendein Ergebnis erzielen, sondern das optimale. Der Frage nach der richtigen Nutzenoptimierung gehen wir gleich in Kapitel 2.1 nach.

Meinen Seminarteilnehmern helfen ein paar knackige Lehrbuchbeispiele, um besser zu verstehen, was mit Kuchenvergrößerungen gemeint ist:

Das erste Beispiel ist das Fensterbeispiel. Es stammt von Mary Parker Follett aus dem Jahr 1925,[33] die erstmals die Idee des »integrativen Verhandelns« beschrieb. Diese Idee hat sie übrigens in Zusammenhang mit Tarifverhandlungen entwickelt, die in der Öffentlichkeit zu Unrecht meist als Musterbeispiel bloßer Verteilungskonflikte gelten. Gerade bei Tarifverhandlungen müssen kreative Verhandler Mehrwertlösungen finden, um die enge Lösungszone (ZOPA) erreichen zu können. Das Beispiel: Mary sitzt in einem kleineren Raum der Harvard Bibliothek. Die Luft ist stickig und jemand möchte das Fenster öffnen, um frische Luft in den Raum zu lassen. Draußen weht aber der kühle Bostoner Nordwind, und er würde Mary direkt ins Gesicht blasen. Die Lösung? Die beiden Verhandelnden öffnen einfach im verbundenen Nebenraum ein Fenster. Durch diese Mehrwert-Lösung können die Interessen beider Seiten erfüllt werden (frische Luft und Windstille). Hätte jeder auf seiner Position beharrt (Fenster auf vs. Fenster zu), wäre ein Win-lose-Ergebnis die Folge gewesen.

Der Klassiker für Kuchenvergrößerungen ist das Orangenbeispiel. Jeder Verhandlungsführer sollte es vor Augen haben: Zwei Geschwister zanken sich um die letzte Orange im Hause. Die Mutter schlägt vor, die Orange in zwei Teile durchzuschneiden. Doch halt, sind hier alle Mehrwert-Potenziale ausgeschöpft? Der Weg zur optimalen Lösung führt über die Interessen der beiden Geschwister: Das eine Kind möchte das Fruchtfleisch essen, weil es hungrig ist. Das andere Kind möchte aber einen Kuchen backen. Dazu benötigt es laut Rezept die komplette geriebene Schale einer Orange. Wie lautet die Win-win-Lösung, die die beiden Kinder natürlich ohne ihre Mutter finden? Das eine Kind darf zuerst die Schale abreiben und das andere Kind bekommt dann das Fruchtfleisch. In dieser Konstellation erhält jedes Kind sein Interesse vollständig erfüllt. Wie schön kann das (Lehrbuch-)Leben sein.

Anschaulich ist auch das Beispiel des Sinai-Konflikts: Ägypten und Israel verhandelten im Rahmen von Friedensgesprächen über die richtige Grenzziehung auf der von Israel nach dem Sechstagekrieg besetzten Sinai-Halbinsel. Egal an welche Stelle die Grenze durch die Halbinsel gelegt wurde, zumindest eine Seite war unzufrieden. Zum Glück beleuchteten die beiden Seiten ihre Interessen und priorisierten sie auch: Für Israel stand die Sicherheit der israelischen Bevölkerung an oberster Stelle. Für den damals noch jungen ägyptischen Staat war hingegen die Souveränität der Halbinsel, die schon seit biblischen Zeiten zum ägyptischen Mutterland zählte, wichtig. Wie lautete die historische Lösung? Die Zone wird entmilitarisiert und von Blauhelm-Soldaten überwacht, es weht aber die ägyptische Flagge. Somit war sowohl dem Sicherheitsinteresse der Israelis gedient als auch das Interesse der Ägypter nach staatlicher Souveränität auf der Sinai-Halbinsel erfüllt.

Das integrative Potenzial von Verhandlungen im echten Leben ist in aller Regel deutlich geringer als in den Lehrbuchbeispielen. Einerseits. Andererseits unterschätzen wir systematisch, wie stark wir den Kuchen in einer Verhandlung vergrößern könnten. Dieser Denkfehler nennt sich »Small Pie Bias.«[34] Wer erfolgreich verhandeln möchte, gibt sich nicht mit einem zu kleinen Kuchen zufrieden. Er lotet alle Möglichkeiten aus, den Kuchen zu vergrößern, um sich dann ein größeres Stück davon abschneiden zu können. Professionelle Verhandlungsführer wissen zudem: Bei anspruchsvollen Verhandlungen ohne oder mit sehr engem Lösungsraum kann auch die kleinste Kuchenvergrößerung über die Frage entscheiden, ob ein Deal zustande kommt oder nicht. Tipps zum professionellen Kuchenvergrößern sehen wir uns in Kapitel 2.4. an.

11. »Framing«: Geben Sie Ihren Argumenten den richtigen Rahmen

Jeder Kunstsammler weiß: Der Rahmen hat erheblichen Einfluss auf die Wahrnehmung eines Gemäldes. Erst mit dem richtigen Rahmen wirkt ein Bild stimmig. Mit verschiedenen Rahmen ändert sich der Eindruck eines Bildes deutlich.

Genauso verhält es sich mit Argumenten oder Informationen, die Sie in Verhandlungen teilen. Die wissenschaftliche Datenlage ist klar, nicht nur der Inhalt selbst, sondern auch die Art der Darstellung eines Sachverhalts hat erheblichen Einfluss auf die Wahrnehmung. Es ist für unsere Empfinden ein Unterschied, ob ein Burger zu 80 Prozent fettfrei ist oder 20 Prozent Fett enthält. Oder ob Sie den ersten Monat nach einer Operation mit einer Wahrscheinlichkeit von 90 Prozent überleben oder mit einer Wahrscheinlichkeit von 10 Prozent sterben. Obwohl es sachlich das Gleiche ist. Verschiedene Darstellungen einer Information rufen unterschiedliche Emotionen hervor. Dies kann dann zu unterschiedlichen Entscheidungen führen. Dieses psychologische Phänomen nennt man Einrahmungseffekt oder auch eingedeutscht Framing.

Die Grundlagen des Framings sind schnell erklärt: Wir neigen dazu, den ersten Rahmen einer Information als gegeben hinzunehmen und nicht weiter zu hinterfragen. Das sollten wir aber tun, gerade weil wir wissen, dass dieser Rahmen erheblichen Einfluss auf unsere Entscheidungen haben kann. Gleichzeitig bedeutet das aber, dass wir selbst darauf achten sollten, wie wir eine Information darstellen, denn dies hat erheblichen Einfluss auf unseren Partner. Ist ein Rahmen erst einmal gesetzt, lässt er sich nur mit Mühe verändern.

Dennoch sollten wir das sogenannte Reframing in Verhandlungen aktiv betreiben, um die Wirkung eines ersten für uns ungünstigen Rahmens zu relativieren. Sie erkennen häufig den erfahrenen Verhandler daran, dass er einen vorhandenen wenig nützlichen Rahmen elegant durch eine Neuformulierung des Sachproblems zu verändern weiß und damit den Verhandlungsprozess in eine produktive Richtung lenkt.

Nehmen Sie das Beispiel des langjährigen singapurischen UN-Diplomaten Tommy Koh, der den Vorsitz des Komitees zur Neuregelung unterseeischer Schürfrechte innehatte.[35] Er musste eine Gruppe von 150 Diplomaten führen, naturgemäß waren sinnvolle Verhandlungen in diesem großen Kreis kaum möglich. Er stand nun vor der Herausforderung, diesen Kreis für anspruchsvolle technische Fragen deutlich verkleinern zu müssen, um tragfähige Lösungen diskutieren zu können. Wie stellte er dies an, ohne jemanden vor den Kopf zu stoßen oder explizit auszuladen? Er mietete einen Raum für nur 40 Personen an und nannte die Gruppe »Group of Financial Experts«, ohne weitere Angaben zu machen. Weiterhin waren alle Teilnehmer eingeladen, jeder durfte selbst entscheiden, ob er teilnehmen mochte. Die meisten entschieden für sich, dass sie wohl keine Finanzexperten sind, und blieben der Veranstaltung fern. Der Raum genügte völlig, die Diskussion führte zur Lösung, und ein Eklat wurde vermieden. Das war Eleganz durch kluges Framing, in diesem Fall durch die Wahl des Gruppennamens.

Jede inhaltliche Äußerung wird von irgendeinem Rahmen begleitet. Zu jedem »was« gibt es naturgemäß ein »wie.« Es gibt drei Arten[36] von Rahmen, die in Verhandlungssituationen besondere Bedeutung haben.

Die erste Art sind sogenannte Gewinn-Verlust-Rahmen. Sie spielen bei zahlengebundenen Verhandlungen eine Rolle. Der eigene Vorschlag wird ins Verhältnis zu einem anderen Preispunkt, dem sogenannten Referenzpunkt, gebracht. Zum Beispiel könnte ein Bewerber in Ihrem Unternehmen, der Volljurist ist, argumentieren, dass Ihr Angebot von 80 000 Euro Jahresgehalt mehr als 30 Prozent unterhalb des üblichen Einstiegsgehalts bei einer Großkanzlei liegt. Das ist für Sie in der Rolle als Arbeitgeber ein nachteiliger Rahmen. Denn der Bewerber hat den Rahmen vor Ihnen gesetzt und der erste Rahmen ist immer dominanter als die folgenden Rahmen. Außerdem hat er einen Verlust-Rahmen gefasst. Und Verluste wiegt der Mensch doppelt so hoch wie Gewinne in gleicher Höhe. Der Schmerz, 10 000 Euro zu verlieren, ist zweimal größer als die Freude, 10 000 Euro zu gewinnen. Was können Sie gegen den Rahmen Ihres Bewerbers tun? Sie können Ihr Angebot mit einem anderen Rahmen versehen, indem Sie darauf hinweisen, dass 80 000 Euro Einstiegsgehalt rund 50 Prozent mehr (Gewinn-Frame) ist, als Akademiker üblicherweise als Einstiegsgehalt in Ihrem Unternehmen bekommen, und der Bewerber eigene Projekte gestalten darf, was in einer Großkanzlei nicht möglich wäre (Verlust-Frame).

Die zweite wichtige Möglichkeit, einen Rahmen in Verhandlungen zu setzen, ist, den Zeithorizont zu verschieben. So hört es sich noch verträglich an, wenn ein Cappuccino nur 2,90 Euro an der Kaffeebar kostet. Wenn Sie Ihrer Lebensgefährtin allerdings hochrechnen, dass täglich ein Cappuccino zu diesem Preis zu trinken auf das Jahr gerechnet mehr als 1 000 Euro kostet, dann könnte es sein, dass sie schnell die Freude an ihrem Kaffee verliert. Sie können in Ihren Verhandlungen auch große Summen klein machen. Kostet zum Beispiel ein Haus eine halbe Million mehr, als Sie sich als Limit gesetzt haben, sind das nur 46 Euro pro Tag auf 30 Jahre gerechnet. Das hört sich doch schon viel besser an.

Die dritte gängige Möglichkeit, einen Rahmen in Verhandlungen zu setzen, ist, Sachverhalte zu trennen oder zu verbinden. Damit beeinflussen Sie, ob etwas als klein oder groß wahrgenommen wird. Einer meiner Chefs hat mir eine Gehaltsanpassung damit verkauft, ich könne mir von der Erhöhung jeden Monat ein schönes Abendessen im Restaurant mit meiner Freundin und einem Gläschen Wein zusätzlich leisten. Das hörte sich gut an. Er trennte geschickt die Höhe der Gehaltsanpassung von meinem Grundgehalt. Dadurch erschien die Anhebung höher. Hätte er mit gesagt, dass mein Gehalt krisenbedingt nur von 81 000 auf 82 200 Euro erhöht wird, wäre ich wahrscheinlich mit hochrotem Kopf aus seinem Büro gerannt.

Genauso können Sie Sachverhalte elegant verbinden. Das führt dazu, dass der verbundene kleinere Teil noch kleiner erscheint. Autoverkäufer sind Meister darin. Das erklärt, warum Sie beim Kauf eines Neuwagens bereit sind, die Fußmatten mitzubestellen und 52 880 Euro statt 52 710 für Ihren Wagen bezahlen. Niemals würden Sie auf die Frage des Verkäufers mit Ja antworten, ob Sie aus Bequemlichkeit die Matten für 170 Euro mitbestellen möchten. Im Pkw-Zubehörladen kosten die nahezu identischen Matten 40 Euro.

Welche allgemeinen Framing-Strategien sollten Sie beim Verhandeln beachten? Denken Sie immer daran, dass der erste Rahmen häufig nicht hinterfragt wird und in jedem Fall stärker wirkt als spätere Reframing-Versuche. Besonders klug ist es, wenn Sie früh einen Rahmen finden, der Ihren Vorschlag vor dem Hintergrund der Interessen und Ziele Ihres Verhandlungspartners günstig erscheinen lässt.

12. 3-D-Verhandlungsmodell: Agieren Sie nicht nur am Verhandlungstisch

Wer sich beim Verhandeln nur auf den Verhandlungstisch konzentriert, verschenkt viel Potenzial. Wenn wir an Verhandlungen denken, kommt uns intuitiv das Gespräch mit unserem Gegenüber in den Sinn. Viele Ratgeber, viele Seminare konzentrieren sich auf die Gesprächssituation beim Verhandeln. Die meisten begreifen erfolgreiches Verhandeln als Fähigkeit, erfolgreich zu kommunizieren. Selbst die Vorbereitung dient dazu, das Gespräch mit dem Partner zu orchestrieren. Keine Frage, wer erfolgreich verhandeln möchte, muss am Verhandlungstisch effektiv kommunizieren und emotional intelligent sein. Das genügt aber nicht. Zwei weitere Dimensionen müssen hinzukommen. Die beiden Harvard-Professoren Lax und Sebenius haben dazu das 3-D-Verhandlungsmodell entwickelt.[37]

Die erste Dimension, auf der Sie agieren, ist der Verhandlungstisch, im 3-D-Modell »at the table.« Es geht darum, wie Sie die Kommunikation verbessern können, Vertrauen aufbauen oder mit persönlichen Angriffen umgehen. Die Personen und Taktiken am Verhandlungstisch stehen im Fokus.

Die nächste Dimension, auf der Sie handeln, findet am Reißbrett statt oder »at the drawing board.« Wie wird das Lösungspaket intelligent gestaltet? Es geht darum, so viel Wert wie möglich durch intelligente Lösungen zu schaffen. Damit erreichen Sie inhaltliche Ziele besser. Zusätzlich stellen Sie sicher, dass die Deals nachhaltig wirken. Das geht durch neue Lösungsideen oder eine kluge Deal-Struktur. Das Deal-Design findet allein, und mit Ihrem Team und mit Ihrem Partner statt.

Die dritte Ebene findet abseits des Verhandlungstisches, »away from the table«, statt. Hier geht es um die Architektur des gesamten Prozesses. Was ist die richtige Inszenierung und Sequenz der Ereignisse, sprich was bespricht wer wann mit wem? Sitzen die richtigen Parteien am Tisch? Wie lassen sich die Alternativen verbessern?

Ein hilfreiches Werkzeug, um die Situation abseits des Tisches zu analysieren, ist eine Übersichtskarte mit allen denkbaren Spielern anzufertigen. Wie das geht, sehen wir uns in Kapitel 2.4 unter »Knüpfen Sie systematisch und strategisch Ihr Wertschöpfungs-Netz« im Detail an.

Die drei Dimensionen des Verhandelns zeigen Ihnen gleichzeitig die drei Rollen des Verhandlungsführers: Er ist Architekt des Prozesses, Designer des Ergebnisses und Kommunikator am Tisch.[38]

1.2 Ablauf: Verhandeln Sie immer und heben Sie das Potenzial des Augenblicks

Viele meiner Kunden und Seminarteilnehmer wünschen sich ein Phasenmodell für ihre Verhandlungen. Sie möchten Schritt für Schritt einen Plan abarbeiten und so sicher zum Ergebnis kommen. Wie bei einem Backrezept. Das funktioniert leider nicht, ihr Partner und die Umwelt bringen viel zu viel Dynamik in den Verhandlungsprozess. Wie ein Pilot müssen Sie ständig mit Turbulenzen und sich verändernden Wetterbedingungen rechnen. Dabei dürfen Sie nicht Ihre Interessen und Ihre Ziele aus den Augen verlieren. Damit Sie wissen, wohin Sie steuern sollten, ist es im Laufe des Verhandlungsprozesses wichtig, immer wieder Ihren eigenen Standort zu bestimmen. Die Werkzeuge dazu werde ich Ihnen im zweiten Teil vorstellen.

Was den Ablauf einer Verhandlung anbelangt, rate ich Ihnen zu gelassener Achtsamkeit. Akzeptieren Sie, dass sich Verhandlungen dynamisch entwickeln. Das Wetter können Sie auch nicht kontrollieren. Durch Ihre Gelassenheit gewinnen Sie mentale Energie. Investieren Sie diese Energie besser in das Potenzial des Augenblicks.

Zum Ablauf von Verhandlungen existieren einige Mythen. Ihre Verhandlungsergebnisse werden sich deutlich verbessern, wenn Sie diese Mythen überwinden und Ihren Blick auf das Verhandlungsgeschehen weiten.

Mythos 1:
Das Verhandeln beginnt und endet am Verhandlungstisch

Unser mentales Bild einer anspruchsvollen Verhandlung sind zwei gegenüberliegende Tische. An jedem sitzen einige Personen. Wann beginnt diese Verhandlung?

Beginnt eine Tarifverhandlung, wenn der Arbeitgeberpräsident sein Grußwort verliest, nachdem sich die 20-köpfigen Teams vor Kameras die Hände geschüttelt haben und die Tür zugeht? Oder bereits dann, wenn sich die Unterhändler fünf Monate vorher vertraulich zu Sondierungen treffen? Oder mit der öffentlichen Äußerung des Vorstandsvorsitzenden sieben Monate vorher, die tarifliche Altersversorgung lasse sich wegen der Zinsen nicht mehr finanzieren? Oder ab dem Moment, an dem eine Seite beginnt, erste Überlegungen zur nächsten Verhandlungsrunde anzustellen?

Lassen Sie uns zunächst das Vokabular erweitern. Unterscheiden Sie zwischen dem gesamten Verhandlungsprozess und der einzelnen Verhandlungsepisode. Diese Unterscheidung ist wesentlich. Sobald Sie im gesamten Verhandlungsprozess denken, blicken Sie deutlich strategischer auf das Verhandeln. Sie gewinnen dadurch an Gestaltungsmöglichkeiten.

Eine Verhandlung ist eben nicht nur eine besondere Gesprächsform in Abgrenzung zu einer Debatte, Diskussion oder Besprechung. Verhandeln ist eine komplexe soziale Interaktion mit Prozesscharakter. Ist der Prozess erfolgreich, gibt es eine Einigung. Die Einigung ist eine gemeinsame Entscheidung für das Verhandlungsergebnis. Beide Seiten müssen »Ja« sagen. Im Verhandlungsergebnis sprechen die Partner sich ab, wie sie sich zukünftig verhalten werden. Wird die Absprache Realität, ist das Verhandlungsergebnis erfüllt.

Damit Sie kein Potenzial zur Gestaltung verschenken, empfehle ich Ihnen, den Verhandlungsprozess so breit wie möglich zu denken. Das bedeutet, ihn früh beginnen zu lassen und bis zur Umsetzung dranzubleiben. Sobald Ihnen die Idee in den Sinn kommt, eine Absprache mit einem anderen könnte Ihnen nutzen, aktivieren Sie Ihre Prozessintelligenz. Denken Sie als Erstes an das Ende. Mit wem müssten Sie sich bis wann einigen, um was zu erreichen? Was hält Sie davon ab? Welche Schritte sind dazu erforderlich? Wie lauten eigentlich Ihre Interessen? Wie die Ihres Partners? Welche Hebel stehen Ihnen zur Verfügung? Womöglich ist zu Beginn noch vieles unklar. Nicht jede Verhandlung ist so vorstrukturiert wie eine M&A-Verhandlung oder eine Tarifverhandlung. Manchmal gibt es nicht einmal einen richtigen Verhandlungstisch. Vielleicht sind Sie Lobbyist und möchten eine für Ihr Unternehmen ungünstige Steuer verringern oder streichen. Dann müssen Sie eine Idee entwickeln, wie eine Lösung aussehen könnte. Wen müssen Sie am Ende zu einem Ja bewegen? Welche Hebel haben Sie in der Hand? Wie sehen die Interessen aller Beteiligten aus?

Früh beginnen ist das eine. Von Beginn an die Umsetzung mitdenken und diese bis zur Erfüllung zu begleiten ist das andere. Ich habe schon zu viele Papiereinigungen gesehen, die niemals Realität wurden. Das kann viele Ursachen haben. Vielleicht ist eine Seite zu deal-orientiert, hat aber nicht vor Augen, wie schwierig es sein wird, den Deal umzusetzen. Binden Sie deshalb Experten für die Umsetzung von Beginn an ein. Vielleicht verhandelt eine Seite auch zu machtorientiert und erpresst damit die Unterschrift der anderen Seite. Die andere Seite plant dann vielleicht von Beginn an, die Umsetzung zu sabotieren. Um das zu verhindern, sollten Sie nach Möglichkeiten suchen, die Interessen der anderen Seite einzubeziehen, ohne den eigenen Nutzen zu schmälern. Vielleicht tauchen auch in der Umsetzung Schwierigkeiten auf, mit denen keiner gerechnet hat. Überlegen Sie in der Einigung, wie sie mit solchen Situationen umgehen. Vereinbaren Sie einen Konfliktlösungsmechanismus für diese Fälle.

Das ist der Vorteil, im breiten Prozess und nicht in der einzelnen Episode zu denken: Sie verschenken keine wertvolle Zeit am Anfang. Und Sie produzieren am Ende keinen Papiertiger, der den Konflikt nicht nachhaltig löst.

Auch die einzelne Verhandlungsepisode innerhalb des Gesamtprozesses hat übrigens eine Prozessstruktur. Die klassische Verhandlungsepisode ist das Verhandlungsgespräch. Aber auch ein Telefongespräch, ein Chat, eine SMS oder ein Brief können Verhandlungsepisoden sein. Das sehen wir uns in Kapitel 2.6 genauer an.

Mythos 2: Eine Verhandlung läuft Schritt für Schritt und nacheinander ab

Verhandeln nach Rezept funktioniert nicht, vor allem bei komplexen Sachverhalten. Ein chronologisches Schritt-für-Schritt-Abarbeiten eines festen Verhandlungsplans führt dann nicht zum Ziel. Logisch getrennte Verhandlungsschritte laufen häufig in mehreren Schleifen und teilweise nebeneinander ab. Darauf müssen Sie sich einstellen. Einige Verhandlungsratgeber definieren chronologische Phasen des Verhandlungsprozesses: Eröffnungs-, Rahmen-, Informations-, Argumentations- und schließlich Abschlussphase ist etwa ein vorgeschlagener Ablauf.[39] Dabei entsteht leicht die Vorstellung, die Phasen stellen sich von allein ein. Wer bereits an einer schlecht strukturierten Verhandlung teilgenommen hat, weiß, das ist leider nicht der Fall. Es ist Ihre Aufgabe als Verhandlungsführer, gemeinsam mit Ihren Partnern, der Verhandlung aktiv eine produktive Struktur zu geben. Je nach Situation können unterschiedliche Abläufe sinnvoll sein. Welche Strukturen geeignet sind, sehen wir uns beim Prinzip der Führung in Kapitel 2.3 genauer an.

Bitte verstehen Sie einen solchen Ablauf immer als logische und nicht chronologische Struktur. Kommen Sie an einem Punkt nicht weiter, hilft es, ein oder zwei logische Schritte zurückzugehen und diese Punkte zu überarbeiten.

Ist etwa die Faktenbasis noch zu schwammig, um tragfähige Lösungen zu entwickeln, kehren Sie wieder zur Feststellung der Fakten zurück. Geht das Vertrauen während der Verhandlung verloren, gilt es, wieder zwei Schritte zurückzugehen und persönliche Themen in den Vordergrund zu stellen.

Bevor es zu einer Einigung kommt, steht immer das Verhandlungsfinale. Für mich hat es sich in unzähligen Verhandlungen bewährt, systematisch auf diesen Punkt hinzuarbeiten. Einigen Sie sich, wenn möglich, zu einem frühen Zeitpunkt mit Ihrem Partner auf einen Termin für das Verhandlungsfinale. Während des Verhandlungsfinales kann die Erkenntnis reifen, dass einer der früheren Schritte nochmals wiederholt werden muss. Müssen doch noch einmal der Rahmen und die Machtverhältnisse geklärt werden? Müssen einzelne Themen hinzugefügt und nochmals besser aufbereitet werden? Rechnen Sie beim Verhandlungsfinale mit einer weiteren Schleife und bauen Sie einen Puffer ein.

Mythos 3:
Die Verhandlungsvorbereitung findet ohne Ihren Partner statt

Die Vorbereitung ist ein wichtiger Bestandteil des Verhandlungsprozesses. Sie ist integraler Bestandteil jeder Verhandlung. Fast alle Verhandlungsteams bereiten sich allein vor, um dann gut vorbereitet mit dem Partner zu verhandeln. In vielen Verhandlungsratgeber ist einer der wichtigsten Verhandlungstipps »vorbereiten, vorbereiten, vorbereiten«. Das dient nach meiner Erfahrung häufig als Ausrede, um möglichst viel Zeit ohne den Partner zu verbringen. Die Konfrontation mit dem Verhandlungspartner wird nach hinten geschoben. Ein Beispiel: Auf eine Verhandlung zu Überflugrechten hatten wir uns drei Jahre intensiv vorbereitet. Bei unserem ersten Zusammentreffen mit der russischen Seite mussten wir feststellen, dass sich die Interessen unserer Partner schon vor über einem Jahr fundamental verändert hatten. Der Großteil unserer vorbereiteten Vertragsentwürfe landete ungelesen im Papierkorb. Eine kurze Sondierung zu einem früheren Zeitpunkt hätte uns jahrelange Arbeit erspart.

Damit Sie und Ihre Teams sich nicht zu viel ohne den Partner vorbereiten, empfehle ich Ihnen das folgende mentale Bild für Ihren Verhandlungsprozess: Setzen Sie sich zum Ziel, das Verhandlungsfinale optimal vorzubereiten. Die Vorbereitung findet aber nicht nur allein statt, sondern gerade auch gemeinsam mit Ihrem Partner. Verstehen Sie den Großteil der Zeit, die Sie mit Ihrem Verhandlungspartner im Gespräch verbringen, als Vorbereitung auf das Verhandlungsfinale. Einseitige und gemeinsame Vorbereitung halten sich erfahrungsgemäß ungefähr die Waage.

Denn ich sehe zwei Gefahren einer zu intensiven einseitigen Vorbereitung ohne den Verhandlungspartner. Zum einen ist alleinige Vorbereitungszeit keine unendliche Ressource. In der gleichen Zeit könnten Sie auch mit Ihrem Partner Interessen ausloten, Fakten überprüfen und Lösungsoptionen generieren. Wie das richtige Verhältnis von alleiniger zu gemeinsamer Vorbereitung aussieht, hängt von Ihrer konkreten Verhandlung ab. Je komplexer ein Verhandlungsgegenstand ist, desto mehr Sinn ergibt es, mit dem Partner frühzeitig zu sprechen, um ein Abgleiten in unnütze Vorbereitung allein zu vermeiden.

Es gibt noch eine zweite Gefahr, wenn Sie sich zu viel allein vorbereiten. Im Rahmen Ihrer einseitigen Vorbereitung ist es sinnvoll, sich intensiv in Ihren Verhandlungspartner hineinzuversetzen. Welche Themen und Interessen könnten Ihn bewegen? Welche Alternativen und welche Hebel hält er in Händen? Welche Ideen haben wir, um seine Interessen zu adressieren, ohne unsere Interessen einzuschränken? Die Annahmen, die Sie im Rahmen der Vorbereitung treffen, sind lediglich Hypothesen. Es ist gut möglich, dass Sie danebenliegen. Je später Sie mit Ihrem Partner zusammentreffen, desto stärker manifestieren sich Ihre Hypothesen. Haben Sie sich zu lange auf eine bestimmte Sichtweise festgelegt, fällt es Ihnen schwer, diese im Dialog mit Ihrem Verhandlungspartner wieder zu hinterfragen. Sie beginnen Ihre eigenen Vermutungen zu glauben. Das kann Sie in die Irre locken. Dauern Verhandlungen länger, ist es auch nicht ungewöhnlich, dass sich Interessen und Haltungen auf beiden Seiten ändern. Hierfür ist es hilfreich, dass Sie sich angewöhnen, einmal gemachte Hypothesen zu hinterfragen. Wenn Sie zu viel Fokus auf die Vorbereitung ohne Partner legen, verschenken Sie das Potenzial des Augenblicks, das im direkten Austausch mit dem Verhandlungspartner liegt.

Wann endet die Vorbereitung und wann beginnt das Verhandlungsfinale? Das ist das Schöne beim Verhandeln: Das bestimmen Sie und Ihr Partner eigenverantwortlich. Die Phase der Vorbereitung, die teils einseitig, teil gemeinsam stattfindet, sollte möglichst viel Zeit einnehmen. Je intensiver der Informationsaustauch, umso wahrscheinlicher ist es am Ende, Lösungen zu finden, die den maximalen Nutzen beider Seiten ausschöpfen. Ohne Absprache der Partner endet ansonsten die Vorbereitungsphase mit dem ersten Anker, den eine der beiden Seiten wirft. Passiert das, beginnen die Partner zu feilschen, der Basar ist eröffnet. In der Regel passiert das viel zu früh, die Partner konnten bis dahin wesentliche Informationen noch nicht austauschen.

Deshalb empfehle ich Ihnen, zu Beginn einer Verhandlung einen Zeitpunkt festzulegen, zu dem beide Parteien beginnen, sich Paketvorschläge zu unterbreiten. Alternativ können Sie sich zu Beginn der Verhandlung auf die Spielregel einigen, erst dann ins Feilschen einzusteigen, wenn alle Informationen ausgetauscht sind und beide Partner damit einverstanden sind. Das gibt Ihnen die Möglichkeit, den Prozess immer wieder elegant zurück in die Informationsphase zu führen.

Was tun Sie, wenn sich ein Partner nicht auf ein gemeinsames Vorbereiten einlässt? Das kann Ihnen entweder aus Unwissenheit Ihres Partners passieren. Dann sollte es Ihnen gelingen, ihn davon zu überzeugen, dass die Vorbereitung auch in seinem Sinne ist. Nur so lassen sich seine Interessen optimal berücksichtigen und kreative Ideen finden. Oder ihr Partner möchte machtbasiert verhandeln. Er glaubt, er könne Ihnen seine Bedingungen diktieren, und erkennt nicht den Sinn einer gemeinsamen Vorbereitung. Zeigen Sie ihm die Risiken seines machtbasierten Ansatzes auf. Er könnte sich mit seiner Macht verkalkulieren. Und er riskiert, ein suboptimales Ergebnis zu erreichen, weil Sie weniger kooperieren werden als möglich. Sollte er wirklich ein machtbasiertes Ergebnis erreichen, wird es womöglich nur schleppend umgesetzt. In Kapitel 2.4. zu dem Prinzip der Zusammenarbeit werden wir noch intensiver auf diese Situation eingehen. Sind offizielle Vorbereitungsgespräche nicht möglich, sollten Sie nach inoffiziellen Möglichkeiten suchen, die Rahmenbedingungen auszuloten.

Mythos 4:
Abseits des Tisches wird analysiert, am Tisch wird agiert

Trennen Sie beim Verhandeln nicht zwischen Denken und Handeln.[40] Es besteht die Gefahr, dass sich bei Ihnen folgendes Fehlverhalten einschleicht: Abseits des Tisches verhalten Sie sich zu passiv und beachten zu wenig Ihre Handlungsoptionen. Sie warten zu sehr die Aktionsmöglichkeiten am Tisch ab. Am Verhandlungstisch sind Sie hingegen zu sehr im Aktionsmodus und nur noch in geringem Maße aufnahmebereit. Sie verschenken Gestaltungsraum.

Achten Sie auch abseits des Verhandlungstisches auf Ihre Handlungsmöglichkeiten. Denken und lernen Sie am Verhandlungstisch zu Personen und Sache. Weiter oben habe ich das Beispiel eines Vorstandsvorsitzenden genannt, der sieben Monate vor dem Auslaufen eines Tarifvertrags öffentlich verkündete, die tarifliche Altersversorgung sei nicht mehr zu finanzieren. Dieses Beispiel zeigt, dass Sie auch ohne direkte Interaktion mit dem Verhandlungspartner Einfluss auf den Verlauf der Verhandlungen nehmen.

Es gibt viele weitere Beispiele einseitigen Handelns, mit dem Sie den Verhandlungsverlauf beeinflussen: Sie kündigen eine Standortverlagerung an. Sie starten eine Medienkampagne. Sie erheben Klage gegen Ihren Verhandlungspartner. Gespräche mit einem Konkurrenten werden öffentlich. Sie führen ein Hintergrundgespräch mit Journalisten oder Bloggern. Sie laden mehrere Konfliktparteien zu einem runden Tisch ein. Und so weiter. Bitte verstehen Sie mich nicht falsch: Ich treffe hier keine Aussage darüber, ob diese Mittel zielführend sind oder nicht. Das kommt auf die konkrete Situation an. Durch einseitige Aktionen besteht immer die Gefahr, den Verhandlungspartner vor den Kopf zu stoßen. Dies könnte seine Bereitschaft zusammenzuarbeiten empfindlich stören. Der Erfolg dieser Mittel hängt immer davon ab, wie gut sie dem Partner kommuniziert werden und in welchen Rahmen sie verpackt sind. Bedenken Sie die Begleitschäden Ihres einseitigen Handels. Verringern Sie die Folgen durch geschickte Kommunikation und schrittweise Eskalation. Denken Sie über eine Standortverlagerung wegen zu hoher Mieten nach, dann könnten Sie Ihrem Vermieter versichern, Sie würden am liebsten in seinen Räumen bleiben. Sie könnten ihm Ihre alternativen Optionen aufzeigen. Oder auf Mechanismen hinweisen, die Sie bald nicht mehr vollständig kontrollieren können, wie drohende Vorstandsbeschlüsse. Vielleicht verlagern Sie zunächst nur eine kleinere Einheit. Dies zeigt allen Beteiligten auf, wie entschlossen Sie sind, und lässt dennoch Raum, um gegenzusteuern.

Für viele ist das Aufeinandertreffen am Verhandlungstisch der Showdown. Mit geschickten Argumenten wird die andere Seite ausgekontert. Schlagfertig werden die Ausführungen der anderen Seite pariert. Dabei vergessen Sie vollkommen, dass Sie gerade im Dialog mit Ihrem Partner die einmalige Chance haben, seine Gedankenwelt besser zu verstehen. Ja, Sie können am Verhandlungstisch agieren: Sie können Vorschläge unterbreiten und Forderungen stellen, Sie können Ihrem Partner Konsequenzen erläutern und ihn beeinflussen. Aber Sie können den Austausch mit Ihrem Partner auch dazu verwenden zu lernen, was Ihrem Partner wichtig ist. Oder welche Alternativen ihm zur Verfügung stehen. Nehmen Sie sich bewusst für jede Verhandlungssitzung Lernziele vor und überlegen Sie, welche Ihrer wichtigsten Hypothesen Sie überprüfen möchten.

Wir haben mit einigen falschen Vorstellungen zum Ablauf des Verhandelns gebrochen. Was bedeutet das positiv formuliert?

Denken Sie beim Verhandeln immer in einem breiten Gesamtprozess. Der Prozess sollte so spät wie möglich enden und so früh wie möglich beginnen. Ihre Verhandlung endet erst, wenn Sie Ihren Zielzustand erreicht haben. Sie beginnt mit der ersten Idee.

Nutzen Sie den Kreislaufcharakter des Verhandelns. Kommen Sie an einem Punkt nicht weiter, verhaken Sie sich nicht, sondern gehen Sie ein oder zwei Schritte zurück. Die drei Ebenen Prozess, Sache und Beziehung sind hilfreiche Strukturelemente. Es gibt aber auch andere, wie wir im weiteren Verlauf sehen werden. Verstehen Sie sich gemeinsam mit Ihrem Partner als Gestalter des Verhandlungsprozesses. Von allein wird gar nichts passieren.

Begreifen Sie einen Großteil der Zeit vor dem Abschluss als Vorbereitungszeit. Nutzen Sie nicht nur die Zeit allein, sondern vor allem die Zeit mit dem Partner, um sich auf das Verhandlungsfinale kurz vor der endgültigen Einigung vorzubereiten.

Prüfen Sie in jeder Phase, egal ob allein oder mit Partner, ob Sie in dieser Phase handeln oder etwas lernen können oder beides gleichzeitig.

Das handwerkliche Fundament für Ihre Verhandlungen ist gelegt. Sie haben eine Vorstellung davon entwickelt, wie Sie die Prozessstruktur einer Verhandlung optimal für sich nutzen. Jetzt sehen wir uns an, wie Sie mit der richtigen Haltung die Weichen stellen, um systematisch erfolgreich zu verhandeln.

1.3 Haltung: Übernehmen Sie optimistisch Verantwortung für Ihren Verhandlungserfolg

Begreifen Sie jede Verhandlung als großartige Chance

Verhandeln Sie gerne? Falls nicht, sind Sie in bester Gesellschaft. Ungefähr 60 bis 70 Prozent meiner Seminarteilnehmer verneinen zu Beginn des Seminars diese Frage. Und selbst bei Top-Managern erlebe ich es immer wieder, dass sie Verhandlungen konsequent aus dem Weg gehen. Das ist schade. Studien zeigen, dass Sie systematisch bessere Ergebnisse in Ihren Verhandlungen erzielen, wenn Sie sich vor der Verhandlung auf das konzentrieren, was Sie erreichen können, und nicht auf das, was Sie vermeiden möchten.[41]

Meine Erfahrung zeigt, dass es einen grundlegenden Unterschied macht, wenn der Verhandlungsführer optimistisch die Chancen betont, die ein produktiver Prozess in der anstehenden Verhandlung mit sich bringt. Doch Vorsicht: Damit ist nicht gemeint, überzogene Fantasien zu entwickeln, welches konkrete Ergebnis Sie in einer Verhandlung erreichen können. Wunschdenken führt zu unnötig aggressivem Auftreten und unangemessener Risikobereitschaft.[42] Der Punkt ist: Lernen Sie, darauf zu vertrauen, dass Verhandeln die effizienteste Methode ist, um unterschiedliche Interessen auszugleichen.

Schauen wir zunächst auf den Ausgangspunkt jeder Verhandlung: Zu Beginn steht ein Interessenunterschied der Verhandlungspartner, für den im weiteren Verlauf eine Lösung zu finden ist. Wären sich die Partner einig oder hätten sie kein Interesse an einer Lösung, müssten sie nicht verhandeln. Dies stimmt für einen zukunftsbezogenen Deal zu einem Joint Venture ebenso wie für eine vergangenheitsbezogene streitige Verhandlung zu einem Schadensausgleich. Diese unterschiedlichen Interessen beider Seiten an einer möglichen gemeinsamen Lösung, stellen technisch gesehen einen Konflikt dar. Wichtig ist nun Folgendes: Diese Struktur des Konflikts ist vollkommen neutral. Wir dürfen sie nicht mit Gefühlen wie Wut verwechseln, die möglicherweise den Konflikt begleiten. Verhaltensweisen wie Aggressionen sind ebenfalls nicht der Konflikt selbst. Sehen wir uns die Herkunft des Wortes Konflikt an. Das Wort Konflikt stammt vom lateinischen »confligere« ab, was einerseits »kämpfen« bedeutet, andererseits aber einfach und sachlich »zusammentreffen« heißt. Konzentrieren Sie sich auf Letzteres. Was hilft uns diese akademische Einsicht, dass der Konflikt an sich neutral ist? Sie gibt uns die Chance, diesen neutralen Kern mit einem positiven Rahmen zu versehen, der uns bei Verhandlungen erfolgreicher macht.

Für mich persönlich ist jede Verhandlung eine großartige Gelegenheit, Neues zu lernen. Sie können wochenlang Tarifverträge lesen, es ist aber etwas vollkommen anderes, wenn Ihnen Experten und Betroffene erläutern, welche konkreten Folgen ein technisch anmutende Ruhezeitenregelung für das Familienleben der Mitarbeiter hat. Durch die unterschiedlichen Ansichten und Perspektiven müssen Sie Ihre eigenen Vorstellungen hinterfragen und gewinnen ein realistischeres Bild von der Wirklichkeit. Zusätzlich lernen Sie sich selbst, Ihre Kollegen und Ihre Verhandlungspartner durch das gemeinsame Ringen am oder abseits des Verhandlungstisches deutlich intensiver kennen. Mein erster Chef – ein brillanter Verhandler – gab mir ganz zu Beginn meiner Karriere dann auch folgenden feierlichen Hinweis: »Florian, achte darauf: Du gehst aus jeder großen Verhandlung als ein anderer heraus, als du hineingegangen bist.«

Bei geschäftlichen Verhandlungen gilt das Gleiche wie bei privaten Beziehungen: Einen Konflikt zu vermeiden bedeutet nicht Harmonie, sondern der nicht aufgelöste Konflikt belastet die Beziehung. Gelingt es Ihnen aber, einen nachhaltigen Konfliktausgleich zu organisieren, kann dies häufig der Wendepunkt für ein besseres Miteinander sein. Gerade in intensiven Konfliktverhandlungen lernen wir uns gegenseitig besser kennen und besser einzuschätzen und müssen uns in Zukunft nichts mehr vorspielen. Mein eigenes Erleben ist: Gerade in den Fällen, in denen es gelungen ist, trotz schwieriger Probleme, großer Emotion und Aggressivität am Ende eine tragfähige Lösung zu vereinbaren, ist die Beziehungsebene der Verhandlungsführer in der Zukunft durch nichts mehr zu erschüttern. Auch wenn es gilt, einen ähnlich anspruchsvollen Konflikt erneut aufzulösen.

Verhandlungen sind nicht nur der Ort, intensiv zu lernen und Beziehungen zu festigen, sondern sie sind auch eine wichtige Quelle von Innovation und Veränderung. Große und erfolgreiche Veränderungen in der Menschheitsgeschichte wurden durch Verhandlungen in Gang gesetzt, und meist wurde dabei unnötiges Blutvergießen vermieden. Kostproben gefällig?

- **Die Vereinbarung zur Kubakrise 1962:** US-Präsident Kennedy und Sowjetführer Chruschtschow verhinderten nach der Stationierung sowjetischer Mittelstreckenraketen auf Kuba durch geheime Verhandlungen einen Atomkrieg. In der Nachfolge wurden die internationalen Beziehungen neu geordnet, und die internationale Sicherheitslage entspannte sich.
- **Das Camp-David-Abkommen 1978:** Verhandlung zwischen Israels Ministerpräsident Begin und Ägyptens Staatschef Sadat auf Vermittlung von US-Präsident Carter in Camp David. Die Verhandlungen führten zum israelisch-ägyptischen Friedensvertrag und zum israelischen Truppenabzug vom Sinai. Die Verhandlungen waren ein erster Schritt zu einer Aussöhnung zwischen Israel und seinen Nachbarländern. Sadat und Begin erhielten für ihren Erfolg den Friedensnobelpreis.

- **Das Washingtoner Vertrag über nukleare Mittelstreckensysteme 1988:** Zwischen US-Präsident Reagan und Sowjetführer Gorbatschow verhandelter Vertrag über die Vernichtung nuklearer Mittelstreckensysteme (»doppelte Nulllösung«). Dadurch wurde das Ende des Kalten Krieges eingeläutet.
- **Die Mandela-De-Clerk-Vereinbarung in Südafrika 1993:** Nach der Freilassung von Nelson Mandela nach 27 Jahren Haft verhandelte er mit dem Apartheitsregime im Februar 1993 eine Vereinbarung über freie Wahlen und eine fünfjährige Phase der nationalen Einheit. Diese Vereinbarung ermöglichte einen kaum für möglich gehaltenen friedlichen Übergang zu einer freien Gesellschaft in Südafrika.
- **Das Karfreitagsabkommen zum Nordirlandkonflikt 1998:** Durch dieses Abkommen zwischen den Konfliktparteien konnte der seit den 60er-Jahren schwelende Nordirlandkonflikt mit über 3500 Toten friedlich beendet werden. Seit dem Abkommen hat sich das öffentliche Leben auf der irischen Insel normalisiert.

Wenn es gelungen ist, diese historischen Konflikte zu lösen und zu einem besseren Miteinander zu führen, dann ist dies bei Alltagskonflikten und alltäglichen Business-Konflikten ebenfalls möglich.

Lassen Sie mich diesen Punkt zusammenfassen: Betrachten Sie den Interessenkonflikt als Ausgangspunkt jeder Verhandlung neutral. Begreifen Sie den Verhandlungsprozess als Chance, Neues zu lernen, Beziehungen aufzubauen und zu stabilisieren und echte, nachhaltige Veränderungen zu erreichen. Nicht alles davon ist bei jeder Verhandlung möglich und sinnvoll. Aber mit dieser positiven Grundhaltung werden Sie häufiger und häufiger erfolgreich verhandeln.

Vertrauen Sie auf die menschliche Fähigkeit zur gemeinsamen Problemlösung

Geraten Verhandlungen in die Sackgasse, bekommen viele Verhandler ein pessimistisches Menschenbild. Der gefestigte Verhandlungsführer lässt sich davon nicht beeindrucken. Gerade die Fähigkeit, den Kurs des Verhandlungsteams auch in schwierigem Fahrwasser auf Kooperation zu halten, unterscheidet nach meiner Ansicht den Profi vom Laien.

Da ich Sie nicht durch reinen Zweckoptimismus überzeugen möchte: Warum ist diese Zuversicht inhaltlich berechtigt?

Außer Frage steht, dass jeder Mensch für sich allein die Fähigkeit besitzt, anspruchsvolle Probleme zu lösen. Aber auch Schimpansen und Delfine sind in dieser Disziplin nicht schlecht. Was den Homo sapiens wirklich von allen anderen Tieren unterscheidet, ist seine Fähigkeit zur äußerst flexiblen Kooperation, sogar mit Menschen, die er kaum oder gar nicht kennt.[43] Genau diese Fähigkeit, in Gruppen, die nicht dem eigenen »Rudel« entsprechen, zusammenzuarbeiten, war entscheidend für das Überleben der frühen Menschen. Und diese Fähigkeit ist bis heute entscheidend, um bei kniffligen Verhandlungen zu »überleben.«

Ihr Job als Verhandlungsführer ist es, schwierige Verhandlungen immer wieder als gemeinsamen Problemlösungsprozess mit Ihrem Verhandlungspartner zu begreifen und zu gestalten. Es mag uns schwerfallen, aber es geht immer wieder darum, hartnäckig den Wert und die Chancen der Kooperation zu unterstreichen. Der Harvard-Professor Dan Shapiro spricht hier vom sogenannten »unnachgiebigen wir«[44]. Wenn es gelungen ist, den Nordirlandkonflikt oder die Apartheit in Südafrika mit guten Verhandlungen zu überwinden, dann wird es in Ihrem Konflikt die Möglichkeit geben, gute Lösungen zu entwickeln. Ich spreche hier nicht von der einfachen Preisverhandlung, sprich vom Feilschen im Basarmodus. Nach meiner Erfahrung entsprechen die wenigsten Verhandlungen in Wirtschaft und der Politik diesem simplen Modell, das durch alle Verhandlungsratgeber geistert. Je komplexer Verhandlungen werden, desto weniger kommen Sie mit Feilschen allein ans Ziel. Menschen haben immer wieder knifflige Probleme gemeinsam gelöst. Wenn Sie möchten, können Sie diese Problemlösungsprozesse Verhandlung nennen. Wie diese gemeinsame Problemlösung konkret funktioniert, werden wir im weiteren Verlauf des Buchs klären. Intelligente Vorbereitung und Prozesse, gute Kommunikation und kreatives Lösungsdesign sind dabei wichtige Elemente. Für jetzt genügt es zu verinnerlichen, dass Menschen von der Evolution hervorragend ausgestattet sind, um gemeinsam mit anderen Menschen Probleme zu lösen, und es Ihre Aufgabe ist, sich selbst, Ihr Team und Ihren Verhandlungspartner fundiert daran zu erinnern.

Verstehen Sie Verhandlungen als schöpferischen Akt und nicht nur als Machtspiel

Geld und Muskeln spielen bei Konflikten eine zentrale Rolle. Wer Verhandlungen zum Erfolg führen möchte, darf nicht davor zurückschrecken, Macht auszuüben. Erfolgreiche Manager sind üblicherweise besonders gut darin, Macht auszuüben. Aber sich nur auf Macht, zumindest im klassischen Sinne, zu fokussieren ist gefährlich.

Denn das kann zur Folge haben, dass Sie nicht das volle Potenzial ausschöpfen, das Sie am Verhandlungstisch heben könnten. Das können Sie sich bei schwierigen Verhandlungen nicht leisten, denn die Lösungsräume sind eng und die zu lösenden Probleme anspruchsvoll. Komplexere Probleme zeichnen sich gerade dadurch aus, dass es für sie keine fertigen Lösungen aus dem Regal gibt. Deshalb sollten so viele kluge Köpfe wie möglich an der Problemlösung arbeiten, optimalerweise auch Ihr Verhandlungspartner.

Sofern Sie ein kreativer Mensch sind, können Sie sich freuen. Verhandlungen sind der Moment, in dem Sie etwas Neues schaffen können. Neben den Lösungsideen ist auch Kreativität erforderlich, um den Verhandlungsprozess effektiv zu designen, beispielsweise, wenn Sie in die Sackgasse geraten. Auch die Pflege der Beziehungsebene erfordert, einfallsreich und erfinderisch zu sein.

Was ist aber, wenn Sie fest daran glauben, dass man in Konflikten vor allem durch Machtausübung zum Erfolg kommt? Dann widerspreche ich Ihnen nicht. Ich weise an dieser Stelle nur auf zwei wichtige Punkte zum Verhältnis von Macht und Kreativität hin.

Erstens: Haben Sie keine zu einfache Vorstellung von echter Verhandlungsmacht. Verhandlungsmacht hängt von der konkreten Situation und den Umständen ab. Das merken Sie spätestens, wenn Sie als kräftiger und studierter Erwachsener an der Supermarktkasse von Ihrem Kleinkind unter Druck gesetzt werden. Verhandlungsmacht kennt zudem zahlreiche andere Erscheinungsformen als Geld und Muskeln. In der Regel ist es entscheidender gute Informationen zum Verhandlungsgegenstand zu organisieren oder gute Alternativen zu einem Verhandlungsergebnis mit Ihrem aktuellen Verhandlungspartner zu entwickeln. Oder dass es Ihnen empathisch gelingt, die Interessen Ihres Partners zu verstehen, und Sie deshalb eine Lösung finden, auf die sonst niemand gekommen wäre. Eine besonders wichtige Quelle für echte Verhandlungsmacht ist Kreativität, beispielsweise für gute Lösungsideen.[45]

Zweitens: Wenn Sie Machtausübung für wichtig halten, dann sollten Sie in Verhandlungen die Fähigkeit entwickeln, diese geschickt und differenziert zu kommunizieren und zum richtigen Zeitpunkt zu verwenden. Gute Generäle sind meist nicht die besten Diplomaten. Wer es als Manager gewohnt ist, dass sich viele Dinge hierarchisch lösen, läuft bei Verhandlungen auf Augenhöhe Gefahr, dass er seinen Verhandlungspartner überfordert. Eine Machtandrohung zum falschen Zeitpunkt oder mit dem falschen Zungenschlag hemmt die Kreativität aller Beteiligten.[46] Das verhindert, dass ein optimales Verhandlungsergebnis erreicht wird. Ich vermute, dass Ihnen an der Supermarktkasse unter dem Druck Ihres schreienden Kindes nur selten geniale Lösungen einfallen, wie Sie die Situation auflösen können.

Stehen Sie hart für Ihre Interessen ein und lassen Sie sich nicht ausbeuten

Ich empfehle Ihnen, ein harter Verhandler zu sein. Wirklich? Ja, wirklich. Wichtig ist dabei nur, dass sich Ihre Härte ausschließlich darauf bezieht, sich konsequent und hartnäckig für Ihre wichtigsten Interessen einsetzen. Die Kunst besteht darin, dieses Eintreten für Ihre wesentlichen Bedürfnisse, Wünsche, Anliegen und Ängste[47] zum geeigneten Zeitpunkt so zu erklären, dass Ihrem Verhandlungspartner Inhalt und Bedeutung klar werden und gleichzeitig keine unnötige Schärfe in das Gespräch kommt. Die Härte sollte sich gerade nicht auf die Art und Weise beziehen, wie Sie etwas darstellen. »Weich im Ton, hart in der Sache« lautet hier die Zauberformel. Damit das gelingt, müssen Sie sich erst einmal selbst klar werden, worin Ihre Interessen bestehen und was Ihnen wichtig ist und was nicht.

Unterschätzen Sie nicht die Herausforderung, die es bedeutet, konsequent für die Interessen der eigenen Seite einzustehen, so lange bis eine Lösung gefunden ist. Es ist deutlich leichter, zunächst im Verhandlungsgespräch verbale Härte zu zeigen, am Ende aber in der Sache klein beizugeben.

»Achten Sie auf die Interessen« ist die zentrale, großartige Idee des Verhandlungsklassikers »Das Harvard-Konzept.« Wer allerdings zu früh seine Interessen preisgibt, kann Schiffbruch in Verhandlungen erleiden. Solange Sie Ihrem Verhandlungspartner noch nicht trauen können, müssen Sie damit rechnen, dass er versucht, sich durch Finten einen unfairen Vorteil zu verschaffen. Ein beliebter Trick ist es, seinem Verhandlungspartner das Hohelied des partnerschaftlichen Verhandelns zu singen, ihm seine wichtigsten Interessen im Detail zu entlocken und diese dann systematisch auszubeuten. Diese und andere Finten müssen Sie kennen, um sie zu erkennen. Auch wenn das Ziel Ihrer Verhandlung eine optimale Lösung ist und diese in einer idealen Welt durch gemeinsame Problemlösung entsteht, sollten Sie weder naiv noch unvorsichtig sein.

Streben Sie den Verhandlungsflow als Zustand maximaler Lösungsfähigkeit an

Verhandlungsflow ist der Sehnsuchtsort jedes Verhandlungsführers. Wenn Sie und Ihr Verhandlungsteam schon einmal dort gewesen sind, möchten Sie immer wieder hin.

Hier ein Beispiel für Verhandlungsflow aus meiner eigenen Erfahrung: Nach einer Woche Streik am Stück war die Stimmung zwischen Gewerkschaft und Arbeitgeber im Keller. Aus taktischen Gründen wechselten wir die Verhandlungsführung und verhandelten dann sechs Monate über verschiedene Reformtarifverträge, teilweise mithilfe von Moderatoren und Mediatoren. In dieser Zeit wurden sich die handelnden Personen auf beiden Seiten immer vertrauter, wir lernten uns kennen. Schließlich stand der Deal. Sektkorken knallten. Pressekonferenz mit Händeschütteln. Tagesschau. Urlaub.

Als ich aus dem Urlaub zurückkam, stand in meinem Terminkalender zu meiner Verblüffung als erster Termin gleich ein Treffen mit Anwälten und Vorständen an. Die neue Altersversorgung (180 Seiten Tarifvertrag) war rechtswidrig! Und damit war das gesamte Tarifpaket infrage gestellt und wieder aufgeschnürt. Unsere einzige Chance war, ein völlig anderes System der Altersvorsorge und Vergütung zu entwerfen. Wir hatten allerdings nur noch eine Woche Zeit, denn der Start der neuen Altersversorgung war öffentlich bekannt, es gab kein Zurück. Mein Pessimismus war erheblich, wie sollten wir die Arbeit von sechs Monaten in einer Woche wiederholen, dazu noch ohne Idee, wie wir die Rechtswidrigkeit überwinden sollten?

Ich behielt als Verhandlungsführer meine Schwarzseherei für mich. Niemand sollte demotiviert werden. Wir hatten ein kleines Team gebildet, je vier Experten von Gewerkschafts- und Arbeitgeberseite, dazu zwei externe Experten. Beide Seiten hatten einzig das Ziel, die Quadratur des Kreises zu schaffen und das gesamte Paket und damit den Tariffrieden zusammenzuhalten. Die Regeln waren klar und einfach: Wir schließen uns eine Arbeitswoche weg, alle Informationen bleiben im Raum, jeder denkt für jeden mit, es gibt keine anderen Themen als unsere gemeinsame »Kniffelaufgabe.« Jeder, der eine Idee hat, spricht sie aus, auch wenn sie erst mal fernliegend erscheint. Niemand bewertet vorschnell, es gibt keine »dummen« Vorschläge; keiner wird an irgendetwas festgehalten, bis wir die Gesamtlösung gefunden haben.

Und: Das Wunder geschah. Einer der Gewerkschaftsvertreter hatte schon am zweiten Tag eine für uns vorteilhafte Idee, die aber zu einer rechtmäßigen Altersversorgung führen würde. Die Experten feilten an den Details. Wir Arbeitgebervertreter überlegten uns gleichzeitig, wie wir den Nachteil für die Gewerkschaft beziehungsweise Mitarbeiter ausgleichen könnten. Eigentlich eine verkehrte Welt. Aber am Ende der Woche stand die Lösung, die wirtschaftlich für beide Seiten neutral war. Und keiner von uns wusste mehr genau, wie die Zeit so schnell vergangen war.

Doch was genau ist Verhandlungsflow und wie erreicht man ihn? Die individuelle Beschreibung des Flowzustandes, die erstmals durch den Psychologen Csíkszentmihályi[48] erfolgte, ist vielen bekannt. Das Flowerleben ist ein länger andauernder Schaffens- oder Tätigkeitsrausch, der entsteht, wenn ein Mensch genau richtig gefordert ist, also sich weder über- noch unterfordert fühlt. Dieser Zustand kann einzeln oder in einer Gruppe erlebt werden. Letzteres ist der sogenannte Teamflow, der gut erforscht ist.[49] Der Verhandlungsflow ist ein Sonderfall des Teamflows. Den Verhandlungsführern gelingt es, zu zweit oder zusammen mit ihren jeweiligen Verhandlungsteams, über die Grenzen des »Verhandlungsgrabens«, ein effektives, problemlösendes Team zu bilden. Zum Verständnis ist wichtig, zwischen dem Floweerleben und dem Flowzugang zu unterscheiden. Der Flowzugang ist die Tür zum Verhandlungsflow; das Flowerleben ist in diesem Bild dann der Raum, in dem Verhandlungsflow erlebt werden kann.

Im Kern erlebt man gemeinsam mit dem Verhandlungspartner einen längeren und fokussierten Zustand der gemeinsamen Problemlösung. Dieser Zustand wird in der Regel von den Verhandlungsteilnehmern als befriedigend und zielführend empfunden. Welche weiteren Charakteristika gibt es?[50]

- Die Verhandlungspartner haben einen gemeinsamen Sinn dafür, dass sie gerade Fortschritte erzielen.
- Sie fühlen sich vorübergehend als eine Einheit, die zusammen und effizient an der Problemlösung arbeitet.
- Jede Seite berücksichtigt sowohl die eigenen Belange als auch die Belange der anderen Seite.
- Die Partner vertrauen sich gegenseitig, gehen offen und respektvoll miteinander um und akzeptieren eine wechselseitige Verletzlichkeit, da nicht zu befürchten ist, dass diese von der anderen Seite ausgenutzt wird.
- Auf der individuellen Ebene erleben einzelne Teammitglieder Flow im Sinne einer Funktionslust beziehungsweise eines Schaffensrausches.

Es gibt keine Garantie dafür, dass Sie Verhandlungsflow erreichen. Allerdings gibt es einige Faktoren, die es wahrscheinlicher machen, in diesen Zustand zu gelangen:

- Möglichst viele Beteiligte auf beiden Seiten haben schon selbst Verhandlungsflow erlebt. Besonders hilfreich ist es, wenn die Verhandlungspartner auf beiden Seiten in gleicher oder ähnlicher Aufstellung in den Verhandlungsflow geraten sind. »Never change successful negotiation set-ups« ist hier meine Empfehlung.
- Die Verhandlungspartner sind miteinander vertraut.[51] Sie haben eine gemeinsame Sprache entwickelt, haben gelernt, einander zuhören, gemeinsame Regeln vereinbart und ein vertieftes Verständnis für die gegenseitigen Ziele und Interessen entwickelt.
- Den Partnern ist es gelungen, bei aller Gegensätzlichkeit gemeinsame Interessen und Ziele zu formulieren, und sie haben einen gemeinsamen Arbeitsprozess mit einem vereinbarten Zeitplan mit definiertem Endpunkt etabliert.
- Die Verhandlungspartner fühlen sich während der Problemlösung sicher. Sie trauen sich, Risiken einzugehen und sich inhaltlich zu öffnen. Kein Verhandlungsteilnehmer sollte das Risiko eingehen müssen, dass seine Vorschläge herabgewürdigt werden oder gegen ihn verwendet werden. Dies gilt für das eigene Verhandlungsteam, die Verhandlungspartner und vor allem auch für Dritte außerhalb des Verhandlungsprozesses. Wichtig ist dabei, dass das Risiko der Veröffentlichung oder des Missbrauchs von Vorschlägen nicht nur für die akute Verhandlungssituation abgeschaltet wird, sondern auch für die Zukunft. Zu oft habe ich es erlebt, dass Informationen, die in einem vertraulichen Rahmen gegeben wurde, später, als sich das Verhältnis eintrübte, gegen die andere Seite absichtlich oder aus Versehen verwendet wurden. Dies führt zu schweren Schäden in der Beziehung. Wie können Sie das verhindern? Sinnvoll ist es, klare Spielregeln zur Vertraulichkeit zu vereinbaren. Im Extremfall haben wir mit sogenannten geschützten Räumen gearbeitet, die mit ge-

meinsam vereinbarten strafbewährten Vertraulichkeitserklärungen, Verwertungsverboten und detaillierten Verhaltensregeln (»Do's and Don'ts«) geschützt und professionell von der Öffentlichkeit abgeschirmt wurden. Gelingt es Ihnen, Sicherheit zu schaffen, hat dies in aller Regel zur Folge, dass eine gemeinsame Offenheit entsteht, unterschiedliche Lösungsansätze zu besprechen. Dies ist eine wichtige Voraussetzung, um optimale Ergebnisse zu finden. Diese Sicherheit, etwas offen aussprechen zu können, ohne dass es sofort oder später gegen einen verwendet wird, bezeichnet man als Vertrauen. Damit ist Vertrauen beides: Voraussetzung und Folge von Verhandlungsflow. Sprich, ein sich selbst verstärkender positiver Regelkreis.

- Solange die Frage der jeweiligen Mächtigkeit im Vordergrund steht und ungeklärt ist, fehlt es an der nötigen Stabilität, um in einen kooperativen Teammodus über die Verhandlungsgrenzen hinwegzugelangen. Wenn jede Seite zum Beispiel glaubt, dass sie mit Streiks beziehungsweise Streikaushalten der anderen Seite ihren Willen aufzwingen kann, ist es schwierig, die Klarheit über die jeweilige Mächtigkeit zu haben, die erforderlich ist, um sich auf die Problemlösung zu konzentrieren und sich nicht permanent mit Machtspielen beschäftigen zu müssen. Was tun? Entweder mit möglichst wenig Aufgeregtheit die unterschiedlichen Ausgangssituationen klären oder gar nicht erst die Machtfrage stellen, sondern sich sofort auf die Problemlösung fokussieren. Wie allgemein mit dem Thema »Verhandlungsmacht« umzugehen ist, werden wir ausführlich in Kapitel 2.3. unter »Stärken Sie Ihre Verhandlungsmacht« vertiefen.
- Für das Verhandlungsgespräch gibt es ein anspruchsvolles und klar umrissenes Ziel, was es zu erreichen gilt. Sehr hilfreich für die Entstehung von Flow ist dabei, wenn dieses Ziel eine echte Herausforderung für die Beteiligten ist. Dann gibt es keine überschüssige Energie für andere Tätigkeiten, um sich gegenseitig von der Lösungssuche abzulenken.[52] Ein solches Ziel könnte zum Beispiel sein, »Schriftliche Fixierung von zwei vorstellbaren Lösungspaketen zum Thema XY, die im Nachgang jede Seite für sich bewerten kann«.
- Schließlich erhöht ein miteinander eingespieltes Team auf beiden Seiten die Wahrscheinlichkeit, dass wirklich Verhandlungsflow entsteht. Das bedeutet, dass die Partner ihre gegenseitigen Stärken und Schwächen gut einschätzen können und dass die vorhandenen und sich ergänzenden Fähigkeiten aller Verhandlungsteilnehmer auch tatsächlich genutzt werden.[53] Dies erfordert ein erhebliches Maß an gegenseitiger Koordination. Warum ist es so wichtig, dass jeder sich einbringen kann? Für individuelle Flowerlebnisse ist es entscheidend, dass die aktuelle Aufgabe genau richtig zwischen persönlicher Herausforderung und dem Gefühl der Kontrollierbarkeit der aktuellen Situation balanciert ist. Mein Ratschlag: Achten Sie wann immer möglich als Verhandlungsführer darauf, dass alle Verhandlungsteilnehmer eine Aufgabe haben. Dies gilt für ihr Team und auch für die Teams Ih-

rer Verhandlungspartner, sofern Sie die Chance bekommen, darauf Einfluss zu nehmen.

- Der vielleicht wichtigste Punkt ist eine starke Verankerung möglichst vieler Verhandlungsteilnehmer im Hier und Jetzt.[54] Das bedeutet eine starke Präsenz in der Gegenwart und möglichst wenig Ablenkung von der gemeinsamen Problemlösung durch Vergangenheitsbewältigung oder Zukunftsangst. Die entscheidende Frage des Erfinders des Harvard-Konzepts Roger Fisher hierzu lautet: »Wer kann heute etwas tun, um einen Schritt in Richtung einer Lösung zu machen?«[55]

Zu Recht stellen Sie sich jetzt die Frage, ob das überhaupt realistisch ist. Wenn ich es nicht selbst vielfach erlebt hätte, würde es mir sicherlich schwerfallen, an echten Verhandlungsflow zu glauben. Doch auch bei meinen Recherchen bin ich vielen Verhandlungsprofis begegnet, die von ähnlichen Erlebnissen berichtet haben. Sie können nichts falsch machen. Denn wenn Sie als Verhandlungsführer versuchen, die Grundlagen für Verhandlungsflow zu schaffen, stellen Sie in jedem Fall die Weichen für eine effektivere Problemlösung: Vertrautheit und Sicherheit zwischen den Verhandlungsteilnehmern über die Verhandlungsgrenzen hinweg zu schaffen, anspruchsvolle gemeinsame Herausforderungen zu formulieren, einen gemeinsamen zeitlich gut strukturierten Arbeitsprozess zu organisieren, alle zu involvieren und das Hier und Jetzt zu nutzen, bringt Sie immer einer guten Lösung näher. Nicht jede Situation, nicht jedes Thema, nicht jedes Team und nicht jeder Partner lässt Verhandlungsflow zu. Aber manchmal werden Sie davon überrascht.

Ein Topmanager fragte mich: »Sag mal, Florian. Du bist doch ein kluges Köpfchen, gut ausgebildet und bestens vernetzt. Warum tust du dir diese schrecklichen Verhandlungen mit den Gewerkschaften an? Niemand zwingt dich, du könntest doch bei der Konzernstrategie oder in der Rechtsabteilung ein deutlich angenehmeres Leben führen.« Ich musste nicht lange nachdenken. In diesem Moment erfand ich den Begriff »Verhandlungsflow«. »Wenn du den erlebt hast, möchtest du immer wieder hin.«

Exkurs: Wie Piloten in den Flow kommen

Erleben Piloten eigentlich auch Flow? Und was können wir daraus lernen, um leichter in den Verhandlungsflow zu kommen?

Piloten berichten einhellig davon, dass sie während ihrer Flüge Flowerlebnisse haben. Sei es bei Start oder Landung oder in kritischen Situationen während des Reiseflugs, sogenannte »Incidents.« Diese Situationen sind dynamisch und damit anspruchsvoll, sie stellen eine Herausforderung für den Piloten dar, was die erste Flowvoraussetzung ist. Gleichzeitig haben Piloten gelernt, mit diesen Situationen umzugehen, sie erscheinen kontrollierbar. Das ist die zweite Flowvoraussetzung.

Dennoch kann die Situation aufgrund ihrer Dynamik nie zur Routine werden. Das ist schließlich die dritte Flowvoraussetzung.

Können Sie sich noch an Ihre erste Fahrstunde erinnern? Heute lachen Sie darüber, aber damals bedeutete es für Sie purer Stress. Sie waren überfordert. Durch Übung waren irgendwann ihre Fähigkeit und die Herausforderungen in Balance, vielleicht erlebten Sie Flow. In der Zwischenzeit sind Sie wahrscheinlich so routiniert, dass die Arbeitsabläufe automatisch funktionieren.

Für Piloten ist es zu Beginn ihrer Karriere genau gleich, nur dass sie die hohe Geschwindigkeit, die dritte Dimension und die Windbedingungen zusätzlich bewältigen müssen. In bestimmten Situationen ist es so anspruchsvoll, das Flugzeug zu beherrschen, dass anders als beim Autofahren trotz langer Erfahrung keine Routine aufkommt.

Für Piloten ist es entscheidend, dass die jeweilige Situation zwar kontrollierter Stress sein darf, aber keinesfalls in unkontrollierten Stress umschlagen darf. Im unkontrollierten Stress »gehen zusätzlich zu den Alarmglocken noch die Sirenen an«[56]. Es werden große Mengen Kortisol ausgeschüttet, aus der anfänglichen Angst wird Verzweiflung. In diesem Zustand kann ein Pilot ein Flugzeug nicht sicher führen.[57]

Mit welchen Strategien verhindern Piloten, in unkontrollierten Stress zu gelangen? Zunächst ist es wichtig, nicht erst in der konkreten Situation mit dem Stress umzugehen, sondern bereits im Vorfeld des Fluges sicherzustellen, dass keine unnötige Belastung mit »auf den Flug genommen« wird. Natürlich achten Piloten auf die klassischen Stressoren wie zu wenig Schlaf und Bewegung, ungesunde Ernährung, anstrengendes Sozialleben, negatives Denken. Hinzu kommen besondere fliegerspezifische Tipps[58] im Vorfeld des Fluges, wie:

- Lücken im theoretischen Wissen vermeiden. Jede Lücke verunsichert.
- Zeitliche Puffer bei der Anreise einplanen, um nicht unter Zeitdruck zu geraten.
- Jede Trainingsmöglichkeit nutzen wie zum Beispiel Simulatorereignisse. Training schafft Selbstvertrauen.
- Kollegen auf eigene belastende Faktoren hinweisen; das senkt die Hemmschwelle für Nachfragen und Feedback.
- Gute Gesamtplanung des Fluges; dann werden akute Stresssituationen um diese Planungsschritte entlastet.
- In der akuten Situation kommen folgende weitere Möglichkeiten der Stressbewältigung hinzu:[59]
- Aufkommender Eile und Hektik durch Flugbegleiter, Bodenpersonal oder Passagiere bewusst entgegensteuern.

- Alle unnötigen Arbeiten auf einen späteren Zeitpunkt verschieben.
- Empfindsam für körperliche und geistige Stresssignale sein, diese bewusst wahrnehmen und sich gerade dann gezielt für eine korrekte Abarbeitung der dringlichen Aufgaben Zeit nehmen.
- Checklisten immer komplett und korrekt lesen. Gerade für Stresssituationen sind Checklisten gemacht.
- Vorher eingeübte Notmaßnahmen zur körperlichen Entspannung anwenden, wie zum Beispiel bewusste Atmung.

Was können wir als Verhandlungsführer davon für uns verwerten? Sowohl die Liste für Maßnahmen im Vorfeld als auch die Liste zum Umgang mit akutem Stress sind als Checklisten hervorragend für Verhandlungen geeignet, bei denen die Gefahr besteht, in unkontrollierten Stress zu geraten. Folgende Anmerkungen helfen Ihnen dabei, die Pilotentipps auf Verhandlungen zu übertragen:

Theoretisches Wissen: Das vorliegende Buch ist gut geeignet, um sich das notwendige theoretische Wissen für Verhandlungen anzueignen. Fragen Sie sich, welches Kapitel bei Ihren anstehenden Verhandlungen besonders relevant ist und lesen Sie es vorher durch.

Simulationen: Auch bei Verhandlungen haben sich Simulationen als besonders effektive Trainingsmethode bewährt. Es gibt sie in den unterschiedlichsten Ausprägungen von sehr einfach bis sehr komplex. Kein seriöses Verhandlungstraining kommt heute ohne Verhandlungssimulationen aus.

Checklisten: Für bestimmte Verhandlungssituationen sind Checklisten hervorragend geeignet. Sie werden in diesem Buch zahlreiche Anregungen für Ihre Checklisten erhalten.

Wissen Sie übrigens, was das Besondere an einem Flugsimulator ist? Die Realität ist so detailgetreu nachgebildet, dass Sie nach zehn Minuten vergessen, am Boden zu sein, und glauben, Sie würden tatsächlich fliegen. Das ist eine wichtige Voraussetzung, um die psychischen Belastungen schwieriger Flugsituationen üben zu können. Einen ähnlichen Ansatz gibt es auch für komplexe Verhandlungen, die mit viel Liebe zum Detail nachgebildet werden. Solche aufwendigen Simulationen entwickelt mein Freund Arvid Bell an der Harvard University. Diese Form der Simulation nennt sich »Systemic Multiconstituency Exercises.«[60]

2
Auftrieb erzeugen: Die sieben Prinzipien erfolgreichen Verhandelns

Prinzipien essen Taktiken zum Frühstück. Kein Mensch kann sich alle Tipps, Ratschläge und Taktiken zu Verhandlungen merken. Es gibt unendlich viele Verhandlungssituationen und unendlich viele Tipps. Unsere aktuelle Liste mit Verhandlungstaktiken zählt über 200 Einträge. Wir zählen weiter.

Eine beliebte Frage von Seminarteilnehmern ist, ob ich eine bestimmte Verhandlungstaktik wie etwa »Friss oder stirb« für sinnvoll halte oder nicht. Das kann ich nur mit der klassischen Juristenantwort »Es kommt darauf an« beantworten. Die Wahrheit ist: Bei der Wahl der richtigen Taktik spielen die konkrete Situation, die konkreten Personen und Umstände eine entscheidende Rolle. Manchmal ist es förderlich, Ihrem Partner eine kleine »Entscheidungshilfe« zu geben und ihm ein Ultimatum zu stellen. Auf der anderen Seite erlebte ich, wie das berühmte letzte und ultimative Angebot unmittelbar zu schlimmen Streiks führte. Die Streiks waren unnötig, aber die Intuition eines Vorstandes, in diesem Moment ein letztes Angebot zu unterbreiten, »todsicher.«

Deshalb: Jede Verhandlung ist anders. Entscheiden Sie in der jeweiligen Situation, was Ihr bester nächster Schritt ist. Das macht Verhandlungen spannend und anspruchsvoll zugleich. Dabei ist es sinnvoll, wenn Ihnen und Ihrem Team ein breites Repertoire an Handlungsmöglichkeiten zur Verfügung steht. Noch wichtiger ist, Ihre Handlungen und Entscheidungen stets an bestimmten besonders erfolgsversprechenden Prinzipien zu orientieren.

Die sieben Prinzipien guter Verhandlungsführung sind die Essenz meiner Erfahrung und Recherchen, die ich in diesem Buch mit wissenschaftlich fundiertem Verhandlungs-Know-how kombiniere. Sie werden in anspruchsvollen Verhandlungen besonders erfolgreich sein, wenn Sie die Grundlagen dieser Prinzipien beachten. Dabei gibt es kein eindeutiges Richtig oder Falsch. Wichtig ist, dass Sie die Basis jedes Prinzips verinnerlichen. Daraus entwickeln Sie ein persönliches Repertoire an Werkzeugen.

1. **Prinzip der Nutzenoptimierung:** Schaffen Sie für sich und Ihre Verhandlungspartner so viel Wert wie möglich. »Wenn man nicht weiß, welchen Hafen man ansteuern soll, ist kein Wind der richtige.«[1] Es sind die fundamentalen Fragen jedes Verhandlungsführers: Was möchte ich in dieser Verhandlung erreichen? Worin besteht der konkrete Nutzen eines möglichen Deals, geht es nur ums Geld oder spielen andere Faktoren eine Rolle? Woher weiß ich, ob ich das volle Potenzial der Verhandlungen ausgeschöpft habe? Geht es nur um meinen eigenen Nutzen oder spielt der Nutzen meines Verhandlungspartners eine Rolle?
2. **Prinzip der Informiertheit:** Begreifen Sie Verhandlungen als Informationsspiel, das Sie gewinnen sollten: »Wissen ist Macht.« Das leuchtet jedem ein. Doch welches Wissen ist wirklich relevant? Wie komme ich an diese Informationen? Wie stelle ich sicher, dass ich nicht in der Informationsflut versinke? Wie erkenne ich falsche Informationen?
3. **Prinzip der Führung:** Fühlen Sie sich für einen produktiven Verhandlungsprozess verantwortlich: »Verhandeln kommt von Handeln.« In Verhandlungen werden andauernd große und kleine Entscheidungen gefällt. Je komplexer der Verhandlungsgegenstand, desto wichtiger sind Strategien jenseits des Verhandlungstisches. Wie können Sie mit der richtigen Haltung sich selbst, ihr Team und ihre Verhandlungspartner zum Erfolg führen? Wie gehen Sie mit Macht um und wie mit moralischen Fragen?
4. **Prinzip der Zusammenarbeit:** Entfesseln Sie die gemeinsame Lösungsintelligenz: Klar, um bei Verhandlungen zu einem guten Ergebnis zu kommen, ist Zusammenarbeit wichtig. Aber wie setzt man eine Verhandlung von Beginn an richtig auf, um eine »Kooperationsrendite« zu erwirtschaften? Was sabotiert unser Bemühen um Kooperation und was können wir dagegen tun? Wie gehen wir mit Partnern um, mit denen jedes Teamwork ausgeschlossen scheint? Gibt es Methoden und Prozesse, um das Zusammenarbeiten zu befördern?
5. **Prinzip der Zweigleisigkeit:** Kombinieren Sie gegensätzliche Fähigkeiten, um das volle Lösungspotenzial auszuschöpfen: Meisterverhandler sind in der Lage, scheinbar entgegengesetzte Fähigkeiten wie Einfühlungsvermögen und Durchsetzungskraft gleichzeitig zu beherrschen. Welche weiteren Gegensätze gibt es, und warum sind diese so wichtig?
6. **Prinzip der Rationalität:** Fokussieren Sie sich trotz Emotionen und Denkfehlern auf kluge Lösungen. Der Mensch ist auch in komplexen Situationen in der Lage, vernünftige Entscheidungen zu fällen. Welche Voraussetzungen müssen dafür geschaffen werden? Welche Denkfehler halten uns von rationalen Entscheidungen in Verhandlungen ab, und was können wir dagegen tun?
7. **Prinzip der Kreativität:** Nutzen Sie agile Methoden, um in jeder Situation die besten Ideen zu generieren. Kaum ein Autor vergisst es, die Bedeutung kreativer An-

sätze in Verhandlungen zu betonen. Doch welche Grundregeln sind dabei zu beachten, um effektiv zu sein? Kann man Kreativität systematisch planen? Welche Methode funktioniert, um Kreativität – auch gemeinsam mit dem Verhandlungspartner – zu stimulieren?

Diese sieben Prinzipien sind Ihr Kompass für besonders erfolgreiche und nachhaltige Verhandlungsergebnisse. In schwierigen Verhandlungssituationen scanne ich die sieben Prinzipien vor meinem geistigen Auge: Bin ich ausreichend ambitioniert und gleichzeitig gut informiert? Übernehme ich Führung für einen produktiven Verhandlungsprozess? Habe ich alles getan, um echte Zusammenarbeit zu fördern? Verbinde ich Gegensätzliches oder gebe ich mich mit einem Entweder/Oder zufrieden? Bleibe ich rational oder unterliege ich Denkfehlern? Habe ich Raum für kreative Ansätze geschaffen?

Die Prinzipien sind nicht neu erfunden. Sie basieren auf einem soliden wissenschaftlichen Fundament. Verhandeln wird zum Glück immer wissenschaftlicher. Die Zeit der selbst ernannten Gurus neigt sich dem Ende zu. Dies nahm 1979 seinen Anfang in Harvard mit dem »Program on Negotiation.« Das Programm existiert bis heute, ist interuniversitär und interdisziplinär. Ökonomen, Psychologen, Juristen, Politologen, Soziologen und Pädagogen forschen und lehren seitdem gemeinsam. Die zentrale Frage lautet: Welchen vernünftigen Rat kann man beiden Seiten einer Verhandlung geben? Verhandlungstipps, die nur einer Seite dienen, werden nicht weiterverfolgt, denn sie schüren die Auseinandersetzung. Denken Sie nur an den beliebten Tipp: »Bestimmen Sie die Agenda.« Was ist aber zu tun, wenn beide Seiten die Agenda bestimmen möchten?

Seit Gründung des »Program on Negotiation« verfassten Wissenschaftler allein in Harvard 115 Bücher zum Thema Verhandlungen. Das einflussreichste Werk ist das *Harvard-Konzept* von Roger Fisher und William Ury. Hinzu kommen unzählige Studien und Forschungen, auch anderer wissenschaftlicher Institutionen. Ein Ziel dieses Buches ist es, für Sie die Essenz dieser Fülle an Informationen zu destillieren. Welcher Praktiker hat Zeit, diese Flut an Informationen zu sichten?

Zum Überblick: Im Kern gibt es drei Stoßrichtungen der Verhandlungswissenschaft: die Win-win-Schule, die Verhandlungsanalysten und die Schule der Verhandlungsbeziehung. Die Win-win-Schule betont die Vorteile, die ein rationaler, systematischer Verhandlungsstil gegenüber dem intuitiven Feilschen hat. Das Ziel dieses Stils ist, Kooperationsgewinne und intelligente Lösungen zu begünstigen. Viele der Vertreter haben einen juristischen Hintergrund, allen voran Roger Fisher, der Autor des Harvard-Konzepts.

Die Verhandlungsanalysten sind Ökonomen, die Entscheidungs- und Spieltheorie nutzen, um die Verhandlungsstruktur und -strategie jenseits des bloßen Gesprächs am

Verhandlungstisch zu optimieren. Es ist ein gewaltiger Unterschied, ob Sie ein Thema oder mehrere gleichzeitig verhandeln, ob sie nur einmal verhandeln oder sich in einer Langzeitbeziehung befinden oder ob nur zwei oder gar mehrere Partner miteinander verhandeln. Spannend ist dabei die Frage, welche psychologischen Fallen uns davon abhalten, vernünftige Entscheidungen zu fällen.

Die Schule der Verhandlungsbeziehung ist schließlich die Domäne der Sozialpsychologen. Sie konzentriert sich auf zwischenmenschliche Fragen wie die Wirkung von Status, Rolle, Einfühlungsvermögen, Durchsetzungsfähigkeit sowie moralische und ethische Fragen. Die bessere Einsicht in verschiedene persönliche Dilemmata wie etwa dem Spannungsverhältnis zwischen dem beauftragten Verhandlungsführer und seinem Auftraggeber ist ein weiterer wichtiger Beitrag der Sozialpsychologen zum besseren Verständnis von Verhandlungen.

Sofern die Erkenntnisse für die Praxis relevant sind, stelle ich Sie Ihnen im Folgenden dar. Damit erhalten Sie ein breites Know-how über alle Schulen des Verhandelns hinweg. Alle Ratschläge und Techniken sind selbst getestet und für gut befunden. Ich habe sie in eine Form gebracht, damit sie für Sie als Praktiker unmittelbar nutzbar sind.

2.1 Prinzip der Nutzenoptimierung: Schaffen Sie für sich und Ihre Verhandlungspartner so viel Wert wie möglich

Ausgangspunkt jeder Verhandlung ist die Frage, was Sie erreichen möchten. Seien Sie anspruchsvoll. Nicht nur mit Ihrem eigenen Nutzen, sondern auch mit dem Nutzen Ihres Partners. Nur dann erreichen Sie das bestmögliche Verhandlungsergebnis. Sind beide Partner ambitioniert, führt dies meist zu heftigen Konflikten, aber am Ende auch zu insgesamt besseren Lösungen, sofern Sie die Konfliktlösung produktiv managen. Dazu sind in anspruchsvollen Verhandlungen einige grundlegende Werkzeuge erforderlich. Ohne Verhandlungsanalytik ist es unmöglich, souverän durch eine komplexe Verhandlung zu navigieren. Wir werden uns in diesem Kapitel die Grundlagen erarbeiten und die elementaren Werkzeuge einer erfolgreichen Verhandlungsführung erlernen.

Praxisfehler

Hier einige Denkfehler zum Prinzip der Nutzenoptimierung, die mir in der Praxis immer wieder begegnen:

- **Fehler 1:** Das Verhandlungsteam ist nach einem schwierigen und langen Verhandlungsmarathon, der mit einem schmerzhaften Kompromiss zu Ende gegangen ist, enttäuscht und frustriert. Der erfahrene Verhandlungsveteran tröstet das Team mit der Aussage: »Ein Verhandlungsergebnis ist in der Regel dann richtig gut, wenn beide Seiten damit unzufrieden sind.«
  Erläuterung: Der Veteran spielt darauf an, dass Kompromisse schmerzhaft für beide Seiten sind. Kompromisse sind Win-lose-Vereinbarungen. Beide Seiten verlieren ein wenig und gewinnen ein wenig. Der Veteran verkennt: Kompromisse sind ein Rückzugsort für gescheiterte Verhandlungen. Oder Auswege aus einem reinen Machtkampf zwischen den Verhandlungspartnern. Sie sind aber nicht das Ziel einer systematischen Verhandlung im Sinne eines effektiven gemeinsamen Problemlösungsprozesses. Vermutlich glaubt er an den Nullsummen-Mythos und erkennt noch nicht, dass durch intelligente Lösungspakete der Nutzen beider Seiten optimiert werden kann.

- **Fehler 2:** Das Verhandlungsteam präsentiert dem Vorstand sein Verhandlungsergebnis. Das Team zeigt alle »Gives & Takes« des Verhandlungspakets auf. Die Erfolge des Verhandlungsteams für das Unternehmen sind für den Vorstand in der Kürze der Zeit schwierig zu beurteilen. Es fällt dem Vorstand schwer, die Erfolge richtig einzuordnen. Allerdings hat sich die andere Seite bei einigen wichtigen Punkten durchsetzen können. Damit ist für den Vorstand klar, die Gegenseite hat gewonnen, das eigene Team hat verloren. Er denkt sich: Win-win gibt es im Business nicht wirklich, es gibt immer einen Verlierer und einen Gewinner.
  Erläuterung: Ein häufiger Fehler bei der Bewertung von Verhandlungen durch Dritte: Aus den Ergebnissen oder dem Jubel der anderen Seite wird geschlussfolgert, dass die andere Seite »gewonnen« hat. Eine Verhandlung wird mit einem simplen Gewinner-Verlierer-Spiel verwechselt. Bei komplexen Verhandlungen gibt es aber zahlreiche Chancen, Kooperationsgewinne zu erzeugen. Verhandeln ist immer eine Kombination aus Zusammenspiel und Durchsetzen. Eine gute Verhandlung gleicht zu einem großen Teil eher einem Tanz oder einem Frisbee-Spiel und weniger einer Partie Tennis. Es geht am Ende um eine gute gemeinsame Leistung und nicht darum, Ihren Tanz- oder Frisbee-Partner niederzuringen. Damit Sie Ihren eigenen Nutzen optimieren, behalten Sie den Nutzen Ihres Partners im Blick. Bei einer erfolgreichen Verhandlung ist es nichts Ungewöhn-

liches, wenn sich der Verhandlungspartner bei einzelnen für ihn wichtigen Punkten durchsetzt. Denn das ist häufig die Voraussetzung dafür, dass Ihnen dies bei Punkten gelingt, die für Sie von überragender Bedeutung sind. Der Verhandlungskuchen wird dadurch vergrößert, und es ist mehr Nutzen für beide Seiten vorhanden. In großen Organisationen ist es wichtig, dass Sie in engem Kontakt mit Ihrem Auftraggeber bleiben und den verhandelten Nutzen klar aufzeigen. Ich zeige Ihnen im kommenden Kapitel, wie Sie dabei vorgehen.

- **Fehler 3:** Das Verhandlungsteam wird mit einem Mandat ausgestattet, das ein klares Minimalziel vorgibt. Schon früh in den Verhandlungen zeichnet sich ab, dass die Gegenseite dieses Ziel akzeptieren wird. Der Verhandlungsführer schließt auf dieser Grundlage den Vertrag ab und ist mit sich zufrieden.
  Erläuterung: Der Verhandlungsführer hat sich von seiner eigenen Bottom-Line, auch Rückzugspunkt genannt, ankern lassen. Ein häufiger Anfängerfehler in Verhandlungen. Wir werden sehen, wie Sie sich ein System einrichten können, dass das verhindert.

- **Fehler 4:** Das Verhandlungsteam bereitet sich auf die erste Verhandlungsrunde vor. Ein neuer Mitarbeiter stellt die Frage, welche konkreten Ziele verfolgt werden. Der erfahrene Verhandlungsführer geht darauf nicht näher ein und schlägt vor, zunächst einmal die Gespräche zu beginnen und zu sehen, was die andere Seite möchte. Das könne man zum Ausgangspunkt der eigenen Überlegungen machen.
  Erläuterung: Gerade bei unklarer Informationslage ist es schwierig, vernünftige Ziele vor Beginn der Verhandlungen festzulegen. Doch es ist gefährlich, ohne Ziele in eine Verhandlung zu starten. Sitzen auf der anderen Seite Profis, werden Sie durch deren überzeugend vorgetragenen Maximalvorstellungen geankert. Sie freuen sich am Ende womöglich darüber, dass Sie dieses Maximum ein wenig verringern konnten. Vom bestmöglichen Verhandlungsergebnis sind Sie aber denkbar weit entfernt.

Maximieren Sie Ihren Nutzen. Vermeiden Sie ein zu simples Nutzenkonzept

Es ist absolut okay, wenn Sie in Verhandlungen versuchen, den Nutzen Ihrer Seite zu maximieren. Ganz so, wie es sich Wirtschaftswissenschaftler mit dem Modell vom »homo oeconomicus« vorstellen: Der Mensch ist ein Nutzenmaximierer. Der Ansatz der Nutzenmaximierung hat beim Verhandeln handfeste Vorteile. Studien zeigen: Wer mit ambitionierten Zielen in Verhandlungen geht, kommt mit besseren Ergebnissen heraus.[2] Es ist besonders zu begrüßen, wenn beide Seiten versuchen, ihren eigenen Nutzen zu maximieren. Durch das hohe Anspruchsniveau beider Seiten wird zwar die Intensität des Verhandlungskonflikts erhöht. Solange die Parteien in der Lage bleiben, diesen Konflikt produktiv zu lösen, führt diese hohe Konfliktenergie aber insgesamt zu besseren Lösungen. Am Ende wird durch diesen ambitionierten Ansatz der Nutzen beider Seiten erhöht.

In meinen Verhandlungstrainings beobachte ich diesen Effekt immer wieder: Wenn ich die Teilnehmer einen Fall mit einem großem Lösungsraum[3], sprich einem großen Überschneidungsbereich möglicher Lösungen, verhandeln lasse, einigen sie sich meist schnell. In der Regel einigen sich die Teilnehmer nur auf den Preis. Das Ergebnis ist vom Ankereffekt geprägt, den ich Ihnen im Kapitel 1.1 im Tipp 2 »Ankern Sie richtig und planen Sie Ihre Konzessionen« vorgestellt habe. Die erste aggressive Preisforderung bestimmt das Endergebnis. Nehme ich mir beim gleichen Fall ein wenig Zeit, um die Teilnehmer zu einem guten Ergebnis anzuspornen (etwa mit der provokanten Bemerkung, »Ich will mal sehen, ob es wirklich stimmt, dass die Frankfurter besser verhandeln als die Hamburger«), dann ersinnen die Verhandler kreative Nebenabreden, mit Bonusabreden, Serviceversprechen, Vereinbarungen zu zukünftiger Zusammenarbeit und gegenseitiger Unterstützung. Durch diese Abreden entstehen zusätzlicher Nutzen. Der bestehende Kuchen wird nicht nur verteilt, er wird erweitert. Durch die Ambition beider Seiten verringern sich die Zufälligkeiten des Ankereffekts. Die irrationale Wirkung der ersten Zahl mildert sich ab. Wenn ich es mit dem Motivieren übertreibe, steigt allerdings die Anzahl derjenigen an, die sich nicht einigen und in eine Sackgasse geraten. Der Konflikt ist nicht mehr zu managen, die Problemlösungsfähigkeiten der Parteien reichen nicht aus. Wenn es gelingt, trotz Konflikt im Lösungsmodus zu bleiben, dann sind beim Verhandeln Lösungen möglich, die unerreichbar erscheinen. Deshalb liegt der Fokus des Verhandlungsprofis darauf, für hohe Ambition zu sorgen und gleichzeitig im Lösungsmodus zu bleiben.

Von einer Sackgasse sprechen wir beim Verhandeln übrigens, wenn sich die Verhandelnden nicht einigen können, obwohl es eigentlich einen Lösungsraum, also eine ZOPA gibt. Auf Strategien, wie Sie Sackgassen überwinden, gehe ich in Kapitel 3.1 intensiv ein.

Nutzen ist in Verhandlungen das konkrete Maß, in dessen Umfang das Verhandlungsergebnis die Interessen einer Seite befriedigt. Das »Harvard-Konzept« lehrt uns, dass eine Partei in einer Verhandlung eine Vielzahl von Interessen verfolgt. Im geschäftlichen Bereich bestehen häufig eindimensionale Vorstellungen, welchen Nutzen das Verhandlungsergebnisses stiftet. In aller Regeln betrachten die Verhandelnden nur den unmittelbar greifbaren Sachnutzen, häufig sogar nur den Preis. Sie vergessen die folgenden Aspekte, die ebenfalls auf den Gesamtnutzen eines Verhandlungsergebnisses einzahlen:

Berücksichtigen Sie die Transaktionskosten einer Verhandlung. Größere Verhandlungen ziehen sich wegen schlechter Vorbereitung, unstrukturierter Vorgehensweise oder stetig aufkeimender Emotionalität häufig in die Länge. Das verursacht erhebliche Verhandlungskosten. Zählen Sie zu den Gehältern der beteiligten Mitarbeiter und Kollegen Reisekosten und Beraterkosten hinzu. Addieren Sie die Belastungen der übrigen Organisation durch ständige Anfragen und Aufträge. Dazu entstehen Konfliktkosten durch Imageverluste oder verprellte Kunden. Unerwartet lange Verhandlungsphasen, fehlende dringend erwartete Ergebnisse oder gar begleitende Boykotte oder Streiks bringen viel Sand ins Getriebe einer Organisation. Dauern Verhandlungen länger als geplant, gefährdet dies verknüpfte Folgeprojekte. Der Kontext jeder Verhandlung ist im Fluss. Bei Überlänge entstehen zusätzliche Belastungen, etwa durch sich verändernde Rechtslagen, Preisstrukturen oder handelnde Personen. Nicht zuletzt schlagen Opportunitätskosten ins Kontor: Was hätten Sie alles erreichen können, wenn Sie die Verhandlungsressourcen schneller für andere Projekte und Verhandlungen zur Verfügung gehabt hätten? Diese Verhandlungskosten bleiben in der Regel unbeachtet. Sie werden gerne als Investition ins Verhandlungsergebnis abgetan. Stimmt, allerdings sind Investitionen nur vernünftig, wenn sie sich rechnen. Insofern sind die Transaktionskosten beim Gesamtnutzen eines Verhandlungsergebnisses zu beachten.

Wenn Sie in Ihrer Freizeit gerne feilschen, machen Sie den Selbsttest: Lohnt es sich wirklich, sechs Stunden am Wochenende bei Verhandlungen in drei verschiedenen Elektrogeschäften zu verbringen, um am Ende 100 Euro für einen Fernseher zu sparen? Hätte Sie bei anderen Projekten einen höheren Stundenlohn erzielt? Wäre der Nutzen höher gewesen, wenn Sie Zeit mit Ihrer Familie verbracht hätten?

Preisen Sie den Beziehungsnutzen einer Verhandlung ein. Wie wirken sich der Verhandlungsprozess und das Verhandlungsergebnis eigentlich auf die Beziehung der Verhandlungspartner aus? Sie verhandeln nicht nur in der Sache mit Ihrem Partner, sondern fortlaufend zur Qualität ihrer gemeinsamen Beziehung. Neben dem geschriebenen ökonomischen Vertrag vereinbaren Sie immer einen ungeschriebenen Beziehungsvertrag mit Ihrem Verhandlungspartner.[4] Während wir uns lange Gedanken zu einzelnen Formulierungen des ökonomischen Vertragstextes machen, verlieren wir selten Worte darüber, welche Art von Beziehung wir mit einem Vertrag begründen. Der Beziehungsvertrag enthält häufig zahlreiche versteckter Meinungsverschiedenheiten. Gelingt es den Verhandlungspartnern, einen guten Deal zum Beziehungsvertrag zu finden, steigt der Gesamtnutzen eines Vertrags gewaltig. Durch einen funktionierenden Beziehungsvertrag wird sichergestellt, dass es sich nicht um einen reinen Papiernutzen handelt. Damit ist ein Vertragstext gemeint, der sich zwar gut anhört, sich aber nur schwer in die Realität umsetzen lässt, weil er von Beginn an auf Widerstand des Partners stößt.

Über welche Fragen müssen sich die Partner einig sein, um einen nutzenstiftenden Beziehungsvertrag zu schließen? Als Erstes sollten die Erwartungen über die wahre Natur, Zweck, Umfang und Dauer der Partnerschaft in Übereinstimmung gebracht sein. Als Zweites sollte Einvernehmen darüber bestehen, wie die Arbeitsbeziehung nach Vertragsschluss ausgestaltet sein wird: Wie wird man sich innerhalb und außerhalb des Vertrages konsultieren und informieren? Wie werden erforderliche gemeinsame Entscheidungen im Nachgang organisiert? Wie werden Streitigkeiten zwischen den Verhandlungspartnern gelöst? Wie gehen die Partner mit unerwarteten Situationen um und unter welchen Voraussetzungen wird der Vertrag angepasst?[5] Funktioniert die Beziehung bereits während des Verhandlungsprozesses nicht, führt dies zu höheren Verhandlungskosten: gestörte Kommunikation führt zu einem ineffizienten Informationsaustauch, fehlendes Vertrauen und Glaubwürdigkeit muss durch aufwendige Reparaturprozesse wie Prüf- und Kontrollprozesse, umständliche Vertragsgestaltungen oder Einbeziehung Dritter kompensiert werden. Handelt es sich um eine einmalige Transaktion ohne nachlaufende Vertragsbeziehung, müssen Sie sich darum keine Sorgen machen. Bei den wirklich wichtigen Verhandlungen ist dies allerdings selten der Fall.

Betrachten Sie den Nutzen über mehrere Verhandlungsphasen. Ist es sinnvoll, nur das Ergebnis dieser einen Verhandlungsrunde zu sehen, oder wird man in Zukunft in ähnlicher Konstellation wieder am Verhandlungstisch sitzen? Handelt es sich um einen mehrphasigen Verhandlungsprozess in einer Langfristbeziehung? Dann ist es sinnvoll, den Gesamtnutzen über längere Zeiträume und mehrere abgeschlossene Verhandlungsrunden zu optimieren. Haben Sie mit Tricks und großer Härte Ihre Gewerkschaft in die Knie gezwungen, kann sich das in den folgenden Runden, in denen sich die eigene Ausgangslage wieder verschlechtert hat, rächen. Beachten Sie diesen Backfire-Effekt bei der Bewertung des eigenen Nutzens aus Ihrem Verhandlungsergebnis.

Optimieren Sie den Nutzen Ihres Verhandlungspartners

Wer versucht, den Nutzen seines Verhandlungspartners zu verbessern, bringt sich in Gefahr. Zumindest wenn er für einen Auftraggeber oder in einer größeren Organisation verhandelt. Der Verdacht liegt nahe, Sie seien bereits zur anderen Seite übergelaufen. Warum sonst versuchen Sie, der anderen Seite etwas Gutes zu tun, obwohl es doch immer um die Maximierung des eigenen Nutzens geht? Das widerspricht der menschlichen Intuition.

Nicht immer liegt die menschliche Intuition richtig. Der Denkfehler, der hier gemacht wird, ist der sogenannte Nullsummen-Mythos.[6] Inhalt dieses Mythos ist die fälschliche Annahme, der Nutzen einer Seite im Rahmen einer Verhandlung entspricht spiegelbildlich dem Schaden der anderen Seite. Wenn es gut für Ihren Partner ist, muss es in dieser Logik für Sie schlecht sein. Doch es gibt Situationen, in denen sich der Nutzen Ihres Partners am Ende in Ihren eigenen Nutzen transformieren lässt.

Sehen wir uns das genauer an. Wie im Kapitel 1.1 bei Tipp Nr. 10 »Vergrößern Sie den Verhandlungskuchen« gezeigt, gibt es in jeder Verhandlung die Chance für Kooperationsgewinne. Der Effekt ist beim Orangenbeispiel besonders beeindruckend. Jede Verhandlung hat jedoch das Potenzial für Kooperationsgewinne, wenn auch nur in kleinerem Maße. Aber es müsste schon mit dem Teufel zugehen, wenn sich durch das Zusammenlegen von Ressourcen, das geschickte Tauschen von Lösungsoptionen oder das Erweitern des Spielfeldes, nicht zusätzlicher Nutzen schaffen ließe. Es kann aber sein, dass der Kooperationsgewinn nur bei Ihrem Partner entsteht. Ist er dennoch sinnvoll?

Ihr Ziel ist, bei jeder Verhandlung ein Pareto-Optimum zu erreichen. Gehen wir einen Schritt weiter. Bislang betrachten wir nur unseren eigenen Vorteil. Stellen Sie sich immer die Frage, wie Sie zusätzlich zu Ihrem eigenen Nutzen den Nutzen Ihres Verhandlungspartners maximieren. Wenn Sie bei konstantem eigenen Verhandlungsnutzen den Nutzen Ihres Partners so weit steigern, dass eine weitere Steigerung nicht mehr möglich ist, ohne Ihren eigenen Nutzen zu schmälern, nennen das die Verhandlungsprofis Pareto-Optimum. Das Pareto-Optimum ist das ultimative Ziel des ehrgeizigen Verhandlungsführers.[7]

Sehen wir uns kurz Abbildung 3 an, um das Prinzip des Pareto-Optimums besser zu verstehen. Punkt A markiert den Ausgangspunkt für beide Verhandler. Wird durch das Verhandlungsergebnis mehr Nutzen als A erreicht, schneidet jeder Verhandler durch den Deal besser ab als bei den ihm zur Verfügung stehenden Alternativen. Ergebnisse, die für eine oder beide Seiten weniger Nutzen stiften als Punkt A sind keine sinnvollen Lösungen. Zumindest einer Partei stehen bessere Alternativen zur Verfügung. Ein Deal »südlich« oder »westlich« dieses Punktes wäre irrational. B ist für beide Verhandler besser als ihre Alternativen. Aber die Verhandlung bietet noch mehr Nutzen-Potenzial für beide Seiten. Lösung B ist besser als kein Deal, aber noch immer ineffizient. Die meisten Verhandlungen enden mit einer solchen ineffizienten Lösung. C und D sind schließlich pareto-effizient, sie liegen auf der Pareto-Front. An diesem Punkt ist das Nutzenpotenzial der Verhandlung ausgeschöpft. In aller Regel gibt es nicht nur eine, sondern viele pareto-effiziente Lösungen. Bis zur Pareto-Front kommen die Verhandlungsführer durch Zusammenarbeit. Sie erzeugen dadurch Kooperationsgewinne. Wo sie auf der Pareto-Front enden, ist eine Verteilungsfrage. Lösungen jenseits der Pareto-Front sind nicht realisierbar. Jede Verhandlung ist beides: Zusammenarbeit und Verteilung. Ihr Ziel ist stets, nicht hinter dem optimalen Nutzenpotenzial der Verhandlung zurückzubleiben. Deshalb streben Sie stets in den »Nordosten« der Nutzen-Nutzen-Matrix. Dieses Optimum liegt auf der Pareto-Front. Erreichen Sie Ihre Nutzenziele und sorgen Sie dafür, dass Ihr Partner sein an diesem Punkt gegebenes Nutzenpotenzial ausschöpft.

Meinen Studenten und Seminarteilnehmern erscheint es zunächst mühsam, zusätzlich auf den Nutzen des Verhandlungspartners zu achten. Warum sollte ein Verhandlungsführer ein Interesse daran haben, auf den optimalen Nutzen seines Partners zu achten?

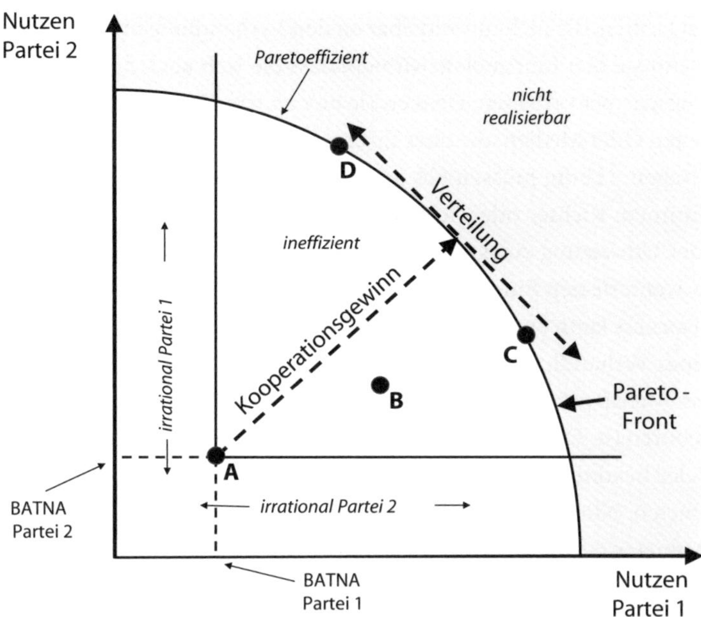

Abbildung 3: Pareto-Optimierung in Verhandlungen

Wenn Sie den Nutzen der anderen Seite steigern, ohne Ihren eigenen Nutzen im gleichen Maße zu verringern, erhöhen Sie den Gesamtnutzen des Verhandlungsergebnisses, Sie vergrößern den bereits beschriebenen Verhandlungskuchen. Dann ist es nur legitim, wenn Sie einen Teil dieses zusätzlichen Nutzens an anderer Stelle für sich selbst beanspruchen. Oder um im Bild des Verhandlungskuchens zu bleiben: Sie dürfen sich von einem größeren Kuchen auch größere Stücke herunterschneiden. Wenn Sie zum Beispiel der anderen Seite, die ein vorübergehendes Liquiditätsproblem hat, mit einer später fälligen Bezahlung entgegenkommen, dann fällt es Ihnen im Gegenzug leichter, einen höheren Preis durchsetzen. Sprich, der höhere Nutzen der anderen Seite kann in einen höheren eigenen Nutzen übersetzt werden.

Achten Sie auf faire Verhandlungsergebnisse, ohne den eigenen Nutzen zu schmälern. Gelingt es Ihnen, den Nutzen der anderen Seite zu erhöhen, ohne den eigenen Nutzen zu verringern, erhöht das Ihre Chance, dass das Verhandlungsergebnis als fair angesehen wird. Und zwar von Ihrem Verhandlungspartner genauso wie von interessierten Dritten. Fühlt sich Ihr Partner fair behandelt, erhöht das die Wahrscheinlichkeit, dass er das Verhandlungsergebnis akzeptiert. Oder noch mehr auf den Punkt gebracht: Wenn Sie einen hohen Nutzen für sich beanspruchen, dann ist es hilfreich, wenn ausreichend Nutzen beim Verhandlungspartner ankommt.

Auch bei Dritten, die nicht unmittelbar an den Verhandlungen teilnehmen, schadet es nicht, wenn sie den Eindruck gewinnen, dass Sie sich auch fair gegenüber Ihrem Verhandlungspartner verhalten. Denken Sie hier an von einem Tarifabschluss betroffene Mitarbeiter. Oder Medien, die über Ihren Abschluss berichten und damit zu Ihrem Image beitragen. Häufig müssen Gremien der anderen Seite einem Vertragsschluss noch zustimmen. Richter oder Streitschlichter, die im Nachgang versuchen, einen Streit bei der Umsetzung eines Verhandlungsergebnisses zu lösen, sind schneller auf Ihrer Seite, wenn sie den Eindruck gewinnen, Sie haben Ihren Partner fair behandelt. Fehlende Fairness kann auf der anderen Seite große Energien freisetzen und zur Ablehnung eines Verhandlungsergebnisses führen, obwohl dies ökomisch irrational ist.

Die Wissenschaft geht davon aus, dass die Basis des Fairness-Empfindens beim Menschen angeboren ist. Dies wurde anhand des sogenannten Ultimatumspiels erforscht:

Ein Spieler bekommt 100 Euro und muss einen Teil dieser Summe dem anderen Spieler anbieten. Nimmt dieser das Angebot an, bekommt er diesen Teil des Geldes und der Anbieter den Rest. Lehnt der andere Spieler das Angebot ab, gehen beide Spieler leer aus. Typischerweise bieten Spieler dem anderen 40 bis 50 Euro an. Liegt ein Angebot unter 30 Euro, wird es in der Regel abgelehnt. Rein ökonomisch betrachtet ist das unlogisch, bereits 1 Euro würde den zweiten Spieler besserstellen. Dennoch bestrafen die Spieler, die sich unfair behandelt fühlen, die andere Seite und nehmen dabei sogar die Selbstschädigung in Kauf.

Das heißt, Sie sind gut beraten, wenn Sie auch an den Nutzen des anderen denken. Manche werden jetzt womöglich einwenden, dass es nicht um den realen Nutzen der anderen Seite geht, sondern nur um seine Wahrnehmung von Nutzen und Fairness. Das mag richtig sein und kann durch Techniken wie das bereits vorgestellte Framing unterstützt werden. Allerdings ist es der erste Schritt und die beste Basis, für realen Nutzen der anderen Seite zu sorgen.

Investieren Sie in Ihre Verhandlungsreputation. Wenn Sie sich mit Ihrem Verhandlungspartner in einer längerfristigen (Arbeits-)Beziehung befinden, dann können Sie diese Optimierung auch als Investition in zukünftige Verhandlungen sehen. Sie vermeiden in nachfolgenden Verhandlungen »Bestrafungen« wegen vermeintlicher Unfairness und dürfen gleichzeitig auf Entgegenkommen in einer nachfolgenden Verhandlungsrunde hoffen. Das Prinzip der Gegenseitigkeit wirkt über einzelne Verhandlungen hinaus.

Denken Sie als professioneller Verhandlungsführer an Ihren Ruf, Ihre Reputation. Sind Sie bekannt dafür, dass Sie erst dann zufrieden sind, wenn auch das Ergebnis der anderen Seite optimiert ist? Wenn Sie diesen Zustand erreichen, dann wird dies ein unschätzbarer Wert für Sie sein, der sich herumspricht. Das wird auch mit zukünftigen Verhandlungspartnern zu einer schnelleren Vertrauensbasis und besseren Verhandlungsergebnissen führen. Ein sich selbst verstärkender Kreislauf entsteht.

Es gibt Verhandlungssituationen, in denen es objektiv keinen Lösungsraum gibt. Die Zone of Possible Agreement ist nicht vorhanden, weil es durch die entwickelten Lösungen zu keiner Überschneidung der Mindesterwartungen der Verhandelnden kommt. Diese Situation wird auch als »NOPA«[8] bezeichnet. Haben Sie bereits Ihre Mindesterwartung erreicht, die andere Seite aber noch nicht, ist es sinnvoll, nach Wegen zu suchen, den Nutzen Ihres Partners zu erhöhen. In engen Verhandlungssituationen können kleinste Verbesserungen den entscheidenden Unterschied machen. Sie führen dazu, dass der Deal doch noch zustande kommt. Denken Sie an einen Neuwagenkauf. Sie haben Ihre Mindesterwartung erreicht, die aufgrund Ihres Ehrgeizes 20 Prozent unterhalb des Katalogpreises liegt. Der Händler zögert noch, weil er sein Minimum nicht erzielt sieht. Die verbindliche Zusage, die ersten beiden Services bei ihm durchzuführen, macht nun den Deal perfekt. Den Service müssen Sie ohnehin machen, und der Händler sichert die Auslastung seiner Werkstatt in der Zukunft. Das ist Low-Cost für Sie und High-Value für den Händler.

Argumente gibt es also viele dafür, auch auf den Nutzen des Verhandlungspartners zu achten. Das löst aber nicht das eingangs erwähnte Problem, dass Sie von anderen schief beäugt werden, wenn Sie sich allzu sehr Gedanken über die Situation Ihres Verhandlungspartners machen. Die Intuition bleibt: »Was gut für die anderen ist, kann nicht gut für uns sein.« Es gibt eine sehr einfache und klare Methode, wie Sie des Irrglaubens Herr werden können, der Nutzen der anderen Seite schade Ihnen: Weisen Sie eindeutig analytisch den hohen Nutzen der eigenen Seite durch das Verhandlungsergebnis nach. Wie man den Nutzen eines Verhandlungsergebnisses analytisch herleitet, werden wir uns unter »Machen Sie den Nutzen beider Seiten messbar« ansehen.

Nehmen Sie sich in Acht vor Kompromissen

»Der Kompromiss ist der Feind der guten Lösung«, lautet ein wichtiger Merksatz für erfolgreiche Verhandlungsführer, die es sich zum Ziel gesetzt haben, Wert in Verhandlungen zu schaffen. Warum ist das so, ist nicht die Fähigkeit zum Kompromiss eine wichtige Eigenschaft zur Lösung eines Konflikts?

Unterscheiden Sie zwischen Zusammenarbeiten und Kompromiss. Der Punkt ist folgender: Häufig verwechseln Verhandlungslaien die beiden Konfliktmodi »Zusammenarbeiten« und »Kompromiss eingehen«. Es ist aber wichtig, dass Sie den fundamentalen Unterschied zwischen beiden Modi verinnerlicht haben. »Kompromiss eingehen« ist eine besondere Form einer Win-lose-Vereinbarung. Beide Seiten geben ein wenig nach und beide Seiten setzen sich spiegelbildlich ein wenig durch. Der Gesamtnutzen, der durch das Verhandlungsergebnis geschaffen wird, wird durch einen Kompromiss nicht weiter vergrößert. Es findet keine Vergrößerung des Verhandlungskuchens statt, er wird lediglich geteilt. Die übliche Methode dafür ist der sogenannte Halbe-halbe-Kompromiss. Beim Konfliktmodus »Zusammenarbeiten« geht es hingegen um Win-win, sprich um eine Vergrößerung des Gesamtnutzens, der aus der Verhandlung gezogen wird. Der Verhandlungskuchen wird zunächst vergrößert und im zweiten Schritt aufgeteilt.

Win-win-Lösungen hören sich auf dem Papier sehr gut an. Sie sind allerdings mit deutlich mehr Aufwand als ein Kompromiss verbunden. Denn sie erfordern sorgfältige Vorbereitung allein und gemeinsam mit dem Verhandlungspartner. Fachkompetenz, Methodenkompetenz, gegenseitiges Vertrauen und funktionierende Kommunikation müssen zusammenkommen, damit eine Mehrwertlösung möglich wird. Die Lösung schafft zwar zusätzlichen Nutzen für die Beteiligten, ist aber in der Umsetzung komplizierter als ein einfacher Kompromiss. Hierin liegt die Gefahr des Kompromisses. Statt das maximale Potenzial der Konfliktlösung auszuschöpfen, erleichtern Sie sich den Verhandlungsprozess, machen einen Kompromiss und lassen dabei Wert ungenutzt auf dem Verhandlungstisch liegen. Zusätzlich lässt sich eine Kompromisslösung leichter erklären. Von einem Verhandlungsprofi dürfen wir aber mehr erwarten. Zusätzlich ist es wichtig zu erkennen, dass es Problemstellungen gibt, bei denen Halbe-halbe-Kompromisse keinen Sinn ergeben. Findet Ihr Ehepartner das braune Paar Schuhe besser und Sie selbst das schwarze, dann ist es womöglich keine gute Idee, einen braunen und schwarzen Schuh anzuziehen.

Nutzen Sie Kompromisse als Rückzugsort. Bedeutet das in der Konsequenz, dass jeder Kompromiss schlecht und damit zu vermeiden ist? Sicher nicht. Der Kompromiss ist ein legitimer Rückzugsort, wenn eine Mehrwertlösung nicht gelingt, obwohl Sie sich redlich bemüht haben. Oder für Fälle, in denen Sie sich durchsetzen wollten, Ihnen aber die Durchschlagskraft fehlt und Sie den Schaden begrenzen möchten. In größeren Verhandlungen mit mehreren Themen können Sie nicht für jedes einzelne Thema einen aufwendigen Prozess der Suche nach einer Mehrwertlösung organisieren. Hier bietet sich bisweilen ein Kompromiss an. Er ist das Mittel der Wahl bei Themen kleiner und mittlerer Bedeutung, die sich nicht anderweitig nutzen oder lösen lassen.

Exkurs: Keine faulen Kompromisse beim Zielkonflikt aus Pünktlichkeit und Spritverbrauch

Meinen Studenten erzähle ich gerne ein griffiges Beispiel aus der Welt der Piloten, um zu zeigen, dass in bestimmten Situationen ein Kompromiss eine schlechte Lösung ist.

Eine wichtige Entscheidung, die der Kapitän in Abstimmung mit dem Copiloten vor Abflug fällen muss, ist die Frage, wie viel Treibstoff getankt werden soll. Stellen Sie sich vor, die Crew befindet sich vor dem Abflug von San Francisco zurück nach Frankfurt. Aufgrund eines heftigen Gegenwinds verspätet sich die Ankunft in Frankfurt um etwa 20 Minuten. Um diese Verspätung sicher aufzuholen, müssten die Piloten deutlich schneller fliegen, dafür wäre erheblich mehr Sprit erforderlich.

Der Kapitän möchte aber nicht mehr tanken. Er hofft, dass die Crew noch einige Zeit am Boden herausholen kann, auf kürzere Flugwege und eine hohe Priorität bei der Landung in Frankfurt. Außerdem ist er sehr kosten- und klimabewusst und möchte deshalb nicht unnötig Sprit verbrauchen. Eine halbe Stunde Verspätung sei bei einer solch langen Strecke am Ende auch nicht wirklich schlimm.

Die Copilotin sieht das kritisch und möchte lieber vier Tonnen Kerosin mehr tanken. Man habe sehr viele Umsteigepassagiere an Bord, die gar nicht nach Frankfurt wollten, und die meisten der geplanten Anschlussflüge wären mit Verspätung unmöglich erreichbar. Auch würden zahlreiche Passagiere viele Stunden auf den nächsten Anschlussflug warten müssen. Die Erfahrung zeige außerdem, dass ohne zusätzlichen Treibstoff meist nur wenige Minuten am Ende aufzuholen seien.

Jetzt könnte der Kapitän auf die Idee kommen, ein Stück auf die Copilotin zuzugehen und bezogen auf die Kerosinmenge einen klassischen Halbe-halbe-Kompromiss anbieten und zum Beispiel nur zwei zusätzliche Tonnen mitnehmen.

Damit hätte der Flug aber nach aller Wahrscheinlichkeit bei Ankunft in Frankfurt immer noch etwa 15 Minuten Verspätung. Dadurch würden weiterhin nahezu alle geplanten Anschlüsse platzen, da diese in der Regel eng getaktet sind und nicht warten können. Zwar wäre für die Kerosinmenge ein vermeintlich fairer Kompromiss gefunden. Aber das von der Copilotin vertretene Interesse »Pünktlichkeit bei Ankunft am endgültigen Zielort« würde dadurch für die meisten Passagiere nicht erfüllt werden. Auf der anderen Seite würde dennoch eine erhebliche Menge Kerosin zusätzlich unnötig verbraucht werden, also auch das durch den Kapitän vertretene Interesse, »so günstig und klimafreundlich wie möglich zu fliegen«, würde nicht erfüllt werden.

Es zeigt sich: In gewissen Situationen ist es sinnvoller, sich für eines der Interessen zu entscheiden, andernfalls entsteht durch den Kompromiss eine Lose-lose-Situation, die dazu führt, dass kein Interesse wirklich erfüllt wird.

Machen Sie den Nutzen beider Seiten messbar

Konnte ich Sie davon überzeugen, dass es in jeder Verhandlung legitim ist und sogar dem Gesamtnutzen dient, wenn Sie zunächst Ihren eigenen Nutzen maximieren? Sind Sie darüber hinaus überzeugt davon, dass eine Optimierung des Nutzens Ihres Verhandlungspartners der Schlüssel zu Ihrem eigenen Verhandlungserfolg ist? Das wäre sehr erfreulich. Allerdings ist das bis hierhin nur graue Theorie. In der Praxis ist es entscheidend, dass Sie diesen Nutzen auch tatsächlich ermitteln. Am besten in Echtzeit während der laufenden Verhandlung. Denn das führt zum einen dazu, dass Sie, Ihr Verhandlungsteam und Ihre Auftraggeber bei der Messung des eigenen Nutzens während der Verhandlung besser orientiert sind. Sie fragen sich laufend, was Ihnen wichtig ist und welchen Wert einzelne Lösungsoptionen für das Gesamtergebnis haben. Außerdem können Sie am Ende präziser bestimmen, ob das Verhandlungsergebnis Ihren Interessen beziehungsweise Zielen entspricht und ob das verhandelte Ergebnis besser ist als Ihre Alternativen.

Wenn Sie neben Ihrem eigenen Nutzen zusätzlich den Nutzen Ihrer Verhandlungspartner analytisch erfassen, dann können Sie besser erkennen, ob Sie sich wirklich in Richtung des Pareto-Optimums im Nordosten der Nutzen-Nutzen-Matrix (siehe oben Abbildung 3) zubewegen. Damit Sie den Nutzen der anderen Seite analytisch sinnvoll bestimmen können, müssen Sie sich tief in ihre Prioritäten und Interessen hineindenken, Hypothesen dazu bilden und Informationen sammeln. Das ist ein erwünschter Nebeneffekt, wenn Sie den Nutzen der anderen Seite erfassen. Diese Informationen sind die Grundlage, um Ihre Lösungskreativität anzuregen, damit Sie Lösungsoptionen finden, die den Lösungsraum optimal aufspannen.

Entwickeln Sie ein Scoring-System. Wie funktioniert die Nutzenbestimmung konkret? Dazu benötigen Sie ein Scoring-System. Ich erkläre Ihnen zunächst den »Gold-Standard« für ein solches System. Mit diesem Idealbild vor Augen versorge ich Sie dann mit Tipps, wie Sie in der Realität zu brauchbaren Ergebnissen kommen. In komplexen Verhandlungssituationen unter Zeitdruck ist es anspruchsvoll, dieser Wunschvorstellung zu entsprechen. Mein Ratschlag lautet, mit leichter Hand ein für Ihre Situation passendes Scoring-System zu nutzen. Besser ein ungenaueres, aber genutztes System als ein perfektes System, das niemals wirklich zum Leben kommt. Ich setze hier bereits voraus, dass Sie sich intensiv mit Ihren eigenen Interessen[9] auseinandergesetzt haben. Zusätzlich haben Sie sich überlegt, was Ihnen wirklich wichtig ist. Ist diese Interessen- und Priorisierungsarbeit geleistet, führen die folgenden fünf Schritte zu einem idealen Scoring-System[10]. Zur besseren Verständlichkeit illustriere ich dieses Beispiel anhand einer Tarifverhandlung. Bitte sehen Sie sich die Abbildung 4 an, die anhand des Beispiels zeigt, wie ein einfaches Scoring-System aussieht. Natürlich funktioniert ein solches Scoring-System bei jeder anderen Art von Verhandlung, sei es ein Hauskauf, ein Unternehmenskauf oder ein Ehevertrag. Gehen Sie in folgenden fünf Schritten vor:

- **Schritt 1:** Die Themensammlung. Zunächst gilt es alle Themen zu identifizieren, die für die Verhandlungen von Bedeutung sein werden. Entscheiden Sie, über was am Ende entschieden werden muss. Die »Themen« sind also im Kern die Überschriften, für die am Ende Lösungen gefunden werden müssen. Bei einer einfachen Tarifverhandlung könnten dies etwa die Themen Lohnerhöhung, Einmalzahlung,

Thema	Optionen	Scoring innerhalb des Themas	Scoring je Thema	Addierbarer Gesamtscore
Lohnerhöhung	1 %	100	45	**45**
	3 %	70		32
	5 %	20		9
	7 %	0		0
Arbeitszeit	40,0	100	30	**30**
	39,5	60		18
	39,0	30		9
	38,5	0		0
Vorteils-regelung Gewerkschafts-mitarbeiter	keine Regelung	100	15	**15**
	einmalig Reisekoffer	75		11
	ein freier Tag p. a.	30		5
	500 Euro p. a.	0		0
Einmalzahlung	0,0	100	10	**10**
	250,0	66		7
	500,0	33		3
	750,0	0		0

Abbildung 4: Beispiel für ein einfaches Scoring-System

Arbeitszeit und Vorteilsregelung für Gewerkschaftsmitglieder sein. Nehmen Sie jedes Thema auf, das zumindest von einer Seite für erforderlich gehalten wird. Damit ist keine Festlegung getroffen, ob es am Ende wirklich zu einer inhaltlichen Entscheidung zu diesem Thema kommt. Wählen Sie die Themen so konkret, dass eine mögliche Lösungsoption mit einigen Schlagworten zu skizzieren ist.

- **Schritt 2:** Die Sammlung der Lösungsoptionen. Sammeln Sie nun zu jedem Thema die möglichen Lösungsoptionen. Beginnen Sie mit den von den Parteien geäußerten Positionen wie etwa »Wir fordern 6 Prozent mehr Lohn.« Fügen Sie die sinnvollen Optionen, die Sie beim Recherchieren oder Brainstormen zum Thema finden, hinzu. Es ist hilfreich, Experten zum jeweiligen Thema zu befragen, da diese meist gute Lösungsoptionen kennen. Beim Beispiel einer Tarifverhandlung wären zum Thema Lohnerhöhung mögliche Optionen zum Beispiel 0 Prozent, 2 Prozent, 4 Prozent oder 6 Prozent Erhöhung. Oder beim Thema Vorteilsregelung für Gewerkschaftsmitglieder zum Beispiel »keine Regelung« »500 Euro pro Jahr«, »ein Reisekoffer (einmalig)« oder »ein zusätzlicher freier Tag pro Jahr.«

  Die Schritte 1 und 2 für sich allein genommen bilden übrigens das Verhandlungstemplate. Ein Verhandlungstemplate ist für jede Verhandlung auch ohne die nun folgenden drei analytischen Schritte eine wertvolle Arbeitshilfe.

- **Schritt 3:** Die Intra-Themen-Analyse. Als Nächstes sehen Sie sich Thema für Thema an. Innerhalb jedes Themas machen Sie zunächst eine qualitative Analyse. Das bedeutet schlicht, dass Sie alle denkbaren vernünftigen Lösungsoptionen für ein Thema sammeln und in eine sinnvolle Reihenfolge bringen. Die Option, die am besten Ihre Interessen erfüllt, kommt auf Platz 1, die nächstbeste auf Platz 2 und so weiter. Wenn wir beim Beispiel des Tarifvertrages und hier beim Thema Vorteilsregelung für Gewerkschaftsmitglieder bleiben, dann wäre die qualitative Reihenfolge aus Arbeitgebersicht vielleicht: 1. Keine Regelung, 2. ein Reisekoffer (einmalig), 3. ein zusätzlicher freier Tag pro Jahr, 4. 500 Euro pro Jahr.

  Diese qualitative Reihenfolge, die sich an Ihren Interessen orientiert, ist eine sehr gute Vorarbeit, um nun eine quantitative Analyse vorzunehmen. Dazu nehmen Sie für jedes Thema eine maximale Punktzahl, zum Beispiel 100 Punkte. Diesen Punktwert bezeichnen wir als Score. Die Option, die innerhalb eines Themas am besten Ihre Interessen erfüllt, bekommt 100 Punkte, diejenige, die das am schlechtesten macht, bekommt 0 Punkte. Dazwischen müssen Sie einschätzen, wie sehr die anderen Optionen an das Optimum oder Minimum heranreichen. In unserem Beispiel könnten das für »1. Keine Regelung« 100 Punkte sein, für »2. ein Reisekoffer (einmalig)« 75 Punkte, für »3. ein zusätzlicher freier Tag pro Jahr 30 Punkte« und für »4. 500 Euro pro Jahr« 0 Punkte sein. Ist eine Einschätzung anspruchsvoll, kann es erforderlich sein, dass Sie für eine passende Punktvergabe zuvor einige Bewertungen anstellen müssen, zum Beispiel welche Kosten in den nächsten drei Jahren mit der Option verbunden sind oder wie viele Mitarbeiter zusätzlich in die Gewerkschaft eintreten werden. Wichtig: Nehmen Sie an diesem Punkt für jedes einzelne Thema immer die gleiche Maximalpunktzahl an, in meinem Beispiel also jeweils 100 Punkte für die Themen Lohnerhöhung, Einmalzahlung, Arbeitszeit und Vorteilsregelung für Mitglieder. Die Gewichtung der Themen untereinander folgt erst bei Schritt 4. Seien Sie bitte vorsichtig: Lassen Sie sich nicht von Ihrem eigenen Scoring-Systems ankern.[11] Fordert zum Beispiel eine Gewerkschaft 15 Prozent, sind für Sie aber bereits 7 Prozent außerhalb jeglicher Reichweite, dann beginnt der 0-Wert bereits bei 7 Prozent. Das ist so ähnlich wie bei einer Bewertung eines Mathetests durch einen Lehrer. Nur weil ein Schüler 15 Fehler bei einer Aufgabe gemacht hat, bedeutet das nicht, dass Schüler mit 7 Fehlern noch zwingend Punkte bekommen.

- **Schritt 4:** Die Inter-Themen-Analyse. Jetzt vergleichen Sie die verschiedenen Themen miteinander. Zunächst wieder quantitativ. Bringen Sie die Themen in eine Reihenfolge. Welches Thema ist für Sie bei der Erfüllung Ihrer Interessen besonders wichtig und wie ist die weitere Reihenfolge? In unserem Tarifbeispiel könnte die Reihenfolge lauten: 1. Lohnerhöhung, 2. Arbeitszeit, 3. Vorteilsregelung für

Mitglieder und 4. Einmalzahlung. Beachten Sie, dass Sie dieses Ranking nicht abstrakt anhand der Themenüberschriften durchführen, sondern den Rang des jeweiligen Themas im Lichte der bestehenden Bandbreite möglicher Lösungsoptionen innerhalb eines Themas sehen. Lassen Sie mich dafür ein Beispiel bilden, dann wird klar, was ich meine. In normalen Lohnrunden ist das Thema Lohnerhöhung womöglich wichtiger als das Thema Arbeitszeit. Fordert jedoch die Gewerkschaft eine Absenkung der Arbeitszeit von 40 auf 35 Stunden, ist aber bei der Lohnforderung moderat und möchte nur die Inflationsrate, dann ist klar, dass in diesem Fall für den Arbeitgeber Arbeitszeit wichtiger ist als Lohnerhöhung. Für ein perfektes Scoring-System erweitern Sie diese qualitative Analyse wiederum um eine quantitative Analyse. Nehmen Sie 100 Punkte und verteilen sie nach Wichtigkeit auf die verschiedenen Themen. In unserem Tarifbeispiel könnte die Verteilung dieser Punkte »1. Lohnerhöhung« 45 Punkte, »2. Arbeitszeit« 30 Punkte, »3. Vorteilsregelung für Gewerkschaftsmitglieder« 15 Punkte und »4. Einmalzahlung« 10 Punkte sein.

- **Schritt 5:** Die Gesamt-Score-Berechnung. Im letzten Schritt berechnen Sie schließlich für jede Option einen vergleichbaren Gesamt-Score. Keine Sorge, das hört sich kompliziert an, es genügen indes die Grundrechenarten. Und das geht so: Nehmen Sie den Punktwert innerhalb eines Themas, multiplizieren Sie diesen Wert mit dem Punktwert für dieses Thema und teilen Sie es dann durch 100.[12] Das heißt konkret an unserem Beispiel: Nehmen Sie zum Beispiel bei der Vorteilsregelung für Gewerkschaftsmitglieder die Lösungsoption »ein Reisekoffer (einmalig)« mit einem Score von 75 und multiplizieren diesen mit dem Score für das Thema Vorteilsregelung von 15 (von 100) und teilen Sie dies durch den Maximalwert innerhalb des Themas von 100. Sie bekommen einen Gesamt-Score für diese Lösungsoption von 11, 25. Dieser Wert ist nun vergleichbar mit den anderen Gesamt-Scores und kann für mögliche Tauschgeschäfte genutzt werden. Die Erfahrung zeigt, dass ein solches Scoring-System zu Tauschgeschäften anregt, die zu Kuchenvergrößerungen führen.[13]

Berechnen Sie den Paket-Gesamt-Score Ihrer Lösungspakete und kuhhandeln Sie damit. Mit diesen fünf Schritten erhalten Sie ein wertvolles Instrument, um Verhandlungspakete zu schnüren und mit Ihrem Verhandlungspartner verschiedene Paketoptionen zu diskutieren. Für jedes Paket von Lösungsoptionen können Sie einen Paket-Gesamt-Score berechnen. Dazu addieren Sie die Gesamt-Scores der gewählten Lösungsoptionen zu einem Paket-Gesamt-Score. Je höher dieser Wert ist, umso höher ist der Nutzen dieses Pakets für Sie. Wenn Sie beispielsweise das Paket 3 Prozent Lohnerhöhung, 39,5 Stunden pro Woche Arbeitszeit, ein freier Tag für Gewerkschaftsmitglieder und eine Einmalzahlung von 250 Euro pro Mitarbeiter bilden, beträgt der Gesamt-Score 32 + 18 + 5 + 7, also 62 Punkte. Der Paket-Gesamt-Score ist geeignet, um ihn mit dem Nutzen zu vergleichen, der durch Ihre Alternativen entsteht. In unserem Beispiel könnte die Erkenntnis sein, dass die Alternative, keinen Tarifvertrag zu schließen und Arbeitskämpfe auszuhalten, am Ende nur einen Score von 54 Punkten hat. Auf Grundlage eines Paket-Gesamt-Scores können Sie mit Ihrem Auftraggeber den Rückzugspunkt[14] festlegen, sprich die Grenzen des Verhandlungsmandats. So wäre im Beispiel der Entscheidungsträger mit einem Ergebnis von 60 Punkten oder mehr zufrieden. Es ergibt keinen Sinn bei einer Verhandlung mit mehreren Themen, Thema für Thema einzelne Rückzugspunkte festzulegen. Das führt dazu, dass Sie die genialsten Ideen wegen zu vieler roter Linien übersehen.

Denn wenn Sie sich Thema für Thema Einzel-Rückzugspunkte setzen oder setzen lassen, dann nehmen Sie sich das Potenzial, über verschiedene Themen hinweg zu tauschen. Dieser Tausch zwischen den Themen bietet das größte Potenzial, um in Verhandlungen zusätzlichen Wert zu schaffen. Wir nennen es kuhhandeln oder englisch »logrolling.« Mit Einzel-Rückzugspunkten funktioniert nicht, dass Sie sich bei einem für Sie wichtigen Punkt durchsetzen und ihren Verhandlungspartner dafür bei einem anderen Thema, das für ihn wichtig ist, kompensieren. In unserem Tarifbeispiel wäre es womöglich eine Idee, die 40 Stunden vollständig beizubehalten und dafür der Gewerkschaft eine großzügige Regelung für Mitglieder einzuräumen. Dieses Lösungspaket würde übersehen werden, wenn beide Seiten Thema für Thema »rote Linien« eingezogen hätten, wie zum Beispiel mindestens 39 Stunden oder maximal ein Koffer als Mitgliedervorteil. Es mag rote Linien bei einzelnen Themen geben, die inhaltlich begründet sind. Gehen Sie damit aber extrem sparsam und restriktiv um, damit Sie sich nicht große Nutzenpotenziale verbauen.

Berechnen Sie den Gesamt-Score aus Sicht Ihres Verhandlungspartners. Der konsequente nächste Schritt ist, ein Scoring-System aus Sicht Ihres Verhandlungspartners mit den exakt gleichen Themen und Lösungsoptionen zu entwickeln. Dazu müssen Sie die Schritte 3 bis 5 des Scoring-Systems aus der Perspektive Ihres Verhandlungspartners wiederholen. Je besser Sie die Interessen und Prioritäten Ihres Verhandlungspartners einschätzen können, desto genauer sind die Punktwerte, die Sie für Ihren Verhandlungspartner berechnen. Ich habe für Sie in Abbildung 5 ein Beispiel für ein vollständiges zweiseitiges Scoring anhand des hier verwendeten Tarifbeispiels dargestellt. Gelingt es Ihnen, für beide Seiten ein passendes Scoring-System zu entwickeln, dann halten Sie ein mächtiges Werkzeug in Ihren Händen. Für jede Paketlösung können Sie sehr schnell berechnen, welcher Nutzen, sprich Paket-Gesamt-Score, für beide Seiten entsteht. Damit finden Sie leichter Lösungen, die den Verhandlungskuchen vergrößern. Das sind alle Pakete, bei denen sich die Summe beider Paket-Gesamt-Scores erhöht. Damit lässt sich zusätzlich das Pareto-Optimum besser ermitteln. Suchen Sie nach Lösungspaketen, die Ihren eigenen Paket-Gesamtcore nicht verändern oder sogar erhöhen und die gleichzeitig den Paket-Gesamt-Score der anderen Seite steigern.

		Arbeitgeber			Gewerkschaft		
Thema	**Optionen**	**Scoring inner-halb des Themas**	**Scoring je Thema**	**Addier-barer Ge-samtscore**	**Scoring inner-halb des Themas**	**Scoring je Thema**	**Addier-barer Ge-samtscore**
Lohnerhöhung	1 %	100	45	**45**	0	40	0
	3 %	70		32	50		20
	5 %	20		9	100		40
	7 %	0		0	100		**40**
Arbeitszeit	40,0	100	30	**30**	0	25	0
	39,5	60		18	33		8,25
	39,0	30		9	80		20
	38,5	0		0	100		**25**
Vorteilsregelung Gewerkschaftsmitarbeiter	keine Regelung	100	15	**15**	0	25	0
	einmalig Reisekoffer	75		11	50		12,5
	ein freier Tag p. a.	30		5	75		18,75
	500 Euro p. a.	0		0	100		**25**
Einmalzahlung	0,0	100	10	**10**	0	10	0
	250,0	66		7	33		3,3
	500,0	33		3	66		6,6
	750,0	0		0	100		**10**

Abbildung 5: Beispiel für ein zweiseitiges Scoring-System

Gehen Sie pragmatisch mit Ihrem Scoring-System um. Das oben beschriebene Scoring-System ist ein Idealbild. Bei anspruchsvollen Verhandlungen müssen Sie viele Themen und Optionen organisieren. In der Regel sind bereits die unterschiedlichen Interessen und Prioritäten der eigenen Seite diffus und nicht eindeutig numerisch erfassbar. Vernünftige Punktwerte aus Sicht Ihres Verhandlungspartners zu vergeben, ist noch anspruchsvoller. Die wahren Interessen Ihres Partners bleiben unklar. Teilweise liegen zu den Interessen gar falsche Informationen vor, um Sie zu täuschen. Welche Tipps gibt es also, um ein Scoring-System in der echten Welt zu nutzen?

Verwenden Sie bei jeder Verhandlung ein Verhandlungstemplate. Es entsteht bei den ersten beiden Schritten des Scoring-Systems. Bereits diese Minimalstruktur führt zu besseren Lösungen und mehr Überblick. Das Verhandlungstemplate besteht aus den zu verhandelnden Themen und den zum jeweiligen Thema gefundenen Lösungsoptionen. Ein echter Effizienzturbo entsteht, wenn Sie sich frühzeitig mit der anderen Seite auf ein gemeinsames Verhandlungstemplate einigen. Ihre Verhandlung bekommt Struktur, Sie können sich auf inhaltliche Diskussionen konzentrieren. Dabei sind zwei Grundregeln wichtig: Erstens, jede Seite darf einseitig Themen auf die Liste bringen. Vermeiden Sie bei der Themensammlung unbedingt ein unnötiges Gerangel mit Ihrem Verhandlungspartner darum, welche Themen zugelassen sind. Zweitens, nur weil ein Thema auf der gemeinsamen Liste erscheint, bedeutet das nicht, dass dazu am Ende eine Lösung erforderlich ist. Denn die leichthändige Aufnahme auf die Liste darf umgekehrt nicht dazu führen, dass daraus ein Anspruch auf Lösung entsteht. Das sollten Sie ansprechen und klarstellen.

Zur Beschleunigung und Vereinfachung können Sie die Themen, statt sie mit exakten Punktwerten zu versehen, in drei Wichtigkeitsstufen einteilen: niedrig, mittel, hoch. Wenn Sie so vorgehen, bekommen Sie am Ende zwar keinen addierbaren Punktwert, Sie entwickeln aber ein Gefühl dafür, was Sie zuerst besprechen sollten und an welchen Stellen Bewertungsunterschiede mit Ihrem Verhandlungspartner bestehen. Wir erinnern uns: Bei allen Bewertungsunterschieden besteht das Potenzial für Kuchenvergrößerungen.

Gehen Sie arbeitsökonomisch vor. Bewerten Sie bei Zeitmangel zunächst nur einzelne wichtige Lösungsoptionen quantitativ und auch nur, wenn sie einigermaßen sicher im Lösungsraum liegen.

Insgesamt hilft bei der schrittweisen Erweiterung Ihres Scoring-Systems das Bild einer Landkarte: Verschaffen Sie sich zunächst einen Überblick über das Gelände, Sie wissen zu Beginn einer Verhandlung noch nicht genau, in welche Regionen auf der Landkarte Sie sich gemeinsam mit Ihrem Verhandlungspartner bewegen. Es genügt ein grober Überblicksmaßstab. Erst wenn klar wird, in welche Regionen Sie sich bewegen, sollten Sie heranzoomen und präziser bewerten.

Wenn Sie im kaufmännischen Umfeld verhandeln, ist es naheliegend, das Scoring-System in Geld zu führen. Dagegen spricht nichts, es beschleunigt meist die Prozesse. Wichtig ist dabei, dem jeweiligen Geldbetrag die gleichen Prämissen wie Betrachtungszeiträume oder Zinssätze zugrunde zu legen. Beachten Sie, dass Geldeffekt und Nutzen nicht immer das Gleiche sind. Wenn Sie Themen wie Qualität oder Vertrauen in Geld ausweisen, sieht das merkwürdig aus und kann zu Diskussionen führen.[15]

Wenn Sie wirklich die Punktwerte addieren und hin- und hertauschen möchten, dann dürfen die Themen nicht voneinander abhängig sein. Beispielsweise sind die

Prozentwerte einer Lohnerhöhung und die Laufzeit eines Tarifvertrages miteinander verwoben. Je länger die Laufzeit eines Tarifvertrages, desto länger läuft die Inflation dagegen und umso länger dauert es bis zur nächsten Erhöhung. Sind Themen voneinander abhängig, wird das Scoring komplexer. Ein Tipp für die Praxis: Ziehen Sie diese Themen zu einem Thema zusammen.

In speziellen Konstellationen ist es sinnvoll, einen Dritten zu bitten, das Verhandlungstemplate oder das Scoring-Sheet zu führen. Diese Idee des »Joint neutral analyst« führt zu einer enormen Beschleunigung inhaltlich anspruchsvoller Verhandlungen. An den Analysten sind hohe Anforderungen bei den Punkten Kompetenz, Vertrauenswürdigkeit und Neutralität zu stellen.

Steigen Sie nicht mit Verhandlungen am Vertragstext ein. Bei komplexeren Themen neigen vor allem die Juristen dazu, sogleich einen Vertragsentwurf zu erstellen und anhand des Vertragsentwurfs zu verhandeln. Einen Vertragsentwurf als Verhandlungstemplate zu verwenden hat erhebliche Nachteile. Es findet keine vernünftige Priorisierung der Themen statt. Alles erscheint im Textverlauf gleich wichtig.

Die Diskussion in Gruppen oder mit juristischen Laien ist erschwert. Der Gesamtüberblick geht leicht verloren. Während eine Tabelle schnell erfasst werden kann, sind längere Vertragstexte nur noch von eingeweihten Spezialisten zu überblicken.

Es besteht zusätzlich die Gefahr der »1000 Kompromisse«: Zu jedem Thema wird ein Kompromiss gefunden. Der »Kuhhandel« zwischen verschiedenen Themen findet nur selten statt, vor allem wenn sie an weit entfernten Stellen des Vertrages stehen. Ein Gesamt-Score für den gesamten Vertrag ist nicht zu ermitteln.

Deshalb rate ich Ihnen Folgendes: Verzichten Sie nicht auf ein tabellarisches Verhandlungstemplate. Es ist eine hervorragende Grundlage, um im nächsten Schritt einen Vertragsentwurf zu erstellen. Bei vertragslastigen Themen ist es trotzdem eine gute Idee, zu einem frühen Zeitpunkt im Rahmen der Vorbereitung einen ersten Vertragsentwurf für Ihre Seite zu erstellen. Anhand dieses Entwurfs prüfen Sie, ob Ihr Verhandlungstemplate alle wesentlichen Themen enthält und ob Sie bereits in der Lage sind, alle wesentlichen Inhalte Ihres Verhandlungstemplates in einen juristischen Text umzuwandeln.

Verstehen Sie ein Scoring-System als eine Philosophie des Verhandelns. Erlauben Sie mir einen letzten Hinweis zu Verhandlungstemplate und Scoring-System. An meiner ausführlichen Beschreibung merken Sie, für wie wichtig ich diese beide Werkzeuge halte. Sie helfen bei jeder Verhandlung. Insofern ist es verwunderlich, dass sie wenig verbreitet sind. Für mich handelt es sich nicht nur um ein Werkzeug, sondern um eine Philosophie des Verhandelns. Die Themen in eine Struktur bringen und priorisieren, Lösungsoptionen sammeln und bewerten, das große Ganze im Blick halten und den Gesamtnutzen beider Seiten durch iterativ verbesserte Paketlösungen optimieren: Das ist gutes Verhandeln. Jede Verhandlung ist anders, und Scoring-Systeme sind aufwendig zu pflegen. Deshalb sollten Sie meine Ratschläge nicht schematisch anwenden, sondern an Ihre Situation anpassen.

Setzen Sie sich frühzeitig kluge Ziele für Ihre Verhandlung

Die Studien sind eindeutig: Wer sich in Verhandlungen ambitionierte Ziele setzt, erreicht bessere Ergebnisse.[16] Deshalb verwundert es nicht, dass die Verhandlungssprache differenzierte Begriffe vorhält, um Ziele zu beschreiben:

Auf der einen Seite gibt es die Idee des Maximalziels. Das sogenannte »Target« soll ein ehrgeiziges, aber gerade noch realistisch erreichbares Ziel beschreiben. Darüber hinaus geht das sogenannte »Stretch Goal«, hierbei handelt es sich um das höchste denkbare Ziel, das Sie nachvollziehbar begründen können. Nennen Sie das Stretch Goal Ihrem Verhandlungspartner, setzen Sie damit den sogenannten Anker, den wir bereits in Kapitel 1.1 im zweiten Tipp »Ankern Sie richtig und planen Sie Ihre Konzessionen« kennengelernt haben. Gut gewählte Anker legen den Ausgangspunkt für die weiteren Verhandlungen und beeinflussen den Verhandlungsverlauf maßgeblich. Der erste Ratschlag zum Thema Zielsetzung lautet: Setzen Sie sich vor Beginn der heißen Verhandlungsphase schriftlich ein Target, ambitioniert, aber realistisch.

Auf der anderen Seite stehen die Minimalziele der Verhandlungen. Sie werden Reservationspunkt, Rückzugspunkt oder im englischen »walkaway,« »bottom line,« oder »reservation price« genannt.[17] Der Rückzugspunkt wird entweder durch Ihre beste Alternative zum Verhandlungsergebnis, die BATNA, definiert oder durch die Vorgaben Ihres Auftraggebers im Rahmen des Mandats. Das Konzept des Minimalziels ist wichtig für die Analyse einer Verhandlung. Überlappen sich die Reservationspunkte der Verhandlungspartner, gibt es wie gezeigt eine »Zone of Possible Agreement« (ZOPA), sprich einen Lösungsraum. Für diesen Fall lohnt es sich zu verhandeln. Der Standard-Ratschlag zum Thema Minimalziele lautet: Lassen Sie sich nicht durch Ihre eigene »bottom-line« ankern. Das wäre zu wenig ehrgeizig, Sie würden Lösungsraum verschenken. Konzentrieren Sie sich stattdessen auf Ihr Target und, soweit bekannt, auf den Rückzugspunkt Ihres Verhandlungspartners.

Ist es wirklich so einfach, dass Sie sich lediglich ein anspruchsvolles Ziel im Rahmen einer Verhandlung setzen, und alles wird gut? Leider nicht. Ausgangspunkt einer erfolgreichen Verhandlungsstrategie sind Ihre Interessen. Entscheidend ist, Ihre Ziele an Ihren Interessen zu orientieren.

Hinzu kommt, dass sich die Erkenntnis durchgesetzt hat, dass Ziele mit Vorsicht zu genießen sind und eher wie ein verschreibungspflichtiges Medikament behandelt werden sollten. Zwar können Ziele hochwirksam sein, allerdings müssen sie vorsichtig dosiert werden, andernfalls ist mit erheblichen Nebenwirkungen zu rechnen.[18]

Wie gelangen Sie nun von Ihren Interessen zu Ihren Zielen? Interessen und Ziele stehen in Verhandlungsratgebern und in der Praxis meist schlicht nebeneinander. Als ob es sich um zwei getrennte Themen handelt. In Wirklichkeit sind Interessen und Ziele eng miteinander vernetzt. Eine gute Übersetzung der Interessen in Ziele ist erfolgskritisch. Optimalerweise haben Sie sich vertieft Gedanken zu Ihren Interessen gemacht und diese nach ihrer Wichtigkeit in eine Reihenfolge gebracht. Im Kern steht bei Ihren Interessen folgende Frage im Mittelpunkt: Was ist Ihnen wirklich wichtig im Rahmen dieser Verhandlung, welches Problem versuchen Sie zu lösen? Dabei entsteht ein diffuses und nicht eindeutiges Bild. Mit einem diffusen Interessenbündel ist es schwer, einen Verhandlungsführer oder ein Verhandlungsteam ins Rennen zu schicken. Während ein Interesse die Richtung angibt und die Frage nach dem »Was ist wichtig?« beantwortet, sollten Ziele messbar sein und beantworten: »Wie viel davon benötigen wir?«

Legen Sie ein optimistisches, aber gerade noch realistisches Maximalziel fest. Ein gutes Target festzulegen ist eine Kunst. Es erfordert Anspruch, Fingerspitzengefühl, Erfahrung, Verantwortung und ordentliches Handwerk. Ausgangspunkt sollte ein Wert sein, der sicher Ihre Interessen erfüllt und gleichzeitig für einen unabhängigen Dritten gerade noch plausibel herleitbar ist. Dieser Wert muss kritisch hinterfragt werden, es empfiehlt sich folgende Checkliste:[19]

- **Ist das Ziel zu eng gesetzt?** Lässt es dem Verhandlungsführung genügend Spielraum für kreative Lösungen? Werden wichtige Aspekte ausgeblendet, die beachtet werden sollten? So wäre im Tarifbeispiel der Prozentwert der reinen Lohnerhöhung als Zielwert zu eng gefasst. Denn gegenläufige Kompensationsgeschäfte mit anderen Themen wie Arbeitszeit wären nicht erfasst.
- **Ist das Ziel zu anspruchsvoll?** Zu anspruchsvolle Ziele können zu riskantem Verhalten führen, unethisches Verhalten befördern und eine starke Konkurrenzorientierung in der Verhandlung zur Folge haben. In Situationen, in denen der Konfliktmodus »Zusammenarbeiten« erforderlich ist, um den Lösungsraum optimal zu nutzen, kann eine zu starke Konkurrenzorientierung Werte vernichten. Kooperation wird durch sie gehemmt. Stellen Sie die Frage, ob die Durchsetzung Ihres Ziels die Langfristbeziehung zu Ihrem Verhandlungspartner zu stark belastet. Sind die Ziele mit den Ihnen zur Verfügung stehenden Machtmitteln realistisch umsetzbar?
- **Wurde das Ziel gemeinschaftlich erarbeitet und wird es mehrheitlich mitgetragen?** Achten Sie immer darauf, wichtige Stakeholder in die Diskussion zur Zielfindung einzubeziehen. Das kostet zu Beginn einer Verhandlung Zeit. Diese Investition amortisiert sich zum Schluss, denn Sie verlieren in der kritischen Verhandlungsphase am Ende nicht wertvolle Zeit, um wichtige Stakeholder zu überzeugen.

- **Ist der Zeithorizont für das gesetzte Ziel richtig gewählt, um die Erfüllung der Interessen richtig zu messen?** Oder ist der Zeitraum viel zu kurz oder viel zu lang bemessen? Gute Kontrollfragen hierzu sind: Ist nach dem Ende des Betrachtungszeitraums mit ungewöhnlichen Entwicklungen zu rechnen, zum Beispiel einem Hockeyschläger-Effekt, sprich einer steilen Veränderung des zu erwartenden Nutzens? Und wie verhält sich der Nutzen, wenn nur die nähere Zukunft betrachtet wird?

Diese Checkliste muss nicht zwingend dazu führen, dass Sie Ihr Target anpassen. Aber sie stellt sicher, dass Ihr Maximalziel von guter Qualität ist, wenn es diesen Test übersteht.

Nähern Sie sich bei komplexeren Verhandlungen Ihrem Maximalziel mit einer »veranschaulichenden Konkretisierung«. Bei monothematischen Verhandlungen wie reinen Preisverhandlungen lässt sich leicht ein Maximalziel festlegen. Wie ermitteln Sie aber ein Maximalziel bei einer Vielzahl von zu verhandelnden Themen? Sofern Sie ein Scoring-System aufgebaut haben, legen Sie nur ein Maximum für Ihren Paket-Gesamt-Score[20] fest. Verschenken Sie keinesfalls Lösungsraum durch viele einzelne Targets, die effektives Kuhhandeln verhindern.

Schnüren Sie zur Ermittlung Ihres Gesamttargets zu einem frühen Zeitpunkt der Verhandlungen zu Testzwecken ein erstes Lösungspaket. Achten Sie darauf, dass Ihre Interessen durch das Paket möglichst umfangreich erfüllt sind, die einzelnen Lösungsoptionen aber gegenüber einem unabhängigen Dritten begründbar bleiben. Positionieren Sie dieses Paket keinesfalls als Angebots- oder Forderungspaket gegenüber Ihrem Verhandlungspartner. Es dient lediglich für Sie selbst als »veranschaulichende Konkretisierung«.[21] Damit erhalten Sie eine erste Idee, wie sich Ihre Interessen in konkrete Lösungen übersetzen. Bleiben Sie offen für andere Lösungspakete. Legen Sie sich nicht zu einem frühen Zeitpunkt auf ein Paket fest.

Ermitteln Sie den Paket-Gesamt-Score Ihrer veranschaulichenden Konkretisierung. Prüfen Sie diesen Paket-Gesamt-Score anhand der gerade vorgestellten Checkliste. Sofern er diesen Test besteht, haben Sie eine solide erste Hypothese für Ihren Maximalwert ermittelt. Messen Sie Ihr Verhandlungsergebnis an diesem Zielwert. Womöglich ist es erforderlich, vollkommen andere Lösungspakete zu schnüren, um Ihr Maximalziel zu erreichen. Durch Ihre veranschaulichende Konkretisierung ankern Sie sich frühzeitig auf einen ambitionierten Maximalwert und erreichen bessere Ergebnisse.

Sofern Sie mangels Scoring-System keinen Paket-Gesamt-Score ermitteln, legen Sie drei bis fünf themenübergreifende Zielwerte fest. Die Erfahrung zeigt, dass ein Paket-Gesamt-Score anspruchsvoll zu bestimmen und noch anspruchsvoller zu kommunizieren ist. Denn für die Ermittlung eines Paket-Gesamt-Scores müssen viele Annahmen getroffen und so unterschiedliche Themen wie Kosten, Qualität, Beziehung, Prozess auf einen gemeinsamen Nenner gebracht werden.

Liegt Ihnen noch kein Scoring-System vor, sollten Sie pragmatisch vorgehen. Verzichten Sie nicht auf die positiven Wirkungen eines Zielsystems. Finden Sie für Ihren Bereich drei bis fünf passende Nutzendimensionen, die themenübergreifend wirken. Häufig verwendete Nutzendimensionen sind »Wirtschaftlichkeit/Rentabilität/Stückkosten«, »Prozess«, »Beziehung« oder »Qualität.«

Stellen Sie sich die Frage: Mit welcher Kennzahl messen wir am besten, ob das Verhandlungsergebnis diesen Nutzen tatsächlich erbringt? Falls Ihre Interessen nicht mit einer Zahl erfassbar sind: Wie könnten wir möglichst konkret beschreiben, wann wir dieses Interesse erfolgreich erfüllen?

Wichtig ist anzuerkennen, dass es am Ende nicht um die Zielwerte, sondern um die Erfüllung Ihrer Interessen geht. Es bringt nichts, wenn zwar die Zielwerte, nicht jedoch die Interessen erfüllt sind. Allerdings gibt es Fälle, in denen die Zielwerte nicht erfüllt werden, die Interessen aber gewahrt bleiben.

Nehmen Sie als Beispiel eine Tarifverhandlung. Der Arbeitgeber hat folgende Interessen: Die Personalkosten an das niedrigere Wettbewerbsniveau anzunähern, um wachsen zu können. Die Wahrnehmung bei den Mitarbeitern als verantwortungsvoller Arbeitgeber zu verbessern. Die Verhandlungen schnell abzuschließen, damit Verhandlungsressourcen nicht unnötig lange belastet werden. Eine schnelle Umsetzung sicherzustellen, um Mitarbeiter zufriedenzustellen. Eine geringe Konfliktintensität sicherzustellen, um Kunden nicht zu verlieren. Jetzt gilt es, Kennzahlen zu finden, die ein guter Indikator für die Erfüllung dieser Interessen sind und die verfügbar sind. Das könnten für die Wettbewerbsfähigkeit die zusätzlichen Personalkosten in den nächsten drei Jahren sein. Für die Wahrnehmung als verantwortungsvoller Arbeitgeber eine entsprechende Frage in der nächsten Mitarbeiterbefragung. Für die Schnelligkeit der Verhandlungen eine bestimmte Dauer. Für die schnelle Umsetzung den Zeitpunkt der letzten Umsetzungshandlung, wie zum Beispiel die Neuprogrammierung des Abrechnungssystems. Für die Konfliktintensität ein Punktsystem, das verschiedene Konflikthandlungen bewertet. Sehen Sie sich zur Veranschaulichung Abbildung 6 an.

Auch bei diesem pragmatischen Ansatz ermitteln Sie ihre konkreten Maximalwerte am besten mit der Methode der veranschaulichenden Konkretisierung. Gestalten Sie konkret ein für Sie günstiges Lösungspaket und übersetzen Sie es in konkrete Zielwerte Ihrer themenübergreifenden Nutzendimensionen.

Legen Sie einen Punkt fest, den Sie als Verhandlungsführer nicht unterschreiten. Das ist der Rückzugspunkt oder das Minimalziel. Ein guter Ausgangspunkt, um das Minimalziel festzulegen, sind Ihre alternativen Handlungsmöglichkeiten, sprich Ihre BATNA, die wir uns in Kapitel 1.1 im 1. Tipp »Schätzen Sie die Verhandlungssituation anhand von BATNA, Rückzugspunkt und ZOPA ein« angesehen haben. Ist Ihr Verhandlungsergebnis schlechter als Ihre beste Alternative, wählen Sie besser Ihre Alternative.

Legen Sie fest, was passiert, wenn Sie den Rückzugspunkt nicht einhalten können. Für diesen Fall empfiehlt es sich, eine Auszeit zu nehmen und das Zielsystem mit den wichtigen Stakeholdern zu hinterfragen: War das Minimalziel zu anspruchsvoll? Haben sich die Voraussetzungen verändert? Würden die wichtigsten Interessen durch den Abschluss dennoch erfüllt werden? Ist die BATNA tatsächlich besser? Sollten die Verhandlungen unterbrochen oder abgebrochen werden? Sollte ein neuer Verhandlungsanlauf unternommen werden?

Sofern Sie noch kein vollständiges Scoring-System aufgesetzt haben, könnte eine Zielstruktur – hier am Beispiel einer Tarifverhandlung – wie folgt aussehen:

Top-Interesse (nach Wichtigkeit)	Zielwert Target (Maximalziel)	Zielwert Rückzugspunkt (Minimalziel)	Was passiert, wenn das Minimalziel nicht erreicht werden kann?
Personalkosten an Wettbewerbsniveau anzunähern	Max. 1% (zusätzliche Personalkosten in den nächsten drei Jahren)	Max. 3% (zusätzliche Personalkosten in den nächsten drei Jahren)	Überprüfung aller Ziele mit dem Vorstand; kein Abschluss
…	…	…	…

Abbildung 6: Beispiel für eine Verhandlungsziel-Matrix

Legen Sie ihr Zielsystem dynamisch an. Die Aufgabe, ein Zielsystem für eine Verhandlung festzulegen, ist ein dynamischer Prozess. Zu Beginn einer Verhandlung liegen nicht alle erforderlichen Informationen vor, um Ziele präzise zu definieren. Der Verhandlungsprozess dient auch dem Zweck, wichtige Informationen Schritt für Schritt auszutauschen. Deshalb ist es wichtig, ein Zielsystem immer als Zielhypothese zu begreifen. Sobald neue relevante Informationen gewonnen werden, passen Sie die Ziele an.

Wann ist der richtige Zeitpunkt, um Verhandlungsziele festzulegen? Hier besteht ein Zielkonflikt: Je früher Sie Ziele festlegen, desto stärker entfalten diese ihren positiven Effekt. Auf der anderen Seite besteht die Gefahr, dass Sie zu einem frühen Zeitpunkt der Verhandlungen nicht genügend Informationen besitzen, um kluge Ziele zu setzen. Das kann dazu führen, dass Sie bei Maximalzielen und Minimalzielen danebenliegen, weil Sie diese zu hoch oder zu niedrig ansetzen.

Begreifen Sie Ihre Ziele deshalb immer als Hypothesen, die geordnet angepasst werden, sofern dies durch neue Information gerechtfertigt ist. Sofern Sie im Auftrag eines anderen verhandeln, ist es entscheidend, mit ihm einen Prozess zu vereinbaren, wie das Zielsystem angepasst wird, sofern dies durch neue Informationen angezeigt ist.

Legen Sie Ihre Ziele so früh wie nötig, aber so spät wie möglich fest. Vergessen Sie nicht, dass Verhandlungsgespräche immer Lernchancen für Sie sind, die zu einer Anpassung Ihres Zielsystems führen können. Sind Sie allzu offen dafür, Ihre Ziele situativ anzupassen, besteht die Gefahr, dass Sie sich von der anderen Seite in die falsche Richtung manipulieren lassen. Schützen Sie sich davor, indem Sie vorab einen Prozess zur Zielanpassung definieren und die Zielanpassung am besten von Personen kontrollieren lassen, die nicht am Verhandlungstisch sitzen.

Damit Sie kluge Ziele wählen können, sind erstklassige Informationen als Grundlage erforderlich. Wie Sie geschickt und manchmal indirekt an diese Informationen gelangen und diese in eine verhandlungsfähige Form bringen, sehen wir uns im nächsten Kapitel genauer an.

Checkliste Prinzip der Nutzenoptimierung

- Legen Sie für jede wichtige Verhandlung ein Verhandlungstemplate an. Sammeln Sie dazu alle denkbaren Themen und zu jedem Thema alle relevanten Lösungsoptionen.
- Erweitern Sie Ihr Verhandlungstemplate bei komplexeren Verhandlungen zu einem Scoring-System.
- Entwickeln Sie ein Zielsystem. Setzen Sie sich ein ambitioniert-optimistisches, aber gerade noch realistisches Maximalziel sowie ein Minimalziel. Legen Sie fest, was zu tun ist, wenn das Minimalziel unterschritten wird. Regeln Sie, wie Sie das Zielsystem anpassen, sobald neue Informationen vorliegen.
- Denken Sie in Lösungspaketen. Definieren Sie nicht Thema für Thema rote Linien. Damit verschenken Sie Lösungspotenzial. Ermitteln Sie themenübergreifend Gesamt-Scores für Ihre Pakete.
- Achten Sie neben dem Sachnutzen auf den Nutzen, der auf der Beziehungs- und Prozessebene entsteht. Achten Sie auf Backfire-Effekte und Langzeit-Effekte.
- Beziffern Sie den Nutzen, den Ihr Verhandlungspartner aus dem Verhandlungsergebnis beziehen würde. Ist das Optimum bereits erreicht, ohne dass Sie von Ihrem eigenen Nutzen Abstriche machen müssen?

Verhandlungsflow-Tipp: Beanspruchen Sie selbstbewusst Ihren Nutzen in Verhandlungen. Freuen Sie sich, wenn Ihr Verhandlungspartner das Gleiche tut. Die besten Lösungen entstehen, wenn beide Seiten ambitioniert verhandeln. Geben Sie sich nicht mit suboptimalen Ergebnissen zufrieden. Ihr Ziel ist die Pareto-Front. Dazu müssen Sie neben Ihrem eigenen Nutzen den Nutzen Ihres Partners optimieren.

2.2 Prinzip der Informiertheit: Begreifen Sie Verhandlungen als Informationsspiel, das Sie gewinnen sollten

Damit Verhandlungsflow entsteht, ist es wichtig, dass Sie gut vorbereitet in das Verhandlungsfinale gehen. Das Vorbereiten findet teilweise allein, vor allem aber gemeinsam mit Ihrem Verhandlungspartner statt. Kernpunkt der Vorbereitung ist, dass Sie Informationen systematisch sammeln und intelligent aufbereiten. Ihre wichtigste Informationsquelle ist Ihr Verhandlungspartner. Die Kunst besteht darin, ihn zu motivieren, Informationen mit Ihnen wahrheitsgemäß zu teilen. Daneben gilt es für Sie, mit investigativem Gespür weitere Informationsquellen zu erschließen. Wenn Ihnen das gelingt, schaffen Sie eine Voraussetzung, um ein grandioses Finale der Verhandlung zu erleben. Das ist die Basis, um das Potenzial des Augenblicks auszuschöpfen und damit ein Ergebnis zu erzielen, das hervorragend für Sie und mindestens gut für Ihren Verhandlungspartner ist.

Gewinnen Sie nur das Informationsspiel. Versuchen Sie nicht, beim Verhandeln zu gewinnen. Sonst entsteht die Atmosphäre eines Gewinner-Verlierer-Spiels. Sie und Ihr Verhandlungspartner übersehen Kooperationsgewinne, die aus der Zusammenarbeit während des Verhandelns entstehen. Gerade bei anspruchsvollen Verhandlungen benötigen Sie diesen Rückenwind, um gute Lösungen zu erreichen. Ich empfehle Ihnen, jede Verhandlung als einen Prozess der gemeinsamen Problemlösung mit Ihrem Partner zu begreifen.

Der Trieb des Menschen, sich in Wettkämpfen zu beweisen, liegt ihm in den Genen. Das legen zum Beispiel die unzähligen kompetitiven Sportarten nahe, die die Menschheit erfand. Mein Vorschlag ist es, diese Energie und diesen Ehrgeiz beim Verhandeln bewusst auf ein lohnendes Ziel umzulenken: das systematische Sammeln zutreffender Informationen. Beim Sammeln von Informationen ist es unschädlich, wenn Sie besser sind als Ihr Verhandlungspartner, solange Sie sich sportlich fair verhalten. Zusätzliche Informationen führen zu besseren Ergebnissen. Davon profitieren Sie und Ihr Verhandlungspartner.

Verhandeln Sie investigativ. Selten inspirierte mich ein Verhandlungstipp mehr als der von den Harvard-Professoren Deepak Malhotra und Max Bazerman:[22] Gehen Sie ans Verhandeln heran wie ein guter Ermittler an einen Kriminalfall. Versuchen Sie, so viel wie möglich über die Personen und die Situation zu lernen. Dazu gehört Ihre Bereitschaft, unvoreingenommen an die Sache heranzugehen. Bilden Sie Hypothesen und seien Sie jederzeit bereit, diese Hypothesen aufgrund neuer Fakten zu hinterfragen. Diesen Ansatz bezeichnen die beiden Professoren als investigatives Verhandeln. Fühlen Sie sich wie Kommissar Columbo.

Um welche Informationen geht es? Zuallererst – das dürfte Sie an dieser Stelle nicht überraschen – geht es um die wahren Interessen aller Beteiligten. Sprich die Motive und Bedürfnisse, die hinter den zur Schau getragenen Positionen stehen. Es geht um die Interessen Ihrer Partner und die eigenen Interessen. Mit diesem Wissen machen Sie sich auf die Suche nach passgenauen Lösungen, die diese Interessen erfüllen.

Ein weiteres lohnendes Feld sind Informationen über die Zwänge und Einschränkungen der anderen Seite. Diese Restriktionen verhindern, dass sie Ihren Vorschlägen zustimmt. Zu diesem Punkt gehört es, ein vertieftes Verständnis zu entwickeln, in welchem Verfahren Ihre Partner entscheiden. Kann der Verhandlungsführer allein entscheiden? Hat er volle Autorität oder einen beschränkten Rahmen? Entscheidet er mit anderen und, falls ja, in welchem Verfahren und in welchem Modus? Gibt es formelle und informelle übergeordnete Instanzen und Gremien, die der Verhandlungsführer einbeziehen muss oder die er beeindrucken möchte? Zumindest in größeren Organisationen sind diese Fragen übrigens häufig für die eigene Seite nicht klar. Klären Sie das als Verhandlungsführer frühzeitig.

Schließlich lohnt es sich, bei Ihrer investigativen Informationssuche besonders gründlich nach Lösungsoptionen und geeigneten objektiven Kriterien zu forschen.[23] Recherchieren und sammeln Sie eifrig Lösungsoptionen für Ihre Verhandlungsthemen. Genauso wichtig sind objektive Kriterien wie Benchmarks oder Vergleichsfälle. Diese Standards geben Ihnen Auskunft darüber, was Dritte oder gegebenenfalls Ihr Partner als fairen Maßstab für Verteilungsprobleme einschätzen.

Ebenso wichtig ist es, dass Sie Ihre Alternativen kennen. Ihre Alternativen bestimmen Ihren Reservationspunkt, also ihr Minimum, unterhalb dessen ein Abschluss keinen Sinn macht. Bevor Sie beispielsweise Ihr Gehalt verhandeln, recherchieren Sie, was andere in vergleichbaren Positionen verdienen. Sie könnten eine Internetrecherche durchführen, auf einen Dienstleister zurückgreifen oder Ihr Netzwerk nutzen. Verstehen Sie, welche Alternativen Ihr Verhandlungspartner hat. Daraus leitet sich sein gerade noch zu akzeptierendes Minimum ab.

Ihre Recherche ist ein laufender Prozess, der erst endet, wenn Sie das Ergebnis erzielen. Manchmal kommt es am Ende zu Überraschungen, wie in einem Krimi. Bleiben Sie wachsam bis zum Ende.

Praxisfehler

- **Fehler 1:** Der Verhandlungsführer einer Gewerkschaft erzählte mir, wie wichtig es für ihn als Verhandlungsführer sei, die Kontrolle über alle Informationen sicherzustellen. Deshalb habe er die klare Anweisung gegeben, dass vor, während und nach einer Verhandlungsrunde jeglicher Kontakt seines Teams mit Teammitgliedern der anderen Seite zu unterbleiben habe.

Erläuterung: In vielen Verhandlung müssen komplexe Problemstellungen gelöst werden. Das ist ohne einen effizienten Informationsaustausch zwischen den Partnern nicht möglich. Formale Verhandlungssituationen sind häufig stark ritualisiert, von hohen Stresslevels und kontrollierter Kommunikation geprägt. Wichtige Nuancen werden nicht transportiert und verstanden. Missverständnisse sind programmiert. Damit auch Schattierungen und Farbtöne transportiert werden, ist es wichtig, dass möglichst viele Kommunikationskanäle genutzt werden, gerade auch »links und rechts« der ausgetretenen Pfade.

- **Fehler 2:** Es hielt sich hartnäckig bei uns intern das Gerücht, dass unser Geschäftspartner nahe an der Insolvenz ist. Deshalb gestalteten sich die Verhandlungen sehr schwierig. Wir interpretierten jede Forderung unseres Partners als Zeichen seiner Geldnot. Wir versuchten, unser Risiko abzusichern; dies führte zu hohen zusätzlichen Kosten und komplizierten Regelungen. Wir stellten keine externen Recherchen an, da wir diese Information aus zwei unterschiedlichen Richtungen unserer Organisation erhalten hatten.
Erläuterung: Die Richtigkeit von Schlüsselinformationen ist in Verhandlungen von großer Bedeutung. Deshalb ist es wichtig, dass solche Informationen aus mindestens zwei unabhängigen Quellen bestätigt werden. Häufig glauben wir Gerüchten, da sie uns plausibel erscheinen. Meist wären solche Themen aufzuklären, häufig sogar durch direkte, elegante Fragen an den Verhandlungspartner und durch Recherche im Informantennetzwerk. In diesem Fall war es sogar so, dass die Information von einer internen Gegnerin des Deals gestreut wurde. Da sie ein breites Netzwerk in der Organisation hatte, kam es uns so vor, als käme die Information aus unterschiedlichen Quellen, was aber nicht der Fall war. Es handelte sich – wie so häufig – nicht um eine vorsätzliche Lüge, sondern um die Verbreitung einer Information vom Hörensagen, die zufällig auf die persönliche Agenda der Netzwerkerin einzahlte. Überprüfen Sie wichtige Fakten.

- **Fehler 3:** Unsere gewerkschaftlichen Verhandlungspartner erschienen uns wie aus der Zeit gefallen. Sie wollten die Gewerkschaftslandschaft in Deutschland neu beleben. Sie wollten solidarische gemeinsame Einrichtungen der Tarifpartner errichten. Gleichzeitig erhöhte sich für uns der Wettbewerbsdruck aufgrund der globalen Konkurrenz wöchentlich. Aufwendig versuchten wir unserem Verhandlungspartner darzulegen, dass seine Ideen 30 Jahre zu spät kämen und historisch widerlegt seien.
Erläuterung: Unser Verhandlungspartner sah die Welt mit anderen Augen, das war evident. Immer wenn das der Fall ist, können Sie davon ausgehen, dass dies tief im Wertegerüst Ihres Partners angelegt ist. Tief sitzende Werte können Sie

nicht durch ein paar Argumente am Verhandlungstisch »beseitigen.« Eine zunächst absurd anmutende, aber erfolgversprechendere Strategie war es, Punkte zu finden, warum wir von den Überlegungen unserer Partner – trotz aller inhaltlichen Ablehnung – beeindruckt waren. In der Tat imponierte es mir, wie viel Energie die andere Seite in ihre Projekte steckte und mit welcher langfristigen Strategie das verknüpft war. Das sagte ich unseren Verhandlungspartnern genau in dieser Form. Als wir unseren Respekt vor der Energieleistung des Partners aufrichtig anerkannten, brach das Eis. Wir konnten über Lösungen jenseits der Ideologie sprechen.

Schaffen Sie sich ein Informationsnetzwerk

Es wäre naiv zu glauben, dass Sie an die wahren Interessen Ihrer Verhandlungspartner stets durch einfache und direkte Warum-Fragen am Verhandlungstisch herankommen. Stellen Sie sich folgendes Gespräch zum Auftakt einer Tarifverhandlung vor: Auf beiden Seiten sitzen etwa 20 Personen. Arbeitgeber: »Welche Interessen haben Sie in dieser Verhandlungsrunde?«; Gewerkschaft: »Wir möchten 6 Prozent mehr Gehalt«; »Okay, warum möchten Sie 6 Prozent mehr?«; »Weil dies die Tarifkommission so gefordert hat«; »Verstehe, warum hat die Tarifkommission 6 Prozent gefordert?«; »Weil sie es für angemessen hält«; »Ah, warum hält sie das für angemessen?«; »Weil es unser gutes Recht ist« et cetera. Genau diese Diskussion habe ich in meiner Naivität am Tariftisch bereits geführt. Sie merken, dass sich das Gespräch im Kreis dreht und das nicht wirklich die Methode sein kann, um Anhaltspunkte für Mehrwertlösungen zu gewinnen.

Warum funktionieren direkte Fragen nach Interessen oder anderen Themen häufig nicht? Das kann viele Gründe haben. Teilweise ist die andere Seite mit dem abstrakten Konzept »Interesse« nicht vertraut. Teilweise besteht nicht das nötige Vertrauen, um solche Informationen in großer Runde zu teilen. Wer Informationen teilt, macht sich verletzbar. Diese Informationen können gegen Sie verwendet werden. Und schließlich ist Ihrem Partner – so wie Ihrer eigenen Seite – nicht immer sofort und eindeutig klar, worin genau das hinter der vertretenen Position liegende Interesse besteht.

Deshalb ist wichtig, dass Sie sich ein Netzwerk aufbauen, das Sie nutzen können, um wichtige Informationen auf indirektem Wege zu erhalten. Die Bedeutung dieses Punkts wird regelmäßig unterschätzt. Hier trennt sich bei der Qualität der Verhandlungsführung häufig schon die Spreu vom Weizen. Bitte denken Sie hier möglichst breit, wie ein guter Kriminalist. Im Unternehmenskontext können Sie zum Beispiel auf folgenden fünf Feldern aktiv werden:

1. Aktuelle oder ehemalige Mitarbeiter Ihres Verhandlungspartners.
2. Aktuelle oder ehemaligen Kollegen, auch anderer Abteilungen oder Standorte. Denken Sie dabei an Experten, die Zugang zu internen Informationssystemen haben.
3. Geschäftspartner oder Konkurrenten Ihres Verhandlungspartners.
4. Eigene Geschäftspartner und Konkurrenten
5. Spezialisierte Berater

Denken Sie an Informationen, die Sie aus öffentlich zugänglichen Quellen bekommen können: Internetquellen inklusive die verschiedenen Social Media, Zeitungsarchive, öffentliche Register wie das Vereins- oder Handelsregister.

Optimal ist es, wenn Sie Ihr Netzwerk nicht erst anlässlich Ihrer Verhandlung aktivieren und bereits vorher systematisch pflegen. Meine Erfahrung zeigt, dass sich viele Netzwerke noch während einer länger dauernden Verhandlung knüpfen lassen. Wenn Sie nicht viel Vorlauf haben, lohnt es sich, gezielt auf Akteure mit einer hohen »Betweenness« zu achten. Das sind »menschliche Knotenpunkte« im Netzwerk, die viele Akteure miteinander verbinden. Bei diesen Supernetzwerkern müssen Sie auf hohe Integrität achten, denn sie können viele Personen im Netzwerk beeinflussen. Teilen Sie mit diesen Personen Ihre Informationen strategisch und nicht naiv. Die Währung des Netzwerkers sind Informationen, die er fließen lässt, wenn auch unter dem Siegel der Vertraulichkeit.

Damit kein falscher Eindruck entsteht: Ihre wichtigste Informationsquelle in Verhandlungen ist Ihr Verhandlungspartner. Der gute Ermittler verlässt sich aber nicht allein auf die Aussage seines Kronzeugen.

Ein Hinweis ist mir noch wichtig: Es geht hier um legale Informationsgewinnung, wenn Sie sich mit Wettbewerbern austauschen, müssen Sie natürlich die Kartellvorgaben beachten et cetera. Es geht nicht darum, an vertrauliche Informationen zu gelangen, für die Sie nicht befugt sind. Sondern es geht darum, ein feines Sensorium und eine Offenheit für Informationen zu entwickeln, die fließen möchten.

Seien Sie auch abseits der formalen Verhandlungen achtsam

Ein großes Missverständnis bei Verhandlungen ist, dass der formale Verhandlungstisch der zentrale Ort des Geschehens ist. Das ist aber nicht der Fall. Die wichtigsten Informationen fließen bewusst und unbewusst außerhalb dieses Rahmens. Am Verhandlungstisch herrschen meist übertriebene Vorsicht und Konzentration, keine Fehler zu machen und keine Angriffsfläche zu bieten. Suchen Sie gezielt nach weiteren Kommunikationsanlässen. Sie können bereits im kurzen Gespräch oder Telefonat mit Ihrem Verhandlungspartner vorab wertvolle Informationen erhalten und auf entscheidende Nuancen achten. Welche Botschaften werden am Kaffeeautomaten oder beim Feierabendbier platziert? Was wird beim Hinein- oder Hinausgehen aus dem Verhandlungsraum besprochen? Berühmt ist die dazu passende Methode des Inspektor Columbo aus der gleichnamigen US-Fernsehserie: Nachdem die offizielle Befragung des Zeugen mit Notizblock zu Ende ist, wird beim Hinausgehen noch eine kurze Frage nachgeschoben.[24] Der Befragte hat seine Verteidigungshaltung abgelegt und ist plötzlich deutlich offener.

Bei meinen Beratungsmandaten erlebe ich es immer wieder, dass sich der Verhandlungsführer und sein Team akribisch auf die erste Verhandlungsrunde vorbereiten. Allerdings scheint niemand so richtig auf die Idee zu kommen, zum Telefonhörer zu greifen und spontan den Partner oder einen seinen Mitarbeiter anzurufen, um erste Details vorab zu klären. Nutzen Sie die Zeit vor einer offiziellen Verhandlungsrunde, um Grundlagen wie wichtige Interessen, Themen, erste Lösungsideen, Zeitrahmen, persönliche Konflikte, Agenda et cetera im persönlichen Gespräch oder in einer Sondierung anzusprechen.

Mein Ratschlag ist, eine offizielle Verhandlungsrunde sogar ganz bewusst als Abschluss eines Informationsprozesses zu sehen, der bereits lange zuvor begonnen hat. Nutzen Sie die Zeit vor der Runde. Überraschungen am Verhandlungstisch sind Ausdruck nachlässiger Vorbereitung. Informelle Kontakte vorab bieten zudem erste Gelegenheiten, Ihre Interessen und Ideen zu platzieren und zu verproben.

Was vor und während der Verhandlung gilt, ist nach einer Verhandlungsrunde genauso wichtig. Für mich ist es eine Selbstverständlichkeit, nach einer Verhandlungsrunde – gerade auch wenn sie gescheitert ist – mich nochmals bei meinem Verhandlungspartner zu melden und nachzuhören, ob alles richtig verstanden wurde und gegebenenfalls über Nacht neue Erkenntnisse hinzugekommen sind.

Stellen Sie sich an allen Tagen, die offiziell verhandlungsfrei sind, die Frage: Was kann ich heute tun, um unsere Informationsbasis weiter zu verbessern?

Achten Sie auf Details und Schwarze Schwäne[25]

Ein guter Ermittler achtet auf Details. Und rechnet mit dem Unerwarteten. Tun Sie es Ihm als guter Verhandler gleich.

Verwenden Sie einen breiten, aber feinen Suchradar. Nicht nur plakative inhaltliche Fakten spielen eine Rolle, sondern auch inhaltliche, prozessuale oder emotionale Details können in Verhandlungen eine entscheidende Bedeutung erlangen. Alle Verhandlungsführer sind Menschen, selbst wenn sie für große und mächtige Organisationen verhandeln. Lassen Sie mich zwei Beispiele erzählen.

Beim ersten Beispiel berichtete mir einer meiner Beratungskunden beiläufig, dass der Verhandlungsführer der anderen Seite im Sommer stets zur gleichen Zeit drei

Wochen im Familienurlaub sei. Dieser Urlaub sei für seine Frau und ihn heilig. Beim Design des Verhandlungsprozesses für die große Tarifverhandlung berücksichtigten wir diese Information. Wir gestalteten die Dramaturgie so, dass das große Verhandlungsfinale unmittelbar vor Beginn dieses Urlaubs lag. Dies hatte für unseren Partner den Vorteil, dass er bei Abschluss unbelastet seinen Urlaub antreten konnte. Und wir konnten sicher sein, dass zeitsparende Vorschläge von der anderen Seite besonders geschätzt wurden und taktische Sackgassen, die nur Zeit kosteten, von unserem Partner vermieden wurden. Am Ende fuhr unser Partner auch nicht jede inhaltliche Kurve aus, sondern die termintreue Lösung hatte klaren Vorrang. Jeder möchte vor dem Urlaub mit einem großen Projekt fertig werden und dieses nicht unnötig in den Urlaub mitschleppen.

Beim zweiten Beispiel geht es um ein emotionales Detail, das bei einer Verhandlung relevant wurde. Ein guter Bekannter hat großes Interesse an einer speziellen Jugendstil-Villa. Bei Immobilientransaktionen würden Sie wahrscheinlich vermuten, dass es sich um reine Preisverhandlung handelt und weitere Themen nachrangig sind. Der Bekannte hatte sich mit der Verkäuferin der Villa lange unterhalten. Sie hatte ihm erzählt, dass ihr gerade verstorbener, handwerklich geschickter Mann sein halbes Leben in die aufwendige Wiederherstellung der Jugendstil-Elemente des Hauses investiert hatte. Der Kaufpreis war hoch, der Bekannte konnte sich nicht entscheiden, und als er die Verkäuferin in ihrer Villa nochmals besuchte, um den Preis zu besprechen, teilte diese ihm bedauernd mit, dass sie das Haus bereits per Vorvertrag verkauft habe. Durch Zufall war der Käufer zu diesem Zeitpunkt gerade bei ihr im Haus. Er diskutierte mit seinem Architekten, wie man das Wohnzimmer deutlich vergrößern und eine große Terrasse anbauen könnte. Mein Bekannter hörte dieses Gespräch, schaltete sich ein und vertrat den Standpunkt, dass dieser Eingriff für ihn eine echte Bausünde wäre. Den Käufer schien das nicht weiter zu interessieren. Mein Bekannter sprach die Witwe auf die radikalen Pläne des Käufers an. Sie war zwar über Veränderungen des Originalzustands empört, verwies ihn aber auf den Vorvertrag. Da machte der Bekannte der Witwe folgenden Vorschlag: Er sicherte ihr zu, das Haus in seinem aktuellen Zustand zu erhalten, sein letztes Gebot nochmals zu erhöhen und die Witwe für mögliche Schadensersatzforderungen des vermeintlichen Käufers aus dem Vorvertrag schadlos zu halten. Als Jurist wusste er, dass der nicht-notarielle Vorvertrag rechtlich nicht durchsetzbar ist. Die Witwe ließ sich auf den Vorschlag ein, und heute ist der Bekannte stolzer Eigentümer der Jugendstil-Villa. Sie sehen, es lohnt sich, das eine oder andere informelle Gespräch bei Verhandlungen zu führen und den Fokus dabei breit zu lassen. Wer weiß, wozu Sie die Information später benötigen können.

Erwarten Sie Unerwartetes. Neben der Sensibilität für Details ist auch die Offenheit für unerwartete Informationen und Situationen eine wichtige Eigenschaft eines guten Verhandlungsführers. Es gibt immer wieder Situationen, mit denen Sie trotz aller Erfahrung nicht rechnen können. Das sind die sogenannten Schwarzen Schwäne. Lange glaubte man in Europa, dass es keine Schwarzen Schwäne gibt, bis Ende des 17. Jahrhunderts in Australien solche Schwäne dann doch entdeckt wurden. Mit Sachverhalten, die wir zwar für möglich halten, aber tatsächlich noch nicht kennen, können wir deutlich besser umgehen als mit Situationen, die wir nicht erkennen, weil sie uns unbekannt sind. Ein Beispiel bei Verhandlungen ist die Situation, dass Sie einen Verhandlungspartner auf der anderen Seite haben, der ganz bewusst versucht, einen Deal mit Ihnen zu vermeiden oder zu sabotieren, ein sogenannter »Spoiler«. Wenn Sie diese Situation nicht bereits erlebt haben, dann kommen Sie gar nicht auf die Idee, dass dies ernsthaft geschehen kann. Wir erlebten das mit einem chinesischen Geschäftspartner, der die Verhandlungssituation bewusst nutzte, um an Informationen zu gelangen, die außerhalb der Verhandlungen als Geschäftsgeheimnisse nicht geteilt werden. Mit welchen Strategien können Sie solche unerwarteten Situationen in Verhandlungen entdecken? Denn wenn Sie die Schwarzen Schwäne tatsächlich finden, kann dies für Ihren Verhandlungserfolg bedeutsam sein. Ein guter Ausgangspunkt ist, die Existenz von unerwarteten Situationen »auf dem Schirm« zu haben, das macht Sie achtsam. Wann immer Sie in Verhandlungen über Merkwürdiges oder scheinbar Irrationales stolpern, sollten Sie innehalten. Dieses Stolpern sollte Ihren investigativen Ehrgeiz wecken. Ihre Aufgabe ist es, aus verschiedenen Blickwinkeln Hypothesen anzustellen, welche plausible Erklärung es für das Stolpern gibt. Suchen Sie die Schwarzen Schwäne vor allem jenseits des Verhandlungstisches. Meist finden sich verblüffende Details zu den Interessenlagen im persönlichen und emotionalen Bereich. Deshalb ist es wichtig, dass Sie auf dieser Ebene mit Ihren Partnern ins Gespräch kommen. Das wird am Verhandlungstisch selbst nur selten passieren. Wenn Sie im Team verhandeln, dann sollten Sie sich regelmäßig mit Ihrem Team zu auffallenden Details Ihrer Verhandlungspartner austauschen, beispielsweise zu Beginn jeder Nachbesprechung. Ein sehr guter Ratschlag von FBI-Verhandler Chris Voss ist es, einem Teammitglied als aktivem Zuhörer die Aufgabe zu geben, besonders auf Details und Botschaften »zwischen den Zeilen« zu achten.[26]

Nehmen Sie Abweichungen vom nonverbalen Normalverhalten wahr. Ein weiteres Feld für Ihren Suchradar ist die nonverbale Kommunikation. Sie haben die 7-38-55-Regel zum Thema Tonfall bereits in Kapitel 1.1 im Rahmen des Tipps 5 »Stellen Sie effektive Fragen« kennengelernt. Zu 55 Prozent wird danach die Art und Weise, wie eine Aussage wahrgenommen wird, durch die Körpersprache bestimmt und sogar zu 93 Prozent von den beiden nonverbalen Faktoren Körpersprache und Stimme zusammen. Ob diese Zahlen so präzise stimmen, mag dahinstehen. Jedenfalls sind die nonverbale und die sogenannte paraverbale Kommunikation (wie Stimme oder Satzmelodie) relevante Informationsquellen, die allerdings mit Vorsicht zu genießen sind. Die Herausforderung ist, dass die daraus zu erhaltenden Informationen selten eindeutig bestimmbar sind. Wie gehen Sie am besten vor, um diese Informationen nutzen zu können? Um das volle Potenzial dieser Informationsquelle anzapfen zu können, empfehle ich, die einzelnen Aspekte von Körper und Stimme bei Ihrem Verhandlungspartner wahrzunehmen. Achten Sie bei der Körpersprache auf die Gestik der Arme, Hände und des Kopfs. Hinzu kommen Mimik, Gang, Blick und die Körperhaltung. Bei der Stimme achten Sie auf Lage, Tempo, Melodie und Lautstärke.

Nonverbales Verhalten sollte bei Ihnen dann ein Stolpern auslösen, wenn es vom Normalverhalten abweicht.[27] Das ist ein Zeichen dafür, dass etwas nicht stimmt. Versuchen Sie zu verstehen, woran die Abweichung liegen könnte. Zum Beispiel könnte es sein, dass die Stressdosis Ihres Gesprächspartners aufgrund einer veränderten Informationslage deutlich erhöht ist. Damit Sie eine Abweichung erkennen, ist es wichtig, mit dem Normalverhalten Ihres Gesprächspartners vertraut zu sein. Deshalb ist es wertvoll, sich mit Ihren Partnern auch in entspannten Situationen jenseits des Verhandlungsgegenstands auszutauschen. Das macht Sie gegenseitig besser einschätzbar und schafft deshalb Vertrauen untereinander.

Ein weiterer Ansatzpunkt, bei nonverbaler Kommunikation zu stolpern, ist, wenn Sie den Eindruck haben, dass die Körpersprache oder Stimme Ihres Gesprächspartners sich nicht mit dem Inhalt des Gesagten deckt. Eine mögliche Erklärung wäre, dass Ihr Gesprächspartner selbst nicht von seiner verbalen Äußerung überzeugt ist oder gar versucht, Sie zu täuschen. Mit der Körpersprache zu lügen, ist deutlich schwerer, wenn nicht sogar unmöglich.[28]

Üben Sie regelmäßig, auf körperliche Signale zu achten. Es ist hilfreich, Bücher[29] zum Thema zu lesen oder Seminare zu besuchen. Allerdings empfehle ich Ihnen, mit den aus der nonverbalen Kommunikation gewonnenen Erkenntnissen vorsichtig umzugehen. Die Nase des Pinocchio gibt es nicht.[30] Sie erlangen lediglich Indizien, die sich erst zur Gewissheit verdichten, wenn Sie ein Muster in mehreren voneinander unabhängigen verbalen und nonverbalen Datenpunkten erkennen.[31] Die Deutung einzelner Körpersignale ohne Kontext ist nicht aussagekräftig. Insbesondere sollten Sie sich von laienhaften Lügenstereotypen wie Nervosität oder fehlendem Blickkontakt fernhalten, sie sind nicht zutreffend.[32]

Exkurs: Wie Piloten Schwarze Schwäne erkennen

Fehler im Cockpit können tödliche Folgen haben. Da verwundert es nicht, dass sich die Fachliteratur zu Piloten intensiv mit menschlichem Irrtum und dem Klassifizieren von Fehlern auseinandersetzt.[33] Eine Kategorie von Pilotenfehler sind solche bei der Aufnahme und Verarbeitung von Informationen. Mit welchen Strategien vermeiden Piloten in der Praxis Fehler, die aufgrund unbekannter oder unerkannter Situationen entstehen? Vier Punkte sind hervorzuheben: Die menschliche Anfälligkeit für Fehler zu akzeptieren. Verzerrungen der Wahrnehmung entgegenzuarbeiten. Richtig mit Intuitionen umgehen. Und Informationsquellen vernetzen.

Wesentlicher Ausgangspunkt ist, die Fehleranfälligkeit des Menschen als Kehrseite seiner Flexibilität zu akzeptieren. Errare humanum est. Piloti humani sunt. Das ist Ausdruck einer professionellen Berufshaltung. Daraus entsteht eine Kultur, Fehler im Cockpit offen und wertschätzend anzusprechen und nicht unter den Tisch zu kehren. Weicht ein Pilot von den Standardabläufen bewusst ab oder nimmt er beim anderen ein Abweichen wahr, wird dies sofort ausgerufen. Ein Beispiel, bei dem dies nicht funktioniert hat, ist der Landeanflug einer DC-10 in Sydney 1981. Der Kapitän erkannte, dass der Umkehrschub versagte und das Flugzeug auf eine kreuzende Landebahn zurollte, auf der gerade ein anderes Flugzeug landete. Er versuchte richtigerweise, die Maschine steigen zu lassen, sagte dies aber nicht seinem Copiloten an. Dieser erkannte die Situation nicht, wunderte sich über das Steigen und gab den entgegengesetzten Input. Die Inputs von Kapitän und Copilot hoben sich gegenseitig auf. Die Maschine blieb am Boden und verfehlte das andere Flugzeug um 10 Meter.

Piloten werden darin geschult, Verzerrungen der Wahrnehmung entgegenzuarbeiten, die durch im Gehirn programmierte Daumenregeln (sogenannte Heuristiken) ausgelöst werden. Ein gefährliches Verzerren ist zum Beispiel die sogenannte »Rule of Availability« oder Verfügbarkeitsheuristik. Ist es erforderlich, ein Problem zu lösen, neigt unser Gehirn dazu, jüngere Erinnerungen zu bevorzugen, obwohl gegebenenfalls ältere Erfahrungen besser passen. Es setzt eine Tendenz ein, die getroffene Entscheidung durch einseitige Informationssuche zu bestätigen. Es gibt einen Tipp, der Piloten dazu gegeben wird:[34] Um dieser Tendenz entgegenzuarbeiten, sollte man in solchen Situationen bewusst nach Daten suchen, die die Annahme widerlegen, und nicht nach Daten, die die Annahme bestätigen.

Nächster Bestandteil der Fehlerprävention ist, dass Piloten darin trainiert werden, mit ihren Intuitionen produktiv umzugehen und sie richtig einzusetzen. Als Erstes gilt es, Intuitionen zu erkennen, zum Beispiel ein Bauchgefühl, das mit dem sogenannten »Bauchhirn«[35] (einem ein Geflecht von Nervenzellen um den Darmtrakt) wahrgenommen wird. Zusätzlich muss trainiert werden, dieses körperliche Wahrnehmen in Worte zu fassen und frühzeitig gegenüber seinem Kollegen im Cockpit anzusprechen. Für Piloten ist wichtig, Intuitionen richtig einzuordnen. Intuition ist nur ein Hilfsmittel, da zum Beispiel nicht eindeutig ist, ob die Intuition wirklich durch die aktuelle Situation verursacht wird. Intuitionen sind ein zusätzlicher Faktor zum Bewerten, sie dürfen nicht alleiniger Bestandteil sein.

Es ist eine Pilotengrundregel, alle vorhandenen Informationsquellen zu vernetzen, soweit zeitlich möglich: Neben den technischen Einrichtungen ist hier beispielsweise an Handbücher, den Austausch mit Flugsicherung und Dienststellen der eigenen Firma, die Kommunikation mit den Kollegen in Cockpit und Kabine zu denken. Hinzu kommen der Austausch mit Passagieren sowie Plausibilitätschecks. Es gilt, einem Tunnelblick, einer Fokussierung der Aufmerksamkeit, entgegenzuarbeiten. Ein mahnendes Beispiel ist der Flug der Airbus-A310-Crew von Kreta nach Hannover. Das Fahrwerk ließ sich nach dem Start nicht einfahren. Das Flight-Management-System (»FMS«) zeigte an, dass der Kraftstoff noch bis München reicht. Der Kapitän kehrte nicht um, er wollte Deutschland erreichen. Das Kerosin ging kurz vor Wien zu Ende. Die Landebahn in Wien erreichte die Crew nicht. Die Notlandung gelang wie durch ein Wunder, niemand starb. Die Piloten hätten mit einer Überschlagsrechnung erkennen können, dass sie sich nicht auf das FMS verlassen durften. Es konnte den erhöhten Luftwiderstand durch das ausgefahrene Fahrwerk nicht berücksichtigten. Ihre Aufmerksamkeit war auf das FMS fokussiert.

Was können wir daraus für das Verhandeln übernehmen? Aus meiner Sicht viel. Erkennen Sie zunächst an, dass das Wahrnehmen fehleranfällig und verzerrt ist. Arbeiten Sie gegen die Tendenz zur Bestätigung an, suchen Sie aktiv nach Informationen, die Ihre Hypothesen widerlegen. Achten Sie auf körperliche Signale Ihrer Intuition, setzen Sie diese aber nur als Hilfsmittel ein. Vernetzen Sie Ihre Informationsquellen, verlassen Sie sich nicht auf eine Informationsquelle.

Verstehen Sie Ihren Verhandlungspartner

Die wichtigsten Informationen, die Sie in Verhandlungen sammeln, sind Informationen aus der Welt Ihres Verhandlungspartners. Das möglichst umfangreiche Verständnis seiner Interessen und Bedürfnisse, seiner Zwänge, Einschränkungen und Alternativen sind das Material, um nachhaltige Lösungen zu gestalten, die für beide Seiten hohen Nutzen stiften. Dazu genügt es nicht, sich lediglich als passiver Informationssammler zu verstehen. Es gilt, »die Situation mit den Augen der anderen Seite zu sehen«[36]. Es geht nicht nur darum, sich sachlich in die andere Seite hineinzudenken, sondern darum zu verstehen, welche emotionalen Prozesse bei Ihrem Partner ablaufen. Wichtig ist dabei, dass Sie sich eine gewisse Distanz zu seinen Gefühlen bewahren. Es gibt zwei Formen von Empathie.[37] Bei Verhandlungen führt die sogenannte funktionale Empathie zu besseren Ergebnissen als die sogenannte authentische Empathie. Bei der funktionalen Empathie geht es um das verstandesmäßige Nachvollziehen der Gefühle eines anderen und nicht um das eigene Einfühlen. Eine Studie hat gezeigt, dass das Hineinfühlen »mit dem Herzen« zu schlechteren Ergebnissen führt als das Hineindenken »mit dem Kopf«.[38] In der Praxis haben sich die folgenden vier Ansätze bewährt, um die Perspektive des Verhandlungspartners einzunehmen.

1. **Umgekehrtes Memo:**[39] Zur Vorbereitung einer Verhandlung ist es sinnvoll, für den Verhandlungsführer und den Auftraggeber, also zum Beispiel einen Vorstand, ein kurzes Memorandum zu schreiben, um ihn über die Verhandlungsstrategie aufzuklären: Wie lauten unsere strategischen Ziele und Interessen, was müssen wir tun, um diese zu erreichen, welche Informationen und Argumente sollten wir mit der anderen Seite teilen, welche Informationen fehlen uns? Hinzu kommen noch die größten Risiken für unseren Verhandlungserfolg und unser Plan B. Eine hervorragende Aufgabe, um sich für eine bevorstehende Verhandlung zu wappnen, ist es nun, dieses Memo möglichst ausgefeilt für die andere Seite zu erstellen. Voraussichtlich werden Sie sehr schnell merken, dass dieses Memo zunächst dünn ausfällt und dass Ihnen wichtige Informationen fehlen. Entwickeln Sie den Anspruch, dieses Memo so schnell wie möglich in einer hohen Qualität zu verfassen.
2. **Besser argumentieren als die andere Seite:**[40] Begnügen Sie sich nicht damit, die Argumente der anderen Seite zu verstehen. Entwickeln Sie den Ehrgeiz, die Argumente der anderen Seite besser darstellen zu können als diese selbst. Diese Ambition wird Ihnen dabei helfen, auf wichtige Details zu achten und sich tief in die andere Seite hineinzuversetzen. Falls es gelingt, wird dies außerdem der anderen Seite eindrucksvoll belegen, dass Sie sich in ihre Probleme und Sichtweise eingearbeitet haben.
3. **Fünf Gründe finden, warum Ihr Partner Nein sagen wird:**[41] Überlegen Sie sich ein Lösungspaket, das Ihre Seite richtig gut finden würde. Und nun formulieren Sie die besten fünf Gründe, warum Ihr Verhandlungspartner aus seiner Sicht diesen Vorschlag ablehnen sollte. Überlegen Sie sich, wie Sie Ihren Vorschlag verfeinern können, um diese fünf Gründe wirksam zu entkräften.
4. **Mock-Verhandlungen führen:**[42] Üben Sie das erste Verhandlungsgespräch mit Ihrem Partner vorab in einer risikofreien Atmosphäre. Dazu ist es erforderlich, dass Sie ein zweites Verhandlungsteam zusammenstellen. Damit der Perspektivwechsel funktioniert, empfehle ich, dass Sie und Ihr Team die Rolle der anderen Seite einnehmen. Überlegen Sie, wie Sie anstelle der anderen Seite einsteigen würden. Welche kritischen Fragen würden Sie sich selbst stellen? Welche Informationen würden Sie einfordern? Wie würden Sie geschickt argumentieren und wie würden Sie auf sich selbst gegebenenfalls Druck ausüben, zum Beispiel mit Zeitdruck, mit Eskalation, mit persönlichen Angriffen, mit immer neuen Nachforderungen?

Motivieren Sie Ihren Partner, Informationen wahrheitsgemäß zu teilen

Es ist nicht selbstverständlich, dass Verhandlungspartner offen und ehrlich Informationen austauschen. Allerdings ist gegenseitige Offenheit notwendig, um intelligente und kreative Lösungen ausloten zu können, die die Interessen beider Seiten berücksichtigen. Setzen Sie sich aktiv für einen fruchtbaren Informationsaustausch zwischen den Partnern ein: dafür, dass Ihr Partner überhaupt mit Ihnen wichtige Informationen teilt, und dafür, dass er dabei stets die Wahrheit sagt. Damit dies gelingt, müssen Sie auf mehreren Ebenen arbeiten: Vereinbaren Sie zu Beginn Spielregeln und teilen Sie selbst relevante Informationen, schaffen Sie eine Atmosphäre des Vertrauens und prüfen Sie die Korrektheit von Informationen.

Etablieren Sie Wahrheits-Spielregeln. Zu Beginn einer Verhandlung werden die Spielregeln vereinbart. Geschieht das nicht ausdrücklich, so findet es implizit statt. Das explizite Ansprechen von Spielregeln zum Verhandlungseinstieg kann schwierig sein. Wenn Sie das Thema Wahrheit zum Einstieg ansprechen, kann Ihr Partner den Eindruck bekommen, dass Sie ihm nicht vertrauen. In solchen Situationen ist es elegant, in Vorleistung zu treten. Ein Einstieg in die Diskussion zu Spielregeln könnte sein: »Gerade zu Beginn der Verhandlungen wird keiner von uns alle Informationen teilen können. Zum Beispiel würden Sie uns nicht Ihr absolutes Minimum mitteilen wollen. Wir finden es allerdings wichtig, dass Informationen, die wir miteinander teilen, korrekt und überprüft sind. Wir werden uns daran halten. Wäre das für Sie auch okay?« Warten Sie die Antwort Ihres Partners ab. Selten wird er diesen Vorschlag ablehnen, und falls doch, wissen Sie, woran Sie sind. Diese Spielregel ist keine Garantie dafür, dass Ihr Partner immer die Wahrheit sagt. Sie erhöht allerdings die Wahrscheinlichkeit. Das Bedürfnis des Menschen, sich konsistent zu verhalten, ist stark ausgeprägt. Das sogenannte Konsistenzprinzip ist gut durch Studien belegt.[43] Sollte sich ihr Partner nicht an diese Spielregel halten, haben Sie wenigstens einen klaren Ansatzpunkt für Ihr spätes Feedback.

Lassen Sie sich bitte nicht schlechte Spielregeln durch Ihren Partner diktieren. Ich musste schon häufig beobachten, wie die Unwahrheit oder Ungenauigkeit eines Verhandlungspartners zum Anlass genommen wurden, es von nun an selbst mit der Wahrheit nicht mehr so genau zu nehmen. Damit lassen Sie Ihren Partner die Spielregeln einseitig bestimmen, in diesem Fall sogar noch in einer unproduktiven Weise.

Teilen Sie Informationen inkrementell-reziprok. Um den Informationsfluss in Gang zu bringen, müssen Sie bereit sein, Informationen zu teilen. Das wird die andere Seite dazu inspirieren, es Ihnen nachzumachen. Denn wir alle unterliegen dem Reziprozitätsprinzip,[44] dem tiefen menschlichen Bedürfnis, es unserem Gegenüber gleichzutun. Sie dürfen allerdings nicht naiv vorgehen. Zu oft habe ich es schon bei offenherzigen, von Harvard inspirierten Verhandlern erlebt, dass sie gleich zu Beginn der anderen

Seite wichtige Informationen umfangreich mitgeteilt haben. Diese Offenheit endet häufig mit einem »und jetzt bitte Sie …?« Meist war betretenes Schweigen die Folge. Die andere Seite teilte danach zwar eine Information, die in der Regel aber nicht gleichwertig war. Um die Euphorie etwas zu bremsen, Informationen unvorsichtig zu teilen, erzähle ich nach dem Orangen-Beispiel gerne das Beispiel von den Äpfeln und Orangen:[45] Nancy hat zehn Orangen und Bob hat zehn Äpfel. Weitere Äpfel oder Orangen sind für beide nicht verfügbar. Bob liebt Orangen und hasst Äpfel. Nancy mag beides gleich gern. Deshalb möchte Bob gerne mit Nancy handeln. Inspiriert von der großen Idee, dass effiziente Lösungen nur gefunden werden, wenn beide Seiten miteinander Informationen austauschen, teilt Bob mit Nancy seine klare Vorliebe für Orangen. Nancy ist eine schlaue Verhandlerin. Sie schlägt Bob vor, dass er ihr alle Äpfel gibt, und sie gibt ihm dafür eine Orange. Das ist für ihn eindeutig besser, denn selbst eine Orange ist für ihn besser als zehn Äpfel, die er alle nicht essen mag. Die Lektion aus dieser kurzen Geschichte ist klar: Wer zu offen seine Informationen teilt, läuft Gefahr, dass sein Verhandlungspartner dies ausbeutet.

Daraus entsteht ein Spannungsverhältnis. Einerseits müssen Informationen über Präferenzen zwischen den Partnern fließen. Andererseits besteht immer die Gefahr, dass Ihr Partner einen Ansatzpunkt findet, wie er genau diese Informationen zu seinem Vorteil ausnutzt. Die Zauberformel für die Lösung dieses Dilemmas lautet »inkrementell und reziprok«. Was ist damit gemeint? Um den Informationsfluss in Gang zu bringen, machen Sie den ersten Schritt und teilen zu Beginn einer Verhandlung Ihre Interessen mit, allerdings in kleinen inkrementellen Schritten und noch nicht zu detailliert. Es geht zunächst um eine generelle Richtungsbestimmung. Warten Sie ab. Normalerweise müsste Ihr Verhandlungspartner nun das Bedürfnis verspüren, es Ihnen gleichzutun. Falls Sie vergeblich auf eine Erwiderung warten, sollten Sie dies zum Gegenstand der Diskussion machen, irgendetwas scheint im Argen zu liegen. Klären Sie das. Falls Ihr Partner den Informationsfluss erwidert, können Sie nachlegen. So geht es Schritt für Schritt weiter, bis beide Seiten ein hinreichend detailliertes Bild zu den gegenseitigen Interessen entwickelt haben. Dieser Prozess ist sinnvoll, weil er einerseits Ihr Risiko begrenzt, dass Sie zu viele Informationen preisgeben, und andererseits steuern Sie Schritt für Schritt auf eine gute Informationslage zu. Das Prinzip habe ich für Sie in Abbildung 7 grafisch dargestellt.

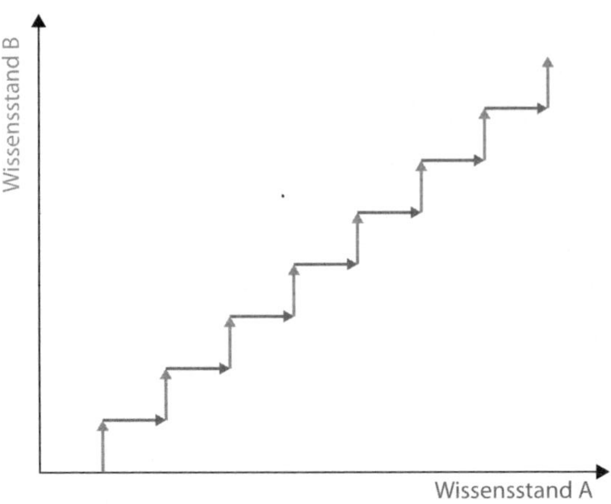

Abbildung 7: Inkrementell-reziproker Informationsaustausch

Achten Sie penibel auf Ihre Glaubwürdigkeit. Nichts hemmt den Informationsaustausch und damit die Verhandlung mehr als die Furcht, die andere Seite könnte die weitergegebene Information gegen Sie missbrauchen. Hinzu kommt die Sorge, dass weitergegebene Informationen manipuliert sein könnten. Die Lösung für dieses Problem heißt Vertrauen. Ohne Vertrauen sind komplizierte Absicherungsmechanismen erforderlich, häufig geraten Verhandlungen ohne Vertrauen in eine Konfliktspirale. Wie kann es gelingen, dass Verhandlungspartner einander vertrauen und sich gegenseitig für glaubwürdig halten?

Die wichtigste Grundvoraussetzung dafür, dass Ihnen die andere Seite vertraut, ist, dass Sie selbst glaubwürdig sind. Wenn Sie öfters wichtige Verhandlungen führen, dann empfehle ich Ihnen, dass Sie nicht nur durchschnittlich glaubwürdig sind, sondern penibel auf Ihre Glaubwürdigkeit achten. Verstehen Sie das als Investition in Ihre Reputation. Machen Sie keine Zusagen, die Sie nicht halten können. Sofern Risiken dafür bestehen, dass Sie Ihre Zusagen nicht halten können, machen Sie dieses Risiko von Beginn an deutlich. Achten Sie darauf, dass Ihre Experteneinschätzungen zutreffen. Wenn Sie etwas nicht genau wissen, geben Sie es zu. Vermeiden Sie einen zu ambitionierten Verkäufermodus, das erinnert Ihren Verhandlungspartner an unseriöse Gebrauchtwagenhändler oder Makler.

Sprechen Sie die Sprache Ihres Partners und betonen Sie Gemeinsamkeiten. Versuchen Sie auf den Jargon und die spezifische Denkweise Ihres Verhandlungspartners einzugehen.[46] Dies zeigt, dass Sie sich auf ihn einstellen und sich mit seinen Themen auseinandersetzen. Damit zeigen Sie, dass Sie ihn ernst nehmen und wertschätzen. Recherchieren Sie dazu im Vorfeld, seien Sie im Gespräch aufmerksam und fragen Sie bei unbekannten Begriffen oder Konzepten früh nach. Nehmen Sie gegebenenfalls Personen in Ihr Team auf, die den Jargon sprechen. Beispielsweise war es mir in unseren Verhandlungen mit Flugbegleitern und Piloten immer wichtig, dass wir auf unserer Seite auch Flugbegleiter und Piloten dabeihatten. Dies erleichterte so manches Gespräch und verringerte Missverständnisse.

Betonen Sie die Ähnlichkeiten mit Ihrem Verhandlungspartner. Es gibt viele Felder, auf denen Sie Gemeinsamkeiten entdecken können. Denken Sie zum Beispiel an Wohnorte, Ausbildung, Reisen, Hobbys oder Wertvorstellungen. Wir finden ähnliche Menschen sympathischer und vertrauen Ihnen mehr.[47] Dies geht so weit, dass wir uns leichter überzeugen lassen, wenn unser Verhandlungspartner uns nachahmt, beispielsweise eine ähnliche Körperhaltung einnimmt.[48] Wunderbar ist es, wenn Sie gemeinsame Bekannte in Ihrem Netzwerk finden. Gegebenenfalls können Sie diese Bekannten bitten, sich einander vorzustellen. Gemeinsame soziale Netzwerke verringern die Wahrscheinlichkeit, dass Sie sich gegenseitig täuschen oder betrügen. Wichtig beim Thema Ähnlichkeiten ist, dass Sie dieses Thema nicht manipulativ einsetzen, also zum Beispiel falsche Tatsachen behaupten. Wird dies entdeckt, ist der Vertrauensschaden enorm.

Der Vertrauensaufbau gelingt am besten außerhalb der unmittelbaren Verhandlungen. Bei den Verhandlungsgesprächen liegt immer der Verdacht nahe, dass Sie nur aus strategischen Gründen freundlich sind. Nutzen Sie informelle Möglichkeiten am Rande, vor oder nach den Verhandlungen, zum Beispiel für kleine unerwartete Aufmerksamkeiten, Kontaktpflege, Übererfüllung des Vertrages oder die Weitergabe von unerwarteten Kostenvorteilen oder Informationen.[49]

Adressieren Sie die Grundbedürfnisse Ihrer Partner. Bei Verhandlungen geht es nicht um Freundschaften. Im Gegenteil, zu enge Beziehungen führen zu weniger Ambition und damit zu weniger Ringen um die beste Lösung.[50] Es geht allerdings darum, eine funktionsfähige Arbeitsbeziehung zu etablieren. Ich habe mich dabei immer auf das Konzept der emotionalen Grundbedürfnisse gestützt, das von den Harvard-Professoren Fisher und Shapiro entwickelt wurde.[51] Nutzen Sie jede Gelegenheit, um auf die Grundbedürfnisse Ihres Partners einzuzahlen. Das Konzept besteht aus fünf Elementen. Das erste Element ist Wertschätzung. Geben Sie Ihrem Verhandlungspartner das Gefühl, dass Sie ihn verstehen, dass Sie ihn ernst nehmen und erkennen Sie ihm gegenüber an, dass seine Überlegungen, Gefühle oder Handlungen aus seiner Perspektive Sinn ergeben. Finden Sie den Wert in der Argumentation Ihres Partners und teilen Sie ihm dies ehrlich mit. Das zweite Element ist Verbundenheit. Betonen Sie verbindende Elemente und vermeiden Sie, Ihrem Partner das Gefühl der Ablehnung zu geben. Das dritte Element ist Autonomie. Lassen Sie Ihrem Partner Raum für eigene Entscheidungen und erkennen Sie an, dass er einen eigenen Blick auf die Welt hat. Das vierte Element ist Status. Achten Sie darauf, welche persönlichen Statusfragen Ihrem Partner wichtig sind, und gehen Sie darauf höflich und respektvoll ein.

Falls es nicht offensichtlich ist, suchen Sie aktiv nach Kompetenzfelder, die für Ihren Partner bedeutsam sind. Das fünfte Element des Konzepts ist schließlich die Rolle, die jemand in einer Verhandlung spielt. Nehmen Sie wahr, welche übliche Rolle Ihr Partner im Rahmen der Verhandlung spielt, und erkennen Sie diese an. Sobald ich den Eindruck bekomme, dass Vertrauen meines Partners nicht oder nicht mehr vorhanden ist, gehe ich vor meinem geistigen Auge die fünf Punkte des Konzepts durch: Wertschätzung, Verbundenheit, Autonomie, Status, Rolle. An welcher Stelle kann ich einen Punkt machen, der meinen Partner anerkennt? Wichtig ist hier die Ehrlichkeit in Ihrem Ansatz. Jede bemerkte Manipulation in diesen sensiblen Bereichen der Identität führt zu schlimmen Schäden.

Rechnen Sie mit Bluffs und überprüfen Sie die Schlüsselfakten. Trotz aller Spielregeln, trotz all Ihrer Bemühungen um Vertrauen kommt es in Verhandlungen immer wieder vor, dass Sie von Verhandlungspartnern belogen werden. Für manche Verhandlungsführer gehört der Bluff, also die bewusste Täuschung über das eigene Minimum oder Maximum, einfach dazu. Verhandlungen werden von diesem Typ Verhandlungsführer wie ein Pokerspiel begriffen, bei dem jeder weiß, dass auch mal geflunkert wird. Gelingt einem Verhandler ein Bluff über die »bottom-line«, dann hat dies häufig positive Folgen für ihn. Das ist ein starker Anreiz. Stellen Sie sich vor, der Verkäufer eines Unternehmens überzeugt Sie davon, dass ihm ein Kaufpreisangebot vorliegt, das 25 Prozent über Ihrem Gebot liegt. Glauben Sie wirklich, dass dies stimmt, macht das für Ihr weiteres strategisches Vorgehen einen erheblichen Unterschied. Wird ein Bluff aufgedeckt, ist allerdings jegliches Vertrauen zwischen den Partnern dahin. In Langzeitpartnerschaften kann dies eine schwere Belastung für die Verhandlungsatmosphäre sein. Die Reputation eines Verhandlungsführers kann durch eine solche Lüge außerhalb des konkreten Verhandlungsprojekts schwer beschädigt werden. Große Organisationen sind dann häufig dazu gezwungen, den Verhandlungsführer auszutauschen.

Welche Strategien helfen, wenn Ihr Partner über wichtige Fakten täuscht? Die erste Grundregel lautet: Es ist Ihre Aufgabe als Verhandlungsführer, wichtige Fakten durch unabhängige Quellen zu überprüfen. Um herauszufinden, ob eine Tatsache wichtig ist, überlegen Sie, was es für Sie bedeutet, wenn sie unwahr ist. Hätte die Unwahrheit gravierende Folgen für den weiteren Verhandlungsfortlauf, müssen Sie dies überprüfen. Im besten Fall können Sie das im Hintergrund organisieren, über Ihr Informationsnetzwerk. Sollten Sie die Überprüfung nicht vor Ihrem Partner verstecken können, erklären Sie ihm die Situation. Bitten Sie ihn selbst um einen Nachweis oder deuten Sie an, dass Sie diesen Punkt aus Verantwortungsbewusstsein nochmals selbst recherchieren. Weisen Sie Ihren Partner darauf hin, dass dies kein Misstrauen gegenüber ihm ist, sondern Ausdruck Ihrer Professionalität und Ihrer Sorgfaltsplicht als Verhandlungsführer. Moderieren Sie in Verhandlungen stets solche heiklen Situationen. Es hat handfeste Vorteile, wenn Ihrem Verhandlungspartner klar ist, dass Sie wichtige Fakten mit Sorgfalt überprüfen. Sein Anreiz, Sie zu täuschen, wird dadurch deutlich verringert.

Schön wäre es, wenn Sie bereits während einer Aussage Ihres Verhandlungspartners zuverlässig überprüfen könnten, ob er die Wahrheit sagt. Leider ist die Fähigkeit durchschnittlicher Menschen, anhand von Äußerlichkeiten Lügen zu entdecken, laut Aussagen von Experten sehr schlecht ausgeprägt.[52] Wenn Sie diese Fähigkeit ein wenig verbessern möchten, dann müssten Sie sich intensiv mit Fragen zur Veränderung der Pupillengröße, Mikroausdrücken des Gesichts oder Veränderungen der Stimmhöhe auseinandersetzen. Der Zeitaufwand wird sich für die wenigsten lohnen. Auch ist es für die Verhandlungsatmosphäre schädlich, wenn Sie ohne konkrete Anhaltspunkte alle Aussagen Ihres Partners unter Generalverdacht optisch screenen würden.

Vernetzen Sie verschiedene Informationsquellen und fragen Sie mehrfach nach Details. Weitaus effektiver ist es, wenn Sie sich eine breite Basis an Informationen verschaffen, um die Glaubwürdigkeit einer Frage besser einzuschätzen. Dies funktioniert indirekt über Ihr Informationsnetzwerk und direkt über geschickte Fragen an Ihren Partner. Bestehen erhebliche Zweifel, können Sie seine Glaubwürdigkeit über Testfragen prüfen, indem Sie Fragen stellen, deren Antwort Sie bereits kennen. Besonders geeignet sind Fragen, bei denen Ihr Verhandlungspartner einen hohen Anreiz hat zu täuschen. Wenn Sie zum Beispiel einen Bewerber fragen, wie viel er bei seinem aktuellen Job verdient, könnten Sie bereits zuvor über Ihr Netzwerk in Erfahrung gebracht haben, wie hoch sein Gehalt ungefähr gewesen ist. Liegt seine Zahl deutlich darüber, können Sie nun einschätzen wie ernst er es in vermeintlich »sicheren« Situationen mit der Wahrheit nimmt. Die simpelste Methode, den Wahrheitsgehalt mit Fragen zu verifizieren, ist das konkrete Nachfragen zu weiteren Details. Wenn ein Job-Bewerber sagt, dass er mehrere weitere Gebote habe, dann fragen Sie nach, wie viele Angebote er insgesamt hat. Und aus welcher Region die Unternehmen stammen. Und wie hoch dort in Prozent der Bonus ist. Bleibt er mit seinen Aussagen vage oder schablonenhaft und zeigt darüber hinaus emotionale Stressanzeigen, wie einen geröteten Hals oder Augenblinzeln, dann sollten Sie darüberstolpern.

Wichtig ist, dass Sie bei Ihren Nachfragen nicht in einen polizeilichen Vernehmungston verfallen. Anders als bei einem Verdächtigen handelt es sich um einen Gesprächspartner auf Augenhöhe, der in den meisten Fällen aufstehen und gehen kann. Auf den Punkt gebracht: Stellen Sie bei wichtigen Fakten auch »rechts und links« des Kernsachverhalts Fragen und seien Sie bei den Antworten und Reaktionen achtsam. Vergleichen Sie die so gewonnenen Informationen und Indizien mit den Informationen, die Sie aus Ihrer indirekten Recherche erhalten können.

Wahrheit ist ein großes Wort. Die bewusste Lüge oder Täuschung kommt beim Verhandeln zwar vor, wird aber – außer bei Trickbetrügern – Ihr kleineres Problem sein. Nicht selbst überprüfte, für Ihren Partner günstige Aussagen anderer vom Hörensagen, eigennütziges Übertreiben oder Irrtümer Ihres Partners werden weitaus häufiger vorkommen. Das wird Ihnen die gleichen Probleme bereiten wie eine bewusste Täuschung. Die Strategien zum Entdecken sind identisch. Fragen Sie vertieft nach, verlangen Sie aus Professionalität Nachweise und vergleichen Sie diese Informationen mit Hinweisen aus Ihrem Netzwerk.

Achten Sie auf »halbe« Lügen. Zwar sagt Ihr Partner nichts Unwahres, er weist Sie jedoch nicht auf wichtige oder ungewöhnliche Tatsachen hin. Geht es um viel, fragen Sie auch bei scheinbar Selbstverständlichem nach oder bitten um Garantien. Gehen Sie hier an die Schmerzgrenze des sozial Üblichen. Den Ehrlichen können Sie es erklären, bei den anderen tut Achtsamkeit not.

In großen Organisationen sind die Interessenlagen der Beteiligten diffus. Alles, was beim »front table« mit Ihrem Verhandlungspartner zu Wahrheit, Täuschung und Irrtum gilt, berücksichtigen Sie genauso beim internen »back table.«

Sammeln Sie die Informationen strukturiert

Wenn Sie die Ratschläge dieses Kapitels beherzigen, werden Sie bei Ihren Verhandlungen eine erhebliche Fülle von Informationen erhalten. Wie ein investigativer Journalist oder Ermittler haben Sie sich ein leistungsfähiges Netzwerk zuverlässiger Informanten geschaffen. Sie achten auf Details und Signale und sammeln diese. In den Verhandlungsgesprächen selbst stellen Sie viele Fragen und Sie hören Ihrem Partner aufmerksam zu. Sie wissen, dass wertvolle Informationen abseits des Verhandlungstisches zu suchen sind. Die nächste Herausforderung ist nun, diese Informationsflut zu bewältigen. Denn durch die Fülle und die unterschiedlichen Arten der Information entsteht Komplexität, von der wir als Mensch schnell überfordert sind.[53] Die Komplexität wird weiter gesteigert, wenn ein ganzes Verhandlungsteam Informationen sammelt. Zu viel ausgetauschte Informationen können sogar zu fehlender Struktur- und Zielorientierung einer Verhandlung führen.[54] Mit welcher Strategie können wir diese Komplexität bewältigen, um wichtige Informationen im entscheidenden Augenblick zur Verfügung zu haben? Die Antwort lautet: Gießen Sie die Informationen in eine gehirngerechte Struktur, und zwar von Anfang an. Sollten Sie in einem Team verhandeln, finden Sie für die Aufgabe der Informationssammlung und -strukturierung einen Verantwortlichen. Andernfalls sind Sie selbst gefordert. Das Sammeln ist anfangs mühsam, die Investition macht sich aber schnell bezahlt. Die beste Recherche nützt Ihnen nichts, wenn Sie die Ergebnisse im entscheidenden Moment nicht parat haben. Deshalb müssen Sie sich organisieren.

Sammeln Sie Informationen laufend in Listen. Die erste Liste, die Sie anlegen, ist die Informationsbedarfsanalyse, Sie dient Ihnen als Masterliste für alle Recherchearbeiten, die anstehen. Wenn Sie ähnliche Verhandlungen immer wieder durchführen, ist es praktisch, sich eine Standardliste mit den immer wieder benötigten Informationen anzulegen. Ein Beispiel für eine solche Liste habe ich Ihnen als Abbildung 8 eingefügt.

Welche Informationen benötigen wir?	Wie wichtig ist diese Information für uns (niedrig/mittel/hoch)?	Ist diese Information bereits vorhanden, und wenn ja, wo?	Wie zuverlässig wird diese Information eingeschätzt (Bedenken, keine Bedenken)?	Welche Ideen bestehen, die Information zu beschaffen?	Wie lange wird es dauern, bis die Informationen beschafft sind, und was kostet dies?
...					

Abbildung 8: Liste zur Informationsbedarfsanalyse

In welcher Form sollten die Informationen gesammelt werden? Generell empfiehlt es sich, während des gesamten Verhandlungsprozesses mit fortzuschreibenden Listen zu arbeiten, die von allen – etwa über einen Sharepoint – gepflegt und eingesehen werden. Der Klassiker dazu ist die Interessenliste, die es in zwei Versionen gibt: Einmal sind Ihre eigenen Interessen enthalten und das andere Mal die Interessen der anderen Seite. Priorisieren Sie die Interessen und entwickeln Sie eine hierarchische Struktur mit über- und untergeordneten Interessen.

Die nächste Liste, die ich in jeder Verhandlung für erforderlich halte, ist die »Ressourcen-Liste«: Welche Ressourcen, Fähigkeiten oder Zugeständnisse der anderen Seite gibt es, die für Sie interessant sein könnten, obwohl sie nicht unmittelbarer Bestandteil der Verhandlungen sind? Diese Liste wird an vielen Stellen für Sie wertvoll sein. Etwa wenn die andere Seite große Ambitionen entwickelt und Sie ein Gegengewicht aufbauen müssen, um durch Tauschgeschäfte einen ausgewogenen Deal zu organisieren. Oder Sie durch das Hinzufügen einzelner dieser Themen der Liste es schaffen, den Verhandlungskuchen zu vergrößern, weil die Ressource für Sie hohen Nutzen hat, Ihren Partner aber nicht so viel kostet. Und schließlich werden Sie diese Liste lieben, wenn Ihr Verhandlungspartner nach dem Handschlag, aber vor der Vertragsunterzeichnung nochmals mit letzten guten Ideen zu Ihnen kommt, um Ihnen Teile des Verhandlungskuchens noch »wegzuknabbern.« Innerhalb von Sekunden haben Sie gute Ideen parat, um das Gleichgewicht zu sichern oder sich sogar daraus Vorteile zu verschaffen. Ist der Punkt der anderen Seite doch nicht so wichtig, lässt sie ihn im Angesicht Ihrer Gegenidee wieder fallen. Alles schon erlebt. Wenn Sie besonders gut vorbereitet sein möchten, dann versetzen Sie sich auch bei den Ressourcen in die andere Seite: Welche Ressourcen, Fähigkeiten oder Zugeständnisse von Ihnen, die nicht unmittelbarer Gegenstand der Verhandlungen sind, könnten für Ihren Partner interessant sein?

Welche weiteren Listen sind erforderlich? Das hängt von Ihrer Verhandlungssituation ab. Das Verhandlungstemplate mit den Verhandlungsthemen und den zu sammelnden Lösungsoptionen habe ich bereits in Kapitel 2.1 unter »Machen Sie den Nutzen beider Seiten messbar« erläutert. Haben Sie es mit einer komplexen Stakeholder-Struktur oder zahlreichen Personen auf der anderen Seite zu tun, lohnt es sich, diese übersichtlich aufzuzeichnen, gegebenenfalls mit einem Werkzeug zur Netzwerkanalyse. Spielen objektive Kriterien zur Beurteilung von Verteilungssituationen eine Rolle, sollten Sie auch diese übersichtlich aufbereiten. Der Gag bei diesen Listen ist, dass Sie sie von Anfang an aufsetzen, permanent fortschreiben und im Team gemeinsam teilen und entwickeln.

Strukturieren Sie die Informationen mit »leichter Hand« in Chunks. Die wichtigste menschliche Fähigkeit zur Bewältigung von Komplexität ist, zu strukturieren. Zu Beginn einer Verhandlung oder wenn ein neues Thema eingeführt wird, haben sich hierarchische Baumstrukturen bewährt. Diese können technisch entweder mit einer sogenannten Mindmap oder noch simpler mit der Aufzählungsfunktion jeder Textverarbeitungssoftware dargestellt werden. Arbeiten Sie im Team oder mit Ihrem Verhandlungspartner gemeinsam, hat es sich bewährt, diese Form der Gliederung in Echtzeit über Beamer oder Monitor für alle Beteiligten zu projizieren. Wird eine Diskussion aufgrund der vielen Informationen unübersichtlich und ist der Gegenstand zu komplex, um mit Flipcharts oder Post-its zu arbeiten, empfehle ich Ihnen, dass Sie eine talentierte Person an den Rechner setzen, den Beamer anschließen und Sie gemeinsam und live eine Baumstruktur entwickeln.

Entwickeln Sie dabei eine Haltung »der leichten Hand.« Legen Sie einfach los, trauen Sie sich, Fehler zu machen, und streben Sie keine Perfektion an. Es ist nur ein Werkzeug, um ein Problem zu strukturieren und alle dabei im Boot zu halten. Was heute nicht passt, kann morgen angepasst werden. Stellen Sie sich eine komplexe Verhandlung wie ein unübersichtliches großes Gebäude mit verzweigten Fluren und Gängen vor. Ihre Aufgabe ist es nun, durch ein übersichtliches Wegweisersystem allen Benutzern Orientierung zu geben.[55]

Vier einfache Regeln des Strukturierens helfen Ihnen, die Ergebnisse Ihrer Baumstruktur zu verbessern.[56] Erstens: Nehmen Sie die Oberbegriffe – die sogenannten Chunks – sehr ernst, hier werden die Weichen gestellt. Ringen Sie um gute Bezeichnungen und passen Sie sie an, wenn Ihnen etwas Besseres einfällt. Ein sogenannter Chunk ist ein zusammenhängender Brocken, den Sie im Kurzzeitgedächtnis halten können, etwas »Betriebliche Altersversorgung« oder »Kaufpreis.« Zweitens: Beachten Sie die »Rule of Three« und die bereits vorgestellte »Rule of Seven.« Mehr als sieben Begriffe auf einer Ebene sollten Sie vermeiden. Am besten können wir uns drei Begriffe merken. Wenn »Betriebliche Altersversorgung« der Oberbegriff ist, dann könnte die nächste Ebene aus den drei Chunks »Durchführungwege«, »Begünstige Personengruppen« und »Finanzierung« bestehen. Drittens: Achten Sie auf Vollständigkeit. Lassen Sie nichts weg, auch wenn die Versuchung groß ist, etwa weil es sich um ein für Sie unliebsames Thema handelt. Weglassen wird der Komplexität nicht gerecht. Sind Sie nicht sicher, ob Sie Aspekte vergessen haben, fügen Sie einen Sammelposten wie »Sonstiges« hinzu. Viertens: Vermengen Sie nicht Äpfel und Birnen. Sorgen Sie dafür, dass auf der gleichen Gliederungsebene nur Begriffe gesammelt werden, die auch wirklich auf der gleichen Abstraktionsebene liegen. Hier mag es Unschärfen geben, selten lohnen sich dafür Glaubenskriege.

Ist Ihnen das zu banal? Das schnelle Strukturieren ist für mich eines der wirksamsten und schnellsten Werkzeuge in einer Verhandlung. Zu meiner Verblüffung wird es nur selten verwendet. Als wir nach vielen Jahres des Streits und vielen Streiks rund um das Thema »Neue betriebliche Altersversorgung« mit der Gewerkschaft zusammenkamen, um nach allen Machtkämpfen eine Bestandsaufnahme zu machen, setzte ich mich an Laptop und Beamer und zeichnete auf Zuruf beider Seiten eine Baumstruktur auf. Das dauerte zwei Stunden. Über Strukturen kann man viel weniger streiten als über Inhalte. Einen Monat später stand das Ergebnis. Baumstrukturen sind ein hervorragendes Verhandlungsflow-Instrument, etwa um den »Einstieg in die Wand« zu schaffen. Glauben Sie mir.

Führen Sie Interessen-Workshops durch. Ein Werkzeug, um die wichtigsten Informationen beim Verhandeln – die Interessen – effizient zu erarbeiten, ist der Interessen-Workshop. Diesen Workshop führen Sie durch, um sich allein oder gemeinsam mit Ihrem Partner vorzubereiten. Letzteres erfordert gesteigertes Vertrauen oder die Hilfe eines Dritten als Moderator. Um einen gemeinsamen Workshop durchzuführen, ist es sinnvoll, sich zunächst mit einem internen Workshop vorzubereiten.

Ziel des Workshops ist es, alle genannten Interessen in einer »Longlist« zu sammeln. Und daraus zusätzlich eine priorisierte Liste der Top-Interessen – die Top-5-Liste (+/-2) – zu erstellen. Dieses Ziel nennen und erklären Sie zu Beginn des Workshops. Die optimale Teilnehmerzahl liegt erfahrungsgemäß zwischen fünf und zehn Personen. Achten Sie darauf, dass die Teilnehmer ein breites Bild Ihrer Organisation abbilden. Jeder Teilnehmer muss in der Lage und befugt sein, die Interessen seiner Einheit zu formulieren. Benennen Sie einen Moderator und einen Dokumentar, der für das textliche Fixieren der Workshop-Ergebnisse verantwortlich ist. Zusätzlich hat sich ein Zeitmanager bewährt. Jetzt folgen die fünf Schritte sammeln, ordnen, in Text bringen, priorisieren und klassifizieren.

Beim Sammeln der Interessen hat es sich bewährt, dass zunächst jeder Teilnehmer für sich wesentliche Interessen formuliert. Erläutern Sie nochmals die Grundregeln beim Formulieren von Interessen (siehe Verhandlungstipp Nr. 6 in Kapitel 1.1). Interessen werden lösungsoffen und positiv formuliert, sind greifbar und konkret. Hat jeder Teilnehmer Interessen formuliert, teilt er seine Ergebnisse mit der Gruppe. Verständnisfragen und besseres Formulieren sind an dieser Stelle erlaubt, Bewertungen nicht. Es hat sich das Sammeln mit Post-its bewährt.

Der nächste anspruchsvolle Schritt ist das Ordnen der Interessen. In aller Regel stehen die Interessen diffus zueinander und befinden sich auf unterschiedlichen Abstraktionsebenen, von detailliert bis hochabstrakt. Der Moderator ordnet gemeinsam mit der Gruppe die genannten Interessen. Er klebt die Post-its hin und her und bildet Überbegriffe. Diskussionen sind unvermeidlich und nicht alles wird sich perfekt lösen lassen. Das ist nicht schlimm. In diesem Moment entwickelt die Gruppe Stück für Stück ein vertieftes Verständnis für die Situation.

Nun gilt es, die Interessen in einen verwendbaren Text zu bringen. Hier hat es sich bewährt, zwei bis drei Personen dafür zu benennen. Die Aufgabe ist, die geklebte Sammlung in eine textliche Baumstruktur zu bringen und darauf zu achten, dass alles verständlich formuliert ist.

Zuletzt sind die Interessen in eine Reihenfolge zu bringen und die Frage zu beantworten, welche Ihre fünf wichtigsten Interessen für die Verhandlungsrunde sind. Nicht selten fällt es der Gruppe schwer, sich zu einigen. Beispielsweise weil die Sichtweisen von Controlling und Vertrieb zu unterschiedlich sind. In diesem Fall formuliert die Gruppe mehrere Vorschläge. Entweder legen Sie die Vorschläge Vorstand oder Geschäftsführern vor. Oder die Gruppe stimmt darüber ab. Welchen Modus Sie dafür verwenden, legen Sie zu Beginn des Workshops fest.

Schließlich klassifizieren Sie die Interessen: Überlegen Sie, welche Interessen »must-haves« sind und welche Interessen »nice-to-have« sind und welche im Grunde unnötig sind.

Nachdem Sie sich mit Ihren Interessen auseinandergesetzt haben, beschäftigen Sie sich mit den Interessen Ihres Partners. Führen Sie den gleichen Workshop nochmals durch. Das machen Sie entweder ohne Ihren Partner. Versetzen Sie sich in die Personen auf der Seite Ihres Partners. Verwenden Sie dazu Personas, die Fotos, biografische Daten, Hobbys, Ausbildung und Ähnliches Ihrer Gegenüber enthalten. Oder Sie bitten Ihren Partner, einen vergleichbaren Workshop durchzuführen und die Ergebnisse mit Ihnen zu teilen. In vertrauten oder moderierten Situationen führen Sie den Workshop gemeinsam durch.

Hört sich das mühsam an? Dieser Aufwand lohnt sich unter zwei Voraussetzungen: Ihre Verhandlungen sind wichtig, es geht um viel. Und der Gegenstand und die Interessenlage sind komplex. Die Souveränität eines Verhandlungsteam, das sich intensiv mit den Interessen beider Seiten auseinandergesetzt hat, ist nicht zu überbieten. Damit haben Sie die Grundlage geschaffen, Ideen und Schwung in Ihren Verhandlungsprozess zu bringen.

Bei aller Analytik erfordert erfolgreiches Verhandeln aber noch weitere Zutaten. Gerne sprechen wir von Verhandlungsführung. Was bedeutet es, eine Verhandlung wirklich zu führen? Damit beschäftigen wir uns im folgenden Kapitel. Es geht um Macht, Haltung und Design des Problemlösungsprozesses.

Checkliste Prinzip der Informiertheit

- Gehen Sie an Ihre Verhandlungen heran wie ein guter Ermittler und versuchen Sie, möglichst viel über die beteiligten Personen und die Situation zu lernen.
- Bauen Sie sich ein Informationsnetzwerk aus Kollegen, Mitarbeitern, Partnern und Beratern auf, auch auf der Seite Ihres Verhandlungspartners.
- Achten Sie außerhalb der formalen Gespräche auf Details. Schaffen Sie informelle Gesprächssituationen.
- Rechnen Sie stets mit dem Unerwarteten, den sogenannten Schwarzen Schwänen. Suchen Sie nach leisen Anhaltspunkten für Ungewöhnliches, wie vermeintliche Irrationalitäten oder Körpersprache, die vom Normalverhalten abweicht.
- Wenden Sie Methoden an, um sich in Ihren Verhandlungspartner hineinzuversetzen.
- Investieren Sie ausreichend in das Vertrauensverhältnis mit Ihrem Partner.
- Überprüfen Sie die Glaubwürdigkeit von Schlüsselinformationen durch unabhängige Quellen und gezielte Nachfragen nach Details. Rechnen Sie neben Lügen auch mit schlichten Irrtümern .
- Sammeln Sie Informationen permanent und strukturiert, und zwar von Beginn an.

Verhandlungsflow-Tipp: Verhandeln Sie investigativ. Sammeln Sie wie ein guter Ermittler systematisch alle Teile Ihres Informationspuzzles. Arbeiten Sie darauf hin, am Ende der Verhandlungen das Gesamtbild mit Ihrem Verhandlungspartner zusammensetzen zu können. Am Anfang der Vorbereitung Ihrer wichtigen Verhandlungen steht der Interessen-Workshop.

2.3 Prinzip der Führung: Fühlen Sie sich für einen produktiven Verhandlungsprozess verantwortlich

Wie selbstverständlich sprechen wir von »Verhandlungsführung«. Was verbirgt sich aber dahinter? Im Vordergrund steht nicht die klassische Führung, im Sinne der Führung beispielsweise einer Abteilung eines Unternehmens. Zumindest nicht ausschließlich. Das Besondere ist, dass Sie gemeinsam mit Ihrem Verhandlungspartner führen. Wer die Erfahrung kennt, als Doppelspitze oder im Team zu führen, weiß, dass das kein Zuckerschlecken ist. Der Aufwand, sich zu koordinieren, ist hoch. Beim Führen von Verhandlungen kommt hinzu, dass die Interessen dieses »besonderen Führungsteams« häufig weit auseinander liegen und es keinen festgelegten Mechanismus gibt, Konflikte zu lösen. Wer hier versucht, seinen Partner inhaltlich zu dominieren, kann leicht scheitern. Für mich der häufigste Grund, warum Führungskräfte, die innerhalb einer Organisation durchsetzungsstark sind, beim Verhandeln versagen. Verhandlungen finden auf Augenhöhe statt, selten ist Ihre Position so stark, dass Sie sich inhaltlich durchsetzen können. Zumindest bräuchten Sie dann kaum dieses Buch. Damit Führen beim Verhandeln gelingt, fokussieren Sie sich im Verhältnis zu Ihrem Gegenüber am besten auf die formale Führung im Gegensatz zur inhaltlichen Führung. Das bedeutet, dass Sie sich für das zeitliche und inhaltliche Strukturieren des Verhandlungsprozesses als Verhandlungsführer verantwortlich fühlen. Das formale Führen bei Verhandlungen bleibt eine geteilte Führungsaufgabe gemeinsam mit Ihrem Verhandlungspartner. Es ist bedeutend leichter, sich auf Strukturen und Verfahren zu einigen, als auf Inhalte. Zum Führen auf Augenhöhe kommt das Führen Ihres eigenen Verhandlungsteams und Ihres Auftraggebers hinzu. Und schließlich müssen Sie sich selbst managen. Das sind viele Aufgaben auf einmal. Ihre Rolle als Verhandlungsführer ähnelt eher dem Bild eines Architekten der gemeinsamen Lösung als dem einer klassischen Führungskraft. Wie die Spinne im Netz halten Sie alle Fäden in den Händen und müssen gleichzeitig auf mehreren Baustellen agieren. Wir werden uns ansehen, was es bei diesen unterschiedlichen Führungsrollen einer Verhandlung zu beachten gibt.

Neben der Führung auf Augenhöhe gibt es bei Verhandlungen weitere Besonderheiten zu beachten, die den Kern von Führung berühren. Um souverän und produktiv eine Verhandlung zu führen, ist es hilfreich, sich vorab Gedanken zur eigenen Haltung zu machen. Glauben Sie mir, in anspruchsvollen Verhandlungen werden Ihre Werte getestet. Es ist besser, wenn Sie sich nicht erst dann ernsthaft Gedanken machen. Unter Druck und Stress ist die Gefahr zu hoch, dass Sie sich strategisch unklug entscheiden. Ich empfehle Ihnen, sich bei typischen ethischen Verhandlungsfragen wie

Ihrer Einstellung zur Wahrheit oder Fairness ein für Sie tragfähiges Konzept zurechtzulegen. Ein weiterer wesentlicher Punkt ist Ihre Einstellung zum Konflikt. Die Kunst des Verhandlungsführers ist, weder zu wenig Konflikt zu wagen noch zu viel Konflikt zu riskieren. Vermeiden Sie den »Unterkonflikt« und den »Überkonflikt.«

Eine Gretchenfrage des Verhandelns ist, welchen Einfluss Macht auf Ihr Ergebnis hat. Als Verhandlungsführer tragen Sie die Verantwortung für das Ergebnis Ihrer Verhandlungen. Möchten Sie erfolgreich sein, dürfen Sie sich nicht nur auf den Verhandlungstisch konzentrieren. Sie müssen abseits des Tisches an Ihren Hebeln und Alternativen arbeiten. Und Ihr Wissen nutzen, um intelligente Lösungen zu entwerfen. Dabei sollten Sie Machtspielchen und Psychotricks nicht mit wahrer Verhandlungsmacht verwechseln.

Praxisfehler

- **Fehler 1:** Ich war als Berater zu einem Verhandlungsteam hinzugerufen, das gerade einen schweren Konflikt mit einem einflussreichen Betriebsrat bewältigen musste. Der Verhandlungsführer schimpfte vor seinem Team und mir schlimm über sein Gegenüber. Er habe bei einem Psychologen ein Distant Profiling[57], sprich ein psychologisches Gutachten in Abwesenheit seines Gegenübers in Auftrag gegeben. Es handle sich nach diesem Gutachten eindeutig um einen stark ausgeprägten Narzissten. Im Vertrauen habe ihm der Psychologe sogar anvertraut, man müsse von einer klinisch relevanten Diagnose ausgehen. Das passe auch sehr gut zu den Gerüchten über Alkoholprobleme des Gegners. Jetzt gelte es, den Druck ordentlich zu erhöhen, dann könne man mit einem persönlichen Zusammenbruch rechnen. *Erläuterung:* Als Verhandlungsführer sind Sie immer Vorbild für ihr gesamtes Team und prägen dessen Haltung. Ihre Frustration mit schwierigen Partnern ist nachvollziehbar. Dennoch ist es gefährlich, Ihren Partner abzuwerten. Sei es gedanklich, gegenüber dem Team oder gegenüber Ihrem Auftraggeber. Als Verhandlungsführer können Sie leicht die Beteiligten und sich selbst emotionalisieren. Allerdings ist es schwer, diesen Prozess wieder umzukehren. Sie verengen damit unnötig Ihre Handlungsspielräume. Selbst wenn Sie derzeit an der Eskalation und Plan B arbeiten, ist es wichtig, weiterhin auch den Weg einer konstruktiven Verhandlungslösung zu pflegen. Egal in welcher Situation Sie sich befinden. Es hat erhebliche Vorteile, wenn es Ihnen gelingt, respektvoll mit ihren Partnern umzugehen. In meinen Teams bewährt es sich, ein generelles Lamentier- und Jammerverbot über den Verhandlungspartner im Team zu vereinbaren. Ihre Aufgabe als Verhandlungsführer ist, für Besonnenheit am Tisch und im Team zu sorgen. Wer, wenn nicht Sie wird die Konfliktspirale aufhalten können?

- **Fehler 2:** Ich wurde nach der dritten Verhandlungsrunde hinzugerufen. Gegenstand der Verhandlungen waren Probleme mit einem Joint-Venture-Partner in China. Ich fragte, wie denn der Verhandlungsprozess strukturiert sei. Der Verhandlungsführer verstand die Frage nicht: Man arbeite hintereinander eine Liste mit Sachfragen ab, sei jetzt schon zwei Mal nicht fertig geworden und würde immer am Ende der Verhandlungen besprechen, wie es weitergehen könne.
  Erläuterung: Ihr wichtigstes Führungsinstrument bei Verhandlungen ist die Steuerung des Verhandlungsprozesses. Zu dieser Frage müssen Sie in einen intensiven Führungsdialog mit Ihrem Pendant auf der anderen Seite treten. Designen Sie den Verhandlungsprozesses als Gesamtkunstwerk mit einer logischen Dramaturgie, auch wenn Sie ihn immer wieder flexibel anpassen. Klären Sie die Logistik. Nehmen Sie sich dann viel Zeit, um die Rahmenbedingungen zu klären. Nehmen Sie sich Zeit, gemeinsam eine inhaltliche Struktur zu erarbeiten. Und setzen Sie Ihren Verhandlungen einen klaren dramaturgischen Endpunkt.

Führen Sie auf vier Ebenen: mit Ihrem Partner, Ihren Auftraggebern, Ihr Team und sich selbst

Wenn Sie allein und in eigener Sache verhandeln, dann gibt es nur eine Ebene der Führung: die gemeinsame Führung des Verhandlungsprozesses mit Ihrem Partner. Das allein ist bereits anspruchsvoll, denn Sie müssen eigene Ideen für den Prozess entwickeln und die Vorschläge Ihres Partners berücksichtigen. Und sich am Ende auf ein gemeinsames Vorgehen einigen. Interessanterweise zeigen die meisten Verhandlungspartner kein gesteigertes Interesse am Prozess und gehen bereitwillig auf Ihre Vorschläge ein. Durch Ihre Prozessvorschläge übernehmen Sie automatisch Führung. Selbst wenn Ihr Pendant eigene Vorstellungen vertritt, fällt die Einigung auf ein gemeinsames prozessuales Vorgehen in der Regel nicht schwer. Denn solche sogenannten Prozessverträge sind Win-win-Lösungen. Sie sparen beiden Seiten Zeit und stellen sicher, dass strukturiert alle wesentlichen Aspekte beleuchtet werden. Gibt es an dieser Stelle bereits die ersten Rangeleien, sollten Sie achtsam werden. Entweder ist Ihre Beziehung gestört und Sie müssen dringend über Ihr Verhältnis mit Ihrem Gegenüber sprechen. Oder Ihr Partner verfolgt eine versteckte Agenda, die Sie erst einmal verstehen müssen. Begreifen Sie das Verhandeln über die Verhandlungen als erste gemeinsame Fingerübung. Ihr gemeinsames Ziel als »Führungsteam« aller Verhandlungsbeteiligten ist, einen effektiven und fairen Prozess zu organisieren. Je mehr es Ihnen gelingt, mit Ihren Partnern und deren Teams ein »Wir-Gefühl« zu erzeugen, desto mächtiger wird Ihre gemeinsame Lösungsmaschine. Nicht die gegnerische Seite steht im Fokus, sondern die Lösung des gemeinsamen Problems. Deshalb ist es eine gute Idee, beim Verhandeln mit Teams auf beiden Seiten an abgeschiedene Orte zu gehen und Zeit für Aktivitäten außerhalb des Verhandelns einzuplanen.

Es gibt Situationen, in denen übernimmt üblicherweise Ihr Partner die Führung des Prozesses. Beispielsweise, wenn Sie sich in einem Bewerbungsprozess befinden, gibt das Unternehmen den Ablauf vor: Einstellungstest, Fallstudie, Jobinterview. Möchten Sie positiv auffallen, lehnen Sie sich jetzt nicht zurück. Sondern zeigen Sie auch in diesen Fällen Führung und übernehmen Verantwortung für den Gesamtprozess. Schlagen Sie zum Beispiel vor, an einem Teammeeting teilzunehmen oder wesentliche Schnittstellen kennenzulernen. Das Unternehmen wird Ihren Gestaltungswillen und Ihre Initiative zu schätzen wissen und Sie werden wichtige Informationen für Ihre Entscheidung gewinnen. Geht das Unternehmen ohne gute Begründung nicht auf Ihre Vorschläge ein, sollten Sie stutzig werden.

Führen Sie Ihren Auftraggeber von unten. Selten verhandeln wir nur für uns selbst. Sogar im privaten Bereich sind bei Jobwechsel, Autokauf oder Hauskauf häufig die Interessen des »Auftraggebers« Familie zu beachten. Und im beruflichen Bereich ist so gut wie immer ein Auftraggeber vorhanden, außer Sie verhandeln als Selbstständiger in eigener Sache. Wir werden in Kapitel 3.3 noch ausführlich zur Frage kommen, was es im Verhältnis zwischen Auftragnehmer und Auftraggeber zu beachten gilt. Hier, beim Thema Führung, ist mir nur wichtig, dass Sie sich als Verhandlungsführer in der Verantwortung fühlen, Ihren Auftraggeber – sei es Vorstand oder Geschäftsführung oder Kunde – von »unten« aktiv zu führen. Fühlen Sie sich für den Informationsfluss zum Verlauf der Verhandlungen zum Auftraggeber und vom Auftraggeber verantwortlich. Das ist für Sie Bring- und Holschuld zugleich. Es ist auch Ihre Aufgabe, die Interessenlagen Ihres Auftraggebers zu bündeln und zu einem Mandat, sprich einem Verhandlungsrahmen zu verdichten. Warum ist das so wesentlich? Nach meiner Erfahrung ist in komplexen Situationen – also den meisten geschäftlichen Verhandlungen – das Verhältnis zwischen Auftragnehmer und Auftraggeber erfolgskritisch und ein Quell von Fehlern. Häufig nehmen Verhandlungsführer die zu geringe oder statische Einbeziehung Ihres Auftraggebers passiv hin und gefährden damit ihren Erfolg. Der erfolgreiche Verhandlungsarchitekt treibt den Prozess mit seinem »Bauherrn« voran und bindet ihn eng ein.

Fördern Sie bei Ihrem Verhandlungsteam eine positive Haltung zum Verhandeln. In anspruchsvollen Situationen sind Verhandlungsteams üblich und sinnvoll. Wir werden uns das Verhandeln im Team in Kapitel 3.4 genauer ansehen. Verhandlungsteams müssen zunächst wie andere Teams geführt werden. Dies ist Ihre dritte Führungsaufgabe. Leben Sie für die Teammitglieder erkennbar vor, dass ein effektiven Verhandlungsprozess das A und O beim Verhandeln ist. Ein lösungsorientierter Teamgeist stellt sich nicht von selbst ein. Das Team wird Sie genau beobachten und sich an Ihr Verhalten anpassen.

Verbreiten Sie Optimismus. Für viel schwierigere Situationen wurden exzellente Lösungen gefunden. »Wenn der Nordirland-Konflikt durch Verhandeln gelöst wurde, dann wird es auch in diesem Fall möglich sein.«

Erzählen Sie Ihrem Team vom Verhandlungsflow. Das systematische Vorbereiten allein und gemeinsam mit dem Partner erhöht die Chancen gewaltig, im großen Verhandlungsfinale in einen faszinierenden Lösungsfluss zu kommen.

Manchmal erscheint Ihr Partner irrational. Höchstwahrscheinlich ist er aber deshalb nicht verrückt. Er glaubt an andere Werte, sieht die Welt mit anderen Augen und unterliegt Beschränkungen durch sein Umfeld, die Sie sich nicht vorstellen können. Leben Sie Ihrem Team vor, wie es trotzdem möglich ist, vor Ihrem Verhandlungspartner wenigstens in Teilbereichen Respekt zu haben, und wie wichtig es ist, ihm das auch zu zeigen.[58] Leben Sie vor, wie es möglich ist, knallhart für seine Interessen einzustehen und trotzdem ein partnerschaftliches Verhältnis zum Gegenüber aufzubauen.

Achten Sie bei Verhandlungsmarathons auf Ihre mentale Energie. Wer sich gut selbst managen kann, ist beim Verhandeln klar im Vorteil. Zum allgemeinen Selbstmanagement lesen Sie gerne die Klassiker von Peter Drucker oder David Allen.[59] Das meine ich aber nicht. Ich möchte Ihre Aufmerksamkeit auf die Regulation Ihrer Energie lenken. Das kann für Sie beim langen Verhandeln, das häufig beim Verhandlungsfinale praktiziert wird, entscheidend sein. Auf das damit eng verwandte Thema Selbstregulation werden ich in Kapitel 2.6. beim Prinzip der Rationalität unter »Regulieren Sie ihre Gefühle, und steigern Sie Ihre Resilienz« vertieft eingehen.

Um anstrengende geistige Aufgaben bewältigen zu können oder Ihre Gefühle im Griff zu halten, benötigen Sie mentale Energie. Ihre mentale Energie ist nicht unendlich vorhanden, sie erschöpft sich.[60] Die Wissenschaft bezeichnet dies als Ego-Erschöpfung oder Ego-Depletion. Neigt sich Ihre mentale Energie dem Ende zu, reagieren Sie aggressiver auf Provokationen oder schneiden bei logischer Entscheidungsfindung schlechter ab.[61] Beides wünschen Sie sich nicht beim Verhandeln. Um in schwierigen Verhandlungen mental stark zu bleiben, hat es sich für mich bewährt, die eigene Energie bewusst zu managen.[62]

Verhandlungen werden immer wieder lange dauern und inhaltlich wie emotional fordernd sein. Anspruchsvolle Verhandlungen haben viele Beteiligte. Bis sich alle miteinander koordiniert haben, vergeht viel Zeit. Zeitmangel ist charakteristisch für komplexe Systeme und damit auch für Verhandlungen. Häufig erlebe ich, wie sich der geplante Tagesabschluss[63] einer Verhandlung wieder und wieder verschiebt. Das geschieht vor allem bei den Abschlussrunden vor einer drohenden Frist. Meist passiert das, ohne dass einer der Beteiligten dies bewusst beeinflusst. Beide Seiten haben den Abstimmungsbedarf unterschätzt. Außerdem gilt es, den so mühsam erzeugten Flow und die aufwendig organisierte Anwesenheit der Beteiligten zu nutzen. Manchmal wird das Verschieben des Endes auch als Machtspiel eingesetzt. Der anderen Seite soll die eigene Ausdauer demonstriert werden. Selten handelt es sich um ein abgekartetes Spiel, um Dritten nachzuweisen, alle Beteiligten haben sich bemüht und sich nichts geschenkt.

Wie gehen Sie damit am besten um? Bedenken Sie, am Ende von Verhandlungen ringen die Parteien um letzte Konzessionen und lösen die großen Themen. Tricks und Täuschungen zielen häufig genau auf diese Endphase. Wie ein Langstreckenpilot, der am Ende des Fluges zur Landung seine Topleistung abrufen muss, gilt es auch für den Verhandlungsführer, in diesem Moment fit zu sein. Der Schlüssel für Ihren Erfolg ist, Ihre mentale Energie sparsam einzusetzen, damit am Ende noch etwas davon übrig ist. Das Fachwort lautet strategische Energieregulation. Den ersten Schritt dafür tun Sie deutlich vor der Verhandlung. Sie behalten Ihre energetische Sparsamkeit bis zum Ende des Verhandelns bei.

Stellen Sie sich vor Beginn der Gespräche wie ein Spitzensportler gedanklich auf den folgenden Kraftakt ein. Malen Sie sich die positiven Konsequenzen eines erfolgreichen Abschlusses konkret aus. Denken Sie an den Handschlag, die Unterschrift, den Erfolg. Das Überziehen ist bei komplexen Verhandlungen ein normaler und erwartbarer Prozess, machen Sie sich das bewusst. Schaffen Sie die organisatorischen Voraussetzungen, um die Überlänge realisieren zu können. Das erspart Ihnen Stress zur Unzeit. Dabei denken Sie an Ihren Tagungsort, Ihre Übernachtungsmöglichkeiten, Transport, Getränke und Essen. Bereits im Vorfeld ernähren Sie sich bewusst gesund und planen ausreichend Zeit für Ihren Schlaf ein. Erlernen Sie Meditation oder autogenes Training, machen Sie Sport, Musik oder was immer Sie entspannt.

Während des Verhandelns verbrauchen Sie systematisch nur so viel Energie wie nötig. Gehen Sie mit Ihrer mentalen Energie so achtsam um wie ein Taucher mit seinem begrenzten Sauerstoff. Vermeiden Sie unnötige Gefühlsausbrüche. Steigt Ihr Puls, beruhigen Sie sich schnell wieder. Denken Sie an Pausen und Frischluft. Trinken Sie regelmäßig und essen Sie gesund. Meiden Sie Alkohol. Das hört sich banal an. Ich erlebe nur selten Verhandlungsführer, die sich daran halten. Die wenigen, die diszipliniert sind, schöpfen daraus einen klaren Vorteil. In Teamverhandlungen fühlt sich der professionelle Verhandlungsführer auch für die Energieregulation seines Teams verantwortlich.

Langstreckenpiloten sind mit diesen Strategien vertraut. Ein besonders schönes Beispiel klugen Energiemanagements erlebte ich bei Tarifverhandlungen mit Piloten. Wir befanden uns in einer langen Verhandlungsnacht. Der Vorstandsvorsitzende des Konzerns war anwesend. Auf der Arbeitgeberseite waren viele Teammitglieder müde, aber keiner traute sich im Backoffice zu schlafen, da der Vorstand anwesend war. Es fanden nur noch Sondierungen im kleinen Kreis statt. Als ich beim Backoffice der Piloten etwas abholen wollte, war ich erstaunt: Zwei Drittel der Piloten schliefen mit Ohrstöpsel und Augenklappen. Einer der wachen Piloten zeigte mir stolz, wie sich die Tarifkommission über die gesamte Nacht in drei Schichten eingeteilt hatte. Gab es etwas Wichtiges, durften die anderen geweckt werden. Schlau.

Zeigen Sie Haltung und übernehmen Sie Verantwortung

Wie halten Sie es mit der Moral und was ist das rechte Maß an Konflikt? Zwei Fragen, die Sie in jeder wichtigen Verhandlung beantworten müssen. Am besten beschäftigen Sie sich mit diesen Fragen in Ruhe vorab. Legen Sie sich Leitplanken zurecht, an denen Sie sich orientieren. Das entlastet Ihre geistigen Ressourcen beim Verhandeln und fördert Ihre Entscheidungskraft.

Legen Sie sich ein Konzept zurecht, wie Sie mit der Wahrheit beim Verhandeln umgehen. Dürfen Sie eigentlich beim Verhandeln lügen? Stellen Sie diese Frage in Ihrem Verhandlungsteam. Sie werden überrascht sein, wie viele unterschiedliche Antworten Sie erhalten. Keine Frage diskutieren die Teilnehmer meiner Verhandlungsseminaren kontroverser und unversöhnlicher. In der Regel bilden sich drei Gruppen heraus, wie der US-Professor und Verhandlungsexperte Richard Shell festgestellt hat:[64] die Pokerspieler, die Pragmatiker und die Idealisten. Die Pokerspieler sagen: »Verhandlungen sind ein gesellschaftliches Spiel. Jeder flunkert dabei ein wenig. Und das ist auch okay, denn jeder kennt die Spielregeln. Selbst schuld, wer dieses Werkzeug nicht nutzt.« Die Idealisten entgegnen: »Verhandlungen sind eine normale soziale Interaktion. So wie wir uns nicht in der Familie oder unter Kollegen belügen, so dürfen wir uns auch nicht beim Verhandeln belügen. Das achte Gebot sagt schon: Du sollst nicht lügen.« Die Pragmatiker schließlich unterscheiden: »Grundsätzlich sollte man beim Verhandeln nicht lügen. Meist werden Lügen schneller entdeckt, als man glaubt. Das richtet dann viel mehr Schaden an, als es bringt. Drängt einen der Verhandlungspartner in die Ecke, hat man natürlich das Recht zur Notlüge. Beispielsweise wenn er nach alternativen Angeboten fragt oder das persönliche Limit erfahren möchte. Kann eine Lüge nicht entdeckt werden, kann es sinnvoll sein, auch einmal strategisch zu lügen.«

Es gibt diese unterschiedlichen Sichtweisen. Das müssen Sie erkennen. Rechnen Sie mit den routinierten Tricks und Täuschungen der Pokerspieler und den Not- und Gelegenheitslügen der Pragmatiker. Als Idealist sind Sie aufwärtskompatibel mit den Pokerspielern und den Pragmatikern. Bauen Sie als Pokerspieler aber nicht auf das Wohlwollen der Pragmatiker oder Idealisten, wenn Sie beim Lügen erwischt werden.

Das Lügen hat viele Geschwister. Entscheidend ist die Täuschungsabsicht, nicht die konkrete Erscheinungsform. Der Trickbetrüger nutzt ein breites Instrumentarium. Er verschweigt trotz einer Pflicht zum Offenlegen, er lässt wesentliche Details strategisch weg, er nutzt bewusst missverständliche Äußerungen oder klärt erkannte Missverständnisse nicht auf.

Was ist nun richtig? Die erste Leitplanke ist naheliegend. Die Grenze für jede Art von Lüge ist die Rechtsordnung. Wer beispielsweise über die wesentlichen Eigenschaften einer Kaufsache täuscht, macht den Kaufvertrag anfechtbar und sich des Betruges strafbar.

Die zweite Leitplanke sind die kollektiven Moralvorstellungen. Diese sind weniger klar als die gesetzlichen Standards. Insbesondere wenn Sie in einem anderen kulturellen Kontext verhandeln, sollten Sie sich vorab informieren, inwieweit Sie mit anderen Standards zum Thema Ehrlichkeit und Anstand rechnen müssen. In einer kollektivistischen Kultur wie China ist es gegenüber Außenseitern akzeptiert, sich inhaltlich mehrdeutig zu äußern. Das kann bisweilen in die Irre führen. Andererseits sind Täuschungen über die eigenen Gefühle stark verpönt. Gegen eindeutige kollektive moralische Regeln sollten Sie nicht verstoßen, die Folgen beim Entdecken wären zu schwer.

Die Art Ihrer Beziehung mit Ihrem Gegenüber ist die dritte Leitplanke. In Langzeitbeziehungen spielen Ihre Glaubwürdigkeit und das Vertrauen in Sie eine entscheidende Rolle. Handelt es sich um Ihren Stammkunden oder Ihre Hausgewerkschaft, leuchtet es unmittelbar ein, dass die entdeckte Täuschung in der nächsten Runde Folgen haben wird. Wir sind übrigens zu optimistisch bei der Frage, ob unsere Täuschung entdeckt wird. Irgendjemand verplappert sich immer oder macht einen Fehler. Die Wahrheit kommt häufiger ans Licht, als wir glauben.[65] Auch die Frage, ob Sie Ihrem Verhandlungspartner wieder begegnen, wird unterschätzt. Wie begegnen uns in einer hochvernetzten Welt häufiger, als wir annehmen.

Die letzte Leitplanke ist die Frage Ihrer eigenen Reputation am Markt. Unabhängig davon, ob Sie mit diesem konkreten Partner nochmals verhandeln, Dritte werden sich für Ihr Verhalten interessieren und sich über Sie informieren. Diese Informationen können zum Beispiel über Ihr eigenes Team kommen, das Sie unmittelbar und ungeschminkt in Aktion gesehen hat. Denken Sie als Kontrollgedanken daran, was passieren würde, wenn Ihr engster Vertrauter die Seiten wechselt.

Am Ende müssen Sie Ihre eigene Entscheidung fällen. Ob Sie beim Gebrauchtwagenhändler die Frage nach alternativen Angeboten korrekt beantworten, sei Ihnen überlassen. Für mich ist es zu anstrengend, mich ständig entscheiden zu müssen, ob das Entdeckungsrisiko den Nutzen überwiegt oder nicht. Und ob ich mich anständig oder eigennützig verhalten soll. Sich auf die Wahrheit festzulegen hat Vorteile. Statt zu alternativen Angeboten oder Ihrem Handlungsrahmen zu lügen, sind Sie im Vorfeld des Verhandelns deutlich motivierter, sich gut vorzubereiten. Die Täuschungsoption steht Ihnen nicht zur Verfügung. Deshalb organisieren sich beispielsweise frühzeitig alternative Angebote oder ein passendes Mandat. Es wäre für Sie peinlich, wenn Sie nichts vorweisen könnten. Sie können auch viel leichter zu Beginn jeder Verhandlung klare Spielregeln mit Ihrem Partner vereinbaren.

Es geht übrigens nicht darum, von Beginn an volle Informationstransparenz zu schaffen. Es ist legitim und strategisch klug, seine Informationen in kleinen Schritten und nur auf Gegenseitigkeit beruhend zu teilen. Erzählen Sie die Wahrheit, aber langsam.[66] Sie müssen nicht alles teilen, nur das, was Sie teilen, sollte wahr sein. Ich empfehle Ihnen auch, vor Halbwahrheiten zurückzuschrecken, Sie machen die Sache nicht besser. Schlimmstenfalls erwerben Sie sich dadurch den Ruf eines Trickbetrügers.

Zwar empfehle ich Ihnen eine klare Haltung zur Wahrheit. Die Realität wird Sie aber immer wieder mit Zweifelsfragen und Grenzfällen konfrontieren. Ein Beispiel: Wir hatten als Arbeitgeberseite vor Vertragsunterzeichnung einen Fehler in einer tarifvertraglichen Berechnungsformel entdeckt, der eindeutig zu unseren Gunsten war. Hätten wir die Gewerkschaft hierüber aufgeklärt, hätte sie sofort eine Änderung verlangt. Andernfalls hätte sie nicht unterzeichnet. Wer diesen Fehler verursacht hatte, war nicht aufklärbar. Jede Seite war grundsätzlich gehalten, alle Berechnungen zu überprüfen. Eine formale Aufklärungspflicht gab es also nicht. So argumentierten auch die »Falken« auf unserer Seite. Sie verwiesen darauf, im Umkehrfall würde die Gewerkschaft uns auch nicht Bescheid geben. Außerdem sei der Tarifabschluss zu teuer, da helfe uns jeder Cent.

Für diese Fälle bewähren sich Testfragen, die Ihnen dabei helfen, den Sachverhalt ethisch zu beleuchten: Würde es sich mit Ihrem Selbstbild vertragen, wenn die Geschichte wahrheitsgemäß in der *FAZ* oder im *Spiegel* stehen würde? Wie wäre es, wenn Ihre Kinder/Ehepartner/Eltern erfahren würden, wie Sie sich so verhalten haben? Wie würden Sie sich fühlen, wenn Ihr Verhandlungspartner das Gleiche mit Ihnen machen würde? Gibt es alternative Wege, die weniger ethischen Schaden anrichten, wenn auch zu einem kleinen Preis?

Nach internem Ringen hatten wir seinerzeit den Berechnungsfehler der Gewerkschaft noch vor Vertragsunterzeichnung mitgeteilt. Verbunden mit der Bitte, in einem ähnlichen Fall genauso behandelt zu werden. Eines Tages trat dieser Fall tatsächlich ein. Und nicht nur das. Unser Team genoss noch Jahre später das Vertrauen der Gewerkschaft. Dies machte viele Lösungen möglich, die ohne Vertrauen nicht vorstellbar gewesen wären. Im *Spiegel* hätten wir die Geschichte auch nicht gern gelesen. Das hätte das Vertrauen der Mitarbeiter ins Management stark erschüttert.

Überlegen Sie sich, was für Ihren Partner fair sein könnte, und gehen Sie darauf ein. Kein anderes Wort wird in Verhandlungen mehr missbraucht als das Wort »Fairness.« Verwendet jemand das Wort »fair«, sollten Sie vorsichtig werden. Höchstwahrscheinlich manipuliert Sie Ihr Verhandlungspartner gerade.[67] Er fordert von Ihnen Fairness ein oder behauptet, sein Angebot sei fair. Gehen Sie darauf nicht ein. Die Gefahr ist groß, dass Sie sich irrational verhalten werden. Stattdessen bitten Sie Ihren Partner, Ihnen seine Kriterien für Fairness näher zu erläutern. Damit führen Sie das Gespräch auf eine rationalere Ebene zurück.

Lassen Sie sich nicht ins Bockshorn jagen. Was am Ende inhaltlich fair ist oder gerecht, ist ein gesellschaftlich ungelöstes Problem. Sie werden es nicht in Ihrer Verhandlung abschließend lösen können. Was Sie erreichen können, ist, einen fairen Verhandlungsprozess zu organisieren. Das bedeutet vor allem, dass die Interessen aller Verhandlungspartner ins Verfahren eingeführt werden und Sie alles tun, um durch kluge Lösungen und kombinieren der Ressourcen beider Seiten, den Lösungsraum optimal auszunutzen. Irgendwann haben Sie alle Kooperationsgewinne mit Ihrem Partner entdeckt, und jetzt gilt es, den Kuchen zu verteilen. Für diesen Moment bereiten Sie objektive Standards vor, die für Sie günstig und für Ihren Partner gerade noch einleuchtend sind. Befreien Sie sich von der Vorstellung, dass es in diesen Fällen objektive Fairness gibt.

Nehmen Sie folgendes Beispiel. Zwei Frauen können sich nicht darauf einigen, wie Sie 100 000 Euro aufteilen. Sie werden sagen, das ist einfach, natürlich halbe-halbe. Eine der Frauen ist allerdings reich, die andere ist arm. Dann muss die arme Frau mehr bekommen, richtig? Die reiche Frau argumentiert, halbe-halbe sei keinesfalls gerecht. Schließlich sei ihr Steuersatz erheblich höher. Sie müsse mehr bekommen, entscheidend sei doch der Nettoeffekt. Eigentlich sei auch das zu wenig, denn schließlich komme es auf den relativen zusätzlichen Nutzen an. Für die arme Frau würden 10 000 Euro genauso viel zusätzlichen Nutzen stiften wie bei ihr 90 000 Euro. Außerdem würde sie das Geld für ihre Kinderstiftung in Indien verwenden. Das seien wirklich arme Menschen und sie könnte nicht nur einer Person helfen, sondern Dutzenden. Außerdem sei die arme Frau bis vor zwei Wochen sehr viel reicher als sie selbst gewesen, sie habe nur jahrelang Steuern hinterzogen und ihr Vermögen für die sehr hohe Geldstrafe aufwenden müssen.

Sie merken, Verteilungskriterien sind wackliger, als man glaubt. Zu viele Kriterien können die Verteilung sogar unmöglich machen. Um zu einer Entscheidung zu kommen, ist immer Abstraktion erforderlich.

Sie werden das Dilemma des fairen Verteilens nie vollständig loswerden. Es wird immer eine Spannung zwischen Ihrem Nutzen und dem Ihres Partners bestehen bleiben. Der rationale Verhandler wird immer vor kurzfristigem Obsiegen zurückschrecken und seinen Nutzen langfristiger kalkulieren. Deshalb ist ihm die Fairness-Wahrnehmung seines Partners wichtig, notfalls ist er zu kurzfristigem Entgegenkommen beim Verteilen bereit. Er beugt Rückhol-Konflikten vor und stimuliert umgekehrte Fairness beim Partner bei zukünftigen Konflikten. Sind Sie in einer schwächeren Position und verweigert Ihr Partner eine faire Lösung, ist es Ihre Aufgabe, die langfristigen Effekte für ihn greifbar zu machen und gegebenenfalls sein Umfeld zu aktivieren, damit er die fehlende soziale Adäquanz vor Augen geführt bekommt.

Vermeiden Sie den Überkonflikt. Google Maps ist ein fantastisches Werkzeug. Sie können innerhalb weniger Sekunden auf die Ebene eines einzelnen Hauses oder einer Straße heranzoomen. Im nächsten Augenblick zoomen Sie heraus und sehen den gesamten Erdball. Für den Verhandlungsführer ist die Fähigkeit, dieses »Zoom-In, Zoom-Out« zu beherrschen, erfolgskritisch.[68] Zoomen Sie regelmäßig raus in die Vogelperspektive: Haben Sie den Konflikt noch im Griff oder hat er sich bereits verselbstständigt? Ist die Intensität eines Konfliktes höher als zur unmittelbaren Lösung erforderlich, spreche ich vom Überkonflikt. Wir drohen zu viel oder übertreiben mit Macht- oder Gewaltmitteln. Verhandeln wir für eine Organisation oder im Team, kommt es immer wieder vor, dass das gesamte System in Konflikt gerät. Und zwar über das rationale Maß hinaus. Der Harvard-Professor Daniel Shapiro spricht hier auch vom Stammesdenken. »Der Stammeseffekt bringt uns dazu, die Sichtweise anderer pauschal abzuwerten, einfach weil es ihre Sichtweise ist.«[69] Es hat sich in der Evolution entwickelt, um die eigene Gruppe vor den Gefahren von außen zu schützen. Er kann sich schnell einstellen und in kurzer Zeit stark verfestigen. Der eigene »Verhandlungsstamm« schwört sich auf den »Verhandlungsgegner« ein und unterliegt plötzlich einer Fülle von Denkfehlern, irrationales Denken stellt sich ein. Schnell sind alle Teilnehmer von dieser negativen Energie angesteckt.

Als Verhandlungsberater konnte ich diesen Effekt immer wieder beobachten. Wir hatten beispielsweise eine Woche vor einer großen Verhandlungsrunde im Verhandlungsteam mit zehn Personen die Strategie besprochen: Wie lauten unsere ökonomischen Ziele? Welche Themen sind wichtig, welche Lösungsvorschläge werden wir einbringen, in welcher Sequenz sollten wir die Themen mit welchen Personen auf der anderen Seite besprechen? Alles war vorbereitet, alle verhielten sich noch logisch und rational. Im Vorfeld der anstehenden Runde platzierten unser Verhandlungspartner dann überzogene Forderungen. Während des gesamten Verhandlungstages verhandelte unser Partner sehr aggressiv. Ich war als Berater nicht vor Ort. Gegen Abend des Verhandlungstages rief mich der Verhandlungsführer aufgeregt an. Er schaltete mich per Telefon in den Besprechungsraum unserer Seite. Alle waren aufgebracht und überlegten, wie wir die andere Seite unter Druck setzen könnten. Die besprochene Strategie war wie vergessen, die geplante Verhandlungsstruktur verlassen. Es hatte sich ein destruktiver »Groupthink« entwickelt. Die Gruppe hatte sich durch den Druck des Partners auf eine sehr einheitliche Gruppenmeinung eingepegelt. Die Lösungskreativität war stark eingeschränkt. Ich hatte das Glück, nicht durch den allgemeinen Sog der Gruppe erfasst zu werden, da ich weder vor Ort war noch als Berater in die Organisationsstruktur integriert war.

Was können Sie tun, um solchen Situationen vorzubeugen? Der wichtigste Punkt ist, sich gewahr zu werden, wie Gruppen dazu neigen, in Konfliktsituationen in Stammesdenken und Gruppendenken zu verfallen. Es ist Ihre Aufgabe als Verhandlungsführer, Unterbrechungen zu organisieren, um ganz bewusst zu prüfen, ob die Gruppe in einen Sog geraten ist. Halten Sie bei konfliktbeladenen Verhandlungen immer wieder die Uhr an und stellen Sie intern die Frage: Verfolgen wir noch unsere Ziele und sind wir noch produktiv? Mahnen Sie allzu hitzige Teammitglieder zur Besonnenheit. Sie sollten sich vornehmen, immer der Besonnenste im Raum zu sein. Allerdings sind Sie kein Übermensch. Leicht können Sie vom allgemeinen Sog erfasst werden. Wie Odysseus können Sie sich aber zum Schutz vor den verlockenden Sirenengesängen am Mast Ihres Schiffes festbinden lassen. Eine gute Idee ist es zum Beispiel, einen Advocatus diaboli im Team zu benennen, dessen Aufgabe es ist, genau diese Frage zu stellen. Oder Sie bitten einen außenstehenden Dritten, zu bestimmten Zeitfenstern zu intervenieren.

Hat sich in einer Organisation eine Konsenskultur entwickelt, kann sich umgekehrt auch fehlende Konfliktbereitschaft herausbilden. Es gibt nicht nur den Überkonflikt, es gibt auch den Unterkonflikt. Der entsteht entweder, wenn Sie dem Druck Ihres Partners nachgeben, obwohl dadurch Ihre eigentlich noch erreichbaren Ziele gefährdet werden. Oder Sie sind nicht bereit, Ihre Hebel zu nutzen, obwohl sie erforderlich wären, um Bewegung in Ihre Verhandlungen zu bringen. Dabei dürfen auch Konfliktkosten entstehen. Es geht nicht darum, jede Form von Konfliktkosten zu vermeiden. Lediglich die überschießenden Konfliktkosten, also die dysfunktionalen, sollten Ihnen ein Dorn im Auge sein. Unterkonflikt wird häufig bei ursprünglich sehr erfolgreichen strategischen Langzeitpartnerschaften zum Problem, wenn sich die Rahmenbedingungen dramatisch verändern. Nehmen Sie das Beispiel eines ehemals staatlichen Monopolisten, der privatisiert wird und sich dem Wettbewerb stellen muss. Die Arbeitsbedingungen der Mitarbeiter passen dann vielfach nicht mehr. Die gewachsene Sozialpartnerschaft zwischen Gewerkschaft und Arbeitgeber ist die für die Veränderungen erforderlichen Auseinandersetzung nicht gewöhnt.

Exkurs: Wie Kapitäne führen

Die Führungssituation in einem Passagierflugzeug ist besonders. Die Flugsicherheit steht klar im Vordergrund. Für jeden Langstreckenflug würfelt die Einsatzplanung ein neues Team mit bis zu 25 Mitgliedern zusammen. Die Besatzungsmitglieder aus Cockpit und Kabine arbeiten häufig zum ersten Mal zusammen. Diese neue Teamkonstellation fordert den Kapitän als Führungskraft an Bord heraus. Was ist wichtig? Ein besonderes Augenmerk legen die Ausbilder auf die ersten Kontakte zwischen Kapitän und Crew. Der erste Eindruck, den der Kapitän bei den Briefings vor dem Start vermittelt, prägt den weiteren Flugverlauf. Auch die ersten Gespräche beeinflussen stark den weiteren Verlauf des Zusammenarbeitens. Der Kapitän soll im ersten Gespräch aufmerksam und geduldig zuhören und nicht unterbrechen. Damit signalisiert er seine Teamorientierung. Ziel des Kapitäns muss es sein, eine optimale Arbeitsatmosphäre zu initiieren. »The captain sets the tone.«

Studien zeigen, dass 80 Prozent aller Beinahe-Flugunfälle, in denen menschliches Verhalten eine Rolle spielte, sich durch eine förderliche Arbeitsatmosphäre entschärfen.[70] Drei Aspekte sind bedeutsam: Wie geht der Kapitän mit Sicherheitsvorschriften um? Wie fördert er das offene Zusammenarbeiten im Team? Wie geht er mit Sympathie und Antipathie gegenüber anderen Crewmitgliedern um?

Ein professioneller Kapitän achtet auf einen vorbildhaften Umgang mit Sicherheitsvorschriften. Nichts ist schlimmer als ein zu lockerer Umgang des Kapitäns mit Fragen der Sicherheit. Dies kann Folge eines falsch verstandenen Expertentums sein. Nach dem Motto »Ich habe alles intuitiv im Griff.« Ein Kapitän darf weder das Abweichen von Standardabläufen vorleben noch laufen lassen. Untersuchungen zeigen: Durch solche Sorglosigkeit steigt die Fehlerquote beim Kapitän und im Team.

Eine Gefahr für die offene Teamarbeit ist der Status und die Dominanz des ranghören Kapitäns. Dies kann beim Copiloten zum Unterdrücken überlebenswichtiger Kritik führen. Zahlreiche Flugunfälle sind auf dieses Phänomen zurückzuführen. Beispielsweise stürzten Maschinen ab, weil sich Copiloten nicht trauten, dominant-cholerischen Kapitänen eine kritische Flughöhe durchzugeben.[71] Professionelle Kapitäne laden im Briefing aktiv zu Kritik ein. Sie räumen eigene Fehler ein und bedanken sich für Einwände und Call-outs. Call-outs sind Ausrufe, falls ein Pilot vom Standardablauf abweicht.

Für einen sicheren Flug ist die Zusammenarbeit mit dem Copiloten besonders bedeutsam. Als wichtigen sicherheitsrelevanten Aspekt nennen die Experten die wechselseitige Kontrolle zwischen Kapitän und Copilot, Redundanz genannt.[72] Gerade zu große Zuneigung oder zu große Abneigung gefährden das gegenseitige Überwachen. Den Unsympathischen unterstützen wir bewusst oder unbewusst zu wenig. Beim Freund unterlassen wir die notwendige Kritik[73] oder lassen uns durch das Unterhalten ablenken.

Stehen sie sich zu nahe, erkennen professionelle Piloten darin bewusst ein Sicherheitsrisiko. Sie stellen privates Unterhalten ein, bevor sie den Anflug einleiten, und halten das »Sterile Cockpit«-Konzept ein. »Sterile Cockpit« bedeutet, in kritischen Flugphasen verbieten die Flugvorschriften private Gespräche und Handlungen. Flugzeuge stürzten ab, weil die Piloten durch private Gespräche unaufmerksam waren. Bei Abneigung zwischen den Piloten ist es umgekehrt sogar gefordert, außerhalb der »Sterile-Cockpit-Phasen« bewusst Small Talk zu betreiben. Das hilft, eine gemeinsame Basis zu schaffen. Falls das erfolglos ist, sollen die Piloten die Störung bewusst ansprechen. Eine Formulierung, die Trainer den Piloten vorschlagen: »Ich fühle mich mit unserer Zusammenarbeit nicht wohl«[74].

Was können wir daraus auf unser Führungsverhalten beim Verhandeln übertragen?

Auch beim Verhandeln im Team sind bunt zusammengewürfelte Teams üblich. Sehen Sie sich beispielsweise ein Einkaufsteam, das ein strategisches Projekt verhandelt, an. Hier arbeiten hauptberufliche Einkäufer, technische Experten, Juristen, Controller und Berater eng zusammen. Meistens kennt sich das Team in dieser Zusammensetzung noch nicht. Das Team sucht zu Beginn Orientierung, und der Verhandlungsführer prägt die Teamkultur durch seine ersten Auftritte ähnlich wie ein Kapitän. Das ist Ihre Chance. Jetzt können Sie Respekt vor dem Gegenüber vorleben und strukturiertes Vorgehen betonen. Ihr Verhalten wird Ihrem Team signalisieren, wie Sie zu den Themen Glaubwürdigkeit und Wahrheit stehen.

Ähnlich einem Kapitän kommt dem Verhandlungsführer eine natürlich-dominante Stellung zu. Das volle Potenzial entfaltet ein Verhandlungsteam, wenn Teammitglieder offen Kritik äußern. Gerade unter Druck und Stress entsteht im Verhandlungsteam einseitiges Gruppen- oder Stammesdenken. In solchen Situationen sind Teammitglieder wertvoll, die den Mut haben, Advocatus diaboli zu sein. Verhalten Sie sich als Verhandlungsführer am besten wie ein guter Kapitän: Laden Sie von Anfang an zu Kritik ein. Räumen Sie eigene Fehler ein. Loben Sie offene und mutige Einwände.

Spannend ist der Fokus auf Zuneigung und Abneigung bei der engen Zusammenarbeit der Piloten. Das lässt sich hervorragend auf das Verhältnis der beiden Verhandlungsführer übertragen. Zu viel Sympathie schadet der Lösung genauso, wie wenn die Verhandlungsführer Abneigung gegeneinander verspüren.[75] Bei zu viel Nähe der Verhandlungsführer bietet sich in der Tat an, die Idee des »Sterile Cockpits« zu übertragen. Im »Sterile Negotiation Room« haben private Themen keinen Platz. Im Falle der Abneigung sind die Werkzeuge der Piloten hilfreich: Nutzen Sie bewusst und gegen Ihre Intuition jede Gelegenheit zum Small Talk. Wenn die Situation bei einer großen Verhandlung verfahren erscheint, setze ich mich zum Beispiel bewusst beim Frühstück oder Mittagessen zu unseren Gegenübern. Ich spreche über alles, außer über das Verhandeln. In stark belasteten Situationen genügt Small Talk nicht, um die Zusammenarbeit zu verbessern. Dann sollten Sie Ihren Mut zusammennehmen, dies wie ein Kapitän offen unter vier Augen anzusprechen: »Ich fühle mich mit unserer Zusammenarbeit im Augenblick nicht wohl …«

Stärken Sie Ihre Verhandlungsmacht

Ihr vornehmstes Ziel bei Verhandlungen ist es nicht, die Probleme anderer zu lösen. Es geht darum, Ihre eigenen Interessen möglichst umfangreich zur Geltung zu bringen. Sie handeln klug, wenn Sie auch auf die Interessen Ihres Verhandlungspartners eingehen. Das gibt Ihnen einen wichtigen Hebel in die Hand, um Ihre Interessen durchsetzen, und zwar nachhaltig. Dass gleichzeitig Ihr Verhandlungspartner und Dritte – etwa die Gesellschaft, der Staat oder Ihre Kunden – daraus ebenfalls Nutzen ziehen, ist ein erwünschter Nebeneffekt und nicht das Hauptziel.

Es genügt als Verhandlungsführer nicht, sich hart für seine Interessen einzusetzen und gute Lösungsvorschläge zu unterbreiten. Sie müssen auch dafür sorgen, dass Ihr Verhandlungspartner am Ende Ja sagt. Dies gelingt Ihnen, indem Sie Ressourcen in die Verhandlungen einbringen, die Ihr Verhandlungspartner liebt oder fürchtet. Sie können das auch positive oder negative Hebel nennen oder Macht. Als Verhandlungsführer sind Sie nicht nur für die Organisation der Lösung verantwortlich, sondern auch für die Hebel, die Sie ansetzen können. Daran arbeiten Sie auch jenseits des Verhandlungstisches und ohne Ihren Verhandlungspartner.

Verhandeln Sie wertorientiert, auch wenn Sie mächtig sind. Wenn Sie Ihre eigene Machtposition schwach einschätzen, liegt es auf der Hand, dafür zu plädieren, das Verhandlungsergebnis nicht an den Machtverhältnissen zu orientieren. Gehen Sie allerdings davon aus, in einer guten Ausgangsposition zu sein, erscheint es naheliegend, die Machtkarte auszuspielen und von Ihrem Partner ein schnelles Einlenken auf Ihre Positionen einzufordern. Selbst in diesen Fällen rate ich Ihnen dazu, Ihre Verhandlungen wertorientiert und nicht machtorientiert zu führen.[76] Der machtorientierte Verhandler denkt so: Sowohl mein Verhandlungsergebnis als auch das Ergebnis meines Verhandlungspartners müssen sich an den realen Machtverhältnissen orientieren. Je mehr Macht ich habe, umso höher muss meine Zielerreichung sein. Der wertorientierte Verhandelnde denkt anders: Er versucht unabhängig von seiner Macht den höchstmöglichen Nutzen für seine Seite beim Verhandeln zu erreichen. Gibt es eine Chance, durch Zusammenarbeiten den bestehenden Kuchen zu vergrößern, nimmt er diese Gelegenheit mit. Werte am Tisch liegenzulassen bringt er nicht über das Herz. Er interessiert sich zusätzlich für den Nutzen seines Partners, um den Abschluss akzeptabel und nachhaltig zu gestalten. Bevor der wertorientierte Verhandler auf den Deal eingeht, überprüft er, ob der Deal besser ist als seine Alternativen. Er kooperiert aus analytischer Vernunft und nicht aus Gutmenschentum.

Für den Mächtigen erscheint machtorientiertes Verhandeln zunächst einfacher. Dennoch hat es auch für ihn Nachteile: Die schwächere Partei wird Kuchenvergrößerungen durch Zusammenarbeit oder Tauschgeschäfte am Verhandlungstisch verweigern, da zu befürchten ist, dass das dominante Gegenüber den gesamten zusätzlichen Wert für sich beansprucht. Werte werden dadurch auf dem Verhandlungstisch liegengelassen. Außerdem wird die dominierte Seite ab dem Vertragsschluss versuchen, sich zu rächen. Dies kann bereits die Umsetzung gefährden. Spätestens beim nächsten Zusammentreffen hat die andere Seite aufgerüstet und wird versuchen zurückzuschlagen. Kurz gesagt: Kümmern Sie sich intensiv um Ihre Macht, machen Sie sie aber nicht zum zentralen Gegenstand Ihres Verhandelns.

Betrachten Sie das Beispiel einer Spartengewerkschaft. Die von ihr angeführte Funktionselite hatte eine große Streikmacht. Wenige Streikende konnten das gesamte Unternehmen lahmlegen und einen enormen Schaden anrichten. Die Gewerkschaft nutzte die Streikmacht über die Jahre, um hohe Löhne und komfortable Arbeitszeiten durchzusetzen. Um das Management von Umgehungsversuchen abzuhalten, strebte sie zusätzlich immer stärker danach, ins Co-Management einzusteigen und Veto-Rechte für Unternehmensentscheidungen zu erlangen. Das Management gab zu bedenken, dadurch würden unternehmerisch falsche und zu langsame Entscheidungen getroffen werden. Die Gewerkschaft ignorierte dieses Interesse und setzte mit ihrer Streikmacht ein enges Korsett für das Management durch. Das Management akzeptierte das zähneknirschend, arbeitete aber ab der ersten Sekunde nach dem Abschluss mit hoher Motivation an einem Plan B. Viele der vereinbarten Regeln wurden faktisch nicht umgesetzt, weil die Organisation sich weigerte. Die daraus entstehenden Rechtsstreitigkeiten wurden mit hohem Aufwand durch das Management betrieben. Gleichzeitig wurden alternative Plattformen im Ausland gegründet, bei denen die Gewerkschaft keinen Einfluss hatte. Die Aufsichtsräte und Aktionäre wurden darauf eingestimmt, lange Streiks auszuhalten. Der starke negative Machthebel der Gewerkschaft wurde dadurch Schritt für Schritt außer Kraft gesetzt. Die Gewerkschaft hatte durch ihre Machtstrategie starke Energien bei den Arbeitgebern freigesetzt. Am Ende gab sie klein bei und musste viele Privilegien abgeben. Hätte Sie die Interessen des Arbeitgebers ein wenig beachtet, wäre es niemals zu dieser massiven Gegenstrategie gekommen.

Beachten Sie, dass Macht sich permanent verändert, verzerrt wahrgenommen wird und viele Facetten hat. Bevor wir ansehen, wie Sie Ihre Hebel in Verhandlungen optimieren, möchte ich Ihnen einige Hinweise zur Analyse der jeweiligen Ausgangslage geben. Hierzu existieren einige Irrtümer.

Der größte Fehler ist, Macht oder Hebel als etwas Objektives oder Statisches anzusehen. Die große Bank ist mächtiger als der Kleinunternehmer. Deshalb kann sie ihm die Kreditkonditionen diktieren. Das ändert sich jedoch schnell, wenn der Kleinunternehmer kurz vor der Insolvenz steht. Jetzt droht der Bank im Rahmen des Insolvenzverfahrens ein Kreditausfall. Die Chancen stehen für den Kleinunternehmer in dieser Situation gut, verbesserte Bedingungen zu verhandeln. Abstrakt schätzen wir die riesigen Elefanten stärker und mächtiger ein als winzige Bienen. Treffen beide aber aufeinander, haben Elefanten schreckliche Angst vor Bienenstichen.

Beachten Sie auch, wie dynamisch sich die Verhandlungsmacht entwickeln kann: Die streikmächtige Gewerkschaft in einer Airline droht in den Gesprächen glaubhaft mit einem mehrtägigen Streik. Noch kann der Schaden abgewendet werden, die Gewerkschaft hält einen gewaltigen Hebel in ihren Händen. Als Nächstes geht die Gewerkschaft mit der Streikandrohung an die Öffentlichkeit, noch ohne konkreten Termin. Der Druck auf den Arbeitgeber erhöht sich durch die Beschwerden der Kunden und der Politik. Die Gewerkschaft kündigt schließlich den Streik mit einer Woche Vorlauf an. Der Hebel ist jetzt maximal hoch. Allerdings buchen ab diesem Moment täglich Passagiere auf andere Verkehrsmittel und Airlines um, der Schaden tritt Schritt für Schritt ein. Die Hebelwirkung verringert sich. Ein Tag vor dem Streik gibt die Airline einen unwiderruflichen Notfall-Flugplan heraus, der Schaden ist damit bereits eingetreten. Die Absage des Streiks würde das Unternehmen sogar Geld kosten, da Löhne bezahlt werden müssten. Der Streik beginnt und ist nach fünf Tagen vorbei. Die Stimmung in der Bevölkerung ist kritischer gegenüber der Gewerkschaft geworden. Die Mitglieder haben gemerkt, wie belastend ein Streik für sie ist. Es gab gegen Ende des Streiks immer mehr Streikbrecher. In der ersten Verhandlungsrunde nach dem Streik hat die Arbeitgeberseite die Streikschäden bereits mental als Investition abgehakt. Die Gewerkschaft ist sich nicht sicher, ob sie die Kraft hat, erneut einen großen Streik zu organisieren. Womöglich hat die Gewerkschaft den goldenen Moment, also den Moment der größten Macht nach der Streikankündigung, verpasst? Keine Frage, dieses Beispiel kann anders verlaufen. Entscheidend ist, dass Sie die sich verändernde Dynamik erkennen. Fragen Sie sich immer bei Machtkämpfen, ob Sie sich in der Nähe des goldenen Moments befinden. In diesem Augenblick sollten Sie alle Kommunikationskanäle geöffnet halten, um ihn nicht zu verpassen.

Wie neigen dazu, die Macht unseres Verhandlungspartners falsch einzuschätzen. Das liegt daran, dass wir unsere eigenen Hebel besser kennen als die unseres Verhandlungspartners. Wir verleihen leichter verfügbaren Informationen eine zu große Bedeutung, ein klassischer Denkfehler.[77] Kommen wir beispielsweise zur Einschätzung, dass wir nur schlechte Alternativen zur Verfügung haben, haben wir die Tendenz, uns vorzustellen, unser Partner sei mit besseren Alternativen ausgestattet. Umgekehrt führt eine vermeintlich gute Ausgangsposition dazu, überheblich zu werden und zu unterschätzen, welche Energien und Ressourcen unser Partner aktivieren kann. Wenn beide Seiten ihre Machthebel überschätzen, führt das häufig zu lang andauernden, eskalierenden Machtkämpfen. Meist finden diese Eskalationen statt, ohne dass überhaupt versucht wurde, eine interessenbasierte Lösung zu verhandeln.

Was bedeutet das fürs Verhandeln? Seien Sie vorsichtig mit subjektiven Bewertungen der Machtpositionen. Bestehen Sie immer auf Fakten, um Einschätzungen vorzunehmen. Und gehen Sie weder mutlos noch zu entspannt in Verhandlungen. Unabhängig von Ihrer eingeschätzten Ausgangslage bleiben Sie am besten auf einen produktiven Problemlösungsprozess fokussiert. Machen Sie interessenbasiertes Verhandeln stets zum Startpunkt Ihrer Gespräche. Machtbasierte Lösungen sind in der Regel ineffizienter und riskanter. Häufig ist zu Beginn einer Verhandlung nicht klar, wer mächtiger ist. Zur Klärung dieser Frage ist ein Machtkampf erforderlich. Steht dieser Machtkampf am Beginn einer Verhandlung, werden wertvolle Ressourcen verschleudert, die für eine Lösung später nicht zur Verfügung stehen. Beispielsweise verringert ein Streik durch den wirtschaftlichen Schaden die Verteilungsspielräume, die einem Unternehmen später zur Verfügung stehen. Macht wird eingesetzt, wenn das Verhandeln am Ende ist, und nicht zum Beginn. Nach einem heftigen Machtkampf ist es unendlich schwerer, in einen konstruktiven Modus zu gelangen. Selten gelingt dies ohne die Hilfe eines Dritten.

Schließlich wird Macht häufig zu eindimensional betrachtet. Die Führungsaufgabe liegt darin, alle Machthebel zu bewegen, nicht nur die negativen. Es geht für Sie darum, virtuos und immer wieder von Neuem positive, negative und normative Hebel zu kombinieren. Unterschätzen Sie dabei nicht die Macht, die Sie durch Ihre Verhandlungskompetenz und Ihre Prozesssteuerung am Verhandlungstisch erzeugen können. Gelingt es Ihnen, effizient ein Ergebnis zu verhandeln, das wichtige Interessen berücksichtigt, bevor ein Machtkampf ausbricht, wird sich jede Seite drei Mal überlegen, ob es die Risiken des Konflikts in Kauf nimmt. Wie sagte der ehemalige indische Ministerpräsident Nehru so schön: »Alle Kriege enden mit Verhandlungen. Warum also nicht gleich verhandeln?«

Sammeln Sie positive Hebel. Wenn ich meine Kunden berate, sind Sie meistens verblüfft, wenn ich als Erstes die Frage stelle: Was könnten wir unserem Verhandlungspartner Gutes tun? Und zwar am besten jenseits des Kerns unserer Verhandlungen? Ich ziele darauf ab, positive Hebel in die Hand zu bekommen, die wir gegen Zugeständnisse der anderen Seite eintauschen können.

Genauso sollten Sie sich freuen, wenn Ihr Partner Forderungen stellt. Damit bekommen Sie einen positiven Hebel in die Hand. Wenn Ihr Abnehmer 5 Prozent niedrigere Preise fordert, dann kann er das mit Ihnen nur erreichen, wenn Sie am Ende Ja sagen. Das gilt selbst dann, wenn Ihr Verhandlungspartner mächtiger ist als Sie. Ihre Fähigkeit, zu einem Vorschlag Nein zu sagen, ist das Korrektiv zu einem möglichen Machtgefälle in einer Verhandlung. Natürlich müssen Sie mit den Konsequenzen des Nein leben. Aber Sie können den Deal verhindern.

Fordert ein Arbeitgeber von einer Gewerkschaft öffentlichkeitswirksam Senkungen bei Personalstückkosten um 10 Prozent, dann erkennen erfahrene Gewerkschafter sofort ihre Chancen. Im Gegenzug müssen die Arbeitsplätze und Standorte gesichert werden. Für den Fall des wirtschaftlichen Aufschwungs wird vielleicht ein neues Bonussystem errichtet. Ein Teil der Einsparung fließt in den Mitarbeiterqualifizierungsfonds, über den die Gewerkschaft bestimmt. Die lange geforderte Vorteilsregelung für Gewerkschaftsmitglieder muss endlich eingeführt werden. Und so weiter.

Sammeln Sie die positiven Hebel und werden Sie nicht müde, diese zu betonen. Steht Ihre Verhandlung vor dem Scheitern, ist es ein effektives Werkzeug, nochmals auf der Grundlage Ihres letzten Paketvorschlags alle Punkte aufzuzählen, die die andere Seite verliert, wenn Sie sich nicht einigen. Diese Verlustliste aktiviert die Verlustaversion des Menschen. Bewerten wir einen Vorgang als Verlust, verdoppelt sich in etwa unsere Empfindlichkeit.[78]

Gehen Sie verantwortungsvoll mit negativen Hebeln um. Bei den negativen Hebeln ist die entscheidende Frage: Wie können Sie Ihrem Partner schaden? Ihr erster Blick geht hier zu den Alternativen, zu Ihrer sogenannten BATNA, die wir uns im Kapitel 1.1 im ersten Tipp »Schätzen Sie die Verhandlungssituation anhand von BATNA, Rückzugspunkt und ZOPA ein« bereits angesehen haben. Welche Alternativen zum Vertragsschluss stehen Ihnen zur Verfügung und wie können Sie die Alternativen Ihres Partners negativ beeinflussen? In Gebrauchsgütermärkten ist es einfach, Alternativen zu finden. Sie können Auktions- oder Ausschreibungsverfahren organisieren oder Vergleichsplattformen nutzen.

Aber selbst in Monopolsituationen können Sie sich Ihre Alternativen mit Mut und Kreativität erschaffen. Ein legendäres Beispiel hierfür ist die »Janie Train«[79]. Die Texas-Houston Power & Lightning Company zahlte jährlich 195 Millionen US-Dollar an die Eisenbahngesellschaft Burlington Northern, um Kohle zu ihrem Kraftwerk zu transportieren. Die Preise waren überteuert und der Service schlecht. Aber die Schienen gehörten Burlington Northern, die Gesellschaft hatte ein Monopol. Die enormen Mengen an Kohle konnten nur per Zug transportiert werden. Die Einkaufschefin des Energieerzeugers (»Janie«) versuchte, bessere Raten zu verhandeln, und appellierte an die Fairness von und die Langzeitpartnerschaft mit Burlington Northern. Nichts passierte. Deshalb entwarf sie einen Plan B: Der Energieerzeuger baut auf eigene Kosten eine Verbindung zum 10 Meilen entfernten Streckennetz der Union Pacific Railroad, um das Monopol aufzulösen. 24 Millionen Dollar Baukosten mit hohem Planungs- und Genehmigungsaufwand. Janie gab Burlington Northern vor Baubeginn eine letzte Chance, die das Eisenbahnunternehmen aber nicht nutzte. Schließlich realisierte sie das Projekt und verhandelte um 25 Prozent niedrigere Raten mit Union Pacific. Nach knapp drei Jahren hatten sich die Kosten amortisiert.

Gewerkschaften sind zum Beispiel Meister darin, die Alternativen des Arbeitgebers zu verschlechtern. Was ist die Alternative eines Arbeitgebers zu einem teuren Tarifabschluss? Er macht einfach nichts. Solange er keinen neuen Vertrag unterschreibt, bleiben die bestehenden Bedingungen eingefroren. Was macht die Gewerkschaft, um ihn davon zu überzeugen, dass das keine gute Idee ist? Sie streikt und verdirbt ihm die Freude an den ausbleibenden Lohnerhöhungen.

Neben Vereinbarungen mit anderen Partnern können auch einseitige Handlungen, Selbstbeschränkung oder der Klageweg negative Hebel sein. Wenn Sie einen ersten Teilauftrag an einen anderen Lieferenten vergeben, kann das der Weckruf sein, den Ihr Stammlieferant benötigt hat. Verzichten Sie bewusst auf Wachstum und Kauf neuer Flugzeuge, führt diese Selbstbeschränkung gegebenenfalls zu einem Umdenken bei Ihrer Pilotengewerkschaft, die um Arbeitsplätze fürchtet. Verklagen Sie Ihren Bauherren, hört er Ihnen womöglich besser zu, wenn Sie ihm einen Vergleichsvorschlag unterbreiten.

Der Umgang mit negativen Hebeln erfordert von Ihnen ein besonders hohes Maß an Verantwortung und Führung. Mehrere Gefahren lauern auf Sie.

Für viele ist es verlockend, negative Hebel zu erfinden. Glaubt Ihnen Ihr Partner, erlangen Sie einen Vorteil. Können Sie Ihre Ankündigung allerdings nicht einhalten, ist Ihre Glaubwürdigkeit dahin. Ich rate Ihnen davon ab zu täuschen, es gibt kein größeres Kapital beim Verhandeln als Vertrauen und Reputation. Natürlich sind Sie nicht davor geschützt, dass Ihr Verhandlungspartner mit erfundenen negativen Hebeln droht oder Ihre Verfügbarkeit rosiger darstellt, als sie tatsächlich ist. Wie Sie damit umgehen, sehen wir uns in Kapitel 3.2. genauer an.

Nichts macht Sie beim Verhandeln stärker als ein glaubwürdiger Plan B. In krisenhaften Situationen wird der Plan B in größeren Organisationen allerdings häufig zu Plan A. Die Dynamik ist nachvollziehbar. Plan B, beispielsweise ein Streik, eine Standortverlagerung, ein Großauftrag für einen Konkurrenten, erfordert in der Regel eine große Energieleistung. Alles fokussiert sich auf dieses Ziel, damit es überhaupt erreicht werden kann. Dabei wird häufig übersehen, dass das ursprüngliche Ziel, also Plan A, ein Abschluss mit Ihrem Verhandlungspartner war. Planen Sie deshalb ausreichend Zeit ein und halten Sie alle Kommunikationskanäle geöffnet, um Ihrem Verhandlungspartner Plan B in Ruhe zu erläutern. Andernfalls verpassen Sie Ihren goldenen Moment und die Chance, dass Ihr Partner Plan A zustimmt. Die wichtigsten Bewegungen beim Verhandeln habe ich in diesen Situationen erlebt, sei es kurz vor dem Lieferantenwechsel, kurz vor dem Streik oder kurz vor der Standortverlagerung.

Zum Beispiel weigerte sich einer unserer Lieferanten, eine Kickback-Zahlung zu leisten, zu der er sich bei einer erhöhten Beauftragung durch uns verpflichtet hatte. Mehrere Verhandlungsrunden hatten unseren Lieferanten nicht in Bewegung gebracht. Wir ließen die Gespräche weiterlaufen und bereiteten parallel akribisch eine Klage vor, inklusive der erforderlichen Beweismittel. Als die Klage fertig war, wollte der Vorstand die Klage einreichen. Ich überzeugte ihn, noch einen Verhandlungsversuch zu wagen. Der ausfeilte Klagetext führte zum Nachdenken bei unserem Lieferanten. Als ich einräumte, ein Klagerisiko von 30 Prozent zu sehen, die Forderung entsprechend reduzierte und die kuchenverkleinernden Prozesskosten beider Seiten abzog, war der Deal perfekt.

Sobald wir einen tragfähigen negativen Hebel in Händen halten, haben wir das Bedürfnis, ihn der anderen Seite mitzuteilen. In der Regel als Drohung mit einer klaren »Wenn-dann«-Verknüpfung. Drohungen sollten Sie wie Sprengstoff behandeln und immer damit rechnen, dass die Bombe unkontrolliert detoniert. Besser statt zu drohen ist es, den Plan B für die andere Seite anfassbar zu machen. Beraten Sie mit

Ihrem Verhandlungspartner beispielsweise vertraulich im kleinen Kreis den detaillierten Entwurf einer Klage gegen ihn. Oder sprechen Sie mit ihm das Konzept einer Unternehmensberatung zur Verlagerung eines für ihn wichtigen Standortes oder der für ihn nachteiligen Veränderung der Lieferantenstruktur durch.

So glaubte die Gewerkschaft einem Kollegen nicht, dass er notfalls den Konzern in viele einzelne GmbH aufspalten wird. Bis er den Verhandlungsführer an den Aktenschrank hinter seinem Schreibtisch führte, in dem Hunderte von unterschriebenen Aufklärungsschreiben an Mitarbeiter zum bevorstehenden Betriebsübergang lagerten. Die Gespräche zu einem Reformtarifvertrag konnten am nächsten Tag beginnen.

Ex-Präsident Jimmy Carter war der US-Unterhändler, um die Putschgeneräle in Haiti davon zu überzeugen, zurückzutreten. Er berichtete später, es habe seine Verhandlungen sehr erleichtert, als Berichte eintrafen, es hätten 61 US-Militärflugzeuge Kurs auf Port-au-Prince genommen.

Solange Ihre Verhandlungen produktiv verlaufen, ist es nicht erforderlich, Ihre Alternativen »anfassbar« zu machen. Wenn Ihre Verhandlungen ins Stocken geraten, ist es eine Strategie, Ihrem Partner zu zeigen, dass Sie über umsetzbare Alternativen verfügen. Das ist ein sensibler Moment. Geben Sie Ihrem Partner Zeit. Machen Sie ihm glaubhaft, dass Sie ein Verhandlungsergebnis mit ihm bevorzugen.

Überzeugen Sie Ihren Partner mit normativen Hebeln. Haben Sie Ihren Verhandlungspartner schon einmal mit Argumenten überzeugt? Besonders bei unerfahrenen Juristen ist es immer wieder putzig zu sehen, wie sie voller Inbrunst versuchen, ihren Verhandlungspartner mit spitzfindigen Argumenten zu überzeugen. Ihr Verhandlungspartner ist aber kein Richter, der das Für und Wider von Argumenten in einer objektiven Welt abwägt. Wenn Sie einen Konflikt durch Recht lösen möchten, benötigen Sie einen Dritten wie einen Richter oder Schiedsrichter, der das Recht auslegt und entscheidet. Ihr Verhandlungspartner sieht sich vor allem an, inwieweit Ihr Vorschlag seine Interessen erfüllt.

Es gibt allerdings eine Art von Argumentation, die Ihren Partner doch überzeugt. Der US-Professor und Verhandlungsexperte Richard Shell nennt sie normative Hebel. Einen normativen Hebel bekommen Sie an die Hand, wenn es Ihnen gelingt, einen Standard, eine Norm oder einen Präzedenzfall geschickt gegenüber Ihrem Partner zu nutzen. Dabei verwenden Sie zwei wichtige Prinzipien der Überzeugungspsychologie:[80] das Konsistenzprinzip und das Autoritätsprinzip. Wir haben das große Bedürfnis, uns nicht in Widerspruch zu unserem früheren Verhalten zu setzen. Wir handeln gerne konsistent. Und wir glauben Autoritäten, die wir anerkennen. Deshalb ist es entscheidend, dass wir nicht mit irgendwelchen Standards argumentieren, sondern mit Standards, die unsere Partner in der Vergangenheit in anderen Fällen akzeptiert haben. Oder mit Standards, die von Autoritäten gebilligt werden, die für Ihren Partner bedeutsam sind. Das wiederum erfordert, dass Sie sich sehr gut darüber informieren, welche Standards Ihr Partner in anderen Situationen verwendet hat und welche Autoritäten für ihn bedeutsam sind. Haben Sie in der Vergangenheit bei einer Betriebsschließung 1,5 Monatsgehälter pro Beschäftigungsjahr als Abfindung bezahlt, werden Sie Mühe haben, bei einer neuerlichen Schließung dieses Niveau zu verlassen. Wenn Sie gegenüber einer Gewerkschaft mit Wirtschaftskennzahlen argumentieren möchten, sind Sie deutlich überzeugender, wenn diese vom gewerkschaftseigenen Institut stammen.

Bei der sogenannten Hanafi-Geiselnahme 1977 mit 149 Geiseln in Washington, D. C., hatte die Polizei die Geiselnehmer eingekesselt. Es gelang den Polizeikräften aber nicht, den Anführer der Geiselnehmer, einen gläubigen Muslim, zur Aufgabe zu überreden. Erst als der herbeigeeilte pakistanische Botschafter begann, mit ihm Koranstellen zu diskutieren, die zeigten, dass Mitgefühl und Liebe herausragende Eigenschaften eines vorbildlichen Muslims sind, konnten der Geiselnehmer und seine Gefolgschaft zur Aufgabe überredet werden.[81] Passende Präjudizien aus früheren oder parallelen Verhandlungen Ihres Partners oder Einschätzungen von Autoritäten, die Ihr Gegenüber anerkannt, sind starke Hebel für Sie.

Gibt es nicht auch noch andere Machtfaktoren in Verhandlungen? Doch, ganz gewiss. Es existieren viele Faktoren, die auf einen oder mehrere der drei Machthebel, also positive, negative oder normative, einzahlen. Mit Wissen haben wir uns bereits intensiv beim Prinzip der Informiertheit befasst. Es ist für jeden der drei Hebel maßgeblich. Vergleichbar wichtig ist der kluge Umgang mit dem Faktor Zeit und dem Faktor Koalitionen beziehungsweise Verbündete. Beides werden wir vertiefen. Den Faktor Zeit besprechen wir beim Prinzip der Rationalität, den Faktor Koalitionen beim Prinzip der Zusammenarbeit.

Wir haben uns intensiv mit den Formen von Macht in Verhandlungen auseinandergesetzt. Jeder, der eine Verhandlung führt, sollte versuchen, faktenbasiert und situativ die Hebel beider Seiten einzuschätzen, und systematisch versuchen, Einfluss auf diese Ausgangslagen zu nehmen. Am Ende dieses Abschnitts ist mir ein Hinweis wichtig: Meine Empfehlung ist weiterhin, dass Sie die Interessen beider Seiten zum zentralen Ausgangspunkt Ihrer Verhandlungen machen. Und sehr viel Mühe darauf verwenden, immer wieder zu einem interessenorientierten Verhandlungsstil zurückzukehren. Allerdings finden Ihre Verhandlungen nicht im luftleeren Raum statt. Sondern Sie finden im Schatten der Machtverhältnisse statt, die den Rahmen Ihrer Verhandlungen bilden.[82] Gelingt es nicht, eine interessenbasierte Lösung zu finden, kommen die negativen Hebel der Macht zum Einsatz und die positiven Hebel unterbleiben. Gänzlich falsch wäre es, Macht oder sein kleines Geschwister, das Recht, zum Ausgangspunkt des Verhandelns zu machen. Interessenbasierte Lösungen führen zu niedrigeren Transaktionskosten, höherer Zufriedenheit mit den Ergebnissen, besseren Beziehungen und weniger Neuaufflammen von Konflikten.[83] Lassen die Umstände solche

Lösungen nicht zu, ist es legitim, Macht einzusetzen. Bevor Sie das tun, sollten Sie Ihrem Partner einen greifbaren Eindruck vermitteln, was das bedeutet. Außerdem hat es sich bewährt, vor und nach dem Einsatz von Machtmitteln den Partner nochmals zu konsultieren. Manchmal bewegen sich die Dinge in letzter Sekunde.

Designen Sie einen produktiven Problemlösungsprozess

Denken Sie immer daran, dass Sie am Ende Ihres Verhandlungsprozesses einen Zustand erreichen möchten, in dem alle Interessen auf dem Tisch liegen, alle Themen besprochen und durchdacht sind, alle Sachfragen geklärt wurden und Lösungsoptionen generiert wurden. Auf der Grundlage einer guten Arbeitsbeziehung, einer realistischen Einschätzung der jeweiligen Machthebel und objektiver Standards können Sie nun gemeinsam ein Lösungspaket optimieren, das möglichst umfangreich die Interessen beider Seiten erfüllt. Der Verhandlungstanz beginnt. Dabei sind Feilschen und Konzessionen unvermeidbar, aber die Richtung stimmt, beide Seiten sind gut vorbereitet, eine gemeinsame Lösungsvision besteht. Vielleicht haben Sie für die Verteilungsfragen sogar anerkannte Standards gefunden oder ein faires Verfahren etabliert, beispielsweise mit einem Schlichter. Verhandlungsflow kann sich einstellen. Daraus entsteht ein Ergebnis, das den Lösungsraum bestmöglich aufspannt, der Nutzen beider Seiten wird optimiert.

Damit dieses Ziel eintritt, ist von Beginn an Ihre Führung erforderlich. Gerade in der Frühphase des Verhandelns verschwenden beide Verhandlungspartner in der Regel Zeit, weil jede Seite dazu neigt abzuwarten. Machen Sie es besser. Ergreifen Sie von Beginn an immer wieder die Initiative, um den Verhandlungen inhaltlich und zeitlich Struktur zu geben. Sollte Ihr Partner wider Erwarten ebenfalls aktiv werden, ist das ein Grund zur Freude. Auch er übernimmt Führung, um zu einer gemeinsamen Lösung zu kommen.

Über die inhaltliche Struktur haben wir bereits ausführlich beim Prinzip der Informiertheit gesprochen: Entwickeln Sie möglichst gemeinsam mit Ihrem Partner ein übersichtliches und priorisiertes Verhandlungstemplate. Im Verhandlungstemplate sammeln Sie alle Themen und alle relevanten Lösungsoptionen je Thema. Das Template lebt und verändert sich während der Verhandlungen. Selbst wenn Ihr Partner sich nicht auf ein gemeinsames Template einlässt, sollten Sie Ihr eigenes entwerfen und pflegen. Sie werden merken, wie Sie damit wie von Zauberhand inhaltliche Führung übernehmen.

Lassen Sie uns auf die zeitliche Struktur blicken. Sie stellt sich nicht von allein ein, sondern muss gestaltet werden. Viele Verhandlungsratgeber und -trainings gehen wie selbstverständlich von einer natürlichen Verhandlungsstruktur aus, die sich auf eine geheimnisvolle Weise einstellt, ohne dass die Parteien darauf Einfluss nehmen müssen. Wer anspruchsvolle Verhandlungen erlebt hat, bei denen sich beide Seiten treiben ließen, weiß: Es gibt keine natürlichen Verhandlungsphasen, im Gegenteil. Ohne stetes Bemühen geraten Verhandlungsprozesse schnell ins Chaos. Dies gilt ganz besonders für die Fälle, in denen die Parteien ohnehin unter einer gestörten Kommunikation leiden.

Jede Verhandlung ist anders, die Ausgangslagen unterscheiden sich, die Persönlichkeiten, der Zeitdruck, die Ambitionen und das integrative Potenzial des Verhandlungsgegenstandes. Passen Sie Ihren Verhandlungsprozess dieser Realität an und nicht umgekehrt. Designen Sie ein passendes Verfahren, das Sie am Ende in den Verhandlungsflow und damit zu Ihren Zielen führt.

Beachten Sie, dass 95 Prozent der Verhandlungszeit Vorbereitung sind und weitere drei Designprinzipien. Verwechseln Sie nicht den gesamten Problemlösungsprozess mit dem einzelnen Verhandlungsgespräch. Bei einfacheren Verhandlungen kann dies das Gleiche sein. In aller Regel besteht der gesamte Prozess aus mehreren Gesprächen und Interaktionen. Wie Sie auch in jedem einzelnen Gespräch wieder auf den produktiven Pfad zurückkommen, sehen wir uns weiter unten an. Hier geht es erst einmal um den Gesamtprozess, also die vollständige Verhandlungskampagne.

Das erste wichtige Prinzip ist, dass Sie ganz bewusst darauf achten, den Verhandlungsprozess einvernehmlich mit Ihrem Partner zu regeln. Um den Prozess zu vereinfachen und zu beschleunigen, erscheint es verlockend, einseitig vorzugehen. Bedenken Sie aber, wie wichtig es ist, bei Ihrem Partner den Eindruck eines fairen Verfahrens zu erzeugen. Wer das Verfahren als selbstgestaltet und fair empfindet, ist in der Regel auch gegenüber den Ergebnissen toleranter. Umgekehrt müssen Sie mit Widerstand sogar gegen bessere Ergebnisse für Ihren Partner rechnen, einfach nur, weil sich Ihr Partner nicht korrekt behandelt fühlt. Vermeiden Sie nach Möglichkeit, sich bereits bei dieser Verhandlung über die Verhandlung mit Ihrem Partner zu verhaken. Dabei hilft es, wenn Sie sich gedanklich mit Ihrem Partner gegen das Problem verbünden: »Wie sieht ein gemeinsam entwickelter Prozess aus, der uns effizient und fair zu einer Lösung führt, die für beide Seiten möglichst viel Nutzen stiftet? Wer, wenn nicht wir beide könnten diese anspruchsvolle Aufgabe bewältigen?«, könnte Ihre Grundhaltung beschreiben. Zugegeben, mit einem hochkompetitiven Gegenüber kann selbst dieser Ansatz schwierig werden. Aber eine viel bessere Gelegenheit, die Zusammenarbeit zu üben, werden Sie nicht bekommen. Scheitert schon dieser Ansatz trotz allen Bemühens, sind andere Maßnahmen gefragt. Mit diesen werden wir uns separat in Kapitel 3.1 auseinandersetzen.

Das zweite bewährte Designprinzip für gute Lösungsprozesse ist, von Beginn an konsequent vom Ende her zu denken. Das gilt sowohl zeitlich als auch inhaltlich. Bis wann möchten oder müssen wir ein fertiges Ergebnis produziert haben? Welche Art von Ergebnis würde unser Problem in der realen Welt lösen? Genügt ein Prozessvertrag, ein Handschlag, ein Vorvertrag oder ist ein ausformulierter formaler Vertrag mit integriertem Konfliktlösungssystem erforderlich? Welche Themen sollte ein Verhandlungsergebnis umfassen? Welche Schritte sind erforderlich, um dieses Ergebnis zu erreichen? Das sind alles produktive Fragen, die sich bewährt haben, um die Beteiligten von Anfang an auf die Lösung zu fokussieren. Stellen Sie sich erst selbst diese Fragen, um sie danach mit Ihrem Partner zu besprechen.

Das dritte Designprinzip ist: Kämpfen Sie dafür, den Großteil der Verhandlungszeit darauf zu verwenden, das Verhandlungsfinale generalstabsmäßig vorzubereiten. Als Daumenregel empfehle ich Ihnen, gedanklich 95 Prozent des Verhandelns dem gemeinsamen Vorbereiten zu widmen. Sobald eine Seite Forderungen stellt, Anker setzt oder Pakete vorschlägt, endet die Vorbereitung. In aller Regel reißt die kooperative Suche nach intelligenten Lösungen und kuchenvergrößernden Deals dann plötzlich ab. Es beginnt die unvermeidliche Phase des Beanspruchens und Verteilens der Werte, also des bestehenden Verhandlungskuchens. Ohne diese Phase am Ende geht es nicht. Schade ist nur, wenn dieser Tanz der Konzessionen schlecht vorbereitet ist. Die gegenseitigen Interessen sind dann diffus geblieben, die Kooperationsgewinne wurden nicht gefunden, und tragfähige Referenzwerte für eine faire Verteilung liegen nicht vor. Dadurch entstehen Chaos, emotionale Spannung und Ineffizienz. Die Krise oder der Abbruch sind programmiert. Selbst wenn Sie noch eine Lösung erzielen, die künftige Beziehung wird unter den aggressiven Forderungsstrategien leiden. Wie können Sie dieses Negativszenario vermeiden? Besprechen Sie diese Problematik mit Ihrem Partner. Legen Sie Spielregeln fest, die verhindern, dass eine Seite mit ihren Forderungen vorprescht. Gestalten Sie einen Prozess, der als Erstes alle erforderlichen Vorbereitungen enthält. Sollte eine Seite die Disziplin verlieren und ins Fordern und Beanspruchen verfallen, ignorieren Sie diesen Schritt am besten. Sollte das nicht möglich sein, machen Sie diesen Ausrutscher zum Gegenstand ihrer Prozessdiskussion und führen sie den Verhandlungsfluss wieder in einen produktiven Kanal.

Das vierte und letzte Designprinzip für Ihren Lösungsprozess lautet: Planen Sie Ihren Verhandlungsprozess zu einem frühen Zeitpunkt bis zum Ende durch, passen Sie ihn aber immer wieder flexibel an die aktuellen Herausforderungen an. Halten Sie strikt an Ihren inhaltlichen Zielen und am Endzeitpunkt fest. Planen Sie zu Beginn gemeinsam mit Ihrem Gegenüber einmal den gesamten Prozess durch. Vereinbaren Sie dann aber, in regelmäßigen Abständen zu überprüfen, inwieweit der Prozess noch zielführend ist. Denken Sie strategisch, handeln Sie aber opportunistisch.

Verwenden Sie die fünf Designelemente Logistik, strategischer Rahmen, Verhandlungstemplate, Inventur und Verhandlungsfinale. Am Beginn Ihres Problemlösungsprozesses steht das Logistikelement. Es geht darum, praktische Fragen zu klären. Was ist – zunächst noch grob umrissen – der Gegenstand der Verhandlungen? Welcher

Zeitrahmen besteht? Wer nimmt an den Verhandlungen teil? Wie viele Personen nehmen je Seite teil? Gibt es unterschiedliche Teams und eine Teamhierarchie? Wo finden die Verhandlungen statt? Wie viele Verhandlungsrunden und Puffer sollen eingeplant werden? Wie gehen Sie mit den Themen Öffentlichkeit und Vertraulichkeit um? In welcher Sprache wird verhandelt? Welche Form hat das Endergebnis? Sind Dritte sinnvoll und erforderlich? Hier können Sie an ein gemeinsames Sekretariat oder Projektbüro, an Fachexperten, Ökonomen oder Juristen denken. Ziehen Sie Konfliktlösungsexperten wie Moderatoren, Mediatoren oder Schlichter hinzu? Wer trägt die Kosten? Wer muss dem Verhandlungsergebnis zustimmen? Unter welchen Umständen ist ein Ausstieg aus den Verhandlungen möglich? Diese Fragen lassen sich häufig in einem frühen ersten Termin in kleiner Runde besprechen. Wie bei allen weiteren Schritten ist es hilfreich, die Ergebnisse in einem gemeinsamen Protokoll festzuhalten.

Als Nächstes empfehle ich Ihnen, das Element »strategischer Rahmen« einzubauen. Das Rahmenelement hat vier Funktionen:

1. Eine produktive Arbeitsatmosphäre zu erzeugen, sprich ein Arbeitsbündnis zu schmieden.
2. Die beidseitigen übergeordnete Interessenlagen abzustecken.
3. Über allgemeine Referenzwerte und Standards zu sprechen, die bei der Entscheidung von Verteilungsfragen Orientierung bieten können.
4. Festzustellen, welche Informationen im weiteren Verfahren benötigt werden, um den Konflikt oder den Deal effektiv bearbeiten zu können.

Sprechen Sie beim strategischen Rahmen mögliche Störungen auf der persönlichen Ebene und bei Vertrauensthemen an. Jetzt bekommen Sie eine gute Gelegenheit, produktive Spielregeln zum Umgang mit Ehrlichkeit, Emotionen und Verbindlichkeit zu entwickeln. Vereinbaren Sie, interessenorientiert und nicht positional zu verhandeln. Versichern Sie sich gegenseitig, keine Kooperationsgewinne auf dem Tisch liegen zu lassen. Sie sollten besprechen, wie Sie vermeiden können, zu früh in einen feilschenden Basarmodus zu verfallen. Beginnen Sie über strategische Interessen zu sprechen, etwa: »Was ist Ihnen in dieser Verhandlung wirklich wichtig? Warum ist das so?« Welche großen Verteilungsfragen, zum Beispiel über Preise und Lohnerhöhungen, gilt es zu beantworten? Suchen Sie gemeinsam nach anerkannten Fairnessstandards, die eine Orientierung geben. Welche Fakten und Risikoeinschätzungen sind im weiteren Verlauf für beide Seiten erforderlich, um eine Entscheidung treffen zu können? Der dokumentierte Abschluss dieses strategischen Rahmens könnte aus einer Sammlung von Interessen und Standards bestehen. Außerdem legen Sie sinnvollerweise eine gemeinsame Informationsbeschaffungsliste an, um das gemeinsame »fact-finding« zu strukturieren.

Es folgt das Arbeiten am Element »Gemeinsames-Verhandlungstemplate.« Wie ein Verhandlungstemplate aussieht, habe ich Ihnen in Kapitel 2.1 unter »Machen Sie den Nutzen beider Seiten messbar« gezeigt. Damit das Verhandlungstemplate entsteht, sind zwei Schritte erforderlich. Als Erstes bestimmen die Partner gemeinsam die Themen der Verhandlung. Als Zweites sammeln Sie je Thema verschiedene Lösungsoptionen. Dieses Sammeln kann ein kreativer Prozess sein, vor allem wenn es gelingt, neuartige Lösungsideen zu entwickeln, die die Interessen beider Seiten integrieren. Selbst wenn es Ihnen nicht gelingt, Ihren Partner von einem gemeinsamen Formular zu überzeugen, sind dennoch die beiden Schritte Themen sammeln und Lösungen generieren erforderlich. Das Template erstellen Sie in diesem Fall allein.

Als viertes Element hat es sich bewährt, mindestens eine Wiederholungsschleife einzubauen. Ich bezeichne dieses Element als »Inventur.« Beide Partner überprüfen nochmals gemeinsam, ob die gemeinsame Vorbereitung vollständig und erfolgreich war: Ist das Verhandlungstemplate vollständig? Sind alle Themen enthalten und alle für den weiteren Prozess erforderlichen Lösungsoptionen vorhanden? Sind die Interessenlagen beider Seiten ausreichend klar und priorisiert, um den Nutzen möglicher Lösungspakete für beide Seiten bestimmen zu können? Liegen ausreichend objektive Kriterien und Referenzwerte vor, um Verteilungsfragen klären zu können? Liegen alle erforderlichen Fakten vor und sind mögliche Unsicherheiten, beispielsweise über zukünftige Geschäftsentwicklungen oder Rechtslagen ausreichend beleuchtet? Gibt es bereits erste Ideen, wie mögliche Tauschgeschäfte zwischen einzelnen Themen aussehen können? Gibt es Ideen, wie Fähigkeiten und Ressourcen beider Seiten gewinnbringend miteinander verknüpft werden können? Falls nein, vertiefen Sie nochmals die wesentlichen offenen Themen. Falls ja, sind Sie für den letzten Schritt hervorragend vorbereitet.

Am Ende Ihres Problemlösungsprozesses steht schließlich das Element »Verhandlungsfinale.« Bis zu diesem Zeitpunkt sind alle Vorbereitungen abgeschlossen. Jetzt kann der abschließende »Verhandlungstanz« beginnen. Die Parteien geben nun ihren Lösungspaketen den letzten Feinschliff. Sie schlagen sich gegenseitig letzte kluge Tauschgeschäfte zwischen den gefundenen Themen vor, um den Kuchen zu vergrößern, oder finden letzte Potenziale der Zusammenarbeit. Sie schlagen sich abwechselnd Konzessionen vor, die sich an den gefundenen objektiven Referenzen orientieren. Schließlich einigen sich die Parteien auf ein Ergebnis, dass möglichst viele Interessen beider Seiten berücksichtigt. Das Ergebnis wird in der vereinbarten Form fixiert. Ein Abschlussritual findet statt.

Gehen Sie zum Verhandlungsfinale an einen Ort, auf den beide Seiten Lust haben und der Sie nicht ablenkt. Denn hier möchten Sie echten Verhandlungsflow erleben. Bemessen Sie die Zeit üppig. Komplexe Prozesse dauern immer länger als wir uns vorstellen. Richten Sie vor und nach dem offiziell geplanten Finale Puffer ein. Sie sind gut beraten, diese Puffer so vertraulich wie möglich zu halten. Stellen Sie aber die Verfügbarkeit der erforderlichen Personen sicher.

Diese fünf Designelemente haben sich in der Praxis bewährt. Passen Sie diese Elemente an die Anforderungen Ihrer Verhandlung an. Je nach Umfang Ihrer Verhandlung kann es sein, dass Sie alle fünf Elemente in einer halben Stunde besprechen oder ein einzelner Bausteine Monate benötigt. Entscheiden Sie mit Ihrem Partner, ob Sie die einzelnen Bausteine im förmlichen oder eher informellen Rahmen bearbeiten. Bietet sich ein vertraulicher Rahmen an oder ist gar eine öffentliche Sequenz erforderlich? Vielleicht haben Sie Ressourcen, um einzelne Themen in parallelen Teams zu bearbeiten. Womöglich genügt eine Schleife nicht, sondern es ist mehrfach erforderlich, über Logistik, Rahmen und Verhandlungstemplate zu sprechen. Auch das ist okay.

Natürlich sind diese fünf Elemente ein Ideal. Vielleicht hat Ihr Partner völlig andere Vorstellungen von einem effizienten Verhandlungsverlauf. Oder Sie finden eine ritualisierte Verhandlungsstruktur – etwa bei Tarifverhandlungen – vor, die Sie scheinbar in ein anderes Raster zwängt.

Ich kann Ihnen an dieser Stelle Mut machen. Meist ist Ihr Gegenüber dankbar für gute Ideen, die zu einem effektiven Verhandlungsverlauf führen. Oder Sie treffen auf einen Profi für Konfliktlösung, der hilfreiche eigene Vorschläge hinzufügt. Und selbst ritualisierte Verhandlungen bieten erfahrungsgemäß viele informelle Gelegenheiten, die fünf Elemente einzubauen. Bei Tarifverhandlungen ist es uns immer wieder mit diesen fünf Elementen gelungen, jenseits des Rituals Bewegung in den Prozess zu bringen. Lässt die Situation oder Ihr Partner ein mustergültiges Design des Problemlösungsprozesses nicht zu, werden sich Ihnen dennoch viele Gelegenheit bieten, einzelne Elemente wie eine gemeinsame Interessenklärung oder Faktenermittlung einzubauen. Auch lassen sich viele Elemente, wie beispielsweise das Verhandlungstemplate, zunächst für Ihre Seite allein nutzen.

Wissen Sie an einem Punkt selbst nicht weiter, können Sie auch die andere Seite geschickt in das Prozessdesign einbeziehen: »Wie kommen wir denn in dieser Situation zu einer guten Lösung für alle Beteiligten?« oder etwas zirkulärer: »Geben Sie mir einen Rat, was würden Sie jetzt an meiner Stelle tun?« Das ist der Vorteil der Coführung. Sie müssen nicht alles allein machen.

Führen Sie jedes einzelne Verhandlungsgespräch immer wieder auf den produktiven Pfad zurück. Wir hatten uns bis hierhin das Makrodesign des Problemlösungsprozesses angesehen. Unsere Haltung ist klar: Wir lassen nichts unversucht, um am Ende eines effektiven Prozesses zu einer großartigen Verhandlungslösung zu kommen. Genauso wichtig wie die Makrosicht auf den gesamten Prozess ist die Mikrosicht auf jede einzelne Verhandlungssituation. Beide Seiten werden intuitiv immer wieder zu unproduktivem Verhalten neigen. Lassen Sie das zu lange laufen, manifestieren sich in Ihrem Miteinander schnell schlechte Gewohnheiten. Werden Sie deshalb nicht müde, die jeweilige Situation aktiv umzudeuten und ihr einen fruchtbareren Rahmen zu geben:[84] Stehen Positionen im Vordergrund, versuchen Sie, die Diskussion wieder auf die Interessen und Motive hinter den Forderungen zu lenken. Ist die Diskussion in die Vergangenheit orientiert, richten Sie sich auf die Zukunft aus: »Es stimmt, dass das nicht immer optimal gelaufen ist. Was können wir aus Ihrer Sicht tun, um das in Zukunft besser zu regeln?« Kommt es zu allgemeinen Behauptungen, bestehen Sie darauf, sich wieder an der gemeinsamen Faktenbasis zu orientieren: »Das ist ein wichtiger Punkt. Wir haben darauf eine etwas andere Sicht. Wollen wir uns gemeinsam die Fakten dazu ansehen?« Wird zu sehr wie auf dem Basar um Zahlen gefeilscht, geben Sie der Verhandlung wieder den Rahmen der gemeinsamen Problemlösung: »Ja, am Ende ist der Preis ein wichtiges Element. Wir werden darauf zurückkommen müssen. Gibt es daneben andere Elemente, die wichtig für Sie sind?«

Checkliste Prinzip der Führung

- Nutzen Sie die vier Ebenen der Verhandlungsführung: Kümmern Sie sich proaktiv und auf Augenhöhe mit Ihrem Partner darum, den Verhandlungsprozess voranzutreiben. Kümmern Sie sich um einen intensiven Informationsfluss zwischen Ihrem Auftraggeber und Ihnen. Seien Sie für Ihr Team Vorbild bei den Themen Lösungsoptimismus und Respekt vor dem Verhandlungspartner. Gehen Sie sparsam mit Ihrer mentalen Energie um.
- Entwickeln Sie eine klare Vorstellung davon, wie Sie mit der Wahrheit bei Ihren Verhandlungen umgehen.
- Kümmern Sie sich darum, dass Ihr Verhandlungspartner sich fair behandelt fühlt. Sorgen Sie für faire Verfahren und gehen Sie auf seine Fairnesskriterien ein (nicht: erfüllen).
- Entwickeln Sie den Ehrgeiz, der Besonnenste im Verhandlungsraum zu sein. Treffen Sie Vorsorge, damit der Konflikt nicht zum »Überkonflikt« eskaliert.
- Verbessern Sie Ihre Machthebel auf allen Ebenen. Arbeiten Sie an Ihren positiven, negativen und normativen Hebeln.
- Halten Sie sich an die vier Designprinzipien für einen produktiven Problemlösungsprozess. Regeln Sie den Prozess einvernehmlich mit Ihrem Partner. Denken Sie ihn konsequent vom Ende. Reservieren Sie einen Großteil der gemeinsamen Zeit dafür, das Verhandlungsfinale inhaltlich vorzubereiten. Planen Sie den Verhandlungsprozess komplett durch. Bewahren Sie sich aber die Flexibilität, um ihn bei Bedarf anzupassen.
- Verwenden Sie die fünf Designelemente für einen erfolgreichen Verhandlungsprozess. Die fünf Elemente sind: die Logistikplanung, der strategische Rahmen,

die Erarbeitung des Verhandlungstemplates, die abschließende Inventur und das Verhandlungsfinale.

Verhandlungsflow-Tipp: Gewinnen Sie für sich Klarheit zu den Themen Wahrheit, Fairness und Macht bei Verhandlungen. Das stärkt Sie. Begreifen Sie sich als der Chefdesigner des Problemlösungsprozesses. Führen Sie die Verhandlung gemeinsam mit Ihrem Partner und führen Sie Ihren Auftraggeber, Ihr Team und sich selbst. Legen Sie sofort damit los. Verschwenden Sie keine Zeit durch innere oder äußere Führungslosigkeit.

2.4 Prinzip der Zusammenarbeit: Entfesseln Sie die gemeinsame Lösungsintelligenz

Fast jeder Verhandler möchte Win-win-Lösungen erreichen. Voraussetzung dafür ist, am Verhandlungstisch miteinander und nicht gegeneinander zu arbeiten. Das ist anspruchsvoll und erfordert Durchhaltevermögen und Know-how. Das Verhandeln bietet viele Verlockungen, sich um das Schüren des Konflikts statt um die beste Lösung zu kümmern. Kooperation kommt nicht von allein, Sie muss systematisch erarbeitet werden. Selbst wenn es Ihnen gelingt, eine tragfähige Arbeitsbeziehung zu Ihrem Partner aufzubauen, ist der Kuchen noch nicht vergrößert. Jetzt gilt es, die Intelligenz aller Beteiligten zu aktivieren, um bessere Lösungen zu finden. Wir sehen uns zahlreiche Möglichkeiten an, wie Sie Lösungen finden, von denen beide Seiten zusätzlich profitieren. Interessanterweise steckt gerade in den Unterschieden zwischen den Verhandlungspartnern das größte Potenzial, Mehrwert zu schaffen.

Beim Verhandeln ist es wichtig, nicht naiv zusammenzuarbeiten. Seit den 1980er-Jahren hat es eine Evolution des Verhandelns gegeben.[85] Ursprünglich dominierte der altmodische Verhandlungsführer. Er glaubte, man könne Verhandlungen mit Härte und Willensstärke »gewinnen«. Dann folgte die Gegenbewegung, die den Begriff Win-win prägte. Diese »Blumenkind-Verhandler« fokussierten auf die Kuchenvergrößerung. Dabei vergaßen Sie nur allzu leicht, am Ende auch ihren Teil des Kuchens zu beanspruchen. Das machte sie zum leichten Opfer für die altmodischen Verhandlungsführer. Die dritte Stufe der Evolution sind schließlich die aufgeklärten Verhandler. Sie erkennen, dass ein Teil des Verhandelns daraus besteht, Kooperationsgewinne zu erzeugen. Sie vergessen dabei aber nicht, am Ende des Verhandelns auch einen Teil des Kuchens für sich zu beanspruchen. Deshalb achten sie bei der

Zusammenarbeit darauf, ihre Interessen zu schützen. Mit diesem wichtigen Hinweis im Hinterkopf sehen wir uns nun näher an, wie produktive Zusammenarbeit beim Verhandeln funktioniert.

Wie sehen uns zum Einstieg zwei Fehler aus der Praxis an, die erfolgreiche Zusammenarbeit verhindern oder erschweren.

Praxisfehler

- **Fehler 1:** Ich erlebte einen Manager, der stets folgende Verhandlungsstrategie anwendete: Zum Verhandlungsauftakt greift er die andere Seite persönlich an. Gleichzeitig formuliert er inhaltliche Maximalforderungen. Seine Daumenregel für inhaltliche Forderungen lautet: Nimm die höchste Forderung, die sich der Partner von unserer Seite vorstellen kann, und leg zusätzlich 10 Prozent zu unseren Gunsten drauf. Er hat mir auch seine Strategie für den persönlichen Angriff erklärt: Es ist okay, wenn der Partner so wütend ist, dass er den Raum verlässt. Die Attacke muss allerdings so dosiert sein, dass er auch wieder zurückkommt.
  Erläuterung: Würde es beim Verhandeln nur darum gehen, ein Dokument mit vorteilhaften Zahlen unterschrieben zu bekommen, wäre die Strategie nicht vollkommen abwegig. Sie setzen zu Beginn einen aggressiven Anker und nutzen damit den Ankereffekt aus. Durch Ihren unangenehmen Einstieg empfindet Ihr Partner jede weitere Runde als Entgegenkommen. Dies funktioniert ähnlich wie bei der »Bad-Cop-Good-Cop«-Finte. Der Unterschied ist: Sie können diesen Trick allein anwenden. Wahrscheinlich ist Ihr Partner Ihnen bei weiteren Gesprächen dankbar dafür, nicht mehr ganz so aggressiv angegriffen zu werden. Damit würden Sie den Reziprozitätseffekt ausnutzen und womöglich weitere Zugeständnisse erwirken.

  Diese Vorgehensweise hat allerdings gewichtige Nachteile. Sie beenden die Phase des Dialogs und Informationsaustausches, bevor sie begonnen hat. Mit dem Ankern endet der Informationsaustausch, Sie sind mitten im Feilschen angekommen. Interessen und Prioritäten werden nicht ausgetauscht. Neue Lösungen werden nicht gemeinsam entwickelt. Die Lösungspakete werden nicht so optimiert, dass am Ende mehr für beide Seite herauskommt. Kurzum: Werte werden auf dem Tisch liegen gelassen. Ohne heftigste Konflikte oder die Hilfe Dritter kenne ich keinen Fall, bei dem es gelungen ist, vom kompetitiven Modus in den kooperativen Modus zu wechseln. Andersherum geht das auf jeden Fall. Wer den Verhandlungskuchen durch konstruktive Zusammenarbeit vergrößert, muss ihn am Ende verteilen. Wer ihn aber erst verteilt, unterbindet jede Diskussion, ihn danach zu vergrößern. Durch diesen aggressiven Ansatz wird ein wichtiges Verhandlungsziel vereitelt: nach der Verhandlung ein besseres Verhältnis zum Partner zu haben als vorher. Im Gegenteil: Sie haben sich wahrscheinlich einen Feind fürs Leben gemacht. Er wird sich nicht nur weigern, mit Ihnen nach Mehrwertlösungen zu suchen. Er wird auch dem Verhandlungsergebnis von Beginn an mit Opposition begegnen. Ergibt sich die Gelegenheit, wird er den Vertrag nicht umsetzen. Er wird jede Chance nutzen, Ihnen Ihre Aggressivität heimzuzahlen. Wenn es Ihnen im Rahmen der Verhandlung nicht gelingt, neben einem gemeinsamen Text einen gemeinsamen Geist des Vertrages zu entwickeln, müssen Sie mit Vertragsstörungen rechnen.

- **Fehler 2:** Ein hochrangiger Manager hatte einen Artikel über Verhandlungstechnik gelesen. Machen Sie keine Konzessionen ohne Gegenleistung, war für ihn der entscheidende Satz, den er sich gemerkt hatte. Sogleich setzte er dieses Prinzip um: Die andere Seite wollte eine Veränderung in der Agenda, er verlangte dafür, anders als besprochen, die Verhandlung eröffnen zu dürfen. Die andere Seite hatte einen Vorschlag für ein Hotel, er forderte postwendend, beim nächsten Termin das Hotel bestimmen zu dürfen. Die andere Seite wollte eine Auszeit, er bestand im Gegenzug auf eine frühere Deadline für das Verhandlungsende. Und so weiter. *Erläuterung:* Der Merksatz »Keine Konzessionen ohne Gegenleistung« ergibt für bestimmte Situationen als Daumenregel Sinn. Allerdings darf er keinesfalls holzschnittartig angewendet werden. Andernfalls erstickt er das Verhandlungsgeschehen in einem ewigen Feilschen um alles. Das verhindert produktive Zusammenarbeit und belastet die Beziehung. Im obigen Beispiel wendete der Manager die Regel sehr engmaschig auf die Vereinbarungen zum Verhandlungsprozess an. Das ist keine gute Idee. Nutzen Sie alle Verfahrensthemen als Fingerübungen, um Teamgeist zwischen den Verhandlungslagern entstehen zu lassen. Dafür ist es abträglich, im Klein-Klein der Verfahrensfragen wie bei einem Gewinner-Verlierer-Spiel immer mindestens auf Unentschieden spielen zu wollen. Besser ist es, bei diesen Fragen großzügig zu sein. Im Gegenteil: Versuchen Sie, Ihren Partner so viele Punkte machen zu lassen, ohne dass Sie Ihre strategische Linie für den Verfahrensprozess verlassen. Der Verhandlungsexperte Prof. Jörg Risse hat dazu passend die Idee von der Verfahrenszufriedenheit formuliert: »Zufriedenheit speist sich dabei aus zwei Quellen: der Zufriedenheit mit dem Verhandlungsergebnis (»Ergebniszufriedenheit«) und Zufriedenheit mit dem Verhandlungsverlauf (»Verfahrenszufriedenheit«). Etwas profaner ausgedrückt: Uns ist in Verhandlungen wichtig, was wir am Ende bekommen und wie wir es bekommen. Wer eine Einigung mit der Gegenseite sucht, muss sich darauf konzentrieren, aus diesen beiden Quellen heraus eine Gesamtzufriedenheit zu erzeugen, die für eine Einigung genügt.«[86] Im Umkehrschluss: Gelingt es Ihnen, eine hohe Verfahrenszufriedenheit zu generieren, gewinnen Sie Spielräume für ein vorteilhaftes Ergebnis.

Ihr strategischer Fokus zum Verfahrensprozess sollte auf folgenden Fragen liegen: Gibt es eine gemeinsame Vorstellung vom Gesamtprozess? Ist ausreichend Zeit vorgesehen, um über Fakten, Interessen und Lösungsideen zu sprechen? Gibt es Gelegenheiten für informellen Austausch und Teambuilding? Arbeiten alle darauf hin, zum Verhandlungsfinale gut vorbereitet zu sein?

Die Daumenregel »Keine Konzessionen ohne Gegenleistung« ist angezeigt, wenn Sie Ihrem Partner einen inhaltlichen Vorschlag zu einem Gesamtpaket unterbreiten. Mit Ihrem Vorschlag erreichen Sie Ihre Ziele. Deshalb haben Sie ihn formuliert. Gleichzeitig geht Ihr Vorschlag auf die Interessen Ihres Partners ein. Damit haben Sie eine Nulllinie markiert. Fordert Ihr Partner ein Zugeständnis, überprüfen Sie, inwieweit Sie an anderer Stelle nachjustieren, um Ihre Ziele trotzdem zu erreichen. Die Daumenregel erinnert Sie daran, weiterhin an Ihren Zielen festzuhalten und sich nicht einfach einseitig auf Ihren Partner zuzubewegen. Keine Regel ohne Ausnahme. Wenn Ihr Partner Sie davon überzeugt, sein Vorschlag sei für Sie besser oder orientiere sich an objektiven Standards, auf die Sie sich geeinigt haben, dann kann ein Nachgeben erforderlich sein.

Damit haben wir uns zwei verbreitete Fehler angesehen, die von Beginn an Zusammenarbeit und damit Kooperationsgewinne erschweren. Lassen Sie uns ansehen, welche systematischen Denkfehler effektive Kooperation verhindern.

Vermeiden Sie Denkfehler, die Ihnen die Zusammenarbeit erschweren

Es gibt verblüffende Denkfehler, die uns die Zusammenarbeit beim Verhandeln erschweren. Der Verhandlungsprofi stellt sich und seine Teams auf diese Denkfehler ein und versucht sie zu vermeiden. Nur wer zusammenarbeitet, erzeugt Kooperationsgewinne und lässt keine Werte auf dem Verhandlungstisch liegen.

Den Nullsummen-Mythos habe ich in Kapitel 2.1 unter »Optimieren Sie den Nutzen Ihres Verhandlungspartners« bereits kurz vorgestellt. Hinzu kommen die Konfliktillusion, die Transparenzillusion, die reaktive Abwertung und überzogener Optimismus beziehungsweise die Illusion der Überlegenheit.

Kennen Sie die fünf häufigsten Denkfehler, die gute Zusammenarbeit mit dem Verhandlungspartner verhindern? Die meisten Verhandlungsführer unterliegen dem Nullsummen-Mythos[87]. Auf Englisch wird dieser Denkfehler plastisch als »Fixed Pie Perception«, in etwa: »Illusion des unveränderlichen Kuchens«[88] bezeichnet. Der Verhandlungskuchen kann in dieser falschen Vorstellung nicht vergrößert werden, deshalb stehen nur Kompromiss, Nachgeben oder Durchsetzen als Konfliktlösungsstrategien zur Verfügung. Der Vorteil des einen ist stets der Nachteil des anderen. Zusammenarbeiten ergibt in dieser Logik keinen Sinn, Kooperationsgewinne werden in Abrede gestellt. Alle Verhandlungen haben jedoch das Potenzial für Kooperationsgewinne, wenn auch manchmal nur in kleinerem Umfang. Eine besonders schlimme Form des Nullsummen-Mythos ist, wenn wir aus der positiven Reaktion des Verhandlungspartners schlussfolgern, dass offensichtlich ein Nachteil für uns entstanden sein muss. Wenn sich die anderen freuen, müssen wir uns ärgern, lautet die fälschliche Annahme. Denken Sie immer an die Nutzen-Nutzen-Matrix aus der Abbildung 3 in Kapitel 2.1. Sie möchten Lösungen verhandeln, die im Nordosten dieser Matrix liegen. Ihr Nutzen liegt in dieser Logik im Osten, der Nutzen der anderen Seite im Norden. Es gibt fast immer Lösungen, die für beide Seiten besser sind. Denken Sie immer an das Orangen-Beispiel aus Kapitel 1.1. Wir werden uns in diesem Kapitel zahlreiche weitere Möglichkeiten ansehen, wie Sie den Kuchen vergrößern können. In einer reinen Gewinner-Verlierer-Welt ohne Kooperationsgewinne gibt es nur ein Tauziehen zwischen Norden und Osten. Das wäre eine sehr zweidimensionale Welt.

Der nächste beachtenswerte Denkfehler ist die Konfliktillusion[89]. Wir gehen wie selbstverständlich davon aus, dass unsere eigenen Interessen und die Interessen der Gegenseite zueinander konträr sind. Dieses Phänomen wird auch als »verzerrte Wahrnehmung der Nicht-Kompatibilität«[90] bezeichnet. Selbst in Situationen, in denen wir vollständig gleichlaufende Interessen haben, verkennen wir regelmäßig diese Realität. Eine Metastudie zu 32 Verhandlungsstudien mit mehr als 5 000 Teilnehmern zeigte, dass die Teilnehmer in 50 Prozent der Fälle gleichlaufende Interessen nicht erkannten. In 20 Prozent der Fälle stellte sich sogar der »lose-lose-effect« ein. Obwohl bessere Optionen vorhanden waren, einigten sich die Partner auf eine Option, die für beide Seiten sogar schlechter war.[91] Wir wissen bereits seit Grundlagen-Tipp Nr. 1 »Schätzen Sie die Verhandlungssituation anhand von BATNA, Rückzugspunkt und ZOPA ein«, dass es neben den entgegengesetzten Interessen auch gleichlaufende und abweichende Interessen gibt. Gleichlaufende Interessen gilt es entgegen Ihrer Intuition zu erkennen. Bei abweichenden Interessen ist nur einer Seite etwas wichtig, der anderen Seite ist die Sache eher gleichgültig. Abweichende Interessen haben immer das Potenzial für intelligente Kuchenvergrößerungen (siehe »Werden Sie ein Kuchenvergrößerungs-Profi«).

Viele Verhandlungen kommen zu schlechten Ergebnissen oder scheitern, weil es den Parteien nicht gelingt, sich gegenseitig die entscheidenden Informationen transparent zu machen.[92] Teilweise taktieren die Partner und teilen ganz bewusst nicht die vorhandenen Informationen, etwa aus Sorge, die andere Seite könnte diese Information ausbeuten. Eine Lösung für dieses Problem hatten wir bereits im Kapitel 2.2 besprochen: Teilen Sie Informationen immer in kleinen Dosen und auf Gegenseitigkeit beruhend: inkrementell und reziprok. Teilweise drücken wir uns undeutlich oder mehrdeutig[93] aus oder hören nicht zu, obwohl es sich um eine wesentliche Information handelt. Zu all diesen Übeln kommt noch die sogenannte Transparenzillusion hinzu[94], der dritte von fünf Denkfehlern, die die Zusammenarbeit erschweren. Wir überschätzen systematisch, was die andere Seite von uns weiß. Wir nehmen fälschlicherweise an, unserer Partner sieht die Welt mit unseren Augen, und ihm stehen die wesentlichen Informationen zur Verfügung, die auch uns zur Verfügung stehen. Wir fühlen uns wie ein offenes Buch für unseren Partner, obwohl wir es nicht sind. Die Quellen, die wir haben, haben unserer Partner auch, denken wir. Wir nehmen an, unserem Verhandlungspartner sind unsere Interessen und strategischen Ziele klar, und geben uns nicht die Mühe, ihm diese zu erklären. Er fragt in den meisten Fällen ohnehin nicht danach. In einer Studie konnte eindrucksvoll gezeigt werden, wie Verhandlungsführer die Fähigkeit eines Beobachters überschätzten, ihre Ziele durch bloßes Zuhören richtig zu deuten.[95] In Wirklichkeit fiel es den Beobachtern sehr schwer, sich einen Reim darauf zu machen, was der Verhandlungsführer wollte. Die Essenz dieser Erkenntnisse ist, dass wir uns weit über unsere Intuition hinaus bemühen müssen, Informationen, die wir gerne teilen möchten, klar und deutlich zu erläutern und dies geduldig zu wiederholen. Verhandeln ist immer auch eine pädagogische Aufgabe. Stellen Sie sich vor, Sie erklären Ihre Interessen einem Achtjährigen. Dann machen Sie es in der Regel richtig.

Reaktive Abwertung: Weil der Vorschlag von der anderen Seite kommt, musss er schlecht sein. Oder hinterlistig. Wir neigen zu dieser Reaktion, auch wenn sie objektiv falsch ist. Das Phänomen wird als reaktive Abwertung[96] bezeichnet. Es gibt eine klassische Studie[97], die den Effekt deutlich aufzeigt. Ein Abrüstungsvorschlag wurde 1986 zufälligen Teilnehmern gezeigt. Der Vorschlag war ursprünglich von Sowjet-Präsident Gorbatschow. Die Urheberschaft wurde gegenüber den Studienteilnehmern manipuliert: Man sagte den Teilnehmern, der Vorschlag stamme entweder von US-Präsident Reagan oder einem Team von Politikberatern oder von Gorbatschow. Diese unterschiedlichen Rahmen hatte erheblichen Einfluss auf die Frage an die Teilnehmer, wer durch diesen Vorschlag bevorzugt würde: Diejenigen, denen man gesagt hatte, der Vorschlag stamme von Reagan, glaubten zu 90 Prozent, der Vorschlag sei vorteilhaft für die USA. Die Politikberater-Fraktion glaubte das zu 80 Prozent und die Gorbatschow-Fraktion nur zu 44 Prozent. Dieses Ergebnis ist frappierend, es handelte sich jeweils um den wortlautgleichen Vorschlag. Die Teilnehmer hatten auch keinen Nutzen daraus, den Vorschlag abzuwerten, nur weil er vom Sowjet-Präsidenten stammte. Im Gegenteil, sofern es sich um einen fairen Vorschlag zur Abrüstung handelte, wären sie die Profiteure gewesen. Nehmen Sie sich in Acht vor reaktiver Abwertung. Stellen Sie sich am besten vor, der Vorschlag der anderen Seite stamme von einem neutralen Dritten. Würde das für Sie einen Unterschied machen? Ich kann mich noch sehr gut an eine große Schlichtung mit der Pilotengewerkschaft erinnern. Die Piloten hatten in einer Arbeitsgruppe einen komplexen Lösungsvorschlag gemacht. Wir dachten ihn nicht richtig durch. Warum sollten wir uns die Mühe machen, wir vermuteten ohnehin eine Finte der Piloten. Das Thema blieb liegen. Einige Tage später rief der Schlichter das Thema auf. Wir besprachen es im kleinen Kreis mit dem Vorstand. Mir fiel der Vorschlag der Piloten wieder ein. Ich stellte ihn den Vorständen vor, ohne die wahre Urheberschaft zu nennen. Die Manager waren begeistert. Wir brachten den Vorschlag beim Schlichter und bei den verblüfften Piloten ein. Nach kurzem Widerstand der Piloten einigten wir uns schließlich auf den Vorschlag. Eine wahre Geschichte.

In der Regel finden wir uns großartig und halten uns für Glückkinder. Diese Eigenschaften sind durch Studien systematisch nachgewiesen. Die Fachwelt nennt sie Überlegenheitsillusion und Überoptimismus. In einer Studie der Stanford Business School glaubten 68 Prozent der Studenten, sie gehören zu den 25 Prozent besten Verhandlern.[98] Als Studenten haben wir unrealistisch optimistische Einschätzungen, wie gut unsere Noten sein werden, wie viel Geld wir verdienen werden oder ob unsere Ehe lange halten wird.[99] Wenn Sie Teilnehmer von Schiedsgerichtsverfahren befragen, zu wessen Gunsten am Ende entschieden werden wird, glauben beide Seiten, ihre Chancen lägen bei über 50 Prozent.[100] Das kann nicht stimmen. Wir halten uns selbst auch regelmäßig für kompetenter, ehrlicher, fairer und kooperativer als unsere Verhandlungspartner.[101] Nicht nur das: Unsere Verhandlungspartner halten wir wiederum für unterdurchschnittlich kompetent und kooperativ.[102] Der Überoptimismus führt beim Verhandeln zu falschen Entscheidungen und mangelhafter Vorbereitung. Wir schlagen gute Angebote aus, weil wir mit besseren rechnen. Wir vergleichen uns nicht, weil wir unsere Chancen überschätzen, vor Gericht zu gewinnen. Wir überlegen uns nur eine einzige Strategie, weil wir sicher sind, mit dieser erfolgreich zu sein. An alternative Strategien denken wir gar nicht. Immer wenn wir in Verhandlungen Entscheidungen treffen, die mit erheblichen Kosten oder Konsequenzen verbunden sind, sollten wir unsere Einschätzung entzerren. Fühlen wir uns unserem Verhandlungspartner zu Unrecht überlegen, hat dies negative Konsequenzen. Wir teilen weniger Informationen mit ihm, weil wir ihn für unehrlich halten. Das hindert uns daran, gemeinsam mit dem Partner Lösungen zu finden, die Mehrwert erzeugen. Wenn er unsere Präferenzen nicht kennt, kann er keine Vorschläge machen, die unseren Nutzen steigern. Wenn wir uns für schlauer halten, werden wir dazu neigen, die Vorschläge des Partners zu ignorieren oder abzuwerten.[103]

Die genannten Denkfehler halten uns davon ab, effektiv mit anderen zusammenzuarbeiten. Nicht nur wir unterliegen diesen Verzerrungen, sondern auch unsere Verhandlungspartner. Wie sehen Konflikte, wo keine sind. Wir glauben, unser Partner wüsste alles, was wir wissen. Vorschläge unserer Partner ignorieren wir. Unsere Alternativen überschätzen wir. Die Frage, die sich nun stellt, ist: Mit welchen Strategien begegnen wir diesen Denkfehlern? Bitte glauben Sie nicht, nur weil Sie besonders klug sind, würden Sie keinen Denkfehlern unterliegen. Das wäre lediglich ein Ausdruck Ihrer Überlegenheitsillusion. Tatsächlich schützt Intelligenz uns nicht wesentlich vor Denkfehlern.[104]

Nutzen Sie drei Strategien, um Denkfehler beim Zusammenarbeiten zu vermeiden. Der erste Schritt ist, die Denkfehler zu kennen und ihre Begriffe im Alltag zu verwenden. Sie könnten sich fragen: Unterliege ich gerade der Überlegenheitsillusion? Sie könnten bei internen Teamdiskussionen auf mögliche reaktive Abwertungen der Vorschläge der anderen Seite hinweisen. Und wenn Sie Ihren Verhandlungspartner inhaltlich abgehängt haben, könnten Sie die Transparenzillusion ihm gegenüber ansprechen: »Bitte verzeihen Sie, ich habe dies zu sehr aus einer internen Perspektive erklärt. Ihnen fehlen sicherlich wichtige Hintergrundinformationen. Darf ich Ihnen ein wenig Kontext geben?« Am meisten können Sie im Nachgang aus Ihren Fehlern in dieser Verhandlung für zukünftige Verhandlungen lernen. Stellen Sie sich im Rahmen einer Nachbesprechung die Frage: Gab es Denkfehler, die uns die Zusammenarbeit erschwert haben? Unterlagen wir zum Beispiel dem Nullsummen-Mythos?

Der zweite sinnvolle Schritt ist, eine Außenseiterperspektive einzunehmen. Die genannten kognitiven Verzerrungen beruhen alle darauf, dass wir zwischen uns und den anderen trennen. Ein unabhängiger Dritter unterliegt dieser Verzerrung nicht, da er beiden Seiten gegenüber neutral ist, sie erscheinen ihm gleichwertig. Deshalb kann es sinnvoll sein, Außenseiter in den Prozess zu integrieren. Beispielsweise können Sie einen externen Berater bitten, Ihnen ein Feedback dazu zu geben, ob er Verhaltensweisen auf Ihrer Seite wahrnimmt, die einer effektiven Zusammenarbeit im Weg stehen. Moderatoren, Mediatoren oder Schlichter reduzieren ebenfalls den Effekt von Konfliktillusion und reaktiver Abwertung. Dritte können effektiver überoptimistische Annahmen hinterfragen. Sie können selbst versuchen, eine Außenseiterperspektive einzunehmen, zum Beispiel mit der Frage: Wenn mich jemand als Berater in einer vergleichbaren Verhandlungssituation engagieren würde, welchen Rat würde ich ihm geben?[105] Wenn Sie im Team verhandeln, können Sie einem Teammitglied die Aufgabe übertragen, diese Frage immer wieder zu stellen – als Advocatus diaboli mit Außenseiterblickwinkel.

Als dritte Strategie empfehle ich Ihnen, bei wichtigen Entscheidungen Zeitdruck zu vermeiden. Planen Sie in wichtigen Verhandlungen Pausen zum Nachdenken ein. Gestalten Sie für Ihre Verhandlungen einen strukturierten Arbeitsprozess in mehreren Schritten. Dies könnte so aussehen: Vereinbaren Sie zunächst mit dem Partner eine Agenda. Besprechen Sie die Agenda mit ihm dann telefonisch vor. Treffen Sie sich zum Abschluss zwei halbe Tage mit einer Nacht dazwischen. Denkfehler zu entzerren ist mühsam, dazu müssen wir uns kognitiv anstrengen und intensiv über mögliche Verzerrungen nachdenken. Das gelingt nur, wenn wir nicht zu sehr unter Druck und Stress stehen.

Vor Denkfehlern sind wir jetzt gefeit. Was können wir aber aktiv tun, um kooperativ in eine Verhandlung einzusteigen?

Setzen Sie einen kooperativen Rahmen zum Verhandlungseinstieg

Viele Verhandlungsratschläge fokussieren auf pathologische Fälle: Wie gehen Sie mit einem professionellen Trickbetrüger um? Was tun, wenn Ihr Verhandlungspartner ein Super-Kompetitiver ist, der selbst aus der Diskussion um die Agenda für das nächste Verhandlungsgespräch ein Gewinner-Verlierer-Spiel macht? Wir werden uns ausführlich den Umgang mit diesen Fällen in Kapitel 3.2 ansehen. Sie sind aber die Ausnahme. Wenn Sie diese persönlichen Eigenschaften vorab kennen, können Sie sich auf diese Spezialisten gut einstellen. Für sie gibt es Rezepte.

Die Normalität, die ich kenne, ist eine andere: Beide Seiten sind halbwegs motiviert, miteinander einen Deal zu vereinbaren. Teils fehlen die Werkzeuge, um diese Zusammenarbeit zu organisieren. Diese Werkzeuge finden Sie in diesem Buch: sei es das Verhandlungstemplate, den Interessen-Workshop, die Suche nach kreativen Lösungsoptionen, die Optimierung der Lösungspakete durch gute Ideen der Kuchenvergrößerung und viele mehr.

Teils gelingt es aber auch nicht, den guten Willen zur Zusammenarbeit am Anfang einer Verhandlung zu einer effektiven Arbeitsbeziehung auszubauen. Im Gegenteil, wenn wir nicht bewusst gegensteuern, verschlechtert sich in aller Regel im Laufe der Verhandlungen die Stimmung. Das hängt damit zusammen, dass Verhandlungen ein multimodales Spiel sind. Es geht immer um Kooperation, aber immer auch um Konkurrenz, sprich Kuchenvergrößerung und Kuchenverteilung. Wenn wir uns nicht im Laufe der Verhandlungen bewusst um unsere Arbeitsbeziehung bemühen, können die unvermeidlichen Konkurrenzelemente einer Verhandlung die Stimmung nachhaltig eintrüben. Vielleicht konfrontieren wir die andere Seite zwischendurch mit einer Frist, oder wir werfen einen kleinen Anker. Manchmal möchten wir zu Beginn ein klares Zeichen der Stärke setzen oder können der Versuchung nicht widerstehen zu bluffen. Das sind kompetitive Elemente, die sich in der Regel nicht gut mit unseren Versuchen vertragen, effektiv zusammenzuarbeiten. Deshalb ist es wichtig, zum Einstieg in Ihre Verhandlungen den richtigen Rahmen zu setzen. Je nach Situation haben sich die folgenden Elemente bewährt, teilweise auch kombiniert.

Schaffen Sie in einem Vorgespräch eine partnerschaftliche Atmosphäre. Zum Einstieg empfehle ich Ihnen immer ein Vorgespräch im kleinen Kreis mit Ihren Partnern. Drei Themen sollten Sie ansprechen, um die Zusammenarbeit zu verbessern. Der erste hilfreiche Gedanke: Wir sind ein Team, das gemeinsam an der Lösung des Verhandlungsproblems arbeitet. Wir sollten an einer Lösung arbeiten, die die Interessen beider Seiten so weit wie möglich berücksichtigt. Als zweiten Punkt sprechen Sie an: Bei Verhandlungen geht es immer um Zusammenarbeiten und Verteilen. Beide Elemente sind berechtigt und notwendig. Dritter Punkt zum Ansprechen: »Es ist besser, wenn wir mit dem Zusammenarbeiten beginnen und erst am Ende gut vorbereitet zusätzlich um die Verteilung ringen. Lassen Sie uns zuerst Informationen austauschen und Lösungsoptionen entwickeln. Dann können wir den Lösungsraum optimal ausnutzen. Ganz am Ende im Verhandlungsfinale müssen wir alles zusammenbringen. Dann gilt es, den Kuchen zu verteilen. Es wird immer wieder Momente geben, in denen einer von uns beiden in den Wettbewerbsmodus umschaltet. Wir dürfen uns gegenseitig daran erinnern, dass wir uns vorgenommen hatten, erst am Ende über das Verteilen zu sprechen. Wir sollten vereinbaren, dass nichts vereinbart ist, bevor alles vereinbart ist«. Ist ein Vorgespräch nicht möglich, sollten Sie diese drei Punkte in anderer Form so früh wie möglich adressieren.

Sprechen Sie nicht von Verhandlungen, machen Sie einfach einen Workshop oder beginnen Sie mit einer Pressekonferenz. Allein wenn das Wort Verhandeln für ein Treffen verwendet wird, wird bei den meisten von uns das Wettbewerbs-Gen angesprochen. Wie oft habe ich das erlebt: Wir sitzen im kleinen Kreis zusammen und sondieren die Lage. Produktiv. Wir etablieren verschiedene Arbeitsgruppen, um Lösungen zu erarbeiten. Produktiv. Dann wird offiziell verhandelt. Plötzlich ist alles schwierig, wir laufen auf Eierschalen, keiner traut sich mehr Fragen zu stellen, viele müssen eine Show abziehen, um ihren Mitstreitern zu gefallen. Jede Seite beharrt auf ihren Positionen. Das Armdrücken um die größere Willensstärke hat begonnen. Was ist die Alternative? Für mich hat es sich bei kniffligen Verhandlungen bewährt, nicht von offiziellen Verhandlungen zu sprechen. Verwenden Sie stattdessen kooperative Rahmen. Bei vielen Verhandlungen ist uns gelungen, das Wort Verhandlung so lange zu vermeiden, bis die Lösung stand. Dann sind alle verblüfft, wie ausgewogen und klug eine Lösung sein kann, wenn man nur nicht zu früh den Informationsaustausch beendet. Kluge Bezeichnungen sind: Strategietreffen, Arbeitsgruppe, Denkfabrik, Entwicklungsseminar, Sondierung, Nichtgespräch, Klausur, Pioniergruppe, Expertengruppe. Unterstützen Sie diesen Rahmen durch ungewöhnliche Sitzordnungen und kooperative Arbeitsmaterialien. Sitzen Sie gemischt oder im Kreis oder an mehreren runden Tischen. Sorgen Sie für reichlich Flipcharts, Metaplanwände, Moderationskarten und Post-its. Gehen Sie an ungewöhnliche Orte: in ein Wellness-Hotel, in ein Kunstatelier oder eine Bergstation. Das haben wir alles schon getestet. Mit Erfolg. Muss man nicht auch einmal richtig verhandeln? Jeder Arbeitsschritt, der zur Lösung des Verhandlungsproblems beiträgt, ist für mich verhandeln. Sehr kraftvoll ist das Bild, alles optimal vorzubereiten, um ganz am Ende im Verhandlungsfinale alles zusammenzubringen. Entweder steht die Lösung dann schon vor dem Finale in wesentlichen Eckpunkten. Oder aber Ihnen ist es zwischenzeitlich gelungen, eine produktive Atmosphäre und eine nützliche Struktur zu etablieren, für die unschädlich ist, wie das Verhandlungsfinale bezeichnet wird. Ist alles gut vorbereitet und stimmt die Atmosphäre, ist das Finale eine gute Gelegenheit, Verhandlungsflow zu erleben.

Ein kraftvoller Einstieg in die Gespräche ist die Visualisierung der gemeinsamen Pressekonferenz am Ende einer erfolgreichen Verhandlungsrunde. Sie könnten Ihren Verhandlungspartner fragen: Stellen Sie sich vor, wir sitzen am Ende von produktiven Verhandlungen gemeinsam in einer Pressekonferenz. Was würden Sie sagen? Was würden wir sagen? Welche Punkte würden wir gemeinsam betonen? Schreiben Sie den jeweiligen Sprechtext auf. Dieser Ansatz hat viele Vorteile. Er programmiert beide Seiten auf ein erfolgreiches Ende. Diese Vorstellung motiviert uns, gezielt auf den Abschluss hinzuarbeiten. Hören Sie Ihrem Partner genau zu. Er wird Ihnen sagen, was ihm wirklich wichtig ist. Das sind seine übergeordneten Interessen. Nehmen Sie diesen Ball auf, um bereits zum Einstieg interessenorientiert zu diskutieren. Überlegen Sie sich deshalb genau, was Ihnen bei der Pressekonferenz wichtig sein wird. Die Themen, die Sie gemeinsam nennen möchten, geben Ihnen einen Hinweis auf gemeinsame Interessen, eine wichtige Basis für die weiteren Verhandlungen. Alternativ zu einer Pressekonferenz können Sie zum Einstieg am gemeinsamen Text einer Pressemitteilung feilen.[106]

Manche Verhandlungen geben Ihnen weder die Gelegenheit für ein Vorgespräch noch für eine alternative Bezeichnung oder eine gemeinsam vorgestellte Pressekonferenz. Dann empfehle ich Ihnen den »Just do it«-Ansatz. Die Idee dahinter ist, einfach mit kollaborativen Elementen zu beginnen. Ihr Verhandlungspartner wird dazu angeregt werden, es Ihnen gleichzutun. Bereiten Sie den Verhandlungsraum ein wenig dafür vor. Sie benötigen die übliche Workshop-Ausstattung. Sie muss nur für alle verfügbar und griffbereit sein. Sobald sich im Rahmen der Verhandlungen die Gelegenheit für eine Ideensammlung oder eine Strukturierung ergibt, stehen Sie einfach auf. Gehen Sie an die Pinnwand und machen Sie einen Vorschlag; spätestens wenn Sie das dritte Mal etwas angepinnt haben, wird es Ihr Verhandlungspartner nicht mehr aushalten. Sobald er das erste Post-it geklebt oder die erste Moderationskarte befestigt hat, ist das Eis gebrochen. Das übliche Verhandlungs-Pingpong endet. Alle Blicke richten sich auf die Pinnwand und damit auf das gemeinsame Problem.

Denken Sie in anspruchsvollen Situationen über ein gemeinsames Training oder einen Konfliktmittler nach. Eine weitere gute Idee ist es, mit Ihrem Verhandlungspartner ein gemeinsames Verhandlungstraining zu absolvieren. Das bietet sich an, wenn Sie sich in einer Langzeitpartnerschaft mit Ihrem Gegenüber befinden oder vor einer strategisch sehr bedeutsamen Verhandlung, die sich über einen längeren Zeitraum erstreckt. Der Zeitaufwand beträgt zwei bis drei Tage. Achten Sie darauf, dass es sich um ein gutes Training handelt. Das erkennen Sie an drei Merkmalen. Erstens: In das Training sind gemeinsame Verhandlungssimulationen eingebaut. Dann lernen Sie Ihr jeweiliges Konfliktverhalten in einer risikofreien Atmosphäre besser kennen. Das schafft Vertrauen. Zweitens: Es handelt sich um Verhandlungstipps, die beide Seiten gleichzeitig anwenden können. Vermeintliche Geheimtipps, die nur einer Seite nutzen, schränken die Kooperation ein. Meist beruhen sie auf Manipulation und Täuschung. Drittens: Sie sollten die Gelegenheit haben, eigene Fälle gemeinsam zu erproben, damit Sie gemeinsame Erfahrungen in der Methode des rationalen Verhandelns sammeln. Die Vorteile eines gemeinsamen Trainings liegen auf der Hand: Sie lernen sich gegenseitig besser kennen und einzuschätzen. Sie entwickeln ein gemeinsames mentales Modell des Verhandlungsprozesses. Das schafft eine Basis, auf die Sie immer wieder zurückgreifen können. Schließlich schaffen Sie ein gemeinsames Vokabular der Konfliktlösung. Dies erleichtert Ihnen die Kommunikation in den anstehenden Verhandlungen. Wenn Sie mit Leichtigkeit über Interessen, Lösungsoptionen, objektive Kriterien, BATNA, Kuchenvergrößerung oder Paketangebote sprechen, erspart Ihnen das lange Diskussionen. Sie kommen deutlich schneller in den Verhandlungsflow.

Wenn Sie mit Ihrem Partner eine lange Konflikthistorie haben, wird es beiden Seiten schwerfallen, sich auf einen produktiven Verhandlungsprozess zu einigen. Selbst wenn das gelingt, werden Sie große Mühe haben, den Prozess einzuhalten und konstruktive Gespräche zu führen. Dann ist es sinnvoll, einen Dritten zu bitten, Sie durch diesen Prozess zu lotsen. Er entlastet Sie in der Prozessorganisation und achtet auf die Einhaltung der vereinbarten Spielregeln. Durch Shuttle-Diplomatie hilft ein Dritter dabei, das Verhandlungsdilemma aufzulösen. Für echte Mehrwertlösungen ist es wichtig, seine wahren Interessen offenzulegen. Allerdings kann die andere Seite dieses Wissen gezielt zu ihrem Nutzen ausbeuten. Ein neutraler Dritter kann jedoch die Partner in unterschiedlichen Räumen platzieren und zwischen den Räumen pendeln. Er hört sich die Interessen beider Seiten an und prüft, ob es Chancen zur Kuchenvergrößerung gibt. Meine Empfehlung ist, einen ausgesprochenen Profi für diese Konfliktmittleraufgabe zu engagieren. Achten Sie auf eine fundierte Mediations- und Verhandlungsausbildung sowie entsprechende Erfahrung. Allein das gemeinsame Engagement eines Mediators setzt einen konstruktiven Rahmen.

Nutzen Sie den Einstieg einer Verhandlung, um einen Rahmen der Kooperation zu setzen. Optimal ist es, dafür ein ruhiges Vorgespräch zu nutzen. Zeigen Sie dabei, dass Sie nicht naiv sind. Verhandeln ist nie nur Kooperation, sondern auch Wettbewerb. Finden Sie bessere Bezeichnungen für Ihre Treffen als Verhandlung. Eine Denkfabrik ruft bei allen Teilnehmern vollkommen andere mentale Modelle hervor. Mit der Abschluss-Pressekonferenz und dem »Just-do-it«-Ansatz haben Sie zwei Werkzeuge an der Hand, um einen guten Einstieg zu finden. In bestimmten Situationen kann ein gemeinsames Verhandlungstraining den entscheidenden Unterschied machen.

Der Einstieg ist geschafft. Doch auch im Weiteren gibt es einige Punkte zu beachten, um eine gute Arbeitsbeziehung aufzubauen.

Bauen Sie Schritt für Schritt eine tragfähige Arbeitsbeziehung auf

Ohne inhaltliche Substanz und gute Lösungsideen hilft eine Arbeitsbeziehung allein beim Verhandeln nicht viel. Fehlt allerdings die Grundlage einer funktionsfähigen Beziehung, wird jeder einzelne Schritt einer Verhandlung zäh. Es ist sinnvoll, zwischen drei verschiedenen Phasen des Beziehungsaufbaus zu unterscheiden. Zunächst bauen Sie eine Beziehung auf, dann pflegen Sie sie zu einer produktiven Arbeitsbeziehung, und schließlich gibt es die Gelegenheit, die Beziehung zu vertiefen.

Beim Beziehungsaufbau steht die Frage der gegenseitigen Sympathie im Vordergrund. Ich nenne sie deshalb Sympathiephase. Ihr Ziel muss sein, einen guten Kontakt zu Ihren Gegenübern aufzubauen.

Damit das gelingen kann, ist gemeinsam verbrachte positive Zeit wichtig. Je öfter wir jemanden sehen, desto mehr können wir ihn und seine Körpersprache einschätzen. Überlegen Sie sich zum Einstieg Kennenlern-Elemente, die auf Ihre Situation passen. Nehmen Sie sich Zeit für ein ausgiebiges Abendessen. In Team-Setups könnte zu Beginn eine Strategieklausur stehen, die genügend Raum und Gelegenheit für die Teilnehmer bietet, sich kennenzulernen. Neben möglichst viel gemeinsamer »face time« sollten Sie in dieser Phase auch Wert auf Ähnlichkeiten legen. Je mehr Ähnlichkeiten Sie finden, desto sympathischer werden Sie und Ihr Partner sich finden.[107] Wenn Personen uns sympathisch finden, lassen Sie sich leichter von uns überzeugen.[108] Auch wir selbst lassen uns bei Sympathie für die Gegenseite leichter überzeugen. Bei manchen Partnern ist es nicht so leicht, etwas Verbindendes zu finden. Machen Sie dann Ihre Hausaufgaben bereits im Vorfeld und recherchieren Sie im Internet und in Ihrem persönlichen Netzwerk nach Übereinstimmungen. Um welche Art von Übereinstimmung es sich handelt, ist zweitrangig.[109] In Betracht kommt vieles: regionale Herkunft, Hobbys, Alter, Familiensituation, Meinungen, Religion, Lebensstil oder die politische Einstellung. Verbiegen Sie sich nicht oder täuschen Sie gar eine Gemeinsamkeit vor, sondern betonen Sie die Ähnlichkeiten, die real existieren. Seien Sie vorsichtig bei Personen, die sich Ihnen allzu ähnlich darstellen. Es könnte sich um einen Trickbetrüger handeln, der Sie bewusst manipuliert.[110]

Achten Sie auch zu Beginn des Beziehungsaufbaus bewusst auf Stimme und Körpersprache Ihres Partners. Allein durch das Beobachten werden Sie sich auch bei Stimme und Körpersprache Ihrem Partner anpassen. Eine weitere Gemeinsamkeit, die Ihren Partner entspannt.[111] Passen Sie sich dosiert und respektvoll an. Es geht nicht darum, Ihren Gegenüber zu manipulieren, sondern lediglich darum, eine gelockerte Atmosphäre zu schaffen.[112]

In der Sympathiephase zeigen Sie sich natürlich von Ihrer besten Seite. Achten Sie auf soziale Gepflogenheiten wie Türe aufhalten, lassen Sie Ihrem Partner den Vortritt oder unterbrechen Sie Ihr Gegenüber nicht. Seien Sie auch mit Details aufmerksam.

Sie verschaffen sich mit all diesen Punkten ein Sympathiepolster. Noch ist eine solche Beziehung allerdings oberflächlich. Gehen Sie den nächsten Schritt.

Die enge Zusammenarbeit der Parteien im Rahmen einer längeren Verhandlung gibt Ihnen eine hervorragende Gelegenheit, eine engere Form der Beziehung mit Ihrem Partner zu pflegen. Wir können diese zweite Phase als Gegenseitigkeitsphase bezeichnen. Einige Verhandlungspartner berichten davon, ihre Beziehung habe sich im Laufe einer Verhandlung fundamental gefestigt. Im Kern dieser Phase steht das Prinzip der Reziprozität. Das Prinzip besagt, dass wir dazu neigen, das, was uns eine andere Person zur Verfügung gestellt hat, in Form von Sachleistungen zurückzugeben.[113] Ein Fehler wäre es, sich durch Zugeständnisse beim materiellen Kern der Verhandlungen eine wohlwollende Beziehung zu erkaufen. Genau das ist gemeint, wenn das Harvard-Konzept fordert: »Trennen Sie Menschen und Sachfragen«[114].

Was Sie aber machen sollten, ist, unterhalb dieser Schwelle mit Ihrem Partner und seinem Team ein enges Netz gegenseitiger Unterstützung zu knüpfen. Das Prinzip ist immer: kleine Vorleistung – warten – kleine Gegenleistung. Hierfür bietet jede Verhandlung eine Fülle von Gelegenheiten: Unterstützen Sie Ihren Partner bei seiner Logistik, gehen Sie mit Informationen in Vorleistung, gehen Sie auf seine Bedürfnisse bei der Agenda ein, lassen Sie ihm den Vortritt. Ändert sich die Lage, geben Sie zum Beispiel Ihrem Partner einen kleinen Vorab-Hinweis. Er wird es zu schätzen wissen. Hat er einen kleineren Fehler gemacht, sehen Sie darüber hinweg. Ich bin nach vielen Jahren noch immer einer Gewerkschafterin dankbar. Sie zeigte uns nicht nur einen fundamentalen Formulierungsfehler zu unseren Lasten bei einer Kündigungsklausel, sondern sie erlaubte uns unbürokratisch, die entscheidende Seite des Vertrages einfach auszutauschen.

Der Aufbau einer Gegenseitigkeitsbeziehung ist eine Kunst. Gehen Sie in Vorleistung, übertreiben Sie es aber nicht. Erwidert Ihr Partner die Vorleistung nicht, sprechen Sie Ihn darauf an und versuchen Sie zu verstehen, was ihn abhält. Meist wird er es nicht lange aushalten. Die Gegenseitigkeitsbeziehung ist tragfähiger als die Sympathiebeziehung, Sie geht allerdings nicht wesentlich über das Maß hinaus, was Sie bereits vorgeleistet haben. Je aufmerksamer Sie für die Bedürfnisse Ihres Partners sind, je länger und regelmäßiger Sie die Gegenseitigkeit pflegen, desto schneller können Sie diese Form der Beziehung weiter vertiefen.

Die fortgeschrittene Form der Beziehung ist die Vertrauensbeziehung. Selten wird es Ihnen gelingen, eine Vertrauensbeziehung bereits während Ihrer ersten Verhandlungsrunde mit einem Partner zu etablieren. Meist ist dafür erforderlich, dass Ihr Partner Sie in allen Phasen einer Verhandlung erlebt hat, also auch im Verhandlungsfinale und in der Umsetzungsphase. Persönliches Vertrauen benötigt eine Vielzahl gemeinsamer Erlebnisse. Ihr Partner muss Sie in guten und schlechten Zeiten erleben. Dabei kann er ein Gespür dafür entwickeln, wie glaubwürdig und zuverlässig Sie sind. Vertrauen entsteht, wenn Sie sich über einen längeren Raum als zuverlässiger Partner zeigen. Pflegen Sie Ihre Beziehung auf Gegenseitigkeit über einen längeren Zeitraum. Und vor allem: Achten Sie penibel auf Ihre Glaubwürdigkeit. Das hatten wir bereits in Kapitel 2.1. unter »Maximieren Sie Ihren Nutzen. Vermeiden Sie ein zu simples Nutzenkonzept« vertieft. Erwischt Ihr Partner Sie dabei, wie Sie bluffen oder Zusagen nicht einhalten, kann dies Monate des Bemühens auf null setzen, solange Ihre Beziehung nicht gefestigt ist.

Der Vorteil einer Vertrauensbeziehung, wenn sie einmal erreicht ist, ist ihre erhöhte Stabilität. Selbst wenn Sie sich einmal unerwartet verhalten oder ein Versprechen nicht einhalten können, wird Ihr Partner nicht fundamental an Ihnen zweifeln.

Ist eine Vertrauensbeziehung erforderlich, um effektiv verhandeln zu können? Sicherlich nicht. Der Einstieg in jede Arbeitsbeziehung ist ein erfolgreiches Sympathiepolster aus den ersten Begegnungen. Das erleichtert die Zusammenarbeit. Der nächste Schritt ist, eine Beziehung auf Gegenseitigkeit aufzubauen. Das wird Ihren Verhandlungen Auftrieb geben. Eine Vielzahl kleiner gegenseitiger Unterstützungsleistungen führt zu einer fruchtbaren Grundatmosphäre. Das wiederum führt zu einer guten Ausgangslage, um kreativ Werte zu schaffen und konstruktiv Werte zu teilen. Allerdings müssen Sie vorsichtig sein, diese Beziehung ist zerbrechlich. Ein Vertrauensbruch oder ein unlösbares Dilemma können die Beziehung wieder infrage stellen. Die Vertrauensbeziehung schließlich kann ein Ziel Ihrer Verhandlungen sein. Sie ist robuster und fehlerfreundlicher. Zudem ersparten Sie sich großen Aufwand, wenn Sie keine Vorkehrungen treffen müssen, um nicht getäuscht oder irregeführt zu werden. Das ist vor allem angezeigt, wenn Sie sich in einer strategischen Partnerschaft oder einer Langzeitbeziehung mit Ihren Verhandlungspartnern befinden. Mit diesen Empfehlungen haben Sie eine Strategie in der Hand, wie Sie persönliche Beziehungen entwickeln, um effektiv zusammenarbeiten zu können.

Das allein genügt allerdings nicht. Neben der Arbeit auf der Beziehungsebene ist es genauso wichtig, die notwendigen Techniken zu beherrschen, mit denen Sie aus Zusammenarbeit Mehrwert schaffen.

Werden Sie ein Kuchenvergrößerungsprofi

Im Kapitel 1.1 hatte ich Ihnen bereits als Grundlagen-Tipp Nr. 10 erläutert, wie wichtig es beim Verhandeln ist, den Verhandlungskuchen zu vergrößern. Gelingt es Ihnen, mit Ihrem Partner Ideen zu entwickeln, wie Sie den Ressourcen zusammenlegen oder Themen geschickt tauschen, gibt es mehr zu verteilen. Es ist besser, sich 50 Prozent von einem 200-Euro-Kuchen herunterzuschneiden als 70 Prozent von einem 100-Euro-Kuchen. Zusammenarbeiten und Kuchen-Vergrößern hängen unmittelbar zusammen. Wem es gelingt, eine Atmosphäre der Kooperation zu erzeugen, der kommt leichter mit seinem Partner in einen Brainstorming-Modus. Der ist hilfreich, um geschickte Lösungen zu diskutieren und zu entwickeln. Entdecken Sie auf der anderen Seite einseitig Lösungen, die Mehrwert schaffen, weckt das das Interesse Ihres Partners. Wenn er merkt, Sie können ihm dabei helfen, seinen Nutzen zu steigern, motiviert ihn das zur Zusammenarbeit. In jedem Fall lohnt es sich für Sie, das Handwerk der Kuchenvergrößerung zu beherrschen. Während wir Verteilungsspiele intuitiv beherrschen, ist uns die Schaffung von Mehrwert nicht in die Wiege gelegt.

Wir beginnen mit unserer Haltung: Jede Verhandlung hat das Potenzial zur Kuchenvergrößerung. Das Potenzial ist zwar nicht so groß, wie uns die Lehrbuchbeispiele vermuten lassen. Vielleicht können Sie das Gesamtvolumen des Nutzens eines Deals nur um 5 oder 10 Prozent durch geschicktes Tauschen erhöhen. In Verhandlungen mit einem engen Lösungsraum (»ZOPA«) sind Verhandler aber froh über jeden zusätzlichen Wert, der sie in den Lösungsraum führt.

Führen Sie zusätzliche Themen ein. Nehmen Sie sich in Acht vor reinen Preisverhandlungen. Sie sind reine Verteilungsdiskussionen. Gewinnen Sie in solchen Fällen Manövriermasse, indem Sie weitere Themen einführen, die Ihre oder die Interessen der anderen Seite erfüllen können. Denken Sie dabei an Themen wie Zahlungszeitpunkte, Qualitätszusagen, inkludierte Services, Garantien, Finanzierung oder Haftung. Wenn Sie zum Beispiel ein Auto kaufen, können Sie den Netto-Kaufpreis häufig senken, wenn Sie den nächsten Service mitkaufen. Ihr Händler bindet Sie an die Werkstatt, und Sie möchten den Service wegen des Wiederverkaufs ohnehin fachgerecht durchführen lassen.

Verändern Sie den Gegenstand der Verhandlungen, um durch zusätzliche Themen das Potenzial zu erhöhen, den Kuchen zu vergrößern. Was könnten Sie Ihrem Verhandlungspartner jenseits der bekannten Verhandlungsthemen bieten, welche Fähigkeiten oder Ressourcen hat Ihr Verhandlungspartner, die Sie gerne nutzen würden? Nehmen Sie Vertragsverhandlungen mit einer neuen Mitarbeiterin: Vielleicht hat Ihre neue Mitarbeiterin in ihrem Netzwerk Kontakte, die zusätzlich Ihr Team verstärken. Oder Sie können auch Ihrem Partner einen attraktiven Arbeitsplatz anbieten, was für die Kandidatin einen Ortswechsel erleichtert.

Suchen Sie ganz bewusst in verschiedenen Konstellationen nach kuchenvergrößernden Elementen: allein, mit Ihrem Team und gemeinsam mit Ihren Verhandlungspartnern. Das erhöht die Chancen, dass Sie keine guten Ideen übersehen.

Erst vergrößern, dann teilen. »It takes two to tango.« Kuchenvergrößerung erfordert, dass Ihr Partner am Ende mitmacht. Wenn Sie zu Beginn der Verhandlungen sehr stark Ihren Teil vom Kuchen einfordern, verhindert dies häufig, dass ein produktiver Flow im Verhandlungsprozess entsteht, in dessen Rahmen gute Ideen entwickelt werden. Rein logisch ist es sinnvoll, erst den Kuchen zu vergrößern und ihn dann zu verteilen. Hier hilft wieder das Bild vom gut vorbereiteten Verhandlungsfinale. Bestandteil einer professionellen Vorbereitung ist es, gemeinsam Ideen zu entwickeln, die zusätzlichen Nutzen schaffen. Ist diese Arbeit geleistet, kann am Ende noch an Preisen oder Mengen gefeilt werden. Partner sind teilweise verwirrt, wenn Sie sich zuerst kooperativ zeigen und dann doch am Ende auch Wert für Ihre Seite beanspruchen. Verhandlungen sind aber ein multimodales Spiel. Es geht um Zusammenarbeit und Wettbewerb. Diesen Gegensatz nennen wir auch »Negotiator's Dilemma«. Mir hilft beim Verhandeln, diesen Zwiespalt bei meinen Partnern frühzeitig anzusprechen. Dazu gehört, klar zu kommunizieren, in welchem Modus wir uns gerade befinden. Zum Beispiel könnten Sie sagen: »Lassen Sie uns jetzt intensiv nach Feldern suchen, auf denen wir enger zusammenarbeiten. Danach sollten wir Inhalte, die Ihnen wichtig sind, und Inhalte, die uns wichtig sind, miteinander tauschen. Ganz am Ende müssen wir uns über den Preis unterhalten. Das fällt uns leichter, wenn wir vorher einige gute Ideen entwickelt haben, die das Paket für beide Seiten leichter tragbar machen.«

Verhandlungsführer glauben häufig, der Wert der Kuchenvergrößerung müsste bei ihnen entstehen. Das ist ein Denkfehler. Entscheidend ist, dass die Vorteile der neuen Lösungsidee für alle Seiten insgesamt die Nachteile für alle Seiten überwiegen. Sollten die Vorteile auf einer Seite entstehen, ist es wichtig, dass ein Mechanismus besteht, um das an anderer Stelle zu kompensieren. Häufig kann der Nutzen der einen Seite durch den Preis balanciert werden. Wenn Sie beispielsweise auch dem Partner Ihrer potenziellen neuen Mitarbeiterin am neuen Arbeitsort eine attraktive Stelle verschaffen, ist die Gehaltsfrage mit Ihrer neuen Mitarbeiterin sehr viel leichter zu lösen. Jetzt ist so viel Nutzen bei Ihrer neuen Mitarbeiterin geschaffen, dass es nicht notwendig ist, die Grenzen Ihrer Bezahlungsbereitschaft auszuloten.

Nutzen Sie Unterschiede, um Mehrwert zu schaffen. Wenn Sie zu einem Verhandlungsthema gleichlaufende Interessen haben, ist es leicht, zusammenzuarbeiten und Nutzen für beide Seiten zu schaffen. Mindestens genauso spannend sind aber Unterschiede zwischen Ihnen und Ihrem Verhandlungspartner bei Interessen und Prioritäten. Entgegen unserer Intuition lässt sich daraus Wert schöpfen. So funktionieren auch Aktienmärkte. Für jeden Verkäufer mit einer pessimistischen Kurserwartung gibt es zumindest einen Käufer, der in diesem Moment auf steigende Kurse setzt. Sonst kommt kein Deal zustande. Bei jedem Bewertungsunterschied zwischen Ihnen und Ihrem Partner sollten Sie aufhorchen. Sie suchen nach Themen, die für Ihren Partner einen hohen Nutzen haben und die Sie selbst wenig kosten. Vielleicht ist Ihrem Bewerber Status wichtig und Sie können ihm ohne weiteren Aufwand ein Aufsichtsmandat bei einem Tochterunternehmen organisieren. Hoher Nutzen, kleiner Aufwand. Legen Sie sich ein ausgesprochenes »Unterschiede-Inventar«[115] für Ihre Verhandlungen an. Und dann stellen Sie sich die Frage, wie Sie gerade aus diesem Bewertungsunterschied Wert schöpfen und den Verhandlungskuchen vergrößern können. Hier einige Ideen, wie Sie aus Unterschieden Mehrwert verhandeln können:

- **Joint-Venture-Prinzip:** Gibt es unterschiedliche Fähigkeiten, die Ihr Partner und Sie kombinieren können, um damit Mehrwert zu schaffen? Diese Fähigkeiten können außerhalb des eigentlichen Verhandlungsgegenstands liegen. Ein Beispiel dafür ist, dass ein Partner einen lokalen Markt sehr gut kennt und der andere Partner ein Produkt oder eine Dienstleistung beherrscht, die auf diesem Markt noch unterentwickelt ist.
- **Versicherungsprinzip:** Ist Ihr Verhandlungspartner risikobereiter als Sie oder umgekehrt? Dann vereinbaren Sie, dass einer das Risiko trägt und der andere dafür eine Prämie erhält. Gesetzt den Fall, Sie möchten ein Unternehmen kaufen. Sie schätzen die Risiken eines laufenden Haftungsfalls des Kaufobjekts höher ein als der Verkäufer. Dann lassen Sie den Verkäufer das Risiko des Haftungsfalls tragen. Sie zahlen ihm für das Unternehmen ohne das Haftungsrisiko einen etwas höheren Kaufpreis. Die Prämie sollte niedriger sein als Ihre Risikoeinschätzung, aber höher als die Einschätzung Ihres Partners.
- **Bankprinzip:** Ist eine Seite liquider als die andere? Dann vereinbaren Sie bei einem Kauf Ratenzahlungen oder Barbezahlung je nach Perspektive.
- **Prognoseunterschiede:** Schätzen Sie und Ihr Verhandlungspartner die Zukunft unterschiedlich ein? So kommt es vor, dass die Gewerkschaft an eine rosige Zukunft der Unternehmensgewinne glaubt, während das Unternehmen deutlich pessimistischer in die Zukunft blickt. Das Unternehmen könnte vorschlagen, die nächste Tariferhöhung an das zukünftigen Unternehmensergebnis zu koppeln. Wenn die Unternehmensergebnisse so positiv ausfallen, wie das die Gewerkschaft vermutet, dann werden die Gehälter entsprechen einer Formel erhöht. Wenn nicht, dann nicht. Das nennen wir einen kontingenten Vertrag oder Wenn-dann-Vertrag. Für ein unsicheres Ereignis in der Zukunft wird eine Wenn-dann-Relation vereinbart. Solche Verknüpfungen wirken wie ein Wahrheitselixier. Liegt der Vorschlag eines kontingenten Vertrags konkret auf dem Tisch, werden Sie beobachten, dass viele Prognosen nicht mehr so optimistisch oder pessimistisch ausfallen wie ursprünglich behauptet. Dann bis zum Vorschlag des kontingenten Vertrages handelte es sich um »Cheap Talk«, der ohne reale Folgen blieb. Sobald das Eintreten der Prognose an konkrete Folgen geknüpft ist, trennt sich die Spreu vom Weizen. Nur die ernst gemeinten Prognosen werden aufrechterhalten.
- **Unterschiedliche zeitliche Präferenzen:** Ist Ihnen ein schneller Geldfluss wichtiger als ein langfristiger, und bei Ihrem Partner ist es genau umgekehrt? Das ist fantastisch, denn diese Information können Sie dazu verwenden, den Verhandlungskuchen zu vergrößern. Wenn ihr zukünftiger Mitarbeiter gerne einen privaten Kredit ablösen möchte, dann freut er sich vielleicht über einen »Signing Bonus« zum Abschluss des Arbeitsvertrages und akzeptiert dafür ein niedrigeres Grundgehalt. Vielleicht ist das auch für Ihr Unternehmen interessant, da es dieses Jahr

ein gutes Ergebnis erzielen wird, langfristig aber die Kostenstrukturen günstiger halten möchte. Es gibt eine weitere Variante, wie Sie Unterschiede beim Faktor Zeit tauschen können. Manchmal gibt es gute Ideen für Tauschgeschäfte, allerdings ist ein Teil noch nicht vorbereitet, oder es ist kein guter Augenblick für den zweiten Teil des Tauschgeschäfts. Ein Beispiel: Eine Gewerkschaft möchte eine hohe Vergütungserhöhung erreichen. Sie können sich das vorstellen, leiden aber an Personalmangel und möchten die Arbeitsleistung je Mitarbeiter steigern. Eine Steigerung der Produktivität ist natürlich ungleich komplizierter zu regeln als eine Vergütungserhöhung. Dann können Sie vereinbaren, dass die Vergütung jetzt steigt, die Produktivität aber erst in einem Jahr, wenn die neuen Regeln verhandelt sind. Seien Sie vorsichtig: Die Gefahr ist hoch, dass die andere Seite nicht sehr motiviert ist, den zweiten Teil, der für sie nachteilig ist, umzusetzen. Deshalb benötigen Sie eine überzeugende Antwort auf die Frage: Was passiert, wenn nichts passiert? Knüpfen Sie eine Sanktion an dieses Szenario, die Sie entweder ausreichend entschädigt oder die andere Seite ausreichend motiviert, den zweiten Teil des Deals einzuhalten. Zum Beispiel könnte eine zweite Stufe der Vergütungserhöhung entfallen, wenn es zu keiner Produktivitätsverbesserung kommt.
- **Kuhhandel:** Eine wichtige Fähigkeit guter Verhandlungsführer ist schließlich, Themen miteinander zu verknüpfen, die inhaltlich nichts miteinander zu tun haben, aber von beiden Seiten entgegengesetzt priorisiert werden (hoher Nutzen für den einen, geringer Aufwand für den anderen). Im Deutschen nennen wir das etwas abwertend Kuhhandel. Im Englischen trägt diese Fähigkeit den eleganteren Namen »Logrolling.« Das bedeutet so viel wie »gemeinsames Baumstamm-Rollen.« Der Gedanke ist: Die Partner helfen sich gegenseitig aus. Jede Familie auf dem Land musste mal einen Baumstamm zum Fluss rollen, man begriff das als gemeinsames Problem. Einmal hilft man der einen Familie, einmal der anderen. Man hilft sich aus und begreift die Aufgabe als gemeinsames Problem. Das ist ein schönes Bild für das Verhandeln. Letztlich handelt es sich beim Kuhhandeln oder Logrolling um einen Thementausch, ein Sich-gegenseitig-in-die-Hände-Spielen. Können Sie einem dringend benötigten Bewerber in einigen Monaten eine Qualifizierung zum Scrum-Master spendieren (hoher Nutzen für ihn), weil Sie als Unternehmen bei einem Bildungsanbieter Großkundenrabatt bekommen (kleine Kosten für Sie), ist er vielleicht bereit, drei Monate früher als geplant seine Stelle anzutreten (hoher Nutzen für Sie) und seine angedachte Weltreise für zwei Jahre verschieben (mittlere Kosten für ihn).

Damit haben Sie mehrere Ansätze, wie Sie im Rahmen einer Verhandlung den Kuchen vergrößern können. Dazu müssen Sie Ihre eigenen Interessen und die Interessen Ihres Partners verstehen und ihre Wichtigkeit einschätzen können. Fahnden Sie nach auffälligen Unterschieden zu Ihrem Partner und nach Fähigkeiten, die Sie kombinieren können. Scheuen Sie sich nicht davor, den Gegenstand der Verhandlung zu erweitern oder sachfremde Themen zu verknüpfen. Wichtig ist, dass es am Ende mehr zu verteilen gibt für alle. Vergessen Sie nicht, Ihren Teil vom Kuchen zu beanspruchen. Wer Mehrwert schafft, darf ihn auch beanspruchen.

Nur weil Sie gute Ideen haben, um Mehrwert zu schaffen, bedeutet das allerdings noch nicht, dass Sie diese Ideen auch umsetzen können. Sie benötigen Verbündete, und zwar auf allen Seiten des Verhandlungstisches.

Knüpfen Sie systematisch und strategisch Ihr Wertschöpfungsnetz

In anspruchsvollen Verhandlungen gibt es nicht nur viele Themen zu managen, sondern Sie müssen auch viele Beteiligte unter einen Hut bringen. Und zwar auf Ihrer Seite und auf der Seite Ihrer Verhandlungspartner. Verschaffen Sie sich als Erstes einen systematischen Überblick über die beteiligten Spieler. Denken Sie dabei am besten in Beziehungsnetzwerken. Ich zeige Ihnen im Folgenden, wie Sie geschickt an diese Aufgabe herangehen. Nachdem Sie sich einen Überblick verschafft haben, nutzen Sie diese Grundlage, um strategisch Ihr Wertschöpfungsnetz zu knüpfen. In diesem Netzwerk versammeln Sie alle Beteiligten, die Ihre Vision von einer wertschöpfenden und nachhaltigen Lösung am Ende unterstützen. Ihre Aufgabe als Verhandlungsführer ist es, dieses Netzwerk immer weiter auszubauen. Es besteht über alle Parteigrenzen hinweg. Dieses Netzwerk stellt sicher, dass Sie nicht nur im Pingpongverfahren hin- und herverhandeln, sondern dass die Parteien wirklich zusammenarbeiten. Ihr Gegenüber und Sie arbeiten dann Seite an Seite daran, das gemeinsame Verhandlungsproblem zu lösen. Es lautet in aller Regel: Welches Ergebnis erfüllt die Interessen beider Seiten optimal und nachhaltig und wird von beiden Seiten als ausreichend fair empfunden?

Zeichnen Sie eine Übersichtskarte mit allen Beteiligten. Denken Sie dabei möglichst breit. Ihr Ziel ist es, im ersten Schritt alle tatsächlich und potenziell Beteiligten zu erfassen. Indem Sie nicht nur den Bestand aufzeichnen, sondern auch mögliche neue Spieler erfassen, erweitern Sie Ihre Optionen und Handlungsmöglichkeiten. Sie sehen plötzlich Chancen für Koalitionen, alternative Deals oder alternative Partner. Ihr Ausgangspunkt sind die handelnden Organisationen und juristischen Personen. Tatsächlich zeichnen Sie in Ihre Karte allerdings die natürlichen Personen[116] aus Fleisch und Blut ein. Denn am Ende handeln und entscheiden die echten Menschen.

Rein handwerklich erfassen Sie die Beteiligten zum Beispiel auf einer Pinnwand mit runden kleinen Karteikarten (je Person eine Karteikarte) und stellen die Beziehungen zwischen den Personen mit Strichen oder Schnüren dar. Das ermöglicht es

Ihnen, das Setup flexibel zu verändern. Alternativ nutzen Sie PowerPoint oder eine spezialisiertere Anwendung wie Microsoft Visio. Das ist bei größeren und länger andauernden Verhandlungen sinnvoll.

Folgende Checkliste hat sich bewährt, um ein umfassendes Bild zum Verhandlungsnetzwerk zu erhalten und niemanden zu übersehen.[117] Nehmen Sie folgende Personen in Ihre Übersicht auf:

- Wer entscheidet am Ende über den Deal? Gibt es Aufsichtsgremien, Vorstände, Verbände, Vorgesetzte, Mitglieder, Sondergremien, die zustimmen müssen? Sehen Sie sich Ihre Governance-Regeln und die Ihres Partners an. Achten Sie auch auf Mutter- und Tochterunternehmen.
- Gibt es informelle Entscheider oder Netzwerke? Denken Sie auch an graue Eminenzen, Parteimitglieder, einflussreiche Verbände, Ausbildungsnetzwerke oder Ex-Arbeitgeber-Alumnis (zum Beispiel von Beratern).
- Wer beeinflusst die Entscheidungsträger und die Verhandlungsführer maßgeblich?
- Wer ist von den Verhandlungsergebnissen unmittelbar oder mittelbar betroffen?
- Wer muss die Ergebnisse inhaltlich umsetzen?
- Wer sitzt in den Verhandlungsteams auf beiden Seiten?
- Welche internen und externen Berater und Experten sind am Verhandlungsprozess beteiligt?
- Wer kann einen Deal blockieren und hat Veto-Macht? Denken Sie auch an Betriebsräte, Gewerkschaften, politische Institutionen und Ähnliche.

Damit Sie nicht nur in den bestehenden Strukturen denken, sollten Sie auch nach alternativen Vertragspartnern und Unterstützern suchen und in Ihre Karte aufnehmen. Suchen Sie nach Partnern, die den Nutzen, den Sie oder Ihr Partner aus dem Deal ziehen, erhöhen können. Sehen Sie sich dazu Ihre Wettbewerber, Lieferanten, Kunden und Partner an. Ebenso die Ihres Verhandlungspartners. Schauen Sie in der gesamten Wertschöpfungskette. Achten Sie besonders auf Personen, bei denen Sie hoffen können, dass sie hohen zusätzlichen Nutzen an den Tisch bringen. Diese Personen müssen nicht von außen kommen. Häufig bringen Ihnen neue Spieler innerhalb der Organisation Ihres Partners oder in Ihrer eigenen Organisation den meisten zusätzlichen Nutzen. Die Harvard-Professoren und Verhandlungsberater Lax und Sebenius nennen diese Personen Champions oder »internal higher-value player«[118]. Stellen Sie sich die Frage: Wer würde am meisten von unserer Lösungsvision profitieren, und ist er bereits Bestandteil der Verhandlungen?

Denken Sie zum Beispiel an Lieferanten, deren zusätzlicher Wert nicht in den preisgetriebenen und standardisierten Verfahren des Einkaufs reflektiert wird. Diese

Lieferanten müssen zusätzliche Verbündete innerhalb der Abnehmerorganisation finden. Nehmen Sie das Beispiel einer Anwaltskanzlei, die in einem bestimmten Rechtsgebiet hohe Expertise hat und sehr effizient beraten kann. Der höhere Stundenpreis der Kanzlei wird vom Einkauf im Rahmen eines Auktionsverfahrens nicht akzeptiert. Die Konkurrenz ist pro Stunde billiger. Der Gesamtaufwand für den Einkäufer wäre bei ökonomischer Betrachtung sogar geringer, da die Kanzlei wegen ihrer Expertise schneller beraten könnte. Vielleicht gelingt es der Kanzlei, einige interne Fans aus verschiedenen Fachabteilungen, Controlling und Rechtsabteilung zu überzeugen, intern für einen neuartiges Vergütungsmodell beim Einkauf zu lobbyieren. Die geplante Leistung könnte zum Beispiel im Rahmen eines Pilotprojekts zum Festpreis erbracht werden. Das Unternehmen hätte Kostensicherheit, und die Kanzlei würde gegebenenfalls einen höheren kalkulatorischen Stundensatz erhalten. Der Einkauf könnte diesen innovativen Ansatz als Erfolg vermarkten.

Gehen wir also davon aus, Sie haben die wesentlichen Beteiligten breit gescannt. Bei komplexen Verhandlungen kann eine sehr hohe Anzahl an Personen zusammenkommen. Falls Sie wenig Zeit haben, dann beschränken Sie sich auf die wesentlichen Beteiligten. Sie sollten dann nur Personen aufzeichnen, denen Sie ein Mindestmaß an Beeinflussung zutrauen. Mehr als 50 Personen auf einer Übersicht lassen sich in der Regel nur mit hohem Aufwand pflegen.

Reichern Sie Ihre Übersichtskarte um weitere Informationen an: Was ist das wichtigste Interesse des jeweiligen Spielers? Wie lautet seine BATNA? Kennzeichnen Sie die wichtigsten Beziehungen zwischen den Spielern: Zwischen wem gibt es Vertrauensverhältnisse, wo existieren belastete Beziehungen? Wer hört auf wen: Insbesondere bei den Entscheidern ist es wichtig zu wissen, wer sie beeinflusst. Zeichnen Sie zusätzlich förmliche und informelle Entscheidungswege auf.

Nun haben Sie sich einen Überblick verschafft. Sie kennen die aktuellen Spieler und mögliche zusätzliche Spieler. Darüber hinaus achten Sie auf die Beziehungen und Entscheidungswege zwischen den Spielern. Sie stellen – möglichst auf der Grundlage von Fakten – Hypothesen zu den Interessen der Beteiligten auf. Mit dieser Übersichtskarte aller Beteiligten haben Sie ein wertvolles Verhandlungswerkzeug in Ihren Händen. Es wird Ihnen an vielen Stellen der Verhandlung wichtige Dienste leisten.

Organisieren Sie eine Kampagne, um Ihr Wertschöpfungsnetzwerk in Stellung zu bringen. Jetzt gehen Sie einen Schritt weiter. Sie sehen sich an, wer Sie dabei unterstützen kann, einen hochwertigen und nachhaltigen Deal zu entwickeln. Dieses virtuelle Team kennt keine formalen Grenzen. Es besteht aus Beteiligten aus allen Bereichen, vor allem auch bei Ihrem Verhandlungspartner. Da Sie nur begrenzte Ressourcen haben, müssen Sie Ihr weiteres Vorgehen priorisieren. Stellen Sie fest, wer im Gesamtspiel einflussreich ist und wie leicht Sie ihn für einen Mehrwert-Deal gewinnen können. Bereiten Sie darauf basierend eine strategische Kampagne vor.

Analysieren Sie dazu die Interessen aller Beteiligten. Entwickeln Sie eine grob umrissene Ergebnisvision, die auf möglichst viele Interessen eingeht. Stellen Sie nacheinander Ihrem wachsenden »Wertschöpfungsteam« Ihre Lösungsvision vor. Beginnen Sie mit einflussreichen Spielern, die Sie leichter überzeugen können. Arbeiten Sie deren Feedback ein, ohne Ihre fundmentale Linie zu verlassen. Vereinbaren Sie mit Ihren Gesprächspartnern regelmäßige Feedback-Schleifen, um über Veränderungen zu informieren. Weisen Sie darauf hin, dass im dynamischen Verhandlungsverlauf Anpassungen erforderlich werden. Stellen Sie in Ihren eigenen Reihen sicher, die kritische Masse an überzeugten Unterstützern zu gewinnen. Finden Sie auch bei Ihrem Verhandlungspartner Ihre Verbündeten. Schauen Sie sich schließlich bei Dritten um, wer Sie unterstützen kann.

Nun haben Sie ein solides Fundament an Unterstützern, zumindest auf Ihrer Seite. Jetzt gilt es, die einflussreichen Beteiligten zu gewinnen, die Ihrer Lösung noch kritisch gegenüberstehen. Insbesondere kritische Beteiligte mit Veto-Macht sollten im Fokus Ihrer Aufmerksamkeit stehen. Auf Ihrer Übersichtskarte sollten diese Personen mit einem roten Punkt gekennzeichnet sein. Rechnen Sie damit, diese Personen nicht so leicht überzeugen zu können. Versuchen Sie bei diesen Personen auch indirekte Strategien. Wer sind die Influencer, auf die diese Personen hören? Wen können Sie anrufen, der jemand anruft, der jemand anruft? Wen sollten Sie bereits im Boot haben, bevor Sie mit der einflussreichen Person sprechen?

Haben Sie auch den Mut, kritische, aber einflussreiche Personen auf Ihrer Seite in Ihr Verhandlungsteam zu integrieren. Wir sagen dazu mit einem Augenzwinkern: Opfer zu Tätern machen.

Ein wichtiger Punkt: Sie starten bei Ihrer Kampagne mit einer Lösungsvision, in die Sie Ihr gesamtes Wissen und Know-how einfließen lassen. Während Ihrer Kampagne geht es einerseits darum, andere von der Idee, Ihrer Mehrwertlösung zuzustimmen, zu überzeugen. Es geht aber gleichzeitig darum, offen zu bleiben für bessere Lösungen. Aktivieren Sie in dieser frühen fluiden Phase die Lösungsintelligenz Ihrer Partner. Wie geht das? Indem Sie sich offen für Anpassungen zeigen und gezielt offene Fragen stellen, die Ihren Gesprächspartner aktivieren. Sie könnten fragen: »So stelle ich mir zurzeit vor, wie eine Lösung aussehen könnte, von der wir alle profitieren. Fällt Ihnen vielleicht noch etwas Besseres ein?« Oder: »Waren Sie schon einmal in einer solchen Situation? Was können wir daraus für diesen Fall lernen?«

Auch wenn Sie bei Ihrem Verhandlungsnetzwerk anfangs breit denken sollten, ist es am Ende nicht immer sinnvoll, möglichst viele Parteien in den Verhandlungsprozess zu integrieren. Das Netzwerk zu pflegen und zu informieren ist sehr aufwendig. Nutzen Sie jede Chance, um es zu vereinfachen. Teilen Sie das Netzwerk in verschiedene Gruppen ein, die Sie unterschiedlich aufwendig bedienen.

Sehen wir uns zum Ende ein zusammenfassendes Beispiel an, damit Sie ein Gefühl dafür bekommen, wie Sie vorgehen. Beziehungsmanagement ist aufwendig, ich skizziere für Ihren ersten Eindruck nur einige Punkte. Stellen Sie sich vor, Ihr Unternehmen hat hohe Pensionslasten. Der Vorstand beauftragt Sie, die Altersversorgungs-Tarifverträge neu zu verhandeln. Scannen Sie zunächst die Beteiligten, um sich einen systematischen Überblick zu verschaffen. Suchen Sie dabei auch nach neuen Spielern außerhalb der klassischen Bereiche. Ihr Ziel ist es, ein Unterstützernetzwerk aufzubauen. Achten Sie besonders auf Personen mit Veto-Potenzial.

Ein wichtiger Spieler mit Veto-Potenzial ist der Finanzvorstand. Er bekommt einen roten Punkt. Ihr natürlicher Partner ist der Leiter Altersversorgung, er muss das Ergebnis am Ende umsetzen. Er wird aber vom Finanzvorstand kritisch gesehen. Vermerken Sie diese Beziehung mit einer roten Linie. Ein mittelbar Betroffener ist der Leiter Führungskräftebetreuung. Er möchte seine Reform der Altersversorgung an Ihren Tarifergebnissen orientieren. Er hat sehr guten Zugang zum Vorstand. Zeichnen Sie grüne Linien ein.

Auf der Seite der Gewerkschaft sind der verantwortliche Vorstand und der Tarifsekretär einzuzeichnen. Der Vorstand vertraut dem Tarifsekretär vollständig, sieht die Reform der Altersversorgung aber kritisch. Grüne Linie zwischen den beiden. Roter Punkt für den Vorstand. Die Gewerkschaft bedient sich eines Beraters, auf dessen Rat der Tarifsekretär stark vertraut. Sie hören sich um und finden über einen befreundeten Manager heraus, dass der Berater in anderen Unternehmen bereits Modelle vereinbart hat, die Ihren Ideen sehr ähnlich sind. Er könnte ein möglicher Partner in Ihrem Wertschöpfungsnetzwerk werden. Es gibt auch einen einflussreichen Betriebsrat, der die Notwendigkeit zur Reform der Altersversorgung erkannt hat.

Planen Sie jetzt eine kluge Sequenz von Gesprächen. Gewinnen Sie zum Beispiel zunächst den Berater und den Leiter Führungskräfte für die Eckpunkte Ihres Modells. Sie können den befreundeten Manager aus dem anderen Unternehmen bitten, mit dem Berater zu sondieren. Indirekte Einflussnahme. Nehmen Sie das Feedback Ihrer Gesprächspartner in das Modell auf. Bitten Sie den Berater, mit dem Tarifsekretär zu sprechen. Überzeugen Sie den einflussreichen Betriebsrat, seinen guten Draht zum Gewerkschaftsvorstand zu nutzen. Gehen Sie gemeinsam mit dem Leiter Führungskräfte zum Finanzvorstand, um ihn für Ihr Modell zu gewinnen. Holen Sie vorab auch noch den Assistenten des Finanzvorstands ins Boot. Bereiten Sie so Schritt für Schritt mit Ihrer Kampagne das Feld. Bevor das Verhandlungsfinale beginnt, haben Sie Ihr Mehrwertteam bereits positioniert.

Ich hoffe, ich konnte Ihnen einen Eindruck von dieser Methode verschaffen. Wichtig ist das Visualisieren des Netzwerkes, denn dadurch werden Ihre Fantasie und Ihre Kreativität angeregt. Das Denken in Netzwerken und Kampagnen hilft Ihnen, systematisch vorzugehen. Scheinbar indirektes Vorgehen führt Sie schneller zum Ziel.

Exkurs: Wie Piloten effektiv zusammenarbeiten

Die Luftfahrt gilt als Vorbild für erfolgreiches Risikomanagement. Fliegen ist das mit Abstand sicherste Fortbewegungsmittel.[119] Würde die Zivilluftfahrt die Fehlerrate von chirurgischen Eingriffen akzeptieren, gäbe es täglich weltweit 17 Flugzeugunfälle. Selbst wenn Airlines die Fehlerrate der Intensivmedizin akzeptieren würde, gäbe es täglich zwei Unfälle. Und zwar 365 Tage im Jahr. Tatsächlich gab es in der Zivilluftfahrt 2017 nur 0,03 und 2018 0,04 Unfälle pro Tag. Ein sehr wichtiger Baustein des Risikomanagements in der Luftfahrt ist das Crew Resource Management, das mittlerweile gesetzlich vorgeschrieben ist.[120] Es war eine Reaktion auf schwere Flugzeugunfälle in den 1970er-Jahren, die auf menschliche Fehler zurückgeführt wurden. Die Entwicklung wurde von der NASA initiiert. Unfallursachen lagen in der Kommunikation an Bord, Kompetenzkonflikten innerhalb der Crew und zum Teil an Entscheidungsfehlern der Piloten. CRM sind Schulungen für Piloten und Flugbegleiter, die zwischenmenschliche Fähigkeiten trainieren. Es wurde Schritt für Schritt weiterentwickelt. Ausgangspunkt war, die Zusammenarbeit im Cockpit zu verbessern, also Cockpit Resource Management. Schnell wurde erkannt, wie wichtig es ist, nicht nur das Cockpit, sondern das »große Team« mit allen Schnittstellen wie Flugbegleitern oder Fluglotsen zu betrachten. Aus Cockpit Resource Management wurde Crew Resource Management. Heute werden alle Arbeitsbereiche des Systems Luftfahrt betrachtet. Dies wird auch als Company und Culture Resource Management bezeichnet.[121] Dieser systemische Blick auf die Zusammenarbeit passt sehr gut zu unserem Verhandlungsmodell. Um als Verhandlungsführer erfolgreich zu sein, arbeiten wir mit einem weiten Teambegriff. Neben Ihrem eigenen Team gehören auch Ihr Verhandlungspartner und wichtige sonstige Beteiligte zum »großen Team«. Der Job des großen Teams ist es, ein optimales Verhandlungsergebnis zu erzielen, bei dem keine Werte auf dem Tisch liegen bleiben.

Im Rahmen des CRM-Lehrplans für Piloten spielt verbesserte Zusammenarbeit an mehreren Stellen eine Rolle. Eine Studie hat ergeben, dass bei 53 Prozent aller Zwischenfälle bei Verkehrsflügen zwischenmenschliche Kommunikationsprobleme auftreten. 30 Prozent der Probleme fanden innerhalb des Cockpits und 70 Prozent zwischen der gesamten Crew und externen Gesprächspartnern statt.[122] Vor allem bei den Kapiteln Kommunikation und Konfliktbewältigung mit den Schnittstellen werden Regeln und Werkzeuge behandelt, die für das Verhandeln interessant sind.

Ein wichtiges Konzept für die Schulung der zwischenmenschlichen Fähigkeiten von Piloten sind gemeinsame mentale Modelle. Ein mentales Modell sind alle handlungsleitenden Konzepte eines Menschen. Man könnte auch von inneren Checklisten sprechen. Diese mentalen Modelle beziehen sich darauf, wie Piloten mit bestimmten Personen, Situationen und Ereignisse umgehen.[123] Menschliche Zusammenarbeit ist umso effektiver, je mehr sich die mentalen Modelle der Beteiligten ähneln. Stimmen die Modelle überein, entsteht ein gemeinsamer Bezugsrahmen, auf den sich jedes Crew-Mitglied beziehen kann. Jeder Mensch bringt seine eigenen Erfahrungen in seine mentalen Modelle ein. Da jeder Mensch einzigartige Erfahrungen macht, gibt es keine vollständige Übereinstimmung, sondern lediglich eine Angleichung der mentalen Modelle. Daraus ergeben sich drei Folgerungen für Piloten. Erstens ist es wichtig für Piloten, dass sie sich durch ihre Ausbildung und Regelwerke eine solide gemeinsame Grundlage für ihr Handeln erarbeiten. Zweitens synchronisieren sich Piloten vor dem Abflug zu ihren mentalen Modellen. Der Kapitän spricht mit dem Copiloten beim Briefing durch, welche Abläufe ihm wichtig sind. Die Piloten könnten sich zusätzlich zum Beispiel kurz über ihre Ausbildungs- und Erfahrungshintergründe austauschen. Drittens, und das ist der Hauptpunkt, gilt es zu begreifen, dass der Abgleich der mentalen Modelle ein fortwährender Prozess während des Fluges ist. Weicht einer der Piloten von den Standardroutinen ab, ist wichtig, dies vorab seinem Kollegen mitzuteilen. Stellt einer der Piloten fest, wie sein Kollege von seiner Vorstellung abweicht, was der nächste Handlungsschritt ist, sollte er dies unverzüglich klar ansprechen. Es ist Aufgabe des Kapitäns, von Beginn an alle Beteiligten zu ermuntern, mitzuteilen, was sie wahrnehmen.

Was lässt sich aus dem Konzept des gemeinsamen mentalen Modells für die Zusammenarbeit der Verhandlungspartner ableiten? Nehmen Sie sich zu Beginn Zeit, um sich mit Ihrem Verhandlungspartner auszutauschen, welches Bild er vom Verhandlungsprozess hat. Tauschen Sie Ihre Vorstellungen und Erfahrungen aus. Versuchen Sie, mit einem gemeinsamen Fahrplan, einer Agenda oder einem Prozessvertrag ein gemeinsames mentales Verhandlungsmodell zu vereinbaren. Besonders sinnvoll ist es, vor Beginn einer Verhandlung ein gemeinsames Verhandlungstraining zu absolvieren. Durch das Training entsteht ein gemeinsamer Bezugsrahmen. Ganz wichtig: Sehen Sie, wie Ihr Partner von der gemeinsamen Basis abweicht, sprechen Sie das deutlich an. Wenn Sie selbst vom geplanten Ablauf abweichen möchten, ist es Ihre Aufgabe, dies Ihrem Partner zu erklären und die gemeinsamen mentalen Modelle zu synchronisieren. Ermuntern Sie von Beginn an Ihren Verhandlungspartner, Ihnen offen Feedback zu geben, wenn er mit dem Ablauf der Verhandlungen nicht einverstanden ist.

In kritischen Flugphasen muss die zwischenmenschliche Kommunikation funktionieren. Piloten werden dazu ermuntert, die »Low-Workload-Phasen« eines Fluges gezielt dazu zu nutzen, durch nicht-operationelle Kommunikation mit der Crew die Voraussetzung für die erfolgreiche Zusammenarbeit in Notfällen zu schaffen. Die Ratschläge für diese Phasen niedriger Belastung hatten wir schon im vorherigen Kapitel besprochen: einen bewussten positiven ersten Eindruck vermitteln, von Beginn an zu Feedback und Nachfragen ermuntern, Störungen sofort ansprechen.

Dieses Bild lässt sich sehr gut auf Verhandlungen übertragen. Nutzen Sie die »Low-Workload-Phasen«, um die Kommunikation mit Ihrem Verhandlungspartner bewusst zu verbessern. Achten Sie bewusst auf die ersten 180 Sekunden Ihrer Gespräche und senden Sie konstruktive Signale. Ermuntern Sie Ihren Partner in diesen Situationen zu offenem Feedback und sprechen Sie Störungen an. Wenn die Arbeitslast im Verhandlungsfinale hoch ist, ist es dafür zu spät. Ich würde sogar noch einen Schritt weiter gehen: Schaffen Sie vor dem Verhandlungsfinale bewusst Anlässe geringer Arbeitslast, um Zeit zu gewinnen, in der ein konstruktiver Umgang eingeübt werden kann.

Folgende operative Grundregel von Piloten zur Vermeidung von Fehlern mit der Flugsicherung lässt sich gut auf den Verhandlungsalltag übertragen: Unklarheiten über eine Luftraumfreigabe der Flugsicherung sind nicht mit dem anderen Piloten-Kollegen, sondern mit der Flugsicherung selbst zu klären. Dieses Phänomen beobachte ich auch bei Verhandlungen. Häufig bleiben nach einem Verhandlungsgespräch Punkte unklar. Statt diese auf dem kurzen Dienstweg mit der anderen Seite zu klären, folgen lange Diskussion innerhalb des eigenen Verhandlungsteams. Das ist ineffizient und fehlerbehaftet. Deshalb gefällt es mir gut, die Pilotenregel wie folgt auf Verhandlungen zu übertragen: Unklarheiten mit dem Verhandlungspartner sind nicht im eigenen Team, sondern mit dem Verhandlungspartner zu klären.

Konfliktbewältigung ist fester Bestandteil der CRM-Ausbildungen von Piloten. Die Lehrpläne sehen vor, den Piloten ein positives und professionelles mentales Modell zur Konfliktbewältigung zu vermitteln. Einen unkontrollierten Konflikt können sich Piloten an Bord nicht erlauben. Ein solcher Konflikt könnte zu Instabilität, Stress und unangemessenem emotionalen Verhalten führen.[124] Deshalb wird Piloten gelehrt, dass Konflikte ein notwendiger Bestandteil des Führungsprozesses sind. Konflikte setzen Ideen frei und wirken reinigend.[125] Der Kollege, mit dem ein Konflikt auszutragen ist, wird nicht als Gegner verstanden, sondern als Partner. Konfliktlösung ist eine »als normal zu bezeichnende Phase ihrer Zusammenarbeit«[126]. Piloten haben eine hohes gemeinsames Interesse, Konflikte produktiv zu lösen. Die Flugsicherheit priorisiert sich von allein. Gibt es in Ihren Verhandlungen ein vergleichbar wichtiges gemeinsames Interesse? Selbst wenn es das nicht gibt, erhöht ein positiv-professionelles mentales Modell der Konfliktlösung die Produktivität Ihrer Verhandlungen.

Die Erfolgsgeschichte des CRM wurde auf weitere Bereiche übertragen. Feuerwehren, Eisenbahnen und Gesundheitswesen wenden mit messbarer Wirkung die in der Luftfahrt entwickelten Ideen zur Schulung im Bereich des Faktors Mensch an. Warum nicht auch in Ihrer Organisation ein Negotiation Resource Management oder kurz NRM einführen?

Checkliste Prinzip der Zusammenarbeit

- Vermeiden Sie Denkfehler, die Ihnen die Zusammenarbeit erschweren
  - Nullsummen-Mythos: Jede Verhandlung hat das Potenzial für Kooperationsgewinne.
  - Konfliktillusion: Sie haben nicht nur entgegengesetzte Interessen. Achten Sie auf die gleichlaufenden und abweichenden Interessen.
  - Transparenzillusion: Die andere Seite weiß weniger von uns, als wir glauben. Verhandeln ist immer auch eine pädagogische Aufgabe.
  - Reaktive Abwertung: Stellen Sie sich stets vor, der Vorschlag Ihres Partners stammt von einem neutralen Dritten. Würde das einen Unterschied machen?
  - Überlegenheitsillusion/Überoptimismus: Halten Sie sich nicht für glücklicher und schlauer als Ihr Verhandlungspartner.
  - Nutzen Sie Ihr Team und die Einschätzung neutraler Dritter, um diesen Fallen zu entkommen. Zeitdruck verstärkt die Denkfehler. Sorgen Sie für Puffer.

- Setzen Sie zu Beginn einer Verhandlung einen kooperativen Rahmen:
  - Führen Sie ein informelles Vorgespräch mit folgender Botschaft: Wir sind ein Team mit einer gemeinsamen Aufgabe. Lassen Sie uns Verteilungsfragen am Ende klären.
  - Vermeiden Sie den Begriff Verhandlung. Er aktiviert unser Konkurrenz-Gen.
  - Visualisieren Sie die gemeinsame Pressekonferenz am Ende einer erfolgreichen Verhandlung.
  - Nutzen Sie den Just-do-it-Ansatz: Machen Sie aus einer Verhandlung einen Workshop.
  - Absolvieren Sie ein gemeinsames Verhandlungstraining mit Ihrem Partner.
  - Falls Sie ein schwierige Konfliktgeschichte haben: Nutzen Sie einen Konfliktmittler.

- Arbeiten Sie systematisch an Ihrer Arbeitsbeziehung mit Ihrem Verhandlungspartner:
  - Sympathiephase: Sammeln Sie zu Beginn so viel »Facetime« wie möglich. Achten Sie auf Ähnlichkeiten, Details und Körpersprache. Schaffen Sie ein Sympathiepolster.
  - Gegenseitigkeitsphase: Knüpfen Sie ein unsichtbares Netz der gegenseitigen Unterstützung mit Ihrem Verhandlungspartner. Dafür eignen sich alle Verfahrensfragen. Gehen Sie in Vorleistung, übertreiben Sie es aber nicht.

- Vertrauensphase: Halten Sie das Gegenseitigkeitsprinzip über längere Phasen aufrecht. Achten Sie penibel auf Ihre Glaubwürdigkeit. Machen Sie eine Vertrauensbeziehung zum erklärten Ziel Ihrer Verhandlungen.

- Vergrößern Sie den Verhandlungskuchen:
  - Führen Sie zusätzliche Themen in die Verhandlungen ein.
  - Beginnen Sie mit der Kuchenvergrößerung und nicht mit Verteilungsfragen.
  - Nutzen Sie Unterschiede zwischen Ihnen und Ihrem Verhandlungspartner, um Mehrwert zu schaffen: Fähigkeiten -> Joint Venture, Risikobereitschaft -> Versicherung, Liquidität -> Bank, Prognosen -> Wenn-dann-Verträge, Themenpriorität -> Kuhhandel, zeitliche Präferenzen -> Jetzt gegen später

- Knüpfen Sie ein Wertschöpfungsnetzwerk:
  - Zeichnen Sie eine Übersichtskarte mit allen Beteiligten. Scannen Sie breit. Suchen Sie in der gesamten Wertschöpfungskette nach neuen Partnern, die zusätzlichen Wert an den Tisch bringen.
  - Reichern Sie Ihre Übersichtskarte mit Interessen, BATNA und der Qualität der relevanten Beziehungen der Beteiligten an.
  - Führen Sie eine strategische Kampagne durch, um möglichst viele Unterstützer für Ihre Mehrwertlösung zu finden: Skizzieren Sie eine Ergebnisvision, die die Interessen aller Beteiligten berücksichtigt. Identifizieren Sie die einflussreichen Spieler. Beginnen Sie mit den leichter Überzeugbaren. Es folgen die einflussreichen Kritiker. Nehmen Sie auf diese auch indirekt Einfluss.

Verhandlungsflow-Tipp: Nutzen Sie die frühe Phase der Verhandlungen, um alle Zeichen auf Zusammenarbeit zu stellen. Bündeln Sie die Lösungsintelligenz aller Beteiligten in Ihrem Wertschöpfungsnetzwerk. Fahnden Sie gemeinsam mit Ihrem Partner nach Lösungen, die zusätzlichen Nutzen schaffen. Damit gewinnen Sie Manövriermasse für das Verhandlungsfinale.

2.5 Prinzip der Zweigleisigkeit: Kombinieren Sie gegensätzliche Fähigkeiten, um das volle Lösungspotenzial auszuschöpfen

Die beiden großen Philosophien des Verhandelns stehen sich unvereinbar gegenüber. Die einen glauben an das harte Verhandeln, bei dem es verdeckt oder offen darum geht, sich durchzusetzen. Dieses Lager hat seine Idole, seine Gurus und seine Ratgeber. Die anderen verstehen jede Verhandlung als großartigen Workshop, um mit Partnern gemeinsam an Lösungen zu arbeiten. Auch dieses Lager hat Idole, Gurus und Ratgeber. Natürlich wenden die Lager viel Energie auf, um sich gegenseitig infrage zu stellen. Welches Lager hat recht? Müssen wir uns nicht entscheiden? Die Antwort lautet: Beide Lager haben recht. Mit den Worten der Spieltheorie: Verhandlungen sind ein multimodales Spiel, in dem es gleichzeitig um Zusammenarbeit und Durchsetzung geht. Das ist verwirrend und widersprüchlich. In der Regel hängen wir der Philosophie des Verhandelns nach, die unserem bevorzugten Konfliktstil entspricht. Unser volles Potenzial entfalten wir beim Verhandeln erst dann, wenn wir uns der anderen Seite des Verhandelns öffnen.

Das ist nicht die einzige Widersprüchlichkeit beim Verhandeln.

Praxisfehler

Die meisten Verhandlungen starten voller Hoffnung. Beide Seiten versichern sich der gegenseitigen Wertschätzung. Sie verpflichten sich darauf, intelligente Lösungen zu finden, die dem Nutzen beider Seiten dienen. Doch ihr Partner hält sich nicht lange an die Spielregeln. Statt nach Mehrwertlösungen zu fahnden, beansprucht er einen Großteil des zur Verfügung stehenden Verhandlungskuchens. Sie erwischen Ihn sogar dabei, wie er versucht, Sie mit Informationen in die Irre zu locken. Ihr Geduldsfaden als Verhandlungsführer reißt. Ab jetzt schlagen Sie unerbittlich zurück. Wenn der Verhandlungsführer der anderen Seite Krieg möchte, kann er ihn haben.

Erläuterung: Zu Beginn einer Verhandlung ist es einfach, einen konstruktiven Weg einzuschlagen. Im weiteren Verlauf von Verhandlungen kommt es unweigerlich zu einem Wechsel der Gangart. Denn jede Verhandlung besteht zum Teil aus Kooperation und zum Teil aus Durchsetzung. Es ist völlig normal, wenn Ihr Partner versucht, sich mit bestimmten Punkten durchzusetzen und Duftmarken zu setzen. Es ist entscheidend, wie Sie einen solchen Wechsel im Antritt moderieren. Verfallen Sie nicht aus Enttäuschung in einen destruktiven Modus. Antizipieren Sie von Beginn an diese Widersprüchlichkeit jeder Verhandlung. Thematisieren Sie die Situation gegenüber

Ihrem Partner. Natürlich akzeptieren Sie keine Täuschungsversuche. Sie lassen sich allerdings nicht die Spielregeln von Ihrem Partner diktieren. Sie bleiben bei Ihrer Strategie und lassen sich nicht durch das Verhalten Ihres Partners von Ihren Zielen abbringen.

Seien Sie empathisch und zugleich durchsetzungsstark

Sind Sie ein wettbewerbsorientierter Verhandler? Möchten Sie sich stets das größere Stück vom Verhandlungskuchen abschneiden? Wahrscheinlich fürchten Sie dann, dass Ihnen zu viel Einfühlungsvermögen von Ihrem Verhandlungspartner als Schwäche ausgelegt wird. Wie sollen Sie sich später durchsetzen, wenn Sie jetzt zu viel Verständnis für die andere Seite zeigen? Vielleicht sind Sie ein kooperativer Verhandler? Dann fällt es Ihnen schwer, sich bei einzelnen Punkten durchzusetzen. Wenn Sie sich allzu hart aufstellen, könnte dies doch auf die Beziehungsebene durchschlagen. Und sind nicht Beziehung und Vertrauen das Wichtigste, um gut zusammenarbeiten zu können?

Wir hatten uns bereits im Kapitel 2.2 unter »Verstehen Sie Ihren Verhandlungspartner« mit Empathie beschäftigt. Es gibt die authentische Empathie – das Hineinfühlen – und die funktionale Empathie – das Hineindenken – in die Gefühlswelt des anderen. Das Hineindenken führt beim Verhandeln wie gezeigt zu besseren Ergebnissen. Entscheidend im Miteinander mit Ihrem Verhandlungspartner ist, in der Lage zu sein, mit Worten die Welt so zu beschreiben, wie Ihr Gegenüber sie sieht. Die Methoden dazu sind effektive Fragen und aktive Zuhören, wie wir es in Kapitel 1.1 bei den Tipps 5 und 6 besprochen hatten. Besonders das sogenannte emotionale Labeling ist hilfreich, um der anderen Seite Ihr Einfühlungsvermögen zu demonstrieren: »Ich habe den Eindruck, Sie sind jetzt sehr enttäuscht?« Zur Erinnerung: Ein emotionales Label besteht aus einer Ich-Botschaft plus einer Relativierung (Ich habe das Gefühl/ich habe den Eindruck) plus einer möglichst präzisen Beschreibung des wahrgenommenen Gefühls. Gelingt es Ihnen schließlich, Ihrem Gegenüber ein »Das stimmt!« zu entlocken, ist das ein guter Indikator für die Qualität Ihrer Empathie.[127] Beachten Sie die drei wichtigen Grundregeln, wie Sie am besten mit Empathie umgehen. Erstens: Verwechseln Sie nicht Empathie mit Sympathie. Nur weil Sie sich in die Gefühlswelt der anderen Seite hineindenken, müssen Sie sie nicht gutheißen. Zweitens: Empathie bedeutet nicht Zustimmung. Seien Sie sich darüber stets im Klaren. Drittens: Vermeiden Sie jede Form von Urteil über die Gefühlswelt Ihres Gegenübers. Versuchen Sie die Rolle eines neutralen Beobachters einzunehmen

Durchsetzungsvermögen auf der anderen Seite besteht aus zwei Elementen. Zunächst müssen Sie bereit dazu sein, für Ihre Bedürfnisse einzustehen. Es ist okay, wenn Sie vehement für Ihre oder die Interessen Ihrer Organisation einstehen. Dieses Selbstbewusstsein ist sogar die Voraussetzung dafür, um den Lösungsraum beim Verhandeln optimal auszudehnen. Wie wir in Kapitel 2.1 beim Prinzip der Nutzenoptimierung gesehen haben: Die optimale Lösung entsteht dann, wenn beide Seiten für ihre Interessen einstehen und dann einen effektiven gemeinsamen Problemlösungsprozess organisieren. Diese Bereitschaft allein genügt allerdings nicht. Sie müssen zusätzlich in der Lage sein, Ihre Bedürfnisse effektiv auszudrücken. Das ist eine Gratwanderung. Sie sollten dabei weder zu unterwürfig noch zu kriegerisch klingen. Die Kunst liegt darin, dass richtige Maß in der Mitte zu finden und Ihre Botschaft dabei klar zu kommunizieren. Es hilft Ihnen nicht nur bei der Kuchenverteilung, sondern auch bei der Kuchenvergrößerung, wenn Sie klar für Ihre Interessen einstehen. Selbst für Ihre Arbeitsbeziehung ist es nützlich, wenn Sie klar und deutlich Probleme frühzeitig benennen, allerdings ohne dabei zu verletzten.

Die Botschaft dieses Abschnitts ist klar. Entscheiden Sie sich nicht für Empathie oder Durchsetzung. Entscheiden Sie sich für beides gleichzeitig. Wie das geht, sehen wir uns jetzt an.

Tappen Sie nicht in die Entweder-oder-Falle.[128] Beobachten Sie Ihr Denken. Gehen Sie davon aus, sich zwischen einem empathischen Gespräch und einem durchsetzungsstarken Gespräch entscheiden zu müssen? Diese Selbstbeobachtung ist der erste Schritt, um mit zweigleisigen Situationen umzugehen. Schränken Sie Ihre Optionen nicht unnötig ein. Damit würden Sie es sich zu einfach machen. Empathie und Durchsetzungsvermögen stehen in keinem Austauschverhältnis, sie sind nebeneinander möglich.[129] Wie soll ich denn zum Beispiel meinem Gegenüber einfühlsam vermitteln, dass ich glaube, er täuscht mich? Und dass das unverzüglich aufhören muss?

Ihre Aufgabe lautet: Wie kann ich mich mit meinem Anliegen zu 100 Prozent durchsetzen und dabei 100 Prozent einfühlsam sein? Stellen Sie sich in solchen Zwickmühlen immer zwei Fragen. Erste Frage: Was möchte ich durch meine Intervention unbedingt erreichen? Zweite Frage: Was darf dabei auf keinen Fall passieren? Angewendet auf unseren Fall könnte die erste Antwort lauten: Ich möchte, dass mein Partner penibel darauf achtet, unsere Seite mit zutreffenden Informationen zu versorgen. Zweite Antwort: Ich möchte auf keinen Fall, dass sich die andere Seite angegriffen fühlt und wir in einen eskalierenden Konflikt geraten.

Jetzt bringen Sie Ihr Gehirn auf Hochtouren. Verknüpfen Sie die Antworten auf die beiden Fragen mit einem UND. Wie erreiche ich, was ich unbedingt möchte, UND verhindere gleichzeitig, was ich unbedingt vermeiden möchte? Wie setze ich mich durch UND verhindere dabei, die Beziehung zu belasten? Angewandt auf unser Beispiel: Wie bringe ich meinen Partner dazu, uns die Wahrheit zu sagen, UND verhindere, dass sich mein Gegenüber angegriffen fühlt und der Konflikt eskaliert? Diese Art von Und-Fragen sind anstrengend. Geben Sie sich ein wenig Zeit, darüber nachzudenken. Sie werden erstaunt sein, wie dadurch Optionen entstehen, an die Sie ursprünglich nicht gedacht haben. Die gute Nachricht lautet: Mit dieser Und-Verknüpfung bekommen Sie ein mächtiges Werkzeug an die Hand. Wie kann ich mich im konkreten Fall mit einem Punkt durchsetzen und nehme dabei dennoch auf die emotionale Situation meines Gegenübers Rücksicht? Die schlechte Nachricht lautet: Sie müssen mit dieser kraftvollen Und-Frage als Ausgangspunkt intensiv ins Nachdenken kommen. Es gibt kein Antwort-Rezept auf diese Frage. Jede Situation ist anders. Seien Sie gespannt darauf, welche neuen Optionen Sie für sich entdecken. Im angesprochenen Fall könnte ein erster Versuch lauten: »Ich glaube nicht, dass Sie das absichtlich machen. Aber langsam bekomme ich den Eindruck, die eine oder andere Information von Ihnen ist nicht ausreichend überprüft. Können Sie meine Bedenken zerstreuen?«

Natürlich gibt es auch die umgekehrte Situation. Sie möchten empathisch sein, ohne sich in Zukunft beim gleichen Thema eine Entscheidung zu verbauen. Beispielsweise erzählt Ihnen ein Betriebsrat, wie er in der Vergangenheit immer wieder von Vertretern der Geschäftsleitung schlecht behandelt wurde und nicht mit den notwendigen Arbeitsmitteln ausgestattet wurde. Gleichzeitig entwickeln Sie das mulmige Gefühl, diese Wahrheit könnte zwei Seiten haben. Womöglich werden Sie an Restriktionen stoßen, die Sie jetzt noch nicht erkennen. Ihre Aufgabenstellung lautet: Wie kann ich meinem Gesprächspartner zeigen, dass ich Verständnis für seine Gefühlslage habe, UND gleichzeitig behalte ich mir vor, Entscheidungen zu fällen, die ihm nicht gefallen werden. Ein Ansatz könnte lauten: »Ich merke, wie das Thema Sie aufwühlt. Mein Eindruck ist, Sie fühlen sich wirklich ungerecht behandelt. Ich werde mir das genauer ansehen. Auf den ersten Blick kommt mir das vor, als habe es Missverständnisse und zu wenig Kommunikation gegeben. Bitte verstehen Sie mich nicht falsch, ich kann Ihnen jetzt nichts versprechen. Ich möchte mir als Erstes ein umfassendes Bild verschaffen. Sobald ich das habe, komme ich wieder auf Sie zu. Ich hoffe, Sie haben Verständnis dafür.«

Als Verhandlungsführer müssen Sie keinen Kompromiss zwischen Empathie und Durchsetzung eingehen. Sie können ein hohes Maß von beidem in Ihre Verhandlungen einbringen. Dazu ist es erforderlich, dass Sie Ihr Repertoire, wie Sie sich in Konflikten verhalten, stetig erweitern. Halten Sie im Laufe der Verhandlungen immer wieder inne und diagnostizieren Sie Ihr eigenes und das Konfliktverhalten Ihres Partners. Steuern Sie immer wieder dagegen, wenn der Prozess unproduktiv wird, weil eine Seite zu wenig Einfühlungsvermögen oder zu wenig selbstbewusste Klarheit zeigt. Dafür ist es hilfreich, das Konfliktverhalten der wesentlichen Spieler systematisch einzuschätzen.

Schätzen Sie Ihr eigenes Konfliktverhalten und das Ihres Partners ein. In Kapitel 1.1 hatten wir uns im vierten Tipp die fünf Konfliktmodi nach Thomas und Kilmann, näher angesehen. Bevor Sie mit einer wichtigen Verhandlung starten, ist es sinnvoll, sich 30 Minuten Zeit zu nehmen und den TKI-Test zu durchlaufen. Danach verstehen Sie besser, welche Konfliktstile Sie bevorzugen. Gerade unter Anspannung in schwierigen Verhandlungen fallen wir auf unseren präferierten Konfliktstil zurück. Wir erinnern uns: Jeder Konfliktstil hat seine Berechtigung, je nach Situation. Am erfolgreichsten handeln wir, wenn wir den zur Situation passenden Stil bewusst zur Anwendung bringen. Wenn wir wissen, wozu wir neigen, dann können wir das im Laufe der Verhandlungen bewusst wahrnehmen. Sie könnten zu sich selbst sagen: »Wir verhaken uns gerade. In mir kommt das große Bedürfnis auf, einen Schritt auf die andere Seite zuzugehen. Ich weiß, ich neige unter Druck zum Konfliktstil Entgegenkommen. Ist das jetzt in unserem Interesse? Oder kann ich nochmals unsere Interessen deutlich betonen und trotzdem auf die Emotionen der anderen Seite Rücksicht nehmen?«

Das Gleiche gilt für Ihren Verhandlungspartner. Für Sie ist es wertvoll, wenn Sie wissen, zu welchem Konfliktstil Ihr Verhandlungspartner neigt. Das gibt Ihnen die Möglichkeit, immer wieder gegenzusteuern, sobald der Verhandlungsprozess unproduktiv wird. Je früher Sie das erkennen, desto leichter fällt es, das Ruder zu justieren. Ihre Überlegung könnte lauten: »Jetzt ist mein Partner aber sehr forsch. Ich weiß, er neigt zum Konfliktstil Konkurrieren. Wie kann ich ihm wertschätzend zeigen, dass wir seine Interessen ernst nehmen und gleichzeitig auf unsere nicht verzichten werden?«

Woher können Sie den Konfliktstil Ihres Partners kennen, falls Sie noch nie mit ihm verhandelt haben? Manchmal ist es ein interessanter Ansatz, vor einer bedeutsamen Verhandlung gemeinsam einen Konfliktstil-Test aller Verhandler durchzuführen und mit einem erfahrenen Coach durchzusprechen. Ist das nicht möglich, könnten Sie versuchen, den Konfliktstil-Test für Ihren Verhandlungspartner auszufüllen. Die dazu erforderlichen Informationen erhalten Sie aus verschiedenen Quellen. Suchen Sie in sozialen Netzwerken. Lesen Sie Veröffentlichungen Ihres Verhandlungspartners durch. Beobachten Sie seine öffentlichen Auftritte. Interviewen Sie Personen, die Ihren Partner kennen oder bereits mit ihm verhandelt haben. Führen Sie mit ihm eigene informelle Gespräche. Falls Ihnen genügend Ressourcen zur Verfügung stehen, könnten Sie auch einen spezialisierten Psychologen engagieren, der Ihnen ein »Distant Profile«[130] oder »Personality Profil« erstellt. Ein solches Profil wird Sie nicht nur über den Konfliktstil, sondern auch über Denk-, Entscheidungs- oder Sozialstil Ihres Gegenübers informieren. Mit diesen Informationen stellen Sie sich besser darauf ein, wie sich Ihr Partner verhalten wird. Und Sie bekommen Anhaltspunkte, mit welchen Argumenten Sie Ihren Partner am besten erreichen. Wenn wir uns und unseren Partner besser kennen, können wir besser von einem unproduktiven Konfliktverhalten wegsteuern. Dazu ist es meist erforderlich, an den eigenen kommunikativen Fähigkeiten zu arbeiten.

Verbessern Sie Ihr Durchsetzungsvermögen. Nicht jedem ist es in die Wiege gelegt, sich mit seinen Ansichten geschickt durchzusetzen. Deshalb an dieser Stelle einige Tipps für Sie.[131] Ihr Ziel ist ein ausgewogenes Konfliktverhalten. Dazu gehört auch zu lernen, sich durchzusetzen.

Beginnen Sie mit Ihrer Haltung: Sie haben das Recht, Ihre Meinung zu äußern. Selbst dann, wenn diese noch nicht vollkommen stimmig und noch nicht vollständig zu Ende gedacht ist. Ihr Verhandlungspartner muss Ihnen nicht zustimmen. Er sollte Ihnen aber zuhören. Darauf müssen Sie bestehen. Verweigert er selbst das, müssen Sie auf die Metaebene wechseln und darüber sprechen, wie Sie effektiver miteinander umgehen.

Üben Sie mehrfach vor anderen oder auf Video in Ihrem Smartphone Ihre Kernbotschaften, sprich Ihre Kerninteressen auszusprechen. Sie werden feststellen, dass es viel Potenzial zur Verbesserung gibt. Insbesondere wenn Sie den Blickwinkel Ihres Verhandlungspartners einnehmen. Ist Ihre Gedankenführung klar und logisch? Haben Sie alle Fakten parat? Nehmen Sie Rücksicht auf den Empfängerhorizont Ihres Gesprächspartners? Schreiben Sie Ihre Kernpunkte auf einen Spickzettel, damit diese griffbereit sind, sobald es das Verhandlungsgespräch erlaubt.

Geben Sie Ihren Kernpunkten einen Rahmen, der auf die Interessen und Ziele Ihres Verhandlungspartners einzahlt. Stellen Sie Ihre Punkte betont neutral und nicht wertend dar. Spekulieren Sie nicht nur nicht über die Beweggründe und Interessen Ihres Partners, sondern betreiben Sie zusätzlichen verbalen Aufwand, um Ihrem Partner Ihre neutrale Grundhaltung zu vermitteln. Sagen Sie etwa: »Wir waren von Ihrer Kaufpreisforderung überrascht. Nach unseren Daten liegt Ihre Forderung 10 Prozent über dem marktüblichen Niveau. Das würde uns überfordern. Bitte verstehen Sie mich nicht falsch, Sie werden sicherlich Ihre guten Gründe gehabt haben. Das ändert aber nichts an unserer ablehnenden Haltung. Könnten Sie uns bitte nochmals erläutern, welche Überlegungen Sie angestellt haben?«

Wenn Sie dazu neigen, der anderen Seite frühzeitig entgegenzukommen oder zu früh Kompromisse zu schließen, dann hilft es auch, sich vorzustellen, für andere zu verhandeln. Sie setzen Ihre Interessen nicht für sich selbst durch, sondern für andere. Das macht Sie stark. Häufig verhandeln wir ohnehin für unser Unternehmen, unsere Organisation oder unsere Kunden. Es findet sich eigentlich immer ein anderer: sei es der Vorstand, der Aufsichtsrat, die Mitglieder oder Ihre Familie.

Ein weiterer Trick, um Ihre Durchsetzungsfähigkeit zu stärken: Lassen Sie sich von anderen beim Verhandeln beobachten. Legen Sie dazu Ihre Ziele schriftlich fest. Vereinbaren Sie Ihre Ziele dann mit einer übergeordneten Instanz. Machen Sie den Stand der Zielerreichung transparent, indem Sie regelmäßig über ihren Stand berichten. Näheres zum Thema Zielsetzung finden Sie in Kapitel 2.1 unter dem Punkt »Setzen Sie sich frühzeitig kluge Ziele für Ihre Verhandlung«.

Gewöhnen Sie sich an, nicht zu jedem Vorschlag immer sofort Ja zu sagen, auch wenn Sie ihn großzügig finden oder er über Ihrer Mindestschwelle liegt. Gönnen Sie sich mindestens noch eine weitere Runde. Nehmen Sie den Vorschlag unaufgeregt entgegen und nehmen Sie sich eine Auszeit. Dann könnten Sie fortfahren: »Vielen Dank. Das war ein Schritt in die richtige Richtung. Können Sie das Angebot noch weiter verbessern?« Die fortgeschrittene Version könnten lauten:»Warum ist das das beste Angebot, das Sie uns machen können?«

Falls Sie im Team verhandeln, ist es eine hervorragende Idee, eine kompetitive Person in Ihr inneres Team zu integrieren. Die internen Diskussionen werden für Sie nicht immer einfach sein. Dafür können Sie sicher sein, um die beste Strategie gerungen zu haben. Außerdem wird Ihnen der Kompetitive viele gute Inspirationen liefern, welche Punkte Sie beanspruchen sollten.

Bauen Sie die Empathie-Schleife ein. Auch hier gilt: Von Natur aus ist bei Weitem nicht jeder einfühlsam. Häufig haben die Durchsetzungsstarken an dieser Stelle Schwächen. Deshalb einige Tipps, wie Sie für Ihren Verhandlungspartner wahrnehmbar Ihr Einfühlungsvermögen verbessern können.

Ein wichtiger Punkt dazu ist die Empathie-Schleife. Sie knüpft an Tipp Nr. 6 »Hören Sie aktiv zu« aus Kapitel 1.1 an. Dort hatten wir bereits die Methode des Paraphrasierens kennengelernt. Paraphrasieren bedeutet schlicht, dass Sie die Hauptaussage Ihres Gesprächspartners mit eigenen Worten wiedergeben. Wie funktioniert nun die Empathie-Schleife? Sie besteht aus vier Schritten. Schritt 1: Sie stellen eine offene Frage. Schritt 2: Ihr Gesprächspartner antwortet, während Sie zuhören. Schritt 3: Sie fassen die Hauptaussage mit eigenen Worten zusammen, sprich paraphrasieren die Aussage Ihres Partners. Schritt 4: Sie fragen Ihren Partner, ob er sich zutreffend wiedergegeben fühlt. Etwa: »Haben ich das so richtig verstanden oder fehlt mir noch etwas?« Falls die Antwort Nein lautet: Gehen Sie wieder zu Schritt 1 zurück. Fall Ja: Herzlichen Glückwunsch, Sie haben Ihren Partner richtig verstanden. Diese Schleife wiederholen Sie so lange, bis Sie ein korrektes Verständnis der Aussage Ihres Partners entwickelt haben.

Was bei der Empathie-Schleife zu beachten ist: Es wäre sehr schlecht, wenn Sie diesen Prozess rein äußerlich durchlaufen, nur um Ihrem Partner zu demonstrieren, Sie würden sich für seine Vorstellungen interessieren. Wir Menschen haben ein feines Gespür dafür, ob unser Gegenüber nur ein Programm abspult oder ob er echtes Interesse an unseren Ausführungen hat. Am besten entwickeln Sie eine Haltung echter Neugier anstelle einer Haltung von Gewissheit nach dem Motto »Ich weiß ohnehin, was los ist!«. Ihre Leitfragen könnten lauten:»Welche Informationen hat mein Verhandlungspartner, die uns nicht vorliegen?« Und: »Wie wohl mein Gegenüber die Welt sieht, sodass seine Ansichten Sinn ergeben?«

Neben der Empathie-Schleife gibt es einige weitere Tipps, wie auf Konkurrenz gepolte Verhandlungsführer ihre empathischen Fähigkeiten stärken. Der erste Punkt ist:

Stellen Sie mehr Fragen, als Sie intuitiv möchten. Wir erinnern uns an die 70-30-Regel. Sie sollten 70 Prozent der Zeit zuhören und nur 30 Prozent der Zeit sprechen. Bei hartnäckigen Wettbewerbstypen sind allerdings bereits 50 Prozent Zuhören ein anspruchsvoller Wert. Damit die andere Seite spricht, müssen Sie Fragen stellen, und zwar über Ihre Komfortzone hinaus.

Wer sich gerne durchsetzt, neigt zu Machtargumenten. Er denkt und sagt gerne Dinge wie: »Wir machen das so, weil ich am längeren Hebel sitze« oder: »Entweder Sie machen das so, wie ich es sage, oder Sie bekommen den Auftrag nicht«. Das schadet in Verhandlungen am Ende sogar Ihrer Durchsetzungsfähigkeit. Sie provozieren damit untergründigen Widerstand, beispielsweise in der Umsetzungsphase. Ersetzen Sie besser Ihre Machtargumente durch Fairnesskriterien, die auch die andere Seite akzeptiert. Solche Argumente lauten dann: »Unser Vorschlag entspricht dem aktuellen Marktpreis von Unternehmen mit erhöhtem Risikoprofil« oder »Wir haben mehrere Beratungsunternehmen mit vergleichbarem Profil, die mit den von uns angebotenen Konditionen sehr gut wirtschaften können«.

Wenn Sie als kompetitiver Charakter im Team verhandeln, kann es eine sehr gute Idee sein, einen Beziehungsmanager in ihr Team zu integrieren. Das ist jemand, der sehr viel Wert auf die Beziehungsebene legt und eine gewisse Nähe zu Ihrem Verhandlungspartner hat. Beispielsweise war es in unseren Tarifverhandlungen sehr wertvoll, in unserem Team Linienflugbegleiter oder Linienpiloten zu haben, die sich in die Gedankenwelt unserer Verhandlungspartner eindenken konnten. Bei unseren Verhandlungen mit unseren chinesischen Partnern spielte unsere chinesische Übersetzerin eine entscheidende Rolle. Sie hatte keine Ahnung von den besprochenen geschäftlichen Themen. Sie hatte allerdings ein feines Gespür für die Stimmungslagen unserer Verhandlungspartner. Mit dieser Empfindsamkeit half sie uns, unsere Botschaften so zu umschreiben, dass sie unsere Partner gedanklich dort abholten, wo sie aktuell standen.

Vereinbaren Sie einen Prozess des wechselseitigen Zuhörens. Gerade in emotionalen Konflikten hat es sich bewährt, zum Einstieg wechselseitiges Zuhören zu vereinbaren. Das kann eine wichtige Grundlage dafür bieten, das gegenseitige Verständnis von Beginn an zu stärken. Der Prozess könnte wie folgt aussehen: Partner 1 trägt zunächst ununterbrochen und zusammenhängend seine Sicht der Dinge vor. Beispielsweise seine Interessen, etwa was ihm an der kommenden Transaktion besonders wichtig ist. Allenfalls kurze Verständnisfragen sind erlaubt. Er bekommt dafür einen Zeitraum von 5 bis 15 Minuten. Danach fasst Partner 2 sein Verständnis nochmals zusammen und lässt sich das von Partner 1 in einer Empathie-Schleife wie gerade besprochen freigeben. Beide Seiten sind sich darüber einig, dass Verstehen nicht bedeutet, einverstanden zu sein. Nun ist Partner 2 an der Reihe. 5 bis 15 Minuten ununterbrochene Darstellung, danach eine Empathie-Schleife der anderen Seite. Dieser Prozess kostet mit Pausen vielleicht 90 Minuten. Er verändert allerdings nach meiner Erfahrung Verhandlungen grundlegend. Nicht nur, dass beide Seiten ein Verständnis- und Empathiepolster gleich zu Beginn legen. Zusätzlich üben beide Seiten eine produktive Arbeitsweise ein, die die Richtung für den weiteren Prozess weist. Ein solcher Ablauf funktioniert nur, wenn Sie ihn gut vorbereiten und beide Seiten damit einverstanden sind. In besonders schwierigen Situationen bewährt es sich, einen Moderator zu bitten, durch den Prozess zu führen. Lassen Sie übrigens gerne Ihrem Partner den Vortritt. Das wird ihn wahrscheinlich für den Prozess begeistern. Zusätzlich wird Ihr Partner Ihnen besser zuhören können, sobald er seine eigenen Botschaften platzieren konnte und diese von Ihnen verstanden sind.

Damit haben Sie alle Werkzeuge an der Hand, um die Spannung zwischen Empathie- und Durchsetzungsvermögen zu managen. Sie tappen nicht in die Entweder-oder-Falle, sondern Sie stellen sich immer wieder die schwierige Frage, wie Sie es schaffen, beide Verhandlungsfähigkeiten gleichzeitig zu verwirklichen. Sie erkennen, zu welchem Stil Sie und Ihr Partner unter Druck neigen, um immer wieder gegenzusteuern. Sie verbessern die Art und Weise, wie Sie sich durchsetzen und sich empathisch zeigen. Und Sie kennen nun einen Prozess, mit dem Sie von Beginn an produktiv mit diesem Spannungsverhältnis umgehen können.

Damit sind Sie gut gerüstet, um auch das Spannungsverhältnis aus Wertschöpfung und Wertverteilung gut auszubalancieren.

Balancieren Sie das Spannungsverhältnis zwischen Wertschöpfung und Wertverteilung

In Kapitel 1.1 bei Tipp 10 »Vergrößern Sie den Verhandlungskuchen« hatte ich bereits das Spannungsverhältnis zwischen Wertschöpfung und -verteilung aufgezeigt. Kluge Verhandlungsführer beherrschen beide Disziplinen und balancieren das Spannungsverhältnis aus. Beide Themen ziehen sich wie ein roter Faden durch dieses Buch. Wertschöpfung haben wir uns intensiv im Kapitel 2.4 unter »Werden Sie ein Kuchenvergrößerungsprofi« angesehen. Für die Wertverteilung sind vor allem in Kapitel 1.1 Tipp 2 »Ankern Sie richtig und planen Sie Ihre Konzessionen« und Tipp 9 »Finden Sie objektive Kriterien« relevant. Machen wir uns nichts vor: Selbst wenn Sie noch so gut mit Ihrem Verhandlungspartner zusammenarbeiten, werden die Verteilungsthemen am Ende nicht verschwinden.

Thematisieren Sie dieses Spannungsverhältnis mit Ihrem Partner von Beginn an. Warum spreche ich eigentlich von einem Spannungsverhältnis zwischen den beiden Disziplinen Wertschöpfung und Wertverteilung? Das liegt daran, dass sich die beiden Modi gegenseitig hemmen. Das ist wie bei der Wintersportart Nordische Kombination. Sie besteht aus Skispringen und Langlaufen. Als Skispringer benötigen Sie explosive Sprungkraft. Sie müssen sich vom Schanzentisch im Bruchteil einer Sekunde abstoßen. Beim Langlauf ist hingegen Ihre Ausdauer gefragt. Das hat für das Training dieser besonderen Disziplin Konsequenzen. Wer zu viel auf Sprungkraft trainiert, hemmt seine Ausdauer. Und wer zu viel an seiner Ausdauer beim Langlauf arbeitet, wird am Schanzentisch schwächer. Beide Disziplinen gilt es zu balancieren. So ist es auch mit Wertschöpfung und Wertverteilung. Wer zu früh und zu aggressiv in die Verteilung des Verhandlungskuchens einsteigt, hemmt die kooperativen Potenziale der weiteren Verhandlung. Das weiß auch der Volksmund, wenn er sagt, man sollte das Bärenfell nicht verteilen, bevor der Bär erlegt ist. Auf der anderen Seite fällt es uns schwer, nach einer Phase der guten Zusammenarbeit am Ende die Frage zu klären, wer wie viel vom vergrößerten Kuchen erhält. Dieses Dilemma verschwindet auch nicht. Es bleibt bis zum Ende einer Verhandlung bestehen.

Eine sehr hilfreiche Strategie ist es, dieses Dilemma von Beginn an mit Ihrem Verhandlungspartner offen zu diskutieren. Führen Sie die Zweigleisigkeit zu einem frühen Zeitpunkt ein. Formulierungsvorschlag: »Es ist unser Ziel, eine Lösung zu finden, die möglichst viele Interessen beider Seiten zur Geltung bringt. Je systematischer wir uns austauschen und je kreativer wir an intelligenten Lösungen arbeiten, desto leichter gelingt uns das. Am Ende wird jeder darauf achten, möglichst viele seiner Interessen durchzusetzen. Das ist auch okay. Wir würden es begrüßen, wenn wir mit diesem Spannungsverhältnis zwischen Zusammenarbeit und Verteilung bis zum Ende konstruktiv umgehen. Wie sehen Sie das?« Kommen Sie immer wieder zu diesem Motiv der Multimodalität zurück. Sie sollten dabei auch selbstkritisch sein. Wenn Sie zu sehr in den kompetitiven Modus verfallen, dann sprechen Sie das offen an: »In der Tat hat sich unsere Seite jetzt sehr stark auf das Thema Verteilung des Kuchens fokussiert. Zum jetzigen Zeitpunkt wäre es klüger, wenn wir gemeinsam schauen, welche Ideen das Ergebnis für beide Seiten verbessern. Welches Thema wäre aus Ihrer Sicht dafür geeignet?« Falls Ihr Partner sehr kompetitiv argumentiert, sollten Sie das ansprechen: »Ja, auch für diesen Punkt benötigen wir am Ende eine Lösung. Zum jetzigen Zeitpunkt überfordert uns eine Entscheidung in dieser Frage. Ich verstehe Ihre Ungeduld. Was halten Sie davon, alle Fakten zusammenzutragen, um so schnell wie möglich eine Entscheidung treffen zu können, die sich an objektiven Kriterien orientiert?« Stellen Sie immer wieder die Frage auf der Meta-Ebene: »Vergrößern wir gerade den Kuchen oder verteilen wir ihn bereits?«

Verstehen Sie auch die Wertverteilung als gemeinsames Problem. Es gibt eine sehr effektive Methode, mit Verteilungsfragen in einer Verhandlung umzugehen. Geben Sie auch distributiven Fragen einen konstruktiven Rahmen. Das bedeutet vor allem: Interpretieren und behandeln Sie nicht nur die Suche nach dem größtmöglichen Kuchen als gemeinsames Problem. Werfen Sie Ihren systematischen und empathischen Ansatz, mit dem Sie kreative Lösungen entwickeln, nicht einfach über Bord, sobald es ums Verteilen geht, sondern bestehen Sie darauf, auch die Verteilungsfragen als Problem zu definieren, für das Sie mit Ihrem Partner eine gemeinsame Lösung finden müssen.

Das zentrale Werkzeug dafür sind objektive Kriterien, wie wir sie bereits in Kapitel 1.1 unter Tipp 9 »Harvard-Ansatz 3: Finden Sie objektive Kriterien für Verteilungskonflikte« besprochen haben. Führen Sie sich dazu nochmals unsere Nutzen-Nutzen-Matrix aus Abbildung 3 in Kapitel 2.1 vor Augen. Wir suchen zunächst nach allen Lösungen, die bei gegebenem Nutzen für die eine Seite den maximalen Nutzen für die andere Seite erzeugen. Diese Lösungen liegen irgendwo im Nordosten der Nutzen-Nutzen-Matrix. Es gibt theoretisch unendlich viele davon. Die Suche nach diesen Lösungen nennen wir Kuchenvergrößerung oder Wertschöpfung. Um zu einem Ergebnis zu kommen, müssen wir, die Verhandlungspartner, eine dieser Lösungen gemeinsam auswählen. Diesen Schritt nennen wir Kuchenverteilung oder Wertverteilung.

Die Kunst besteht darin, Ihren Partner davon zu überzeugen, mit Ihnen gemeinsam nach einer Lösung für das Problem der fairen Wertverteilung zu suchen. Dazu sollten Sie einige Weichen stellen. Betonen Sie, wenn irgendwie möglich, die Bedeutung der zukünftigen Beziehung: »Wir finden es wichtig, Ihnen in die Augen sehen zu können, wenn wir uns ein zweites Mal treffen sollten.« Verbieten Sie sich Drohungen und Friss-oder-stirb-Ultimaten. Das passt nicht zu einer kooperativen Atmosphäre. Geben Sie immer inhaltliche Begründungen für Ihre Vorschläge. Sie würfeln nicht und Sie zocken nicht, sondern Sie suchen nach einer sachgerechten Lösung. Führen Sie selbstbewusst durch dieses gemeinsame Problem der fairen Verteilung. Füllen Sie folgendes Schema mit Inhalt: »Wir sind konstruktiv bis hierhin gekommen. Jetzt gilt es, eine faire Justierung des Gesamtpakets zu finden. Deshalb schlagen wir für die offenen Punkte X (Preis oder andere Parameter) vor. Das entspricht Y (objektives Kriterium) im Schnitt der letzten drei Jahre. Das ist auch für Sie fair, weil Z (Begründung, warum dies auf die zentralen Interessen des Partners einzahlt). Wie schätzen Sie das ein?«

Sollte Ihr Gegenüber bereits vor Ihnen einen Verteilungsvorschlag unterbreitet haben, interpretieren Sie das als konstruktiven Vorschlag zur gemeinsamen Problemlösung, unabhängig davon, ob Ihnen dieser Vorschlag sachgerecht erscheint oder nicht. Sagen Sie etwas in der Art wie: »Vielen Dank für Ihren Vorschlag. Könnten Sie uns bitte erläutern, von welchen Überlegungen Sie sich bei diesem Vorschlag leiten lassen?« Geben Sie bei Bedarf Ihrem Verhandlungspartner einen Hinweis darauf, dass Sie weiterhin von einer gemeinsamen Problemlösung ausgehen: »Gibt es einen objektiven Standard, an dem sich Ihr Vorschlag orientiert? Welcher Standard könnte das aus Ihrer Sicht sein?« oder »Wie können wir auf der Grundlage Ihres Vorschlag Ihre Sichtweise mit unser Sichtweise verbinden?« oder »Warum sollte Ihr Vorschlag uns überzeugen?«

In vielen Fällen existiert kein herausragender Standard, auf den sich beide Seiten beziehen können. Oder es gibt mehrere Standards nebeneinander, die zu keinem klaren Ergebnis führen. Wie können Sie für diesen Fall das gemeinsame Problem einer fairen Verteilung lösen? Denken Sie über eine Verfahrenslösung nach. Gibt es einen Experten, den Sie befragen können? Einen Mediator, der hilft, Kriterien zu erarbeiten. Einen Schlichter, der einen unverbindlichen Lösungsvorschlag unterbreitet? Oder einen Schiedsrichter, dem beide Seiten vertrauen und der eine verbindliche Entscheidung fällt? Gerade bei Verfahrenslösungen können Sie kreative Lösungen einfließen lassen. Sie können zum Beispiel Mediation und Schlichtung kombinieren. Oder Sie können spezielle Formen der Schiedsgerichtsbarkeit wie die »Final Offer Arbitration« versuchen. Bei diesem speziellen Schiedsverfahren schlägt jeder Seite ein finales Lösungspaket vor, und der Schiedsrichter entscheidet, welcher Vorschlag konstruktiver die Interessen beider Seiten integriert. Er darf sich nur für einen der beiden Vorschläge entscheiden. In der Praxis führt dies häufig zu dem erstaunlichen Effekt, dass sich beide Seiten um eine möglichst konstruktive Lösung bemühen.

Häufig lohnt es sich, sich bei Verteilungsfragen vertieft Gedanken darüber zu machen, wie eine faire Verteilung für beide Seiten aussehen könnte. Sobald mehr als eine Partei an einer Verhandlung beteiligt ist, werden diese Fragen komplex und mathematisch. Dann können Lösungsrezepte wie der »Shapley Value« oder das »Howard Raiffas Hybrid Model« helfen.[132] Das würde hier zu weit führen.

Allerdings ist es hilfreich, sich die drei Prinzipien vor Augen zu führen, wie Menschen einen bestehenden Verhandlungskuchen verteilen: Das erste Prinzip ist die Gleichheitsregel. Jeder erhält gleichviele Anteile, unabhängig von seinem Input. Das Justizsystem beruht auf der Gleichheitsregel. Niemand wird vor Gericht anders behandelt, weil er mehr verdient oder eine höhere Position hat. Eine 50:50-Aufteilung ist eine klassische Anwendung im Alltag. Das zweite Prinzip ist die Billigkeitsregel. Wer einen höheren Beitrag leistet, erhält auch ein größeres Stück vom Kuchen. Die freie Marktwirtschaft funktioniert nach diesem Prinzip. Das dritte Prinzip ist schließlich die Bedürftigkeitsregel. Die Höhe des Anteils richtet sich nach der individuellen Bedürftigkeit. Sozialsysteme wie die Sozialhilfe funktionieren nach diesem Prinzip. In der Praxis werden diese Prinzipien auch in Mischformen umgesetzt. Interessanterweise neigen wir als Individuen dazu, das Prinzip zu bevorzugen, das für uns am günstigsten ist. Sind wir unterprivilegiert, pochen wir eher auf das Gleichheits- oder gar das Bedürftigkeitsprinzip. Sind wir etabliert, gehen wir wie selbstverständlich davon aus, das Billigkeitsprinzip sei die universelle Gerechtigkeitsregel. Führen Sie sich vor Augen, wer welches Prinzip vertritt und wer davon profitiert. Experimentieren Sie mit unterschiedlichen Ansätzen und Kombinationen.

Verringern Sie die Anreize, Sie zu täuschen. Traditionelle Verhandlungspraktiken sind weiterhin die Norm. Das bedeutet, dass viele Verhandlungsführer von Beginn an die meiste Zeit darauf verwenden, ihre Wahrnehmung davon zu verändern, was für sie möglich ist und was nicht. Dazu verwenden sie gerne manipulative Taktiken. Manche finden im Graubereich statt, bei anderen geht es schlicht um Täuschung. Am besten arbeiten Sie frühzeitig auf mehreren Ebenen dagegen an: Ihre wichtigste Maßnahme ist, mit gutem Beispiel voranzugehen. Achten Sie penibel auf Ihre Glaubwürdigkeit. Gestehen Sie Fehler ein, sobald sie Ihnen auffallen.

Verringern Sie die soziale Distanz zu Ihrem Partner und arbeiten Sie hart an einer verlässlichen Arbeitsbeziehung, die Schritt für Schritt zu größerem Vertrauen führt.

Vereinbaren Sie von Beginn an Spielregeln, wie Sie als Partner mit Fakten und Wahrheit umgehen. Eine gute Regel zum Einstieg ist: Wir müssen uns nicht von Beginn an alles sagen, aber das, was wir uns sagen, ist wahr. Eine sinnvolle Erweiterung dieser Regel kann sein: Geht unser Partner offensichtlich von falschen Annahmen aus, weisen wir ihn darauf hin. Die meisten halten sich an vereinbarte Regeln, wir können aufgrund des Konsistenzprinzips nicht anders. Dabei dürfen Sie nicht naiv sein. Natürlich gibt es Situationen und Personen, denen die Einhaltung dieser Regel schwerfällt.

Verlassen Sie sich deshalb nicht allein auf Informationen, die Sie aus einer Richtung bekommen. Wie ein guter Journalist oder Ermittler überprüfen Sie die Schlüsselfakten auf ihre Zuverlässigkeit. Ihr gut gepflegtes Informationsnetzwerk hilft Ihnen dabei. Sehen Sie sich dazu im Kapitel 2.1 den Abschnitt »Schaffen Sie sich ein Informationsnetzwerk« an.

Schließlich können Sie auch den Vertrag dazu nutzen, sich gegen eine mögliche Täuschung Ihres Verhandlungspartners abzusichern. Prognostiziert Ihr Partner goldene Zukunftsaussichten, nehmen Sie ihn beim Wort. Nutzen Sie dazu sogenannte kontingente Verträge. Was passiert, wenn der Fall so eintritt wie prognostiziert? Vor allem aber: Was geschieht, wenn es anders kommt? Lassen Sie sich für diesen Fall absichern. Meint Ihr Partner es ernst, dann dürfte er damit kein Problem haben. Verspricht Ihnen zum Beispiel ein Unternehmensberater zusätzliche Umsätze oder erhebliche Einsparungen durch sein Konzept, dann knüpfen Sie sein Honorar an den Eintritt dieser Kennzahlen. Sind Sie sich nicht sicher, ob eine Kaufsache in bestem Zustand ist, lassen Sie sich eine Zusicherung über den Zustand geben, und vor allem bestimmen Sie, was passiert, wenn sich diese Gewährleistung nicht bewahrheitet. Hier sind wir tief in einer Domäne der Vertragsjuristen angekommen. Beachten Sie aber: Vertragliche Zusicherungen sind immer eine Krücke und ersetzen nicht echtes Vertrauen. Vertragsbrüche müssen entdeckt und nachgewiesen werden. Vertragliche Garantien durchzusetzen ist mit Unsicherheiten behaftet und kostet Zeit und Geld. Kommt es für Sie darauf an, dass Garantien zutreffen, überlegen Sie, wie Sie für sich günstige Beweisregeln vereinbaren. Ebenso lohnt es sich, ein schnelles und kosteneffektives Verfahren wie beispielsweise eine Schiedsgerichtsbarkeit für den Fall des Vertragsbruchs vorzusehen.

Machen Sie mehrere Paketangebote gleichzeitig

Für die Fähigkeit zweigleisig zu denken und zu handeln, gibt es einen hervorragenden Anwendungsfall im Rahmen einer schwierigen Verhandlung. Stellen Sie sich folgende Situation vor: Die meisten Themen liegen bereits auf dem Tisch, und der Informationsaustausch mit Ihrem Partner erbringt keine weiteren Erkenntnisse. Dennoch bestehen noch Unsicherheiten. Jetzt kann es eine gute Idee sein, ein erstes Angebot zu unterbreiten. Vielleicht ist Ihr Verhandlungspartner bereits mit einem Angebot vorgeprescht. Nun richten sich alle Blicke auf Sie.

Statt in dieser Situation nur ein Angebot zu unterbreiten, empfehle ich Ihnen, zwei, maximal drei gleichwertige Angebotspakete zu schnüren und diese der anderen Seite vorzuschlagen. In Fachkreisen nennen wir dieses Werkzeug MESO, das ist eine Abkürzung des Begriffs »Multiple Equivalent Simultaneous Offers«[133].

MESOs haben viele Vorteile. Eigentlich beenden Angebote den Informationsaustausch, und es beginnt ein Abschnitt des Ankerns und Feilschens. Durch mindestens zwei Paketangebote gleichzeitig vermeiden Sie diesen konfrontativen Tempowechsel von Wertschöpfung zu Wertverteilung. Gleichzeitig tauschen Sie mit Ihrem Verhandlungspartner wertvolle Informationen aus, die zu besseren Lösungen führen. Ihrem Verhandlungspartner wird signalisiert, dass Sie zu flexiblen Lösungen in der Lage sind. Dennoch können Sie einzelne, für Sie wichtige Themen in Ihren alternativen Angeboten gleichbleibend belassen. Die Möglichkeit, zwischen verschiedenen Varianten wählen zu können, gibt Ihrem Partner Gestaltungsmacht. Immer wenn unser Partner den Eindruck hat, den weiteren Prozess beeinflussen zu können, steigt seine Verfahrenszufriedenheit. Durch seine Rückmeldung erhalten Sie wertvolle Informationen, die Sie nutzen können, um noch bessere Pakete zu gestalten. Sie regen mit Ihren mehreren Angeboten einen Wertschöpfungsprozess an. Außerdem ermöglicht Ihnen diese Methode, den Ankereffekt bei Lösungsvorschlägen zu nutzen und gleichzeitig Ihre Offenheit für alternative Lösungen anzudeuten.

Nehmen wir ein vereinfachtes Beispiel. Sehen Sie sich dazu bitte auch Abbildung 9 an: Sie verhandeln mit einem neuen Mitarbeiter sein Vertragspaket. Drei Themenfelder sind noch offen: die Gesamtvergütung, der Arbeitsort und die Anzahl der Urlaubstage. Bei der Vergütung liegen Sie zwischen 100 000 Euro und 120 000 Euro. Als Arbeitsorte kommen Berlin und Hamburg in Betracht oder beide Orte jeweils zu 50 Prozent. Am liebsten wäre Ihnen aus Arbeitgebersicht Berlin, der Bewerber hat Ihnen aber bereits signalisiert, dass das für ihn sehr schwierig sein könnte. Seine Familie ist an Hamburg gebunden. Beim Urlaub liegen die drei Optionen 20, 25 oder 30 Urlaubstage auf dem Tisch. Ohne das Werkzeug MESO würden Sie vielleicht ein Angebot wie Paket 3 in Abbildung 9 unterbreiten. Stattdessen schlage ich Ihnen vor, die drei Pakete 1, 2 und 3 gleichzeitig Ihrem Kandidaten vorzulegen. In unserem Fall würde der Kandidat aus familiären Gründen Paket 3 nun definitiv ausschließen. Bereits jetzt zeigen sich mehrere Vorteile eines Mehrfachangebots. Hätten Sie nur Paket 3 angeboten, würden wahrscheinlich viele Bewerber, die an einen anderen Standort gebunden sind, die Flinte ins Korn werfen. Ihre Flexibilität in dieser Frage wäre für die Bewerber nicht erkennbar. Gleichzeitig ankern Sie über Paket 1 schlechtere Bedingungen bei Vergütung und Urlaub als Preis für Ihre Beweglichkeit. Würden Sie als Arbeitgeber erst Paket 3 anbieten und dann doch noch eine Diskussion über einen alternativen Arbeitsort zulassen, wären Sie mit deutlich höheren Werten geankert.

Themen und Optionen	Gewichtung	Punktwert der Option (0–100)	Paket 1: 100 000 Euro Hamburg 20 Tage	Paket 2: 110 000 Euro 50 %/50 % 25 Tage	Paket 3: 120 000 Euro Berlin 30 Tage
Vergütung	30 %				
100 000		100	30		
110 000		75		22,5	
120 000		50			15
Arbeitsort	50 %				
Berlin		100			50
50 %/50 %		75		37,5	
Hamburg		50	25		
Urlaub	20 %				
20 Tage		100	20		
25 Tage		75		15	
30 Tage		50			10
Gesamtwert			75	75	75

Abbildung 9: Mehrere gleichwertige Angebote gleichzeitig machen (»MESO«)

Einige handwerkliche Hinweise, wie Sie am besten mit mehreren gleichzeitigen Paketangeboten umgehen: Bieten Sie zwei, maximal drei verschiedene Pakete an. Alles darüber hinaus wird Ihren Verhandlungspartner aus Gründen der Komplexität überfordern. Und Sie selbst wahrscheinlich auch. Aus dem gleichen Grund konzentrieren Sie sich bitte auf zwei bis drei wesentliche Themen, die Sie in Ihren Angeboten variieren. Bereiten Sie diese Pakete übersichtlich auf und stellen Sie sie visuell nebeneinander dar. Diese Methode ist genial, erfordert aber eine strukturierte Vorbereitung. Jetzt zahlt es sich aus, wenn Sie gelernt haben, mit dem grundlegenden Werkzeugen Verhandlungstemplate und Scoring-System umzugehen, so wie ich es ausführlich in Kapitel 2.1 beschrieben habe. Stellen Sie sicher, dass der Gesamt-Score Ihrer Angebote ungefähr dem gleichen Wert für Sie hat. Gestalten Sie Ihre Angebote am besten nicht sofort als annahmefähige letzte Angebote aus. Ihr Ziel ist es, über die verschiedenen Pakete zu diskutieren und ein besseres Verständnis zu entwickeln, in welche Richtung Sie denken sollen. Ihr Verhandlungspartner soll Ihnen deshalb nicht mitteilen, für welches Paket er sich endgültig entscheidet. Vielmehr sollten Sie lediglich ihn um einen Hinweis bitten, welches Paket seinen Interessenlagen am nächsten kommt. Bitten Sie ihn darum, Ihnen eine Indikation zu geben, welches Paket die Basis für das weitere Paketdesign sein sollte. Fragen Sie ihn auch, warum bestimmte Paketlösungen für ihn nicht in Betracht kommen. Sobald Sie ein verwertbares Feedback Ihres Partners haben, können Sie ihm erneut MESOs anbieten. Die Methode ist sehr gut dazu geeignet, mehrfach hintereinander angewendet zu werden.

MESO ist ein wertvolles Werkzeug und kann in jeder Phase einer Verhandlung sinnvoll eingesetzt werden. Die größte Herausforderung in der Handhabung ist die zusätzliche Komplexität, die auf beiden Seiten des Verhandlungstisches entsteht. Sorgen Sie deshalb für eine übersichtliche und strukturierte schriftliche Darstellung Ihrer Angebote. Vermeiden Sie unnötige Kompliziertheit und konzentrieren Sie sich auf die wesentlichen Punkte Ihres Angebots. Machen Sie Ihre Hausaufgaben und seien Sie mit Ihrem Scoring-System sattelfest. Bitte beachten Sie, dass auch Sie Ihrem Partner Informationen zu Ihren Präferenzen übermitteln. Da die Angebote für Sie gleichwertig sind, kann Ihr Verhandlungspartner ableiten, welche Prioritäten und Bewertungen Sie unterstellen. Nicht selten kommt es vor, dass Ihr Partner sich herzlich bedankt und ein neues Paket erstellt, bei dem er die Rosinen Ihrer Angebote herauspickt. Antizipieren Sie diesen Punkt. Wenn Sie die Pakete vorstellen, weisen Sie bereits darauf hin, dass die Angebote Gesamtpakete sind, die einer in sich geschlossenen Logik folgen. Ein »Best of All Worlds« schließt sich aus. Selbst wenn Ihr Partner sich davon nicht beeindrucken lässt, haben Sie ihn zwei- bis dreimal mit Ihrem Gesamt-Score konfrontiert. Bestehen Sie darauf, als Gegenleistung für Ihre Flexibilität eine Indikation zu bekommen, welches Paket besser den Präferenzen Ihres Partners entspricht. Antworten Sie auf eine Rosinenpickerei mit erneuten MESOs, die dieses Mal noch besser auf die Interessen Ihres Partners zugeschnitten sind.

Eignen Sie sich eine allgemeine Strategie an, wie Sie mit zweigleisigen Situationen umgehen

Die Welt des Verhandelns ist voller Dilemmata, Widersprüche und Gleichzeitigkeiten. In diesem Kapitel hatten wir uns bereits das Spannungsverhältnis zwischen Durchsetzungsstärke und Empathie angesehen, ebenso die Multimodalität zwischen Wertschöpfung und Wertverteilung. Alle vier Fähigkeiten beherrscht der ideale Verhandlungsführer gleichzeitig. Es gibt zahlreiche weitere Bipolaritäten.

Bereits im Kapitel 1.1 unter Tipp 1 hatten wir uns das Konzept der besten Alternative zum Verhandlungsergebnis, die BATNA angesehen. Das hatten wir in Kapitel 2.3 unter »Stärken Sie Ihre Verhandlungsmacht« weiter vertieft. Auch bei der BATNA geht es darum, gleichzeitig Ihre Verhandlungslösung und Ihre BATNA voranzutreiben. Falls Sie Ihre Alternativen nicht pflegen, kann es sein, dass Ihr Partner Sie am Ende der Verhandlungen »verhungern« lässt. Wenn Ihr Zulieferer merkt, dass Sie keine Alternativen zu ihm haben, müssen Sie mit monopolähnlichen Preisen rechnen. Sollten Sie nicht bereit sein, Ihre Produktion zu verlagern oder stillzulegen, und möchten Sie auch keinen Arbeitskampf aushalten, müssen Sie womöglich die Forderungen der Gewerkschaft erfüllen. Damit Sie nicht in eine alternativlose Situation geraten, sollten Sie sowohl an Ihrem Deal als auch an Ihrer No-Deal-Option arbeiten.

Ein weiterer Widerspruch besteht zwischen den Fähigkeiten, hartnäckig und flexibel zu sein. Beides ist wichtig beim Verhandeln. Allerdings gilt es, an den richtigen Stellen hartnäckig oder flexibel zu sein. Soweit es um die Vertretung Ihrer Kerninteressen oder die Verwendung objektiver Kriterien geht, sind Sie gut beraten, beharrlich zu bleiben. Sie sollten auch darauf bestehen, die Verhandlung als einen gemeinsamen Problemlösungsprozess mit Ihrem Partner zu organisieren. Vermeiden Sie hingegen ein bloßes Armdrücken um die Frage, wer den stärkeren Willen hat, seine einmal gefassten Positionen durchzusetzen. Ihre Kerninteressen leiten Sie bei der Frage, was Sie als Verhandlungsziel erreichen möchten. Bei der Frage wie Sie Ihre Kerninteressen durchsetzen, sollten Sie hingegen flexibel bleiben. Dass der Verhandlungsprozess lösungsorientiert abläuft, sollte für Sie gesetzt sein. Wie das konkret aussieht, gilt es immer wieder erneut zu justieren. Hier passt folgendes Bild gut:[134] Verhandeln bedeutet, sich in relativ unbekanntem Terrain zu bewegen. Ihr Ziel ist verhältnismäßig klar umrissen. Wie Sie konkret Ihr Ziel erreichen, sollten Sie nicht zu früh festlegen. Natürlich können Sie bereits einen provisorischen Pfad festlegen. Halten Sie sich aber mehrere alternative Wege offen und weichen Sie unerwarteten Hindernissen elegant aus. Je besser Sie Ihre Hausaufgaben machen und Ihr Informationsnetzwerk funktioniert, umso detaillierter ist Ihre Landkarte. Dennoch lautet der beste Verhandlungsrat zu diesem Punkt: Denken Sie strategisch, aber handeln Sie opportunistisch.[135]

Woran liegt es, dass Verhandlungen so viele Spannungen und Widersprüche aufweisen? Im Kern hängt dies mit der Komplexität anspruchsvoller Verhandlungen zusammen. Zahlreiche Spieler sehen sich mit zahlreichen Themen konfrontiert, und das in einer sich ständig veränderten Umwelt. Bei vielen Ihrer Spielzüge können Sie nicht wissen, wie sie sich am Ende konkret auswirken. Deshalb gilt es, die Erfolgspotenziale mehrerer Varianten möglichst lange aufrechtzuerhalten. Kultivieren Sie möglichst viele problemlösende Fähigkeiten nebeneinander. Die Wahrscheinlichkeit ist hoch, sie mehrfach zu benötigen. Wie immer bei komplexen Problemen gibt es kein Standardrezept, wie Sie mit widersprüchlichen Fähigkeiten und Situationen umgehen.

Aber es gibt einige Prinzipen, die Sie in die richtige Richtung leiten, um mit Widersprüchlichkeiten umzugehen:

Erkennen Sie die Widersprüchlichkeit der Situation. Oder anders ausgedrückt: Problem erkannt, Gefahr gebannt. Wenn Sie sich mit den Widerspruchspaaren des Verhandelns beschäftigen, fällt Ihnen bei Ihren Verhandlungen die Diagnose eines Dilemmas leichter. Sie sagen sich oder Ihrem Team Sätze wie: »Ah, hier kommen sich gerade Empathie und Durchsetzungsstärke in die Quere.« Oder: »Ja, wir denken daran, wie wir durch kluge Lösungen Kooperationsgewinne erreichen. Aber wir dürfen nicht vergessen, dass am Ende auch Verteilungsfragen stehen.« Oder: »Wir sind auf einem guten Weg. Lasst uns nochmals unseren Plan B ansehen, damit wir ihn nicht aus den Augen verlieren.« Oder: »Ja, es ist gut, dass wir beharrlich sind und nicht so schnell aufgeben. Nur führt uns das Beharren auf unserer Position wirklich schneller zu unserem Ziel?« Mit einer zutreffenden Diagnose schaffen Sie die Grundlage, um ihr weiteres Handeln oder Nicht-Handeln strategisch richtig zu planen. Nehmen Sie Unstimmigkeiten bewusst wahr.

Der nächste Schritt, um mit Widersprüchlichkeiten umzugehen: Halten Sie das Gefühl kognitiver Dissonanz aus. Wenn wir Wahrnehmungen oder Absichten haben, die unvereinbar erscheinen, dann empfingen wir das als unangenehm. Zwei oder mehrere Gedanken befinden sich miteinander in Konflikt, deshalb sprechen wir von kognitiver Dissonanz. Um das unangenehme Gefühl zu verringern, entscheiden wir uns gerne für eine Richtung und finden eine Rechtfertigung dafür. Beispielsweise konzentrieren wir uns auf unsere Durchsetzungsstärke und verzichten auf Empathie. Wir sagen zu uns selbst: Die andere Seite versteht nur eine Sprache, sie hat sich unsere Empathie nicht verdient. Ihre Verhandlungsziele erreichen Sie besser, wenn Sie dem unangenehmen Gefühl mit Gelassenheit begegnen. Sagen Sie zu sich selbst: »Verhandlungen sind widersprüchlich. Das fühlt sich nicht gut an. Diese Wahrnehmung ist aber normal. Vielleicht hilft es, wenn ich mich intensiver mit den Hintergründen des Dilemmas auseinandersetze? Oder einfach ein wenig Zeit vergehen lasse?«

Jetzt stimulieren Sie Ihre Kreativität. Stellen Sie sich die Frage: Wie lassen sich die beiden Gegensätze miteinander verbinden? Welche Potenziale kann ich damit heben? Handelt es sich bei genauer Betrachtung nur um scheinbare Widersprüche? Entgehen Sie wie besprochen der Entweder-oder-Falle so oft wie möglich. Wie kann ich mich empathisch durchsetzen? Wie beharre ich flexibel? Wie schütze ich meine Interessen und öffne mich trotzdem der gemeinsamen Lösungssuche? Nicht immer gibt es auf diese verknüpfenden Fragen eine gute Antwort. Aber öfter, als wir glauben, lässt sich scheinbar Widersprüchliches auflösen. Häufig hat dies mit guter Kommunikation des Dilemmas mit Ihrem Verhandlungspartner zu tun.

Deshalb lautet meine Empfehlung: Diskutieren Sie die Dilemmata transparent mit Ihrem Verhandlungspartner. Sie müssen über Ihre persönliche Schmerzgrenze hinweg Ihrem Partner Ihren Zwiespalt erläutern. Selbst wenn Sie glauben, Sie hätten das Dilemma deutlich beschrieben, bemühen Sie sich auch darüber hinaus um Klarheit für die andere Seite. Wenn Sie mit mehreren Partnern gleichzeitig verhandeln, können Sie sagen: »Wir würden sehr gerne mit Ihnen zu einem Ergebnis kommen. Die Chemie am Verhandlungstisch passt sehr gut. Darauf allein können wir eine Entscheidung nicht stützen. Wir sind dafür verantwortlich, für unsere Organisation das bestmögliche Ergebnis zu erzielen. Deshalb ist es unsere Pflicht, auch mit anderen Partnern an Lösungen zu arbeiten. Sie können sich darauf verlassen: Wir werden unsere Entscheidung auf faire Kriterien stützen. Wir halten Sie aktiv auf dem Laufenden. Können Sie diese Haltung aus unserer Sicht verstehen?«

Für diese widersprüchlichen Situationen gibt es keine Standardrezepte. Sie verlaufen auch nicht konfliktfrei. Lernen Sie mit diesen unklaren Situationen eine Zeit lang umzugehen. Nutzen Sie die Zeit, um so viele Informationen aus Ihrem Netzwerk zu erhalten. Aktivieren Sie die Lösungsintelligenz aller Beteiligten, indem Sie die Widersprüche mit einem »und« verknüpfen. Natürlich müssen Sie bei Verhandlungen auch Entscheidungen fällen. Manchmal unter großem Druck und mit nicht ausreichend Informationen. Hierbei können wir einiges von professionellen Verkehrspiloten lernen.

Zweigleisig zu denken ist anstrengend. Im nächsten Kapitel sehen wir uns an, wie Sie trotz aller Komplexität Ihren rationalen Kern bewahren und Ihre mentalen Ressourcen schonen.

Exkurs: Piloten entscheiden mit FOR-DEC

Eine der wichtigsten Fähigkeiten erfolgreicher Verhandlungsführer ist, über einen längeren Zeitraum mehrgleisig zu denken und zu handeln. Das gilt vor allem für die großen strategischen Fragen. Auf der anderen Seite müssen bei anspruchsvollen Verhandlungen laufend Entscheidungen mittlerer Wichtigkeit gefällt werden: An welchem Ort verhandeln wir? Welche IT-Lösung zur Zusammenarbeit verwenden wir? Wer wird unser Verhandlungsführer? Auf welche drei Bieter konzentrieren wir uns? Wie lautet unser erstes Angebot? Und so weiter.

In meiner Praxis des Verhandelns hat sich dafür FOR-DEC bewährt, der strukturierte Entscheidungsprozess der Piloten. Der Prozess ist schnell und führt zu guten Entscheidungen. Piloten verwenden diesen Prozess, um Entscheidungen zu fällen, für die es keine Standardprozedur gibt und bei denen ausreichend Zeit zur Verfügung steht. Besteht Zeitmangel, passen Piloten den Prozess an. Jeder Buchstabe steht für einen Schritt des Entscheidungsablaufs: Facts, Options, Risks & Benefits, Decision, Execution und Check. Der Bindestrich steht für einen Moment des Innehaltens. Vor dem Bindestrich (FOR) steht die Diagnose der Situation. Hinter dem Bindestrich (DEC) steht die Umsetzung der Maßnahme.

Sehen wir uns das Verfahren im Einzelnen an:

»Facts« – Was ist das Problem? Tragen Sie alle verfügbaren Informationen in der Zeit, die Ihnen zur Verfügung steht, zusammen. Denken Sie auch an ungewöhnliche Erkenntnisquellen. Piloten lassen sich von der Flugsicherung, der Einsatzzentrale der Fluggesellschaft, bisweilen sogar von anderen Crews in Funknähe beraten. Bei medizinischen Fragen werden unter anderem Ärzte an Bord befragt.

»Options« – Welche Handlungsalternativen bestehen? Tragen Sie alle verfügbaren Lösungsoptionen zusammen. Haben Sie zu wenig Alternativen? Denken Sie immer auch an ungewöhnliche, neuartige oder risikoreiche Lösungen. Falls Sie zu viele Lösungen produzieren, konzentrieren Sie sich stärker auf die wichtigsten Ziele, die Sie erreichen möchten. Falls Sie ausreichend Zeit haben, können Sie an dieser Stelle nach der besten Lösung suchen. Wenn Sie allerdings unter Zeitdruck stehen, genügt es, die erste geeignete Lösung auszuwählen. Dabei kann es sich auch um eine Lösung handeln, die Ihnen zusätzliche Zeit verschaffft.

»Risks & Benefits« – Welche Vor- und Nachteile hat jede Handlungsoption? Bewerten Sie jetzt Option für Option mit einer Plus-Minus-Liste. Jetzt zeigt sich, ob Sie beim ersten Schritt, bei der Faktensuche, präzise gearbeitet haben. Liegen nicht genügend Informationen vor, besteht die Gefahr einer Fehlentscheidung. Auch der umgekehrte Fall ist denkbar, sprich dass zu viele Informationen vorliegen. Das führt in der Regel sogar zu zusätzlicher Unsicherheit, weil jede Option mit Risiken behaftet ist. Für diesen Fall ist wichtig, die Vor- und Nachteile in eine priorisierte Reihenfolge zu bringen. Vergessen Sie auch nicht die menschliche Neigung, Verluste und Risiken höher zu bewerten als proportionale Gewinne und Chancen. Arbeiten Sie der Risikoaversion entgegen.

»Bindestrich« – Halten Sie dann einen Moment inne. Die Analysephase ist damit zu Ende. Lassen Sie die Fakten auf sich wirken. Haben Sie alles berücksichtigt und nichts vergessen? Trennen Sie mit der Pause deutlich zwischen Situationsanalyse und Umsetzungsphase.

»Decision« – Welche Option wählen wir auf Grundlage der Kriterien aus? Das FOR-DEC-Modell treibt Sie nun zu einer Entscheidung. Damit wird verhindert, dass sich Ihre Gedanken im Kreis drehen. Wägen Sie die Vor- und Nachteile miteinander ab. Sortieren Sie Optionen ohne Erfolgsaussichten schnell aus

»Execution« – Wer tut was wann und wie? Leiten Sie nach der Entscheidung sofort und präzise erste Schritte ein, um die Umsetzung sicherzustellen. Legen Sie jetzt fest, wann Sie die Situation unter dem nächsten Schritt »Check« überprüfen.

»Check« – Wurde alles durchgeführt? Haben sich neue Fakten ergeben? FOR-DEC ist auch für Situationen geeignet, die sich dynamisch entwickeln. Kontrollieren Sie,

zum festgelegten Zeitpunkt, ob alles wie erwartet eingetreten ist. Gibt es Veränderungen an den Rahmenbedingungen? Sollte der Erfolg nicht eingetreten sein oder haben sich die Rahmenbedingungen entscheidend verändert, beginnen Sie wieder bei F. Durchlaufen Sie nochmals den gesamten FOR-DEC-Prozess in der gebotenen Kürze.

Lassen Sie uns das Schema an einem realistischen Beispiel aus dem Cockpit durchspielen. Stellen Sie sich vor, Sie sind der Kapitän eines Airbus 380 auf dem Rückflug von Singapur nach Frankfurt. Plötzlich kommt es zum Druckabfall.

Facts: Langsamer Druckabfall. Sofortige Notlandung ist nicht erforderlich. Allerdings kann nicht über 10 000 Fuß geflogen werden. Aufgrund des höheren Luftwiderstands beträgt die maximale Flugzeit 2,5 Stunden. Wir befinden uns hinter Delhi, kurz vor Pakistan. Das Ziel ist nun, einen geeigneten Flughafen zu finden, um sicher landen zu können. Daneben ist der Kapitän auch für das Wohl der Passagiere, für die Crew und für operationelle Fragen verantwortlich.

Options: Als Optionen für eine Landung, die für den Airbus A380 zugelassen sind, kommen die Flughäfen in Dubai, Bangkok und Delhi in Betracht. Frankfurt und Singapur sind aufgrund der zu langen Flugzeit unerreichbar.

Risks & Benefits: Dubai ist ein sicherer Flughafen mit vielen Verbindungen für die Passagiere; allerdings sind keine eigenen Techniker verfügbar. Bangkok: Eigenes Personal am Standort ist vorhanden, allerdings gibt es wenig Möglichkeiten für Geschäftsreisende zum Weiterflug. Delhi: Eigenes Personal ist am Flughafen vorhanden, gute Weiterreisemöglichkeiten sind für die Passagiere vorhanden; das Wetter ist nicht optimal.

»Bindestrich«. Der Kapitän geht nochmals alle Optionen durch und fragt beim Copiloten nach, ob er etwas vergessen habe.

Decision: Der Kapitän entscheidet sich nach Abwägung aller Umstände für Delhi. Das etwas schlechtere Wetter ist für die Entscheidung nicht erheblich.

Execution: Der Kapitän bittet den Copiloten, die Flugsicherung darüber zu informieren, dass der Flieger nach Delhi umkehren möchte. Die Piloten beginnen das Verfahren, um den Flughafen von Delhi anzufliegen.

Check: Nachdem das Verfahren zur Umkehr nach Delhi abgeschlossen ist, überprüfen die Piloten, ob der Treibstoffverbrauch den Erwartungen entspricht. Außerdem sehen sie sich nochmals das Wetter in Delhi an.

Das FOR-DEC-Schema lässt sich unter Zeitdruck sehr gut abrufen. Nutzen Sie diese systematische Form der Entscheidungsfindung, wenn Sie Fragen mittlerer Wichtigkeit entscheiden müssen. Sie werden es zu schätzen wissen. Sie gewinnen dadurch Zeit und treffen bessere Entscheidungen. Vor allem vermeiden Sie Denkfehler.

Ihre Entscheidungen werden weder durch die Erinnerung an scheinbar ähnliche Situationen dominiert, noch setzt sich die erste Lösungsidee fest, die Ihnen in den Sinn kommt. Die Wirkung der Verfügbarkeitsheuristik wird durch das systematische Verfahren verringert. FOR-DEC macht Sie entscheidungsstark. Nutzen Sie die gewonnene Zeit, um an Ihrer Arbeitsbeziehung zu arbeiten, den Verhandlungsprozess zu verbessern oder mehr Zeit in das Deal-Design zu investieren.

Checkliste Prinzip der Zweigleisigkeit

- Kombinieren Sie Empathie und Durchsetzungsstärke
  - Setzen Sie sich für Ihr Verhandlungsgespräch anspruchsvolle Ziele. Stellen Sie sich die Frage: Wie setze ich mich in wichtigen Punkten zu 100 Prozent durch und bin gleichzeitig zu 100 Prozent einfühlsam mit meinem Verhandlungspartner? Bringen Sie mit dieser Frage Ihr Gehirn auf Hochtouren. Lehnen Sie ein Entweder-oder ab.
  - Setzen Sie sich mit Ihrem eigenen bevorzugten Konfliktstil und dem Ihres Partners intensiv auseinander.
  - Falls Ihnen es schwerfällt sich durchzusetzen: Beanspruchen Sie Ihr Recht, Ihre Meinung zu vertreten. Selbst wenn sie noch nicht vollkommen durchdacht ist. Verhandeln Sie nicht für sich, sondern für andere. Lassen Sie sich dabei beobachten.
  - Bauen Sie bei wichtigen Aussagen Ihres Partners immer eine Empathie-Schleife ein: Wiederholen Sie seine Kernaussage mit eigenen Worten. Fragen Sie ihn, ob Sie das richtig verstanden haben. Warten Sie auf seine Antwort.
- Balancieren Sie Wertschöpfung und Wertverteilung
  - Dieses Spannungsverhältnis ist das Urthema jeder Verhandlung. Thematisieren Sie diesen Widerspruch von Beginn an offen mit Ihrem Verhandlungspartner.
  - Definieren Sie die knifflige Frage der Wertverteilung von Beginn an als gemeinsames Problem. Ziehen Sie dazu objektive Kriterien heran. Beantworten Sie mit jedem Verteilungsvorschlag stets die Frage, warum dieser Vorschlag auch für Ihren Verhandlungspartner fair ist.
- Gehen Sie mit der Widersprüchlichkeit komplexer Verhandlungen strategisch um

- Nutzen Sie das Werkzeug, mehrere Paketangebote gleichzeitig zu unterbreiten. Damit gewinnen Sie wertvolle Informationen und geben Ihrem Partner Gestaltungsmacht. Arbeiten Sie von Beginn an gegen mögliche Rosinenpickerei an.
- Akzeptieren Sie die Widersprüchlichkeit komplexer Verhandlungen und machen Sie die bestehenden Dilemmata zum Gegenstand Ihrer Überlegung und Diskussionen.
- Trainieren Sie, Widersprüchlichkeit auszuhalten. Entscheiden Sie sich erst, wenn die Informationslage klarer ist.

Verhandlungsflow-Tipp: Beim Verhandeln gilt es, sich gleichzeitig durchzusetzen und zusammenzuarbeiten. Das ist widersprüchlich. Begreifen Sie die Widersprüchlichkeiten als Energiequelle Ihrer Verhandlungen. Stellen Sie sich immer wieder die knifflige Aufgabe, Lösungen zu finden, die diese Widersprüche überwinden. Behalten Sie bei aller Widersprüchlichkeit Ihr Ziel fest im Visier. Der Weg muss erst gefunden werden, aber verlieren Sie von Beginn an den Endpunkt nicht aus den Augen.

2.6 Prinzip der Rationalität: Fokussieren Sie sich trotz Emotionen und systematischer Denkfehler auf kluge Lösungen

Wenn es bei Verhandlungen anspruchsvoll wird, ist es entscheidend, klar zu sehen und besonnen zu handeln. Ihre Vernunft ist allerdings in Gefahr. In komplexen Situationen sind wir anfällig für verzerrtes Denken. Manche Verhandlungspartner versuchen, dieses Phänomen bewusst zu Ihrem Vorteil auszunutzen. Zeitdruck vermindert zusätzlich Ihre Fähigkeit, rationale Entscheidungen zu fällen. Mehrere Strategien helfen Ihnen dabei, einen kühlen Kopf zu bewahren. Managen Sie den Faktor Zeit. Bereiten Sie sich auch emotional auf Verhandlungsgespräche vor. Schonen Sie Ihre mentalen Ressourcen. Und integrieren Sie die Auseinandersetzung mit kognitiven Verzerrungen in Ihr analytisches Denken.

Praxisfehler

Nach über zwei Jahren des Bemühens luden uns unsere russischen Partner endlich zu Verhandlungen nach Moskau ein. Die Verhandlungen waren von Mittwoch bis Freitag Mitte Dezember angesetzt. Es herrschten minus 30 Grad, unsere Kleidung war den tiefen Temperaturen kaum gewachsen. Zu unserer Verblüffung ließen es unsere russischen Partner sehr gemütlich angehen. Selbst am Morgen des Abreisetags hatten wir die heißen Eisen noch nicht angefasst. Nachdem wir bereits eingecheckt hatten, präsentierten uns unsere Partner plötzlich eine Gesamtlösung. Sie war für uns an zahlreichen Punkten kaum akzeptabel. Als wir auf einen weiteren Termin drängten, schlugen uns unsere Partner einen Termin in zehn Monaten vor. Bis dahin sei der Verhandlungskalender voll. Wir überlegten, ob wir den Vorschlag der russischen Partner akzeptieren sollten. Nochmals zehn Monate warten erschien uns schwer vorstellbar. Manche der Klauseln waren komplex formuliert. Aber waren sie wirklich so nachteilig, wie wir befürchteten? Einige unserer Kernpunkte waren im Vorschlag der Russen enthalten. Außerdem hatten wir sehr viel Zeit in die Vorbereitung der Verhandlungen investiert. Der Vorstand in Deutschland erwartete von uns Ergebnisse. Wir wollten nicht ohne nach Hause kommen. Außerdem schienen uns die russischen Partner nicht sonderlich geschickt zu verhandeln. Schließlich hatten wir die Sorge, in zehn Monaten noch weniger zu erreichen als dieses Mal.

Erläuterung: Unsere russischen Partner hatten uns durch eine besondere »Gästebehandlung« in Zeitdruck versetzt. Unter Zeitdruck ist die Gefahr besonders groß, irrational zu handeln. Wann immer Sie in Verhandlungen unter Zeitdruck geraten, sollten Sie besonders wachsam darauf achten, ob Sie einem Denkfehler unterliegen. Im vorliegenden Falle waren mehrere Denkfehler am Werk. Obwohl das Ergebnis nicht besonders vorteilhaft war, rechneten wir unsere Bemühungen der Vergangenheit in die Gesamtabwägung ein. Dabei unterlagen wir einem Sunk-Cost-Effekt. Dieser wurde dadurch verstärkt, dass erfolglose Verhandler in Organisationen als Versager angesehen werden, obwohl der Nichtabschluss vollkommen rational wäre. Ohne plausible Anhaltspunkte unterlagen wir der Illusion der Überlegenheit über unsere Partner. Schließlich führten Verlustaversion und Besitztumseffekt dazu, dass wir das Erreichte absichern wollte, obwohl das womöglich irrational war.

Wir hatten übrigens einen schlauen und erfahrenen Kollegen dabei. Er hatte Hotel und Flug erst für kommenden Dienstag gebucht. Er bot den russischen Partnern an, das ganze Wochenende durchzuverhandeln. Er hatte bereits seine Lektion gelernt und ausreichend Puffer vorgesehen. Er rang den Partnern am Wochenende erhebliche Zugeständnisse ab und fand noch zwei Pferdefüße, die uns im Nachgang erhebliche Probleme bereit hätten.

Entzerren Sie die klassischen Denkfehler des Verhandelns

Wer besser verhandeln möchte, kommt nicht daran vorbei, sich mit menschlichen Denkfehlern auseinanderzusetzen. Menschen neigen dazu, sich nicht am ökonomischen Nutzen ihrer Entscheidungen zu orientieren, sondern an intuitiven Urteilsheuristiken. Diese überschlägigen Daumenregeln sind häufig systematisch verzerrt, sprich sie weichen von einer rationalen Entscheidung ab.

Warum ist das beim Verhandeln problematisch? Sie möchten sicherlich nicht, dass Ihr Verhandlungsführer bei einem M&A-Deal im dreistelligen Millionenbereich statt auf sein Excel-Sheet oder seinen Controller auf steinzeitliche Instinkte hört. In der Realität findet das jeden Tag statt, auch bei sehr wichtigen Verhandlungen. Die einfachen Entscheidungsregeln haben ihre Berechtigung im Kampf mit Säbelzahntigern. Sie weichen allerdings zum Teil stark von rationalen Werten ab, die sich berechnen lassen oder logisch erschlossen werden. Systematische Denkfehler oder präziser kognitive Verzerrungen sind mittlerweile Gegenstand des psychologischen Allgemeinwissens. Sie wurden von der »Heuristics-and-biases-Schule« erforscht, die von Wirtschaftsnobelpreisträger Daniel Kahnemann und seinem Freund Amos Tversky in den 1970er-Jahren gegründet wurde. Ich empfehle jedem ambitionierten Verhandler Kahnemanns Buch »Schnelles denken, langsames Denken« zu lesen. Aber Vorsicht: Es handelt sich um schwere Kost. Das Hörbuch dauert über 16 Stunden. Schneller geht es, wenn Sie sich diesen Abschnitt durchlesen. Dabei ist es nicht so wesentlich, stets jeden Denkfehler parat zu haben. Wichtiger ist es, Strategien in Ihren Verhandlungsalltag zu integrieren, die Ihnen helfen, kognitive Verzerrungen zu vermeiden.

Kennen Sie die Klassiker unter den kognitiven Verzerrungen? Je mehr Sie sich mit üblichen Denkfehlern beim Verhandeln auskennen, desto schärfer wird Ihre Wahrnehmung. Das ist bei vielen Denkfehlern die halbe Miete. Ich habe die häufigsten Denkfehler beim Verhandeln für Sie übersichtlich in einer Tabelle zusammengefasst. In der zweiten Spalte beschreibe ich Ihnen kurz die Art der kognitiven Verzerrung. In der dritten Spalte stelle ich ein kurzes Beispiel für die kognitive Verzerrung dar und gehe darauf ein, inwieweit die Verzerrung beim Verhandeln relevant ist. Denkfehler tauchen an verschiedenen Stellen dieses Buchs auf. Ich versorge Sie nochmals mit den Fundstellen.

Name	Beschreibung	Beispiel/Verhandlungsrelevanz
Ankereffekt/Anpassungsheuristik	Ein gesetzter Startwert (Anker) beeinflusst einen danach bewusst gewählten Zahlenwert. Wir passen unseren Zahlenwert an den Anker an. Dies kann auch durch unbewusste Suggestion geschehen.	Das erste Angebot des Gebrauchtwagenhändlers beeinflusst unser Gegenangebot. Spielt bei allen Angeboten und Forderungen eine große Rolle. Siehe auch Kap. 1.1, Tipp 2.

Name	Beschreibung	Beispiel/Verhandlungsrelevanz
Framing-Effekt/Einrahmungseffekt	Die unterschiedliche Formulierung einer identischen inhaltlichen Botschaft beeinflusst das Verhalten des Empfängers.	Es macht einen großen Unterschied, ob Sie eine Verhandlung als gemeinsamen Problemlösungsprozess bezeichnen oder als einen Kampf, bei dem Sie gewinnen möchten. Überlegen Sie, wie Sie Ihre Fakten und Angebote formulieren. Reframen Sie ungünstige Rahmen. Siehe auch Kap 1.1, Tipp 11.
Verlustaversion	Wir tendieren dazu, Verluste höher zu gewichten als Gewinne.	Fassen Sie vor einem Verhandlungsabbruch der anderen Seite alles zusammen, was sie verliert, wenn es zu keinem Deal kommt. Überprüfen Sie immer, ob es einen Unterschied macht, ob eine Botschaft als Gewinn oder Verlust dargestellt wird. Siehe auch Kap. 2.3 »Stärken Sie Ihre Verhandlungsmacht«.
Reaktive Abwertung/ Negative Zuschreibung	Weil ein Vorschlag von der Gegenseite kommt, wird er abgewertet.	Sie machen einen konstruktiven Vorschlag. Ihr Partner reagiert emotional darauf. Prüfen Sie stets, ob Sie den Vorschlag anders bewerten würden, wenn er von einem objektiven Dritten stammte. Siehe auch Kap. 2.4 »Vermeiden Sie Denkfehler, die Ihnen die Zusammenarbeit erschweren«.
Nullsummen-Mythos	In Verhandlungen wird der Vorteil des einen stets als der Nachteil des anderen verstanden. Kooperationsgewinne werden ausgeblendet.	Sie versuchen bei zehn Verhandlungsthemen, bei jedem einzelnen zu »gewinnen«. Achten Sie darauf, ob Kooperationsgewinne möglich sind. Vielleicht können Sie Ihren Partner bei einem Thema gewinnen lassen und dafür ein anderes voll einstreichen. Siehe auch Kap. 2.4 »Vermeiden Sie Denkfehler, die Ihnen die Zusammenarbeit erschweren«.
Fluch des Gewinners	In einer Situation mit mehreren Bietenden besteht die Gefahr, dass der Meistbietende einen zu hohen Preis bezahlt hat. Schlechter informierte Käufer überschätzen den Wert des Kaufgegenstandes.	Stelle Sie sich vor, Sie haben beim Gebrauchtwagenkauf keinen technischen Sachverstand. Die Gefahr ist groß, dass Sie für einen unerkannten Unfallwagen so viel bezahlen wie für einen durchschnittlichen Wagen. Seien Sie vorsichtig bei Auktionen und schlechter Informationslage. Nehmen Sie sich einen Sachverständigen.
Verfügbarkeitsheuristik	Ist es erforderlich, ein Problem zu lösen, neigt unser Gehirn dazu, leicht verfügbare Informationen zu bevorzugen. Und dies auch dann, wenn schwerer verfügbare Informationen ein zutreffenderes Bild erzeugen würden.	Weil wir unsere eigene schlechte Ausgangsposition bei einer Verhandlung gut kennen, neigen wir dann dazu, die unbekannte Ausgangslage des Partners zu überschätzen. Bei Verhandlungen gibt es andauernd Informationsungleichgewichte. Deshalb ist es wichtig, die verfügbaren Informationen nicht zu überschätzen. Siehe auch Kap. 2.3 »Stärken Sie Ihre Verhandlungsmacht«.
Besitztumseffekt/Endowment-Effekt	Menschen tendieren dazu, eine Sache als wertvoller einzuschätzen, wenn sie sie besitzen oder glauben zu besitzen.	Wahrscheinlich überschätzen Sie den Wert Ihres Autos oder Ihres Hauses oder Ihres Unternehmens, wenn Sie es verkaufen möchten. Wir müssen in Verhandlungen häufig etwas geben, um etwas zu bekommen. Versuchen Sie, den Rat eines unabhängigen Experten einzuholen.

Name	Beschreibung	Beispiel/Verhandlungsrelevanz
Überlegenheitsillusion	Wir überschätzen unsere eigenen Fähigkeiten.	Wir gehen unvorbereitet in eine Verhandlung, weil wir glauben, schwierige Entscheidung am Verhandlungstisch fällen zu können. Eine realistische Einschätzung unserer Fähigkeiten ist beim Verhandeln wichtig. Andernfalls schlagen wir gute Angebote aus, weil wir glauben, bessere erreichen zu können. Siehe auch Kap. 2.4 »Vermeiden Sie Denkfehler, die Ihnen die Zusammenarbeit erschweren«.
Eskalierendes Commitment/Sunk-Cost-Effekt	Wir tendieren dazu, uns gegenüber früheren Entscheidungen verpflichtet zu fühlen. Auch wenn diese Entscheidungen sich als falsch erweisen, stellen wir zusätzliche Ressourcen zur Verfügung.	Sie haben sehr lange an einem Joint Venture verhandelt. Ihr Partner zeigte große Härte in den Verhandlungen. Es ist ungewiss, ob Sie Gewinn aus dem Projekt ziehen können. Da Sie sehr lange verhandelt haben, gehen Sie das Risiko ein. Komplexe Verhandlungen sind mühsam. Verhandler die kein Ergebnis erzielen, werden in Organisationen schief angesehen. Sunk-Cost-Effekte sind eine große Gefahr bei Verhandlungen.
Bestätigungsfehler/»Confirmation Bias«	Wir wählen Informationen so aus und interpretieren sie passend so, dass wir unsere eigenen Erwartungen erfüllen.	Es kommt vor, dass wir unseren Verhandlungspartner für hochgradig irrational halten. Vielleicht finden wir sogar viele Anzeichen für seine psychotischen Wesenszüge. In Wirklichkeit ist er aber ein Durchschnittsmensch. In Verhandlungen bewerten wir viele Informationen. Eine Verzerrung ist gefährlich und führt zu falschen Entscheidungen.

Mit diesem Grundwissen sind Sie für jede Verhandlung bestens gewappnet. Im nächsten Schritt sehen wir uns an, welchen generellen Strategie Ihnen helfen, Denkfehler bei Ihren Verhandlungen zu vermeiden. Das führt zu rationaleren Entscheidungen und damit besseren Ergebnissen.

Verwenden Sie fortgeschrittene Strategien, um Denkfehler zu vermeiden. Die in der Tabelle genannten kognitiven Verzerrungen sind nach meiner Erfahrung die Top-11 für anspruchsvolle Verhandlungen. Die Liste der kognitiven Verzerrungen im englischsprachigen Wikipedia beträgt über 200, Stand heute. Jede einzelne Verzerrung folgt eigenen Gesetzen. Niemand ist in der Lage, sich diese Informationsfülle zu merken. Es gibt allerdings wirksame Strategien, die bei allen Denkfehlern helfen.

Im Kapitel 2.4 unter »Vermeiden Sie Denkfehler, die Ihnen die Zusammenarbeit erschweren« hatten wir uns bereits drei Strategien angesehen, die Ihnen helfen, kognitive Verzerrungen zu vermeiden, die Sie davon abhalten, effektiv mit Ihren Partnern zusammenzuarbeiten. Die drei Strategien lauteten: Diskutieren Sie Denkfehler; nehmen Sie die Außenseiterperspektive ein; vermeiden Sie Zeitdruck. Kurz zur Erinnerung, was sich hinter diesen drei Strategien verbirgt:

Diskutieren Sie mögliche kognitive Verzerrungen in Ihrem Team, mit Ihren Auftraggebern oder auch mit Ihren Verhandlungspartnern. Das macht sie präsent und verringert die Wahrscheinlichkeit, dass Sie auf sie hereinfallen.

Nehmen Sie die Perspektive einen neutralen Dritten ein. Dazu kann es hilfreich sein, wirklich einen unabhängigen Dritten einzubeziehen oder Teammitglieder als Advocatus diaboli einzubeziehen.

Schließlich sollten Sie vorsichtig werden, wenn Sie unter Zeitdruck geraten. Dann sind Sie besonders anfällig für Denkfehler.

Lassen Sie uns zusätzlich zu diesen drei Basisstrategien für Denkfehler beim Zusammenarbeiten noch vier fortgeschrittene Strategien ansehen, die Ihnen darüber hinaus helfen, rational zu bleiben. Keine Sorge, zum Teil handelt es sich dabei um alte Bekannte.

Der wichtigste Punkt ist: Sie benötigen als Erstes einen rationalen Ankerpunkt für Ihre Verhandlungen. Das bedeutet einen transparenten und nicht manipulierbaren Ausgangspunkt, der definiert, was überhaupt rational ist. Weicht Ihr Lösungsansatz von diesem Ankerpunkt ab, besteht der Anfangsverdacht, dass Sie Denkfehlern unterliegen. Etwa weil Sie versunkene Kosten einrechnen oder überoptimistisch sind. Dieser Ankerpunkt ist unser Zielsystem, das wir in Kapitel 2.1 unter dem Punkt »Setzen Sie sich frühzeitig kluge Ziele für Ihre Verhandlung« kennengelernt haben. Sprich, Sie leiten aus Ihren wichtigsten Interessen Ihre Top-Ziele ab und versehen sie mit einem Minimal- und einem Maximalziel und definieren einen klaren Prozess, was passiert, wenn Sie ihr Minimalziel nicht erreichen. Unterschreitet Ihr Lösungsansatz Ihr Minimalziel, besteht wohlgemerkt nur ein Anfangsverdacht für eine kognitive Verzerrung. Erinnern Sie sich: Ihr Zielsystem ist nur eine Hypothese, die durch neue Informationen angepasst werden kann. Wenn Sie ein Zielsystem erarbeiten, ist eine systematische Vorgehensweise erforderlich. Sie ermitteln Ihre Interessen und priorisieren sie. Sie entwickeln anhand der Themen Lösungspakete und vergleichen sie mit Ihren Interessen. Strukturiertes Arbeiten verringert die Gefahr, irrational zu sein.[136]

Eine weitere wichtige Strategie, Denkfehler zu vermeiden, lautet: Nutzen Sie Verhandlungspausen, um sich neu zu adjustieren. Die Situation des Verhandlungsgesprächs ist hervorragend dazu geeignet, kognitive Verzerrungen zu produzieren. Für die meisten Verhandler ist das eine Stresssituation. Stress produziert Denkfehler. Womöglich sitzen sich zwei oder mehrere Verhandlungsteams gegenüber. Das bedeutet sozialen Stress. Das Gespräch findet in der Regel im Pingpongverfahren statt. Sie hören konzentriert zu, beantworten anspruchsvolle Fragen, beachten viele Informationen gleichzeitig bei Ihren Antworten. Das ist kognitiver Stress. Wenn Sie Pech haben, wendet Ihr Gegenüber subtile Manipulationen oder offensichtliche Drucktaktiken an. Das steigert die Stressdosis weiter. Deshalb bestehen Sie auf Pausen. Stellen Sie sich und Ihrem Team in der Pause als Erstes die Frage: Sind wir noch rational, oder verzerrt sich langsam unser Denken? Welche neuen Fakten haben wir gerade gelernt? Verlieben wir uns in unsere Hypothesen oder sind wir weiterhin offen, diese anzupassen? Verstricken wir uns in unsere Aussagen oder ist vielleicht ein Neustart erforderlich? Manipuliert uns gerade die andere Seite? Wurde ein manipulativer Anker oder Rahmen gesetzt? Wird unsere Verlustaversion oder unser Besitztumseffekt von der anderen Seite ausgebeutet?

Die nächste Strategie, Sie von Denkfehlern im Verhältnis zu Ihrem Verhandlungspartner abzuhalten: Denken Sie sich in die Welt Ihres Gegenübers intensiv ein. Versuchen Sie zu verstehen, warum er im Verhandlungsverlauf sich zu bestimmten Verhaltensweisen entschieden hat. Häufig nehmen wir unseren Verhandlungspartner statisch wahr, so als ob er sich und seine Meinung während der gesamten Verhandlung nicht verändert. Das ist unwahrscheinlich. Genauso wie wir uns dynamisch der Situation anpassen, macht dies unser Partner auch. Versuchen Sie, einem Außenstehenden zu erklären, warum sich der Gegenüber aus seiner Perspektive vollkommen rational verhält. Erst wenn Sie das flüssig können, haben Sie sich ausreichend in die andere Seite hineinversetzt. Ist Ihr Gegenüber noch rational, welchen Denkfehlern unterliegt er? Wie können Sie ihm dabei helfen? Wertet er Sie reaktiv ab? Versuchen Sie Ihren Vorschlag über jemanden zu platzieren, den Ihr Partner positiver sieht. Führen die Fakten, die leicht verfügbar für Ihren Partner sind, dazu, dass er zu falschen Schlussfolgerungen kommt? Dann unterliegt er der Verfügbarkeitsheuristik. Es ist Ihre Aufgabe, ihm die relevanten Daten so aufzubereiten, dass es für Ihren Partner verständlich und nachvollziehbar ist. Unterliegt Ihr Partner der Überlegenheitsillusion? Finden Sie in einem Weg, wie Sie ihm die Risiken seines Verhaltens näherbringen, ohne ihm dabei zu drohen.

Sie werden bei jeder anspruchsvollen Verhandlung Denkfehler machen. Das ist unvermeidlich. Es gehört zu jeder guten Verhandlung, sich nach Abschluss der Vereinbarung nochmals im eigenen Team zu treffen. Nutzen Sie diese Retrospektive oder »Lessons Learned« dazu, zu analysieren, an welchen Stellen die Rationalität gelitten hat. Und zwar auf beiden Seiten des Verhandlungstisches. Leiten Sie daraus einfache Regeln ab, die Sie bei der nächsten Verhandlung beachten. Beschäftigen Sie sich sowohl mit dem Verhandlungsprozess als auch mit dem Verhandlungsergebnis. Hatten Sie Ihr rationales Zielsystem stets vor Augen? Hatten Sie genügend Pausen, um sich zu justieren und mögliche Denkfehler zu diskutieren? Gelang es Ihnen immer wieder, eine objektive Beobachterperspektive in die laufenden Verhandlungen zu integrieren? Haben Sie immer wieder die Perspektive Ihres Partners eingenommen? Nehmen Sie die hier aufgeführte Liste der kognitiven Verzerrungen, um die Rationalität beider Verhandlungsparteien zu auditieren. Die feste Integration dieses Elements in den Verhandlungsprozess trägt dazu bei, Ihre Entscheidungen und die Ihres Teams für die Zukunft zu verbessern. Falls Sie feststellen, dass irrationale Verhaltensweisen zu einem Ergebnis geführt haben, das für beide Seiten nicht optimal ist, scheuen Sie sich nicht, auf der Grundlage der bestehenden Vereinbarung einen weiteren Verhandlungsanlauf zu nehmen. Ein solches Postsettlement sehen wir uns im nächsten Kapitel genauer an.

Setzen Sie auf Ihr System-2-Denken. Die Kernthese der Forschungen von Kahnemann und Tversky zu Denkfehlern und Heuristiken ist interessant: Dem Menschen stehen zwei Arten des Denkens zur Verfügung. System 1 ist schnell, automatisch, immer aktiv und emotional. System 2 hingegen ist langsam, anstrengend, selten aktiv, logisch und bewusst. Für die wichtigen Entscheidungen im Rahmen unserer Verhandlungen möchten wir das volle Potenzial von System 2 nutzen. Denn die Denkfehler finden statt, wenn wir uns im System 1 befinden. System 2 erfordert, dass wir uns die Mühe machen, bewusst darüber nachzudenken, ob uns eine Entscheidung unseren Zielen näherbringt. Versuchen Sie, Ihre wichtigen Verhandlungen möglichst viel im System 2 zu verbringen. Dazu benötigen wir Ruhe, Zeit, zutreffende Informationen und einen gut strukturierten Überblick über die Themen und Zusammenhänge. Das ist nicht immer einfach, aber jeder Schritt in die richtige Richtung zählt.

Ihre Rationalität wird von vielen Faktoren beeinflusst. Wir haben bereits gelernt: Wer sich unfair behandelt fühlt, trifft scheinbar individuell ökonomisch unvernünftige Entscheidungen. Wenn Sie möchten, sehen Sie sich dazu nochmals das Ultimatumspiel in Kapitel 2.1 an. Ebenso beeinflussen positive und negative Gefühle unsere Vernunft. Eine breit lächelnde Kellnerin kann Ihr Trinkgeld mehr als verdoppeln, im Verhältnis zu einem nur schwachen Lächeln.[137] Wir dürfen davon ausgehen, dass Emotionen grundsätzlich eher zu System-1-Entscheidungen führen. Ein besonders wichtiger Einflussfaktor auf unser rationales Verhalten beim Verhandeln ist der Faktor Zeit. Lassen Sie uns ansehen, wie Sie damit am besten umgehen.

Managen Sie den Faktor Zeit beim Verhandeln souverän

Ich bin der Meinung, dass wir die Bedeutung des Faktors Zeit in Verhandlungen systematisch unterschätzen. Haben Sie sich schon einmal bei der Analyse einer Verhandlung gewundert, warum ein Partner irrational erscheinende Zugeständnisse gemacht hat? Häufig hilft ein Blick auf die Fristen, die er einhalten musste. Zeitdruck ist ein Einfallstor für Irrationalität in Verhandlungen. Wir fällen schlechte Entscheidungen, weil wir nicht genügend Zeit für eine vernünftige Analyse haben. Manchmal sind uns die Konsequenzen unserer Entscheidungen sogar vollkommen klar. Der Zeitdruck führt aber dazu, dass wir bis zu unserem absoluten Rückzugspunkt gehen müssen, weil unser Ergebnis wichtig für ein übergeordnetes Thema oder einen nachfolgenden Prozessschritt ist. Zeit zu haben ist deshalb ein wichtiger Hebel in Ihren Verhandlungen. Wer nicht auf ein Ergebnis angewiesen ist, kann mit seinem Ja warten, bis ihm das Ergebnis gefällt.

Begreifen Sie den Faktor Zeit als wichtigen Einflussfaktor für Ihre Verhandlungen. Woran erkennen Sie einen Verhandlungsprofi? Unter den ersten Fragen, die er stellt, sind die beiden folgenden: Wie viel Zeit haben wir? Wie viel Zeit hat die andere Seite? Häufig ist das für beide Seiten auf den ersten Blick nicht sofort klar. Hier lohnt ein wenig Recherche. Je nachdem, wer mehr Zeit zur Verfügung hat, befindet sich in einer besseren Ausgangslage. Fordert eine Fachabteilung vom Einkauf, eine bestimmte Ware muss zu einem bestimmten sehr frühen Datum geliefert werden, kann dies den Einkauf gegenüber dem Lieferanten in eine schwierige Drucksituation bringen.

Sehen wir uns kurz die drei möglichen Konstellationen an. Wenn beide Seiten genügend Zeit haben, hört sich das zunächst gut an. Beide Seiten haben ausreichend Zeit, um sich über Interessen und mögliche Lösungsoptionen auszutauschen. Wenn aber ohne ernsthaftes Enddatum immer neue Ideen und Optionen diskutiert werden, kann dies eine Verhandlung auch verschleppen. Versuchen Sie in solchen Fällen, ein Enddatum zu vereinbaren. Das Erreichen des Enddatums muss mit Konsequenzen verknüpft sein, wie etwa einem Abbruch der Verhandlungen oder einer Eskalation an eine höhere Instanz oder an einen neutralen Dritten.

Die zweite Konstellation ist, wenn beide Seiten unter Zeitdruck stehen. Das führt zu stringenten und zielorientierten Verhandlungen. In diesen Fällen besteht die Gefahr, dass der Druck im Verhandlungsfinale sehr groß wird und die Parteien suboptimale Lösungen verhandeln, einfach weil sie nicht genügend Zeit haben, die unterschiedlichen Lösungen auszuloten. Oder die Überforderung führt simpel und einfach zu Arbeitsfehlern. Manche Verhandlungsführer versuchen, diese Situation bei ihren Partnern zu erzeugen. Zum Zeitdruck fügen sie emotionalen Druck etwa durch persönliche Angriffe hinzu. Sind beide Parteien zu Beginn der Gespräche unter Zeitdruck, empfiehlt sich von Beginn an ein klarer Zeitplan für die gemeinsame Vorbereitung, um das Verhandlungsfinale zu entlasten. Und ein Puffer am Ende, um den Druck im Verhandlungsfinale ein wenig zu verringern.

Die dritte Konstellation sind schließlich abweichende Zeithorizonte. Ein Partner möchte früher abschließen, der andere hat Zeit. Derjenige, der Zeit hat, ist in der Regel in der komfortableren Ausgangsposition. Deshalb versuchen die Partner mit einem kürzeren Zeithorizont regelmäßig, für sich selbst zusätzliche Zeit zu gewinnen. Sofern die andere Seite mehr Zeit hat als wir selbst, dann ist unser Interesse, die Zeit der anderen Seite zu verkürzen.

Gerade durch komplexe und vernetzte Situationen entstehen zahlreiche zeitliche Herausforderungen für Ihre Verhandlungen. Wenn Sie einem anderen Prozess zuliefern, limitiert das Ihren Zeithorizont. Weiß das Ihr Partner, kann er dies ausnutzen. Durchläuft ein Unternehmen etwa einen groß angelegten Veränderungsprozess, wird dieser in der Regel auf viele Unterprojekte aufgeteilt. Nun kann es Ihre Aufgabe sein, in einem Unterprojekt mit Betriebsrat und Gewerkschaft einen Reformbeitrag zu einem bestimmten Zeitpunkt zu verhandeln. Erfährt Ihr Verhandlungspartner von dem Zeitpunkt, zu dem Sie abliefern müssen, kann es sein, dass sich Ihr Partner Ihr Bedürfnis nach pünktlicher Erledigung mit Zugeständnissen bei völlig anderen Themen bezahlen lässt. Andererseits kann es sein, dass Sie oder Ihr Partner auf den Input eines anderen Verhandlungsprozesses angewiesen sind, der nicht rechtzeitig liefert. Je mehr Partner und Menschen involviert sind, desto mehr zeitliche Abhängigkeiten entstehen. Besprechen Sie diese zeitlichen Abhängigkeiten immer wieder und machen Sie sie innerhalb Ihres Teams und Ihrer Organisation transparent. Rechnen Sie mit Zeitverzug. Seien Sie zurückhaltend dabei, Ihrem Partner Ihre eigenen Deadlines zu kommunizieren. Er könnte in Versuchung geraten, Ihren Zeitdruck zu instrumentalisieren, und Ihnen kurz vor Fristablauf Konzessionen abfordern.

Einige weitere wichtige Aspekte sind mit dem Faktor Zeit verknüpft. Achten Sie auf Ihre Transaktionskosten. In jedem Verhandlungsprozess entstehen Kosten für Arbeitszeit und Expertise sowie logistische Kosten für Räume, Reisen, Hotels oder Infrastruktur. Je länger eine Verhandlung dauert, desto höher werden diese Kosten. Dies hatten wir uns bereits in Kapitel 2.1 unter »Maximieren Sie Ihren Nutzen. Vermeiden Sie ein zu einfaches Nutzenkonzept« angesehen.

Während einer länger andauernden Verhandlung verändern sich auch die Rahmenbedingungen. Alternativen/BATNAs entstehen und verschwinden auf beiden Seiten. Die handelnden Personen werden ausgetauscht oder verändern ihre Meinungen. Sind die Umstände für Sie günstig, sollten Sie die Eisen schmieden, solange sie noch heiß sind. Erscheint Ihre Lage schlecht, sollten Sie Ihre Hoffnung nicht aufgeben, die Lage kann sich dynamisch verändern.

Bei meinen Verhandlungstrainings ist es für mich immer wieder spannend zu sehen, wie Zeitdruck die Konzessionsbereitschaft beeinflusst. In der Regel verschwenden die Verhandlungspartner zum Einstieg viel Zeit. Statt sich einen Arbeitsplan zu geben, wird viel zu lange abgetastet und viel zu wenig die Konfliktpunkte benannt und bearbeitet. Dadurch fehlt am Ende die Zeit. Genauso wie im echten Leben. Wenn ich dann die Ansage mache, »Bitte kommen Sie in fünf Minuten zum Ende«, dann werden plötzlich erhebliche Zugeständnisse gemacht. In dieser Phase spielen Glück, Besonnenheit und präzise Vorbereitung die wesentliche Rolle. Auch wie im echten Leben.

Nutzen Sie den Faktor Zeit, um einen produktiven Verhandlungsprozess zu befördern. Zunächst schreiben Sie auf ein Blatt Papier oder in Ihren Verhandlungskalender alle bekannten Fristen und bringen sie in eine chronologische Reihenfolge. Welche externen Fristen gibt? Achten Sie auf Dinge wie Feiertage, Ferientermine (»vor der Sommerpause«), gesetzliche Fristen, Ausschreibungsfristen oder externe Veranstaltungstermine. Wenn Sie eine Frist vermuten, das Datum aber nicht kennen, vermerken Sie ein X. Recherchieren Sie das Datum im Nachgang. Ergänzen Sie Ihren Terminplan als Nächstes um eigene Termine. Denken Sie an Themen wie Teamtermine, Projektfristen, Gremiensitzungen, aber auch persönliche Abwesenheiten und Urlaube. Bringen Sie diese Termine auch bei Ihrem Verhandlungspartner in Erfahrung. Im Zweifel fragen Sie ihn danach. Selbst wenn er Ihnen darauf keine Antwort gibt, können Sie aus der Nichtantwort lernen. Damit kennen Sie den zeitlichen Rahmen Ihrer Verhandlungen. Dieser Rahmen ist ein dynamisches Dokument, das sich verändert und von Ihnen fortlaufend angepasst wird.

Als Nächstes besprechen Sie mit Ihrem Partner den Gesamtzeitplan. Hier nutzen Sie die fünf Designelemente einer produktiven Verhandlung aus Kapitel 2.3. »Designen Sie einen produktiven Problemlösungsprozess«. Beginnen Sie mit dem Ende. Wann ist es realistisch und erforderlich, die Verhandlungen mit dem Verhandlungsfinale abzuschließen? Planen Sie einen geheimen Puffer nach diesem Termin ein, um für Sackgassen und überlange Endverhandlungen vorbereitet zu sein. Vor dem Finale sollten Sie den Inventurtermin einplanen, an dem die Partner gemeinsam überprüfen, ob alles für das Finale vorbereitet ist. Planen Sie als Nächstes einen frühen ersten Kick-off-Termin ein. Je nach Verhandlungsumfang besprechen Sie etwa die Logistik und den strategischen Rahmen der Verhandlungen bei diesem Punkt. Schließlich planen Sie einen oder mehrere Termine ein, um das Verhandlungstemplate zu erarbeiten. Hier sprechen Sie die Themen mit Ihren Lösungsoptionen durch und dokumentieren sie. Ob Sie das auf einem Flipchart, in einer Excel-Tabelle, in einem Protokoll oder einem Vertragsentwurf erledigen, ist eine nachrangige Frage. Bitte denken Sie auch darüber nach, wer jeweils an diesen Terminen teilnimmt und ob diese Termine offiziellen oder informellen Charakter haben. Wichtig: Dieser Zeitplan ist eine Arbeitshypothese. Sie nehmen ihn sehr ernst, allerdings handhaben Sie ihn gemeinsam mit dem Partner flexibel. Es mag Situationen geben, in denen besser Termine vertagt werden, um die Emotionen abkühlen zu lassen. Planen Sie dazu Puffer ein.

Erstellen Sie für jedes einzelne Verhandlungsgespräch eine abgestimmte und klare Agenda, die auf ein gemeinsames Etappenziel hinarbeitet. Denken Sie über die Reihenfolge der einzelnen Punkte nach. Was möchten Sie vorziehen, was sollte rückgestellt werden? Schweres nach vorn oder nach hinten? Überprüfen Sie, inwieweit Sie einzelne Punkte zusammenlegen oder besser auseinanderziehen. Achten Sie während der Verhandlung darauf, die Agenda einzuhalten. Erhalten Sie sich aber auch hier die Beweglichkeit, die Agenda bei gemeinsamem Bedarf an die Situation anzupassen. Vergessen Sie nicht, Pausen in die Agenda einzuplanen.

Verwenden Sie Zeitdruck sparsam. Ein klassischer Spielzug bei Verhandlungen ist es, seinem Gegenüber eine Frist zu setzen. Dadurch entsteht Zeitdruck. Und hoffentlich Bewegung.

Eine Frist ist nicht die einzige Möglichkeit, Zeitdruck zu erzeugen. Wann immer Sie bei Verhandlungen von Ihrem Partner mit Forderungen überrascht oder zu Aussagen bedrängt werden, sollten alle Alarmglocken bei Ihnen klingeln. Womöglich handelt es sich um eine Taktik. Selbst wenn das nicht der Fall ist, steigert sich die Gefahr, wegen des Zeitdrucks einem Denkfehler zu unterliegen. In solchen Fällen machen Sie es sich bitte zur Gewohnheit, Ihren Partner stets um Zeit zum Nachdenken zu bitten.

Es gibt durchaus Situationen, in denen eine Frist den Verhandlungsprozess fördert. Ein klarer Endzeitpunkt fokussiert den Verhandlungsprozess. Zwei weitere Fälle für produktive Fristen, auch Deadlines genannt, sehe ich. Wenn bei Ihnen der Eindruck entsteht, Ihr Partner verzögert aus taktischen Gründen die Verhandlungen, sollten Sie über eine Frist nachdenken. Ein weiterer Anwendungsfall für eine Fristsetzung besteht, wenn Ihr Partner erste Abschlusssignale aussendet und vielleicht einen letzten Anstoß benötigt. Abschlusssignale sind detaillierte Fragen zu nachrangigen Punkten oder Umsetzungsfragen. Sie erkennen daran: Ihr Partner denkt schon einen Schritt weiter und hat das Ergebnis gedanklich abgehakt. Achten Sie auch auf die Stimmungslage und Körpersprache Ihres Partners. Entspannt er sich zunehmend, ist dies ein Indiz für seine Bereitschaft abzuschließen.

Wie wenden Sie eine Deadline handwerklich richtig an? Denken Sie als Erstes darüber nach, welche Folgen das Verstreichenlassen Ihrer Frist hat. Denkbare Folgen sind, die Verhandlungen zu vertagen oder abzubrechen oder mit einer Sanktion zu versehen. Sanktionen könnten etwa eine scharfe öffentliche Kommunikation oder die endgültige Verkleinerung des Verhandlungsgegenstands sein. Sichern Sie die Sanktion in Ihrer Organisation ab. Sprechen Sie mit den Verantwortlichen, die dagegen ihr Veto einlegen könnten. Achten Sie auf eine klare Absprache. Ich habe öfters erlebt, wie sich der abstrakte Mut, konsequent zu bleiben, am Ende im Angesicht der Entscheidung konkret verlor. Davon hängt aber Ihre Reputation als Verhandlungsführer ab. Kündigen Sie Ihrem Partner eine Fristsetzung klar und deutlich an. Teilen Sie ihm den präzisen Zeitpunkt des Fristendes inklusive Uhrzeit mit. Erläutern Sie Ihm, wie er die Frist abwenden kann. Erwarten Sie von Ihm eine Zustimmung, ein Angebot, die Rückkehr an den Verhandlungstisch, eine Auskunft oder etwas anderes. Teilen Sie ihm auch mit, welche Konsequenzen es haben wird, wenn die Frist ungenutzt verstreicht. Manchmal ist es geschickt, lediglich anzukündigen, dass das Verstreichenlassen der Frist Konsequenzen haben wird, ohne die genauen Folgen zu erläutern. Dies erweitert Ihren taktischen Spielraum.

Lässt Ihr Partner die Frist verstreichen, gilt es, konsequent zu sein. Übertreiben Sie es dabei aber nicht mit der Geschwindigkeit, mit der Sie Ihre Konsequenz vollziehen. Es ist keine Seltenheit, dass sich Partner auch noch um fünf nach zwölf einigen. Bauen Sie bei jeder Frist vor der Umsetzung der Konsequenz einen kleinen Puffer ein und halten Sie die Kommunikationskanäle offen. Bevor ich eine Konsequenz endgültig umsetze, rufe ich in der Regel den Verhandlungsführer ein letztes Mal an. Manchmal entspinnt sich aus einem solchen Anruf doch noch eine Lösungschance.

Es gibt auch besondere Formen der Fristsetzung beim Verhandeln. Eine Form ist das sogenannte explodierende Angebot. Ein vermeintlich großzügiges Angebot gilt nur bis zu einem bestimmten Moment, danach entfällt es vollständig. Gefragten Bewerbern wird ein kurzlaufendes Angebot gemacht, um zu verhindern, dass Sie weitere Angebote berücksichtigen können. Etwas abgemilderter ist ein sogenannter verlorener Vorteil. Hier entfällt ab einem bestimmten Zeitpunkt ein besonderer Vorteil für Ihren Verhandlungspartner. Der Rest des Angebots bleibt bestehen. Ein Beispiel im Alltag sind Sprinterprämien bei Abfindungsangeboten für rentennahe Mitarbeiter.

Organisationen neigen dazu, Verhandlungsführern einen nicht erreichten Deal als Fehler anzukreiden. Das ist gefährlich. Verhandlungsführer geraten dadurch in einen Einigungszwang. Dies kann der Verhandlungspartner systematisch ausnutzen und Sie unter Zeitdruck setzen und Ihnen dadurch Konzessionen abringen. Schützen Sie sich selbst, indem Sie mit Ihrem Auftraggeber im Rahmen eines Mandats klare Kriterien festlegen, an denen ein Verhandlungsergebnis gemessen wird. Etablieren Sie eine Kultur, in der Verhandlungsführer an objektiven Kennzahlen gemessen werden, und nicht an der Frage, ob Sie einen Deal vereinbart haben oder nicht.

Fallen Sie nicht auf versunkene Kosten herein. Bei schlechten geschäftlichen Entscheidungen spielen häufig sogenannte versunkene Kosten eine Rolle. Das sind beispielsweise Kosten bei einem Projekt, die schon entstanden sind und nicht mehr rückgängig gemacht werden können. Solche Kosten werden häufig als Begründung für eine Fortführung eines Projektes herangezogen: »Wir haben bereits 50 Millionen Euro für die Machbarkeitsstudie ausgegeben. Jetzt müssen wir auch Ergebnisse erzielen …« Da die Kosten ohnehin nicht rückgängig gemacht werden können, dürften sie bei einer rationalen Entscheidung überhaupt nicht beachtet werden. Sie sind entscheidungsirrelevant. Eigentlich dürften nur zukünftige Kosten und Vorteile bedacht werden.

Bei überlangen Verhandlungen kommt es zu ähnlichen Effekten. Haben Sie sehr viel Zeit und Aufwand in eine Verhandlung investiert, möchten Sie auch, dass sich diese »Investition« rechnet. Auch an dieser Stelle ist es wieder hilfreich, vor Beginn des Verhandlungsfinales ein verbindliches Zielsystem festgelegt zu haben. Betrachten Sie nüchtern, ob Sie Ihre Ziele und Interessen durch den Abschluss erreichen. Ist das nicht der Fall, müssen Sie Ihre Zeitinvestition als Fehlinvestition abschreiben. Ihre verschwendete Arbeitszeit darf in die Kalkulation nicht einfließen.

Erkennen Sie manipulative Zeittaktiken. Weil Zeitlimits einen erheblichen Einfluss auf die Entscheidungen bei einer Verhandlung haben, ist es natürlich verlockend, dieses Element manipulativ zu verwenden. Ich lehne das – wie Sie vermuten dürften – ab. Manipulationen wirken sich negativ auf Ihre Glaubwürdigkeit und Reputation aus. Dennoch sollten Sie die gängigen Taktiken kennen, um sie zu erkennen und Gegenstrategien einzuleiten.

Rechnen Sie stets mit falschen Deadlines. Sehr gerne stützen sich Verhandlungsführer auf zeitliche Vorgaben einer höheren Instanz, die sie selbst kontrollieren oder die gar keine Frist gesetzt hat. Ebenso pokern Verhandlungsführer mit ihren Ultimaten, weil sie damit rechnen, dass allein der Druck des Ultimatums genügt. In Wirklichkeit handelt es sich um eine leere Drohung.

Was können Sie dagegen tun? Wie immer ist es auch hier wichtig, über ein gutes Informationsnetzwerk zu verfügen, um die getroffenen Aussagen überprüfen zu können. Behauptet Ihr Partner, sein Vorstand habe ihm enge Vorgaben gemacht, ist es natürlich hilfreich, einen indirekten oder direkten Zugang zu diesem Gremium zu haben. Aber auch am Verhandlungstisch können Sie einiges tun. Erläutern Sie Ihrem Partner transparent, vor welche Herausforderungen Sie die Frist setzt. Vielleicht hat er Verständnis dafür. Hinterfragen Sie, ob es sich um eine unverrückbare Frist handelt und was der inhaltliche Grund der Frist ist. Aus der Antwort gewinnen Sie wertvolle Anhaltspunkte für eine Überprüfung. Bleibt die Antwort vage oder fällt sie komplett aus, sollte bei Ihnen ein Anfangsverdacht entstehen. Eine schöne Frage lautet: Falls wir noch mehr Zeit benötigen, wie würde dann der weitere Prozess aussehen?[138]

Der Klassiker bei internationalen Verhandlungen ist eine ganz besondere Form der Gästebehandlung. Ich darf hier auf das Praxisbeispiel meiner Reise nach Moskau eingangs dieses Kapitels verweisen. Die besondere Situation des Reiseaufwands wird dazu genutzt, zeitlich am längeren Hebel zu sitzen und den Gast, der einen fest geplanten Abreisetermin hat, unter Zeitdruck zu setzen. Hier lautet die einfache Lösung: Rechnen Sie mit dieser Finte. Reservieren Sie sich dafür einen Puffer. Oder vereinbaren Sie mit Ihrem Gastgeber verbindlich, dass Sie die Verhandlungen bei Ihnen fortsetzen, sollten Sie nicht zu einem Ende kommen.

Ein weiteres Feld für manipulative Zeittaktiken sind alle Formen der Verzögerung und Verlangsamung. Ein solches Verhalten beim Verhandeln kann viele Gründe haben: Der Partner wartet auf wichtige Informationen, beispielsweise zu seiner BATNA. Oder er ist formal zu Verhandlungen verpflichtet, hat aber nicht wirklich Interesse an Ergebnissen. Denken Sie etwa an Verhandlungen mit Gewerkschaften zu Reformpaketen oder Friedensverhandlungen, die auf Druck Dritter stattfinden. Oder der Partner hat mehr Zeit als Sie und möchte Sie schlicht unter Druck setzen. Bitte gehen Sie nicht immer von einem strategischen Ziel hinter der Verzögerung aus. Vielleicht handelt es ich schlicht um einen Fall von Planlosigkeit oder Konfliktvermeidung. Es gibt zahlreiche Methoden, wie in solchen Fällen das Verhandeln verlangsamt wird.

Der Verhandlungspartner kann den Starttermin hinauszögern. Er kann notwendige Abstimmungen mit Gremien vorschieben. Er kann die Themen unnötig verkomplizieren, irrelevante Daten anfordern, Sie mit einer Datenflut überwältigen oder am Verhandlungstisch mit vielen schönen Wort einfach nichts sagen.[139]

Eine letzte Kategorie von Zeittaktiken ist es, die andere Seite durch Überziehen körperlich zu zermürben. Unter der Prämisse, dass die eigene Seite dies besser wegsteckt, wird das Verhandlungsfinale so sehr in die Länge gezogen, bis die Gegenseite einfach unterschreibt. In Kapitel 2.3 unter »Führen Sie auf vier Ebenen: mit Ihrem Partner, Ihren Auftraggeber, Ihr Team und sich selbst« habe ich das schöne Beispiel beschrieben, wie die Piloten mit uns im Dreischichtbetrieb verhandelten. Überlange Verhandlungen sind auch für interne und externe Stakeholder bedeutsam, um zu dokumentieren, dass sich beide Seiten im gemeinsamen Ringen nichts erspart haben.

Beziehen Sie den Faktor Zeit konsequent in Ihre Verhandlungsstrategie ein. Achten Sie dabei auch darauf, wie Ihr Partner mit der Zeit umgeht. Optimalerweise managen Sie die knappe Zeit gemeinsam mit Ihrem Partner. Damit schaffen Sie einen hervorragenden Rahmen für Ihre Verhandlungsgespräche. Wie Sie diesen Rahmen optimal ausfüllen, sehen wir uns im nächsten Abschnitt an.

Bereiten Sie sich professionell auf Verhandlungsgespräche vor

Der gesamte Verhandlungsprozess ist bedeutend facettenreicher als ein einzelnes Verhandlungsgespräch. Das Verhandlungsgespräch ist nur eine Episode unter vielen Episoden am Tisch und abseits des Tisches. Das sahen wir uns bereits im Kapitel 1.2 »Mythos 1: Das Verhandeln beginnt und endet am Verhandlungstisch« an. Dennoch: Das Verhandlungsgespräch am realen oder digitalen Tisch ist ein zentraler Ort des Verhandlungsgeschehens. Ihr Ziel ist, in dieser wichtigen Situation den Überblick zu bewahren, möglichst viel zu lernen, Ihre Punkte zu machen und entscheidende Fehler zu vermeiden. Deshalb ist es wichtig, Ihre kognitiven Fähigkeiten vollständig abrufen zu können und rational zu bleiben. Geraten Sie in einen emotionalen Strudel oder gar in eine emotionale Konfliktspirale, bleibt viel Potenzial ungenutzt. Im Folgenden gebe ich Ihnen einen kurzen Überblick, wie Sie das meiste aus dem Verhandlungsgespräch herausholen. Vieles davon haben wir bereits erarbeitet, dann verweise ich auf die entsprechende Fundstelle im Buch. Lassen Sie uns chronologisch durchgehen, was Sie im Vorfeld und während des Verhandlungsgesprächs tun können, um in einen produktiven Verhandlungsflow zu kommen. Der erste Ratschlag setzt weit im Vorfeld eines Verhandlungsgesprächs an.

Nutzen Sie jede Trainingsmöglichkeit. Zum Glück gibt es mittlerweile gute Verhandlungstrainings, die intensive Verhandlungssimulationen verwenden. Dabei können Sie üben, elegant und besonnen durch Verhandlungsgespräche zu manövrieren. Zusätzlich kann ich Trainings empfehlen, in denen Sie lernen, schwierige Gespräche zu führen. Wir haben bereits in Kapitel 1.3 im Exkurs: »Wie Piloten in den Flow kommen« gelernt, dass Training Selbstvertrauen schafft. Nutzen Sie diesen Vorteil.

Schaffen Sie einen produktiven Rahmen für Ihre Verhandlungen. Zu den Pflichtübungen im Vorfeld einer Verhandlung zählt, mit dem Verhandlungsführer der anderen Seite eine Agenda abzustimmen. Konzentrieren Sie sich auf drei bis sieben wesentliche Punkte, lassen Sie viel Raum für Spontanität und überregulieren Sie das Gespräch nicht. Legen Sie fest, wer in welcher Form die Agendapunkte vorbereitet und wer zum jeweiligen Punkt das Wort ergreift. Sprechen Sie darüber, welche Dokumente im Vorfeld zur Verfügung gestellt werden.

Vergessen Sie nicht, feste Pausen mit Uhrzeit einzuplanen. Pausen sind bei Verhandlungen wichtig, um emotional abkühlen und sich als Verhandlungsteam reorganisieren zu können. Häufig vergessen wir im Eifer des Gefechts, Pausen einzulegen, oder finden nicht den passenden Punkt, um eine Pause vorzuschlagen. Deshalb legen Sie bereits mit der Agenda die Uhrzeiten für die Pausen fest. Die Daumenregel ist, dass Sie nach spätestens 90 Minuten, besser 60 Minuten, mindestens 15 bis 30 Minuten Pause einplanen.

Legen Sie Ort und Zeit mit Ihrem Partner präzise fest und planen Sie ausreichend Zeit für alle Beteiligten für An- und Abreise ein. Steigen Sie bei schwierigen Verhandlungen besser in der Früh ein, wenn alle ausgeruht sind und die endlichen kognitiven Ressourcen noch vollständig zur Verfügung stehen. Nutzen Sie gegebenenfalls eine Vorabend-Anreise, damit sich beide Seiten informell kennenlernen oder einstimmen. Achten Sie beim Verhandlungsort darauf, dass die notwendige Infrastruktur wie stabiles und schnelles WLAN, Beamer, Flipchart, Moderatorenkoffer, Planwände, Mikrofone oder Dolmetscher vorhanden sind. Denken Sie an ausreichend und leichtes Essen und Trinken, auch für mögliche Nachtschichten. Bestellen Sie Rückzugs- und Sondierungsräume für beide Seiten. Vermeiden Sie lange Laufwege und achten Sie darauf, dass die Zimmer »keine Ohren« haben. Falls Sie im Team verhandeln, sollten Sie spätestens zum Verhandlungsgespräch die Rollen klären und am besten dem Verhandlungsführer die Rolle des Moderators zuweisen, der die Wortbeiträge des eigenen Teams koordiniert. Mit den Verhandlungen im Team werden wir uns noch ausführlich in Kapitel 3.4 beschäftigen.

Vereinbaren Sie mit Ihrem Partner einige Spielregeln. Am besten sprechen Sie mit Ihrem Partner im Vorfeld einige Spielregeln an, die Sie zum Verhandlungseinstieg nochmals wiederholen. Im Folgenden habe ich Ihnen Spielregeln zusammengestellt, die Sie je nach Situation ansprechen sollten. Ob Sie diese Regeln direkt oder indirekt ansprechen, entscheiden Sie je nach konkretem Kontext:

Paralleles Verhandeln	Nichts ist vereinbart, bevor alles vereinbart ist. Wir verhandeln ein Paket, alles hängt am Ende mit allem zusammen. (Kap. 1.1 Tipp 3)
Wahrheit	Wir müssen nicht alle Informationen teilen. Die Informationen, die wir teilen, müssen aber wahr sein. Wir machen für die andere Seite transparent, auf welchen Grundlagen und Prämissen unsere Informationen beruhen. (Kap. 2.2 »Motivieren Sie Ihren Partner, Informationen wahrheitsgemäß zu teilen«)
Feedback	Wir bitten unseren Partner, uns unmittelbar und offen Feedback zu geben, falls etwas nicht passt. Wir würden uns das Gleiche für unsere Seite herausnehmen. (Kap. 2.4 »Exkurs: Wie Piloten effektiv zusammenarbeiten«)
Emotionen	Sobald es auf mindestens einer Seite emotional wird, machen wir eine Pause. Niemand muss begründen, warum er einer Pause möchte. Nach der Pause sprechen wir darüber, wie wir es schaffen, konstruktiv weiterzumachen. Alternativ: Jede Seite hat das Recht, ihre Emotionen zu äußern. Wir geben ihr dann ausreichend Raum und vermeiden ein emotionales Pingpong. Immer nur eine Seite im Raum darf emotional sein. Danach machen wir eine Pause.
Verständnis	Wir versuchen, die andere Seite zu verstehen. Nur weil wir die andere Seite verstehen, heißt nicht, dass wir einverstanden sind. (Kap. 1.1 Tipp 6)
Informationsphase sichern	Wir nehmen uns ausreichende Zeit, um die gegenseitigen Interessen zu verstehen und gute Lösungsoptionen zu entwickeln. In dieser Informationsphase vermeiden wir Angebote und Forderungen. Wir legen gemeinsam fest, wann die Informationsphase zu Ende ist. (Kap. 1.2 »Mythos 3: Die Verhandlungsvorbereitung findet ohne Ihren Partner statt«)

Nicht alle Spielregeln sind stets relevant und passend. Nutzen Sie diese Tabelle als Checkliste und prüfen Sie, ob sie in Ihrer Verhandlungssituation hilfreich sind.

Sehen Sie die Welt mit den Augen Ihres Verhandlungspartners. Bevor Sie ein Verhandlungsgespräch beginnen, empfehle ich Ihnen, sich in die Rolle Ihres Verhandlungspartners zu versetzen. Welche Probleme muss er noch im Vorfeld der Verhandlungen lösen? Wie bereitet er sich auf die Verhandlung vor? Welche emotionalen Hürden muss er überwinden? Ein hervorragendes Werkzeug, um sich selbst in Lage Ihres Gegenübers zu versetzen, ist, Mock-Verhandlungen zu führen. Finden Sie jemanden, der Ihre Rolle übernimmt, und übernehmen Sie selbst die Rolle Ihres Verhandlungspartners. Sehen Sie hierzu in Kapitel 2.2 unter »Verstehen Sie Ihren Verhandlungspartner« nach.

Beachten Sie Ihren persönlichen Verhandlungsstil. Im Kapitel 1.1 Tipp 4 »Kennen Sie die fünf Konfliktmodi« habe ich Ihnen die fünf Grundtypen von Konfliktstilen dargestellt. Führen Sie in regelmäßigen Abständen Messungen Ihrer Präferenzen durch. Machen Sie sich diese Präferenz vor einem wichtigen Verhandlungsgespräch klar und überlegen Sie, ob dieser Stil in der konkreten Situation hilfreich oder schädlich ist.

Benennen Sie Ihre emotionalen Trigger-Punkte. Ihr persönlicher emotionaler Zustand wirkt sich unmittelbar auf Ihre Verhandlungsleistung aus. Achten Sie dabei einerseits auf Auslöser, die außerhalb des Verhandlungsgeschehens liegen.[140] Andererseits lösen bestimmte Themen oder Personen innerhalb der Verhandlungen bei Ihnen ebenfalls Gefühle aus, die ihr rationales Urteilsvermögen einschränken. Mit beidem müssen Sie umgehen.

Auf Menschen und Themen, die in Ihnen negative Emotionen hervorrufen, können Sie sich bereits im Vorfeld einer Verhandlung einstellen. Achten Sie im Alltag darauf, was in Ihnen negative Gefühle im Zusammenhang mit Ihrem Verhandlungsprojekt auslöst. Stellen Sie einen solchen Trigger fest, sagen Sie zu sich selbst: Aha, diese Person oder dieses Thema löst in mir also ein schlechtes Gefühl aus. Dadurch bringen Sie diese Emotionen auf eine rationale Ebene und verbessern die Wahrnehmung Ihrer persönlichen Auslöser. Simulieren Sie dann vor einem konkreten Verhandlungsgespräch, welchen Personen und Themen Ihnen im Laufe der Gespräche begegnen werden. Achten Sie auf die Gefühle, die in Ihnen dadurch ausgelöst werden. Sofern Sie einen negativen Ausschlag verspüren, benennen Sie dieses Phänomen. Sagen Sie etwas zu sich selbst: »Herr Mayer löst in mir Verärgerung oder Aggressivität aus. Das werde ich beobachten.« Noch besser ist es sogar, wenn Sie sich eine kurze Notiz hierzu in Ihr Smartphone machen. Das Gleiche gilt für die Themen, die Sie regelmäßig in Wallung bringen: »Die Behauptung, dass unsere wirtschaftliche Lage eigentlich gut ist, macht mich wütend.« Wenn Sie solche emotionalen Zusammenhänge anerkennen, entschärfen Sie ihre Wirkung deutlich.

Aber nicht nur Themen und Personen innerhalb des Verhandlungsgesprächs haben Einfluss auf Ihre Emotionen und damit auf Ihre Leistung. Auch Geschehnisse, die zeitlich unmittelbar vor der Verhandlung liegen und inhaltlich nicht verknüpft sind, können sich auf Ihre Rationalität und damit auf Ihre Leistung am Verhandlungstisch negativ auswirken. Beispiele hierfür können schlechtes Wetter, ein Streit mit Ihrem Lebenspartner oder ein Stau auf der Autobahn sein. Deshalb ist es gut, sich unmittelbar vor Beginn einer Verhandlung eine ruhige Minute zu nehmen und einen emotionalen Selbst-Check-In zu machen. Die Frage lautet: Wie fühle ich mich jetzt? Benennen Sie Ihre Gefühle für sich: »Ich bin schlecht drauf, weil ich mich über meine Verspätung ärgere.« Durch dieses bewusste Wahrnehmen und Benennen lösen Sie die Wirkung dieser negativen Gefühle auf. Achten Sie auch bei Ihrem Partner auf negative Trigger. Liegen solche erkennbar vor, verzichten Sie auf Verhandlungen mit der Brechstange. Machen Sie eine Pause oder benennen Sie wiederum die misslichen Umstände, wie etwas das bedrückende Wetter. Nutzen Sie die Minuten vor dem offiziellen Verhandlungsbeginn, um auch Ihren Verhandlungspartner emotional einzuchecken.

Bereiten Sie Ihre ersten 180 Sekunden eines Verhandlungsgesprächs akribisch vor. Die ersten Minuten eines Kommunikationsprozesses haben weit überdurchschnittliche Bedeutung für den weiteren Verlauf. Menschen nutzen die ersten Minuten einer Interaktion, um die anderen Personen einzuschätzen und den weiteren Verlauf zu prognostizieren. Dieses Phänomen nennt sich »Thin-Slicing« und ist wissenschaftlich gut dokumentiert.[141] Die Qualität dieser Prognosen ist teilweise beeindruckend, insbesondere je mehr Erfahrung der Beurteilende mitbringt. Ein erfahrener Eheberater kann zum Beispiel nach 15 Minuten Beratungsgespräch mit 90 Prozent Zuverlässigkeit vorhersagen, ob ein Paar nach drei Jahren noch zusammen sein wird.

Im Umkehrschluss bedeutet das aber auch, dass sich eine besonders akribische Planung und Vorbereitung dieser ersten Minuten besonders auszahlt. Ich halte nichts davon, einen längeren Verhandlungsverlauf chronologisch vorzubereiten und schriftlich festzuhalten. Ein solches Verhandeln nach Drehbuch funktioniert nicht. Im Gegenteil, es macht Sie unflexibel und verhindert, das Potenzial des Augenblicks wirklich zu nutzen. Sehr sinnvoll ist es allerdings, schriftlich zu fixieren, was Sie in den ersten 180 Sekunden Ihres Verhandlungseinstiegs platzieren möchten. Ich empfehle Ihnen sogar, diese ersten drei Minuten mehrfach mit Ihrem Smartphone aufzunehmen, um zu üben, wie Sie Ihre Botschaften am überzeugendsten darstellen. Stirnrunzeln, nervöses Wackeln oder viele Ähems und Alsos verwässern die Botschaft und verringern die Wahrnehmung Ihrer Kompetenz. Achten Sie auch auf Ihre Kleidung, Ihre Sitzhaltung und Ihre Accessoires. Akribisch beschriftete Ordner oder ein gut organisiertes iPad hinterlassen einen anderen Eindruck als ein loser Stapel Papier.

Überlegen Sie sich insbesondere für die ersten drei Minuten, welches atmosphärische Signal Sie setzen möchten. Das hängt von der konkreten Verhandlungssituation ab. In der Regel ist es angezeigt, die eigene Bereitschaft zur Kooperation zu signalisieren und gleichzeitig deutlich zu machen, dass Sie konsequent und fair für Ihre oder die Interessen Ihrer Organisation eintreten werden. Damit zeigen Sie Ihrem Partner, dass Sie Kooperation und Wettbewerb gleichzeitig vertreten. Zusätzlich ist es hilfreich, Ihre Kompetenz und Ihre exzellente Vorbereitung zu signalisieren. Das schützt Sie vor Manipulationsversuchen und billigen Manövern Ihres Gegenübers. Überlegen Sie sich, wie Sie Ihre Botschaften durch äußerliches Auftreten wie Stimme und Körperhaltung unterstreichen. Natürlich wählen Sie andere Signale in den ersten drei Minuten, wenn Ihr Ziel ist, Ihrem Partner klare Grenzen aufzuzeigen, weil Sie zum Beispiel seine Manipulationen nicht weiter hinnehmen können.

Notieren Sie Ihre eigenen Lernaufgaben sowie Ihre Botschaften für die andere Seite. Für jede wichtige Verhandlung sollten Sie einen Verhandlungsleitfaden entwickeln. Er enthält Regieanweisungen für die ersten 180 Sekunden. Danach notieren Sie entlang der zuvor mit Ihrem Partner vereinbarten Agenda zu jedem Agendapunkt die beiden Unterpunkte Lernaufgaben und Kernbotschaften.

Lernaufgaben sind die Inhalte, die Sie während des Verhandlungsgesprächs von Ihrem Verhandlungspartner lernen möchten. Am besten formulieren Sie diese Lernaufgaben in Form kraftvoller Fragen. Hierzu empfehle ich Ihnen, sich Inspiration für gute Fragen in Kap. 1.1 unter Tipp 5 »Stellen Sie effektive Fragen« einzuholen. Nicht vergessen: Zum guten Fragen gehört auch das gute Zuhören, siehe Kap 1.1 Tipp 6 »Hören Sie aktiv zu«.

Wie Sie Ihre Kernbotschaften für Ihren Verhandlungspartner formulieren, haben wir uns bereits in Kap. 2.5 unter »Seien Sie empathisch und zugleich durchsetzungsstark« angesehen, siehe hier insbesondere den Teil »Verbessern Sie Ihr Durchsetzungsvermögen«. Ihr Ausgangspunkt sollten immer Ihre eigenen Interessen und nicht lediglich Ihre Positionen sein. Im zweiten Schritt gilt es, diese Interessen so zu formulieren, dass Sie für Ihren Partner verständlich sind. Optimal ist es, wenn es Ihnen gelingt, Ihre Botschaften aus der Perspektive Ihres Verhandlungspartners zu formulieren. Schlecht: »Wir fordern 10 Prozent mehr Gehalt.« Besser: »Unsere Mitglieder erwarten aufgrund der sehr guten Unternehmenssituation einen überdurchschnittlichen Einkommenszuwachs. Optimal: Wie zuvor, aber zusätzlich: »Das ist für Sie auch verträglich. Die Stückkosten liegen auch nach dieser Erhöhung noch 10 Prozent unterhalb des Wettbewerbsniveaus. Im Einstiegsbereich müssten Sie sich aufgrund des Fachkräftemangels ohnehin etwas einfallen lassen.«

Je nach Verhandlungsstand ist es erforderlich, einen Anker zu setzen. Auch das sollten Sie im Vorfeld durchdenken und bei Ihren Kernbotschaften notieren. Wie Sie einen Anker professionell und elegant setzen, haben wir in Kap. 1.1. bei Tipp 2 bereits gelernt. Häufig wirkt ein Anker bereits dann, wenn Sie ihn subtil setzen.

Bereiten Sie Ihr Verhandlungstemplate und Ihre Vertragsdokumente vor. Neben dem Verhandlungsleitfaden liegt vor Ihnen oder auf Ihrem Rechner zu Beginn des Verhandlungsgesprächs Ihr Verhandlungstemplate. Mit ihm können Sie auf einen Blick alle Themen und Lösungsoptionen erfassen. Außerdem können Sie in weiteren Spalten die aktuell diskutierten Lösungspakete abtragen und neue Lösungsoptionen oder Paketvarianten eintragen. Wie Sie ein Verhandlungstemplate professionell erarbeiten, haben wir bereits in Kap. 2.1 unter »Machen Sie den Nutzen beider Seiten messbar« ausführlich besprochen. Ist zum Abschluss des Verhandlungsgesprächs ein Vertragsschluss zu erwarten, sind Sie gut beraten, wenn Sie diese Dokumente bereits vorbereitet und gegebenenfalls mit der Gegenseite bereits vorbesprochen haben. Denken Sie auch an Prozessverträge, Nebenabreden, Vorverträge und Ähnliches.

Managen Sie Ihre Emotionen während des Verhandlungsgesprächs. In einem Verhandlungsgespräch kommen Interessenkonflikte auf den Tisch. Je nach Thema kochen dabei Emotionen hoch. Das ist in Ordnung, und darauf müssen Sie sich vorbereiten. Ihr Ziel bleibt es, während des gesamten Verhandlungsgesprächs in der Lage zu sein, rationale Entscheidungen zu fällen. Zusätzlich gilt es, emotionale Konfliktspiralen am Verhandlungstisch frühzeitig zu unterbinden.

Sehen wir uns zunächst Ihre eigene Emotionalität an. Die Ursache hierfür kann außerhalb oder innerhalb der Verhandlung liegen. Das Problem ist häufig, dass wir eine in uns aufsteigende Aufgeregtheit nicht oder nicht rechtzeitig wahrnehmen.

Deshalb ist es so wichtig, Pausen von Beginn an fest einzuplanen. Wir merken überhaupt nicht, dass uns und der Diskussion eine Unterbrechung guttun würde. Zwingen Sie sich, diese Pausen tatsächlich wahrzunehmen. Machen Sie in der Pause einen kurzen emotionalen Check-In und prüfen Sie, ob Sie in sich ruhen und noch ausreichend Energie haben.

Falls Sie mit einer oder mehreren Personen im Team verhandeln, gibt es einen weiteren hilfreichen Tipp. Bitten Sie einen Kollegen, der Sie gegebenenfalls bereits besser kennt, ihr »Emotions-Buddy« zu werden. Vereinbaren Sie mit ihm, dass Sie sich gegenseitig während des Verhandlungsgesprächs beobachten. Sobald der Emotions-Buddy aufkeimende Unruhe oder Aufgeregtheit wahrnimmt, gibt er seinem Partner ein abgesprochenes Zeichen. Noch besser ist in der Regel, wenn er direkt eine kurze Pause beantragt. Mit einem »Emotions-Buddy« mache ich regelmäßig sehr gute Erfahrung und wurde dadurch bereits mehrfach vor einer unnötigen emotionalen Eskalation gerettet.

Natürlich gilt es, auch die Emotionen Ihres Gegenübers zu beobachten. Auch er soll rationale Entscheidungen fällen. Außerdem wirken schlechte Stimmung und Aufregung ansteckend, dies wird als emotionaler Spill-Over-Effekt oder Übertragungseffekt bezeichnet. Wenn Sie bei Ihrem Verhandlungspartner stärkere Gefühlsausbrüche wahrnehmen, verwenden Sie am besten die Methode des emotionalen Labelings, die wir bereits in Kap. 1.1 bei Tipp 6 »Hören Sie aktiv zu« kennengelernt haben. Sie benennen die wahrgenommene Emotion: »Ich mag mich täuschen, aber ich habe den Eindruck, Sie werden gerade wütend.« Drei Dinge sind dabei wichtig: Senden Sie eine Ich-Botschaft. Benennen Sie das Gefühl möglichst präzise. Bauen Sie vor und räumen Sie die Möglichkeit ein, sich irren zu können.

Sind Emotionen also vollständig aus Verhandlungsgesprächen zu verbannen? Nein, natürlich nicht. Im Gegenteil, es ist wichtig anzuerkennen, dass Menschen emotionale Wesen sind. Nehmen Sie Ihre eigenen Gefühle und die Ihres Partners in Verhandlungen bewusst wahr. Benennen Sie leise für sich selbst und bisweilen ausgesprochen gegenüber Ihrem Verhandlungspartner unproduktive Gefühle. Was wir vermeiden möchten, sind destruktive Emotionen und Konfliktspiralen. Gibt es Fälle, in denen wir bewusst Emotionen einsetzen dürfen? Ja, die gibt es, aber nur in einem engen und gehegten Bereich. Ich sehe fünf Voraussetzungen:

- Ihre Emotionen müssen einem realen Kern entspringen. Kein Fake.
- Es handelt sich um einen überragend wichtigen Punkt Ihrer Verhandlungen.

- Sie sind in der Lage, die geäußerten Emotionen zu dosieren und im kontrollierten Bereich zu halten.
- Sie verwenden dieses Mittel sehr selten.
- Sie haben eine klare Exit-Strategie, sprich Sie haben sich vorher überlegt, wie Sie sich gegebenenfalls aus der Schusslinie nehmen. Etwa durch eine Pause oder die Möglichkeit, die Verhandlungen zu unterbrechen.

Sofern diese fünf Punkte vorliegen, ist es sinnvoll, Ihrem Gegenüber bei für Sie wichtigen Punkten einen kurzen Einblick in Ihre emotionale Verfassung zu geben.

Verwenden Sie während des Verhandlungsgesprächs einfache gehirngerechte Werkzeuge. Verhandlungsgespräche können sehr anspruchsvoll werden. Als Verhandlungsführer stehen Sie dann unter Druck. Sie jonglieren gleichzeitig mit einer Vielzahl von eigenen und fremden Interessen, zu lösenden Themen und Stakeholdern auf unterschiedlichsten Ebenen. Hinzu kommen Zeitdruck, diffuse Informationslagen, gestörte Kommunikation und emotionale Ausbrüche. Das alles findet in einer dynamischen Umgebung statt, die sich permanent verändert. Dies kann bei Ihnen zu einer sogenannten kognitiven Überflutung führen. Sie geraten in einen »kognitiven Strudel.« Ich habe dieses Phänomen häufig am eigenen Leib erlebt: Die nächste Verhandlungsrunde ist unter hohem Zeitdruck vorbereitet. Kurz vor dem nächsten Gespräch ruft der Vorstand mit unmissverständlichen Anweisungen an. Auf dem Weg zum Verhandlungsraum flüstert Ihnen ein Mitarbeiter neue überraschende Fakten zu. Im Verhandlungsraum angekommen, empfängt Sie der Verhandlungspartner mit einem wütenden persönlichen Angriff und stellt ihnen ein kurzes Ultimatum. Stimmen Sie nicht zu, scheitern die Verhandlungen.

In solchen Stressmomenten ist es essenziell, einfache und bewährte Werkzeuge parat zu haben. Der Arbeitsspeicher Ihres Gehirnes ist ohnehin durch verschiedene Informations-Chunks ausgelastet. Ihr Verhandlungspartner versucht womöglich, Ihre rationale Kapazität durch gezielte emotionale Angriffe weiter einzuschränken. Ich empfehle Ihnen, eines dieser leicht merkbaren Elemente anzuwenden:

Interessen	Wenn Sie überhaupt nicht mehr weiterwissen, sprechen Sie über die Interessen. Benennen Sie, was Ihnen an diesem Punkt wirklich wichtig ist.. Warum ist das so? Welche Interessen Ihres Partners sehen Sie? Teilen Sie die Interessen gegebenenfalls in gemeinsame, gegensätzliche und abweichende Interessen ein.
Positiver Wiedereinstieg	Egal wie schlimm die Gespräche sind, es gibt immer positive Elemente, die Sie benennen können. Das verbesserte die Stimmung bei Ihrem Partner und bei Ihnen selbst. »Vielen Dank für diese offenen Worte. Das hilft uns, die Situation richtig einzuordnen.« oder »Ich finde es gut, dass wir hier gemeinsam am Verhandlungstisch sitzen. Das ist immer noch die beste Möglichkeit, schwierige Konflikte interessengerecht zu lösen.«

Beziehung/ Prozess/ Inhalt	Beachten Sie, dass wir auf drei Ebenen verhandeln. In der Regel betonen wir die Inhaltsebene. Geht es beim Inhalt nicht weiter, sollten wir sehen, ob wir auf der Prozess- oder Beziehungsebene Fortschritte erreichen können. »Vielleicht sind wir bereits zu tief in ein Detailthema eingestiegen. Was halten Sie davon, wenn wir zwei Schritte zurückgehen und nochmals darüber sprechen, welche Schritte erforderlich sind, um zu einer Lösung zu kommen?« »Ich habe den Eindruck, wir drehen uns im Kreis. Wollen wir uns ein paar Minuten Zeit nehmen, um darüber zu sprechen, wie wir unsere Zusammenarbeit verbessern können?«
PPP (»Purpose, Product, Process«)	Nicht immer können Sie sich akribisch auf ein Verhandlungsgespräch vorbereiten. Wenn Sie spontan verhandeln müssen, hat sich der PPP-Framework bewährt. Besprechen Sie zum Einstieg als Erstes, was der Zweck, sprich »Purpose« dieses Gesprächs ist. An Zweites beschreiben Sie das mögliche Produkt (»Product«) der Gespräche, also ein gemeinsames Protokoll, einen Vertragsentwurf oder einen Abschluss. Der dritte Punkt, also »Process«, beantwortet die Frage, welche Schritte erforderlich sind, um den Zweck und das Produkt zu erreichen. Halten Sie den Prozess einfach: »Lassen Sie uns zunächst über unsere übergeordneten Interessen sprechen. Dann können wir Thema für Thema durchsprechen. Als Nächstes sollten wir Lösungsoptionen erarbeiten. Auf dieser Grundlage sollten wir Lösungspakete schnüren.«
»Going to the balcony«	Ein spannendes Verhandlungswerkzeug hat der Mitautor des Harvard-Konzepts William Ury erfunden. Stellen Sie sich gedanklich im Verhandlungsraum einen Balkon über und zwischen den Parteien vor. Gehen Sie auf diesen Balkon und betrachten Sie das Verhandlungsgeschehen aus dem Blickwinkel eines neutralen Dritten. Bringen Sie Ihre Erkenntnisse gegebenenfalls in das Verhandlungsgespräch ein. »Wenn uns ein neutraler Dritter sehen würde, dann fiele ihm wahrscheinlich auf …«

Mit diesen fünf Werkzeugen sind Sie gut ausgestattet, um schwierige Gesprächssituationen zu meistern. Was Sie beachten müssen, wenn nicht nur die Situation, sondern auch ihr Partner schwierig ist, sehen wir uns in Kapitel 3.2 an. Wie Sie bei der Steuerung Ihrer eigenen Emotionen im Rahmen von Verhandlungen vorgehen, erfahren Sie im nächsten Abschnitt.

Regulieren Sie ihre Gefühle, und steigern Sie Ihre Resilienz

Wer seine Selbstregulation im Griff, ist bei Verhandlungen klar im Vorteil. Bei der Selbstregulation geht es darum, inwieweit Sie in der Lage sind, Ihre Handlungen, Emotionen und Impulse zu steuern. Diese Fähigkeit benötigen Sie während des gesamten Verhandlungsprozesses und besonders im Verhandlungsgespräch. Viele Verhandlungsratgeber handeln von Machtspielchen und Psychotricks am Verhandlungstisch, die dazu dienen, Ihren Verhandlungspartner unter Druck zu setzen, damit er Fehler macht. Das schädigt das Vertrauen, das wichtige Grundlage ist, um unnötige Komplexität beim Verhandeln zu reduzieren.[142] Sofern Vertrauen besteht, ersparen sich beide Seiten umfangreiche Absicherungsstrategien, um Aufrichtigkeit und Zuverlässigkeit der anderen Seite abzusichern.[143] Dennoch: Tricks und Drohungen kommen beim Verhandeln vor. Sie werden bewusst eingesetzt und trainiert. Bereiten Sie sich darauf vor. Selbst ohne diese Mittel sind anspruchsvolle Verhandlungen fordernd. Die inhaltliche und soziale Komplexität wird Sie stressen, ebenso die knappe Zeit.

Was müssen Sie wissen, um Ihre Mentalstärke zu verbessern? Emotionen, Impulse oder Gedanken sind sogenannte Bottom-up-Prozesse Ihres Geistes. Sie laufen automatisch und unwillkürlich ab. Greift Sie Ihr Verhandlungspartner beispielsweise persönlich an, aktiviert Ihr Gehirn mit den beiden Amygdalas (zu Deutsch: Mandelkerne) unangenehme Gefühle. Die Gefahr ist, dass Sie dies von Ihrem gewünschten Verhalten abhält. Das könnte in diesem Fall sein, eine kluge Frage zu stellen oder einen guten Vorschlag zu unterbreiten. Wir verlieren unsere Ziele aus den Augen und das Fight-Flight-Freeze-System wird aktiviert. Adrenalin und Cortisol werden ausgeschüttet, und höhere Leistungen wie Kreativität sind in diesem Zustand nicht möglich.

Zum Glück gibt es Top-down-Prozesse, um die automatischen Bottom-up-Prozesse wie Wut oder Zorn im Zaum zu halten. Damit erreichen wir unser gewünschtes Verhalten trotz der Bottom-up-Prozesse. Top-down-Prozesse kosten Energie und Anstrengung und finden bewusst statt. Beispiele für Top-down-Prozesse, wenn Sie jemand verbal angreift, sind: den Angriff verdrängen, sich ablenken oder ihn neu bewerten (»Er ist nicht wegen mir sauer«). Für diese Top-down-Prozesse benötigen wir eine weitere Struktur des Gehirns: den präfrontalen Kortex. Und dieser präfrontale Kortex hat leider eine begrenzte Kapazität. Ist sie aufgebraucht, bahnen sich Emotionen und Impulse ungebremst ihren Weg in Ihr Verhalten. Das beobachten Sie bei übermüdeten Kleinkindern oder bei aufgebrachten Verhandlern am Ende eines langen Verhandlungstages.

Durch Achtsamkeits- oder Mindfulness-Trainings lernen Sie, Ihren präfrontalen Kortex zu schonen und mentale Energie zu sparen. Diese mentalen Ressourcen stehen Ihnen länger und für andere Aufgaben zur Verfügung. Für anspruchsvolles Verhandeln ist das ein erheblicher Vorteil. Die Wirkungen der Achtsamkeitstrainings für Ihre Selbstregulation sind durch Studien abgesichert und eindrucksvoll belegt.[144] Die Trainings verändern sogar die Struktur Ihres Gehirns. Bildgebende Verfahren zeigen, dass die Amygdala schrumpft und sich die Verbindung zwischen Amygdala und präfrontalem Kortex verstärkt.[145]

Beim Achtsam-Sein geht es darum zu lernen, im Alltag ein besonderes Netzwerk Ihres Gehirns, den Sein-Modus, zu aktivieren. Wenn Sie dieses Netzwerk aktivieren, erfahren Sie die Welt direkt durch Ihre Sinne und denken nicht darüber nach.[146] Bei Achtsamkeit geht es darum, alles nicht wertend anzunehmen, was im Augenblick innerlich und äußerlich wahrnehmbar ist. Das schont Ihre Energie für Top-down-Prozesse, um an anderer Stelle klug zu entscheiden oder Ihre Emotionen zu regulieren.

Jeder kann diese Technik erlernen, der Aufwand ist überschaubar und in den Arbeitsalltag integrierbar. Moderne Trainings sind von religiösen Inhalten befreit. Sie müssen keine Räucherstäbchen anzünden oder Shanti-Gesänge anstimmen, keine Sorge.

Nach meiner Kenntnis handelt es sich um den effektivsten Weg, um Ihre mentale Energie im Verhandlungsprozess zu stärken. Ich wende es regelmäßig an und weiß, dass einige mentalstarke Verhandlungsführer das Gleiche tun.[147]

Ich bin nicht der Richtige, Ihnen Achtsamkeit beizubringen. Ich halte Achtsamkeit für Verhandlungen aber für so bedeutsam, dass ich Ihnen empfehle, sich damit auseinanderzusetzen. Ich habe es gemacht und konnte die Fähigkeit, in hitzigen Situationen ruhig zu bleiben und weiterhin systematisch meine Ziele zu verfolgen, deutlich steigern.

Insgesamt passt es gut, beim Verhandeln achtsam zu sein. Das hilft Ihnen, das Potenzial des Augenblicks, das in jeder Verhandlung steckt, besser zu nutzen. Habe ich Ihr Interesse an Achtsamkeit-Trainings geweckt, wählen Sie einen von drei Wegen: eine App[148] nutzen, ein modernes Buch[149] dazu mit Anleitungen durcharbeiten oder ein MBSR-(»Mindfulness Based Stress Reduction«)-Training nach festem Curriculum absolvieren.

Lassen Sie uns ansehen, wie Piloten in der Lage sind, unter Druck zu arbeiten, und was wir als Verhandlungsführer daraus lernen können. Nachdem wir uns in diesem Kapitel mit der Rationalität in Verhandlungen beschäftigt haben, ist es an der Zeit, sich mit der anderen Seite der Medaille, der Kreativität in Verhandlungen, zu befassen.

Exkurs: Wie Piloten lernen, unter Druck zu arbeiten

Piloten unterliegen der Herausforderung, dass einerseits ihre sogenannte »situational awareness« höchsten Anforderungen genügen muss, um dynamische Umweltsituationen bewältigen zu können. Diese Fähigkeit, möglichst viele Informationen effizient in kritischen Situationen verarbeiten zu können, kann entscheidend sein, wenn etwa ein Triebwerk ausfällt oder schlechtes Wetter am Zielflughafen aufzieht. Andererseits erfordert die systematische Bewältigung dieser Situationen, dass Handlungsabläufe (die sogenannten Skripte) aus dem Langzeitgedächtnis abgerufen werden. Sowohl die Aufnahme neuer Informationen im kritischen Augenblick als auch das Abrufen der systematischen Handlungsabläufe aus dem Langzeitgedächtnis belegen das Arbeitsgedächtnis. Durch diese Doppelbelastung geraten Piloten immer wieder an die Grenzen der menschlichen Informationsverarbeitung. Sie müssen lernen, damit umzugehen.

Wichtiger Ausgangspunkt aller Strategien für Piloten, unter Druck zu arbeiten, ist die sogenannte Millersche Zahl. Die Millersche Zahl bezeichnet die von George Miller beschriebene Tatsache, dass ein Mensch gleichzeitig nur 7 ± 2 Informationseinheiten (sogenannte Chunks) im Arbeitsgedächtnis behalten kann. Das Problem besteht darin, dass die Summe der Informationseinheiten, die in der jeweiligen Situation aufgenommen werden, plus der Informationseinheiten, die aus dem Langzeitgedächtnis bezogen werden, durch die Millersche Zahl begrenzt sind. Sprich, es ist wichtig, dass die aus dem Langzeitgedächtnis aktivierten Inhalte nicht den kompletten Arbeitsspeicher belegen. Andernfalls kommt es zu einer Überlastung des Arbeitsgedächtnisses und der Gefahr, dass wichtige Informationen der aktuellen Situation ausgeblendet werden.

Daraus ergeben sich für Piloten folgende Schlussfolgerungen:

Es sollten möglichst keine Einheiten des Arbeitsgedächtnisses durch Belastungen belegt werden, die außerhalb des Cockpits liegen. Zu denken ist hier an familiäre Themen oder sonstigen beruflichen Stress.

Schlechte Flugvorbereitung führt dazu, dass während des Fluges einzelne Informationen neu erarbeitet werden müssen und deshalb die Kapazität des Arbeitsgedächtnisses unnötig eingeschränkt wird. Zum Beispiel sollten sich Piloten bereits vor dem Abflug über aktuelle Besonderheiten des Zielflughafens informieren und nicht erst kurz vor der Landung.

Schlechte Ausbildung führt dazu, dass wichtige Skripte entweder überhaupt nicht, nur lückenhaft oder nur mit erheblicher kognitiver Anstrengung erinnerbar sind.

Skripte, die aus dem Langzeitgedächtnis abgerufen werden, sollten – wenn möglich – gut erinnerbar sein und möglichst wenig Informationseinheiten belegen. Zwei interessante Beispiele für wichtige Skripte aus der Pilotenwelt sind:

Die drei Chunks »Aviate, Navigate, Communicate« oder noch kürzer ANC: Diese Regel hilft den Piloten, in kritischen Situationen richtig zu priorisieren. Höchste Priorität hat immer das Fliegen an sich (»aviate«). Damit ist gemeint, das Flugzeug kontrolliert zu fliegen, indem der Pilot die Flugzeugsteuerung und -instrumente nutzt, um Lage, Höhe und Geschwindigkeit zu bestimmen. Erst wenn das Fliegen sichergestellt ist, kommt das Navigieren (»navigate«), also die Frage, wo sich das Flugzeug befindet und wohin man will. Und erst wenn das auch klar ist, kommuniziert der Pilot mit den Fluglotsten (»communicate«).

Das zweite Beispiel für eine leicht merkbares Skript aus der Pilotenwelt ist das Kunstwort FOR-DEC. Diese strukturierte Entscheidungsmethode für kritische Situationen hatte ich Ihnen bereits im Kapitel 2.5 unter »Exkurs: Piloten entscheiden mit FOR-DEC« vorgestellt.

Wie können wir als Verhandlungsführer von diesem Piloten-Know-how profitieren? Auch in Verhandlungen geraten Sie immer wieder in kritische Situationen, dann sollten Sie auch passende Profiwerkzeuge an der Hand haben. Klar ist, dass Sie im Vorfeld von wichtigen Verhandlungen alles tun sollten, um Ihren Arbeitsspeicher zu entlasten, also externe Störfaktoren ausschalten, mögliche Vorbereitungsarbeiten vorab durchführen und für eine gute Ausbildung von sich selbst und Ihrem Team sorgen. In der kritischen Situation selbst helfen Ihnen einfache Merkhilfen, wie ich sie in diesem Kapitel unter »Bereiten Sie sich professionell auf Verhandlungsgespräche vor« vorgestellt hatte.

Für schwierige Entscheidungssituationen bietet sich das Piloten Tool FOR-DEC direkt an, das wir uns im letzten Exkurs in Kapitel 2.5 angesehen haben.

Selbst die Regel ANC (Aviate/Naviagate/Communicate) hat mir in schwierigen Verhandlungssituationen geholfen. Wenn es bei Verhandlungsgesprächen drunter und drüber geht, sollten Sie erst das Gespräch mit Ihrem Partner stabilisieren, dies entspricht dem »aviate« oder fliegen, dann erst die strategische Gesamtsituation neu bewerten: »Wo stehen wir, wo wollen wir hin?« (»navigate«) und danach erst an die Kommunikation außerhalb des Verhandlungsraums denken (»communicate«). Das wird gerne vergessen. Dann werden Strategien entworfen, ohne zu versuchen, die Gesprächsatmosphäre zu stabilisieren, oder es wird kommuniziert, ohne dass die Gesamtstrategie klar ist.

Checkliste Prinzip der Rationalität

- Vermeiden Sie die klassischen Denkfehler.
  - Beschäftigen Sie sich mit Denkfehlern beziehungsweise kognitiven Verzerrungen und integrieren Sie diese in Ihre Analysen.
  - Die wichtigsten: Ankereffekt, Einrahmungseffekt, Verlustaversion
  - Die verhandlungstypischen: Reaktive Abwertung, Nullsummen-Mythos, Fluch des Gewinners, Sunk-Cost-Effekt
  - Die alltäglichen: Verfügbarkeitsheuristik, Besitztumseffekt, Bestätigungsfehler, Überlegenheitsillusion
  - Etablieren Sie ein Zielsystem, damit Sie stets einen rationalen Anker für Ihre Verhandlungen zur Verfügung haben.
  - Versuchen Sie zu erklären, warum sich Ihr Verhandlungspartner aus seiner Sicht vollkommen rational verhält. Das ist eine gute Übung, um sich in die Denkweise Ihres Partners einzudenken.

- Managen Sie den Faktor Zeit.
  - Verhandeln Sie zu Beginn der Verhandlungen mit Ihrem Partner einen Gesamtzeitplan.
  - Verwenden Sie Deadlines sparsam, aber systematisch: Benennen Sie eine klare Frist. Erläutern Sie, was Sie von Ihrem Partner erwarten. Erläutern Sie, was nach Fristablauf passiert. Sichern Sie diese Konsequenz in Ihrer Organisation ab. Lassen Sie sich mit der Konsequenz ein wenig Zeit, um Last-Minute-Einsichten zu ermöglichen.
  - Nehmen Sie sich in Acht vor Zeitmanipulationen Ihres Partners: falsche Deadlines, bewusste Verzögerung oder Zermürbung durch Überziehen.
- Bereiten Sie sich auf Verhandlungsgespräche vor.
  - Vereinbaren Sie eine klare und einfache Agenda. Bereiten Sie die ersten 180 Sekunden akribisch vor. Notieren Sie Ihre Lernaufgaben und Botschaften.
  - Vereinbaren Sie produktive Spielregeln.
  - Versetzen Sie sich in die Lage Ihres Partners: Welche Probleme muss er lösen?
  - Benennen Sie Ihre emotionalen Trigger-Punkte. Welche Themen oder Personen werfen Sie emotional aus der Bahn? Wie fühlen Sie sich unmittelbar vor Ihrem Verhandlungsgespräch? Machen Sie einen emotionalen Selbst-Check-In.
  - Managen Sie Ihre Emotionen während des Gesprächs: Planen Sie Pausen fest ein, benennen Sie einen Emotions-Buddy. Setzen Sie Emotionen sehr dosiert mit einer klaren Exit-Strategie ein.
- Lernen Sie, Ihre Gefühle zu regulieren.
  - Schonen Sie Ihre mentalen Ressourcen während einer langen Verhandlung systematisch.
  - Trainieren Sie dazu Ihre Fähigkeit, den Augenblick wahrzunehmen, ohne ihn zu bewerten. Eine wichtige Kompetenz bei einer Verhandlung.
  - Beschäftigen Sie sich mit modernen Achtsamkeitstrainings.

Verhandlungsflow-Tipp: Zu Beginn einer Verhandlung verschwenden viele Verhandlungspartner Zeit und tänzeln nur um die Probleme herum. Diese Zeit fehlt am Ende und führt zu unnötigem Druck. Vereinbaren Sie einen Gesamtfahrplan und sprechen Sie frühzeitig Kernprobleme an. In der Regel werden Sie mehrere Schleifen benötigen, um anspruchsvolle Probleme in den Griff zu bekommen. Schonen Sie Ihre mentalen Ressourcen. Eine Verhandlung ist ein Marathon und kein Sprint.

2.7 Prinzip der Kreativität: Nutzen Sie agile Methoden, um in jeder Situation die besten Ideen zu generieren

Wer kreativ ist, ist beim Verhandeln klar im Vorteil. Das leuchtet für das Herzstück des kooperativen Verhandelns unmittelbar ein: Bei der Suche nach intelligenten Lösungen, die die Interessen beider Seiten bedienen und damit den Kuchen vergrößern, ist Kreativität die geheime Zutat. Aber nicht nur beim Deal-Design ist Schöpfergeist gefragt. Bei einer anspruchsvollen Verhandlung benötigen Sie ständig neue Ideen und Ansätze, wie Sie den weiteren Verhandlungsprozess gestalten oder die Beziehung zu Ihrem Partner auf eine bessere Ebene heben. Wenn Sie selbst kreativ sind, dann ist das äußerst nützlich. Falls Sie im Team verhandeln, gewinnen Sie deutlich an Schlagkraft, wenn es Ihnen gelingt, Kreativität in Ihrem Team zu stimulieren. Die Königsklasse schließlich ist, wenn Sie nicht nur Kreativität in Ihrem eigenen Team zulassen, sondern die gemeinsame Kreativität mit Ihrem Verhandlungspartner entfesseln.

Praxisfehler

Positionale Verhandlungen sind in kritischen Konflikten noch immer der Normalfall. Die Verhandlung wird im Stile eines Boxkampfes geführt. Dennoch: Bisweilen kommt den Verhandlungsparteien ein kniffliges Problem unter. Beide Seiten gewinnen den Eindruck, dass dieses Problem kluges Nachdenken und Design erfordert, dann aber lösbar ist. Nicht selten ruft dann einer der Innovativeren: Lassen Sie uns doch ein gemeinsames Brainstorming machen. Schnell wird ein Stuhlkreis gebildet. Die Ideensammlung mag nicht richtig in Gang kommen. Endlich legt einer mit einer ersten Idee los. »Das ist ein hervorragender erster Ansatz«, wird die erste Idee gelobt. Der Justiziar wirft ein: »Ja, absolut. Aber wir müssen dabei auch bedenken, dass eine solche Gestaltung zu kartellrechtlichen Problemen führt.« »Wirklich, welche Probleme sollten das denn sein?«
Erläuterung: Schwierige Verhandlungsprobleme lassen sich in der Tat am besten mit einem gemeinsamen Brainstorming lösen. Die Erfahrung zeigt, dass ein kreativer Prozess dann am besten funktioniert, wenn er in eine klare Struktur eingebettet wird. Im Folgenden sehen wir uns eine Form des Brainstormings an, die sich bei Verhandlungen besonders gut bewährt hat. In unserem kurzen Beispiel wurde es versäumt, klare Spielregeln für das Brainstorming aufzustellen und dieses vorzu-

bereiten. Das bloße Zusammensitzen in einem Stuhlkreis mit dem Vorsatz »Seid jetzt kreativ« hemmt den Gedankenfluss. Zusätzlich wurde zwei Mal gegen das Gebot verstoßen, Ideensammlung und -bewertung zu trennen. In dieser Logik ist explizit auch Lob verboten, weil es eine Bewertung darstellt, die den freien Geist in eine Richtung lenkt. Zusätzlich verbietet sich jeder »Ja, aber«-Ansatz, er hemmt jegliches Weiterdenken im Ansatz. Lassen Sie uns ansehen, wie Sie sich Schritt für Schritt in eine inspirierende Stimmung versetzen.

Kommen Sie in den Flow

Kreativität ist die Fähigkeit, etwas Neues oder Originelles zu schaffen, was am Ende nützlich oder brauchbar ist. Mit drei Faktoren lässt sich das Maß an Kreativität messen: Menge der Ideen, Flexibilität der Ideen und Originalität der Ideen. Die Menge gibt die bloße Anzahl an Ideen an. Die Flexibilität gibt die Anzahl der völlig unterschiedlichen Kategorien von Ideen an. Die Originalität schließlich gibt an, wie neuartig und herausstechend die Ideen sind. Wenn Sie bei Ihren Verhandlungen in eine Sackgasse geraten sind, hilft es Ihnen, wenn Sie kreativ sind.[150] Sie könnten sich fünf verschiedene inhaltliche Angebote überlegen, wie Sie Ihren Partner an den Tisch bringen. Das ist die Menge von fünf, aber wenig flexibel und originell. Neben diesen inhaltlichen Ideen ist es entscheidend, in völlig anderen Kategorien zu denken: Sie könnten den eigenen Verhandlungsführer tauschen, eine Kommunikationskampagne starten, Ihren Plan B umsetzen oder den Chef des Verhandlungsführers auf der anderen Seite anrufen. Jetzt denken Sie bereits in fünf verschiedenen Kategorien. Originell wäre es nun, den Vorschlag zu machen, den Konflikt bei einem Kickerturnier zu lösen, mit dem Verhandlungspartner einen Ausdruckstanz-Workshop zu machen, mit der Oma des Verhandlungsführers zu sprechen oder Greta Thunberg um Rat zu bitten.

Achten Sie auf Ihr mentales Modell von Verhandlungen. Menschen haben verschiedene Theorien darüber, was für den Erfolg bei Verhandlungen entscheidend ist. Dieses mentale Modell entscheidet darüber, wie viele verschiedene Ansätze Sie verfolgen, um eine Verhandlung voranzubringen. Die meisten setzen Verhandeln mit Feilschen gleich. Es gibt einen bestimmten Lösungsraum, und Ihre Aufgabe ist es, möglichst viel von diesem Lösungsraum beharrlich zu beanspruchen. Mit diesem mentalen Modell wird sich Ihre Kreativität auf Ankerstrategien, Konzessionsabfolgen und Argumentation, dass Sie im Recht sind, fokussieren. Ein weiteres mentales Modell ist, Verhandlungen als Kosten-Nutzen-Analyse zu verstehen. Lange Listen und schlaue Formeln stehen im Vordergrund. Die nächste Kategorie ist, eine Verhandlung mit einem Poker- oder Schachspiel gleichzusetzen. Entsprechend werden Sie beim Bluffen oder bei Ihren nächsten Zügen einfallsreich sein. Für viele ist Verhandeln eine Form von Partnerschaft. Es geht um Beziehungen und Menschen. Entsprechend findet auf dieser Ebene Ihre Kreativität statt. Besonders zielführend ist es aus meiner Sicht, eine Verhandlung als gemeinsamen Problemlösungsprozess zu interpretieren. Im Kern geht es darum, gemeinsam mit Ihrem Verhandlungspartner das Rätsel zu lösen, wie Sie für dieses Verhandlungsproblem die optimale Lösung finden. Das stimuliert in Ihnen den Ansatz, auf allen genannten Ebenen zu arbeiten, von Feilschen über Analytik und Taktik bis zur Beziehungsebene.

Fördern Sie Flow beim Verhandeln. Wenn Sie kreativ schaffen, tritt ein besonderer Bewusstseinszustand ein. Es handelt sich um eine Art Trance. Beim Verhandeln können Sie diesen Flow gut erleben. Dies kann bei der Vorbereitung allein oder mit Ihrem Team sein. Oder gemeinsam mit Ihrem Verhandlungspartner, wenn es Ihnen am Verhandlungstisch gelingt, in einen Modus zu gelangen, in dem Sie gemeinsam um die beste Lösung ringen. Auf zwei Faktoren lohnt es sich besonders zu achten, um im Rahmen des Verhandlungsprozesses diesen kreativen Schaffensrausch zu erreichen: eine positive Stimmung und das richtige Tempo.

Wenn Menschen in positiver Stimmung sind, sind sie kreativer, Sie entwickeln mehr, flexiblere und originellere Ideen. Sie stellen überraschende Verknüpfungen zwischen verschiedenen Ideen her und verknüpfen untypische Kategorien miteinander. Deshalb sollten Sie immer darauf achten, Verhandlungen lustvoll zu inszenieren. Nehmen Sie nur Leute mit, die Lust auf Verhandlungen haben. Achten Sie auf angenehme Räume und Umgebung. Nicht umsonst gehen amerikanische Präsidenten gerne in ihren legendären Sommersitz Camp David zum Verhandeln oder wurde die deutsche Einheit in der idyllischen Heimat von Michail Gorbatschow besiegelt. Organisieren Sie das Drumherum für die Verhandlungsteams möglichst angenehm. Achten Sie auf Details. Ich nehme zum Beispiel gerne eine Box mit den neuesten leckeren und gesunden Energieriegeln mit für nächtliche Verhandlungsrunden.

Noch wichtiger ist, das Arbeits- und Verhandlungstempo zu variieren, um die Verhandlungen im positiven Flow zu halten. Das ist im Kern das größte Geheimnis, um Verhandlungsflow zu erzeugen. Flow ist ein Zustand, keine Technik. Ihr persönliches Ziel ist es, immer genau im Flowkanal zu bleiben und weder zu langsam noch zu schnell zu sein. Schleppen sich die Verhandlungen hin, sollten Sie das Tempo steigern. Machen Sie einen neuen Vorschlag, richten Sie eine Arbeitsgruppe ein oder beraumen Sie ein neues Treffen an. Stellen Sie Überforderungsanzeichen bei sich oder Ihrem Partner fest, nehmen Sie wieder Tempo raus. Machen Sie eine Pause, vertagen Sie sich oder setzen Sie ein Thema, das weniger kognitive Last zur Folge hat.

Wenden Sie vier erprobte Schritte an, um kreative Lösungen zu befördern. Egal welches Problem Sie lösen, Sie erhöhen die Wahrscheinlichkeit, eine kreative Lösung zu finden, wenn Sie stets nach dem gleichen Verfahren vorgehen.

Als Erstes gilt es, das Problem zu definieren. Formulieren Sie die Frage, die Sie beantworten möchten. »Mit welchem Lösungsvorschlag können wir unsere russischen

Partner davon überzeugen, uns den Überflug zu gewähren, ohne unsere eigenen Interessen preiszugeben?« Bereits die Formulierung dieser Problemdefinition ist eine Kunst. Ist die Frage zu detailliert, wird durch die Antworten das eigentliche Problem nicht gelöst. Ist sie zu weit gestellt, helfen Ihnen die Antwort nicht weiter oder das Problem wird zu komplex. Sind Sie mit den Antworten nicht zufrieden, sollten Sie sich nicht davor scheuen, die Problemdefinition neu zu fassen.

Vor dem Hintergrund der Problemdefinition sollten Sie in einem zweiten Schritt eine intensive Recherche durchführen. Nutzen Sie schriftliche Quellen und führen Sie Gespräche. Falls erforderlich und möglich, geben Sie Bewertungen bei Dritten in Auftrag. Führen Sie alles zu einem dichten Bild zusammen, indem Sie zum Beispiel einen kurzen Vermerk schreiben oder einig Folien zusammenstellen.

Es folgt die Zeit der Inkubation. Das ist der dritte Schritt. Geben Sie sich jetzt ein wenig Zeit. Nach der intensiven Recherchephase folgt nun eine Entspannungsphase, in der Sie unbewusst Ihre Ideen ausbrüten. Vertrauen Sie auf diese Phase und Ihre unbewussten Denkprozesse. Entfernen Sie sich eine Zeit lang von Ihrem Problem und beschäftigen Sie sich bewusst mit Themen, die mit dem Problem nichts zu tun haben. Geben Sie diesem inneren Reifeprozess Raum. Am Ende der Inkubationsphase erfolgt die Erhellung oder der Geistesblitz. Geben Sie diesem Geistesblitz eine Chance. Ergreifen Sie ihn, sobald er vor Ihrem geistigen Auge und vor dem Auge eines Teammitglieds oder des Verhandlungspartners erscheint.

Im letzten und vierten Schritt gilt es, die neue Idee zu formen und zu polieren. Unterschätzen Sie diesen Schritt nicht. Solange die Idee nicht ausgearbeitet und präzisiert ist, ist sie leicht angreifbar. Machen Sie eine kleine Reise in die Zukunft, um sich optimal für eine Präsentation Ihrer Idee vorzubereiten. Stellen Sie sich vor, Sie haben soeben Ihre Idee Ihrem Verhandlungspartner äußerst erfolgreich präsentiert. Wie haben Sie das gemacht? Welche besonders kritischen Fragen hat er gestellt? Bereiten Sie Ihre Präsentation und Antworten auf diese Fragen entsprechend vor.

Beachten Sie die Prinzipien kreativer Gruppenarbeit. Die gerade besprochenen vier Schritte gelten für jede Form des kreativen Arbeitens, egal ob allein oder in Gruppen. Beim Verhandeln findet Kreativität häufig in Gruppen statt. Entweder innerhalb des Verhandlungsteams einer Seite. Oder am Verhandlungstisch mit Ihrem Partner. Wenn Gruppen kreativ zusammenarbeiten, sind einige Besonderheiten zu beachten. Grundsätzlich neigen Gruppen zu konvergentem Denken. Das ist die Form des Denkens, die genau auf eine Lösung hinarbeitet. Im konvergenten Denken sind Gruppen besonders gut. Um kreativ zu sein, ist aber zunächst divergentes Denken erforderlich, sprich ein Denken in mehrere unterschiedliche Richtungen. In einer Gruppe besteht allerdings hoher Konformitätsdruck, insbesondere wenn andere Gruppenmitglieder unsere Vorschläge bewerten. Denken Sie an klassische Verhandlungssituationen. Eine Seite macht einen ungewöhnlichen Vorschlag. Die andere Seite erkennt vor allem die

Risiken in diesem Ansatz. Ohne lange nachzudenken, werden einige scharfe rechtliche Gegenargumente zu diesem Vorschlag vorgetragen. Jetzt ist die andere Seite dran. Sie hat sich einige kreative Gedanken gemacht. Dies nutzt die gerade gemaßregelte Partei für eine deftige Retourkutsche. Beiden Seiten ist die Lust auf kreative Lösungen sogleich vergangen. Um sicher zu gehen, bleibt jede Verhandlungspartei bei konventionellen Ansätzen, um sich nicht weiterhin der scharfen Kritik der anderen Seite auszusetzen.

Was ist zu beachten, wenn Sie diesen Verhandlungsalltag vermeiden möchten? Das ist vor allem dann wichtig, wenn die Parteien zu einzelnen Themen mehrere Lösungsansätze erzeugen möchten, um aus diesem Fundus intelligente Pakete zu gestalten. Zwei Grundsätze sind wichtig, um Gruppen in einen kreativen Modus zu versetzen. Der erste Grundsatz ist das Trennungsprinzip. Ideenbildung und Bewertung sind strikt zu trennen. Der zweite Grundsatz besteht darin, dass in den Gruppendiskussionen kein Eigentum an den Ideen entsteht.

Das Trennungsprinzip bedeutet für die Phase der Ideenbildung ein striktes Bewertungsverbot. In Verhandlungen können Sie das elegant einbauen, ohne allzu regelverliebt zu wirken: »Nach meiner Erfahrung hat es sich bewährt, wenn wir uns 10 Minuten Zeit nehmen und gemeinsam einige Ideen sammeln, ohne sie sofort zu bewerten.« Ohne Bewertung bedeutet, dass Sie Vorschläge weder positiv noch negativ einordnen. Weder verbal noch nonverbal sollten Sie die genannten Ideen bewerten. Vereinbaren Sie, dass ausdrücklich abwegige und unrealistische Ideen erwünscht sind. Mit dieser Regel verringern Sie den sozialen Konformitätsdruck. Selbst wenn einzelne Ideen unsinnig sind, können diese andere Ideen stimulieren, die weiterhelfen.

Ein zweiter Grundsatz ist wichtig, um eine Gruppe kreativ an einem Problem arbeiten zu lassen. Wenn Sie die Kreativität der Gruppe fördern möchten, sollten Sie individuelles Eigentum an Ideen ausschließen. Einzelne Personen sind nicht Eigentümer der Vorschläge, die sie zufällig gemacht haben. Niemand kann daran festgehalten werden, einen Vorschlag im Rahmen der gemeinsamen Lösungssuche gemacht zu haben. Dadurch haben Sie die Sicherheit, auch Vorschläge machen zu können, an die Sie nicht glauben oder die nicht im eigenen Interesse liegen. Warum sollten Sie das überhaupt tun? Auch diese Vorschläge können weitere Ideen stimulieren. Außerdem fällt es allen Gruppenmitglieder dadurch leichter, den inneren Zensor abzuschalten. Schließlich kann es sinnvoll sein, Vorschläge zu unterbreiten, die teilweise oder vollständig im Interesse der anderen Seite liegen. Unter Umständen führt dies zu einer Tauschmöglichkeit, die an anderer Stelle wieder ausgeglichen werden kann.

Mit diesen Grundlagen besitzen Sie das Handwerkszeug, um in jeder Verhandlung erfolgreich kreative Elemente zu integrieren. Im nächsten Schritt sehen wir uns konkret an, wie ein kreativer Verhandlungsprozess aussieht.

Verwenden Sie ein bewährtes Verfahren, um neue Ideen zu erzeugen

Ich kann es nicht oft genug wiederholen: Jede Verhandlung ist anders. Ein einfaches Klipp-Klapp nach Schema F verbietet sich in anspruchsvollen Verhandlungen. Dennoch bewähren sich in der Praxis bestimmte Verfahren mehr als andere. Wenn Sie in einer schwierigen Verhandlungssituation schematisch ein Brainstorming nach den seit 1939 von Alex F. Osborn entwickelten Standardregeln veranstalten, besteht ein hohes Risiko für Sie zu scheitern. Mit einigen wenigen Anpassungen erhöhen Sie Ihre Chancen, mit neuen Ideen eine festgefahrene Verhandlung zu beleben.

Reservieren Sie dieses Verfahren für die wirklich wichtigen und schwierigen Fragen in einer Verhandlung. Einzelne Elemente dieses Verfahren können Sie aber immer wieder nutzen, um kreative Momente zu schaffen. Natürlich müssen Sie dieses Verfahren an Ihre Situation und Ihre Verhandlungsgruppe anpassen.

Das Verfahren ist geeignet, um sich im eigenen Team einer schwierigen Frage anzunehmen. Anspruchsvoller, dafür aber außerordentlich wertvoll ist ein gemeinsames Verhandlungs-Brainstorming mit Ihren Verhandlungspartnern. Dieser kollektive Prozess erfordert einige Übung und Vertrauen ineinander. Er fördert die Fähigkeit eines Teams, sich zuzuhören und gemeinsam Ideen zu entwickeln, enorm. Auch außerhalb dieses Verfahrens.

Bereiten Sie das Verhandlungs-Brainstorming systematisch vor. Legen Sie zunächst zwischen den Verhandlungsführern die beiden obersten Grundregeln fest, wie wir sie gerade besprochen haben: (1) Das Trennungsprinzip: Lösungssammlung und -bewertung sind strikt zu trennen. (2) Es gibt kein Eigentum an Ideen. Nur weil einer einen Vorschlag gemacht hat, bedeutet das nicht, dass er an diesem Vorschlag festgemacht werden darf.

Im nächsten Schritt formulieren Sie die Problemfrage. Das ist eine sogenannte »How might we«-Frage. Ein Beispiel: Wie können wir gleichzeitig sicherstellen, dass unser Bedürfnis nach Rechtssicherheit und Ihr Bedürfnis nach Flexibilität unter einen Hut gebracht werden? Eine gute Möglichkeit ist, die jeweils wichtigsten Interessen jeder Seite mit dieser Frage zu verknüpfen. Nehmen Sie sich ausführlich Zeit, diese Frage schriftlich zu formulieren. Wie gesagt, es handelt sich um eine Kunst. Die Frage darf weder zu konkret noch zu offen formuliert sein. Achten Sie darauf, alle Diskussionen immer wieder zur Ausgangsfrage zurückzuführen. Wenn Sie feststellen, dass die Frage nicht ergiebig ist, dann passen Sie sie einfach an. Das kann Wunder wirken.

Legen Sie das Kreativteam fest. Fünf bis zehn Personen sind die ideale Größe. Drei Rollen sollten Sie vergeben. Sie benötigen die Rolle des Prozessverantwortlichen, der auf die Spielregeln achtet und den Prozess leitet. Dann bewährt sich immer ein Zeitverantwortlicher. Schließlich sollte jemand bestimmt werden, der die Inhalte festhält, sprich die Rolle des Protokollführers. Idealerweise besetzen Sie jede Rolle doppelt, jeweils paritätisch von beiden Seiten. Die Teilnehmer sollten nicht durch hierarchische Prozesse daran gehemmt werden, ihre Ideen zu äußern. Hier ist Fingerspitzengefühl erforderlich. Klar ist auch, dass ein gut durchmischter Teilnehmerkreis zu einer größeren Ideenbreite beiträgt. Wenn Sie diesen Prozess das erste Mal durchlaufen oder die Situation angespannt ist, ist es eine gute Idee, einen Moderator zu bitten, Sie durch diese Situation zu führen.

Als Nächstes bitten Sie jede Seite, die erforderlichen Daten, Zahlen und Fakten zu dieser Problemstellung zu recherchieren. Klären Sie die Ausgangslage. Benennen Sie gegebenenfalls für jede Seite einen Rechercheverantwortlichen oder bilden Sie – noch besser – ein gemeinsames Rechercheteam. Bitten Sie die Rechercheure, die Informationen übersichtlich und verständlich darzustellen. Diese Übung dient dazu, die Inkubationsphase, sprich den Reifeprozess Ihrer Ideen, zu initiieren und zu inspirieren. Idealerweise bitten Sie alle Teilnehmer bereits am Vortag, sich mit den Informationen auseinanderzusetzen. Legen Sie danach die Informationen weg und grübeln Sie nicht weiter über das Problem nach. Entspannen Sie sich und lassen Sie den unterbewussten Reifeprozess beginnen.

Sammeln Sie möglichst viele neue Ideen im Verhandlungs-Brainstorming. Als Nächstes versammeln sich alle Teilnehmer in einem Raum. Im Zentrum steht eine Pinnwand, ein großer Touchscreen oder ein Flipchart. Die Gruppe arbeitet gemeinsam an der Problemlösung. Der Blick fällt auf die gemeinsame Problemlösung und nicht auf den Verhandlungsgegner. Am besten sitzen sie gemischt und keinesfalls gegenüber.

Anders als die landläufige Meinung suggeriert, generieren nicht Gruppen, sondern Individuen mehr und bessere Ideen.[151] Deshalb bitten Sie als Nächstes alle Teilnehmer, individuell in stiller Arbeit und gut leserlich mit einem dicken schwarzen Stift auf einem großen Post-it ihre Ideen aufzuschreiben. Weisen Sie die Teilnehmer darauf hin, dass die anderen den Inhalt aus der Distanz lesen können müssen. Es geht um Schlagwörter und nicht um ausführliche Erklärungen. Fördern Sie den Wettbewerb zwischen den Teilnehmern. Loben Sie einen Preis aus für denjenigen, der am meisten Ideen generiert. Zunächst zählt Masse und nicht scheinbare Klasse. Denn bewertet wird erst später. Geben Sie den Teilnehmern ausreichend Zeit für sich allein. Ermuntern Sie sie zu wilden Ideen. Und zu Ideen, die bewusst im Interesse der anderen Seite sind.

Kommt die Ideengenerierung zum Erliegen, stimulieren Sie weitere Ideen durch kreativitätsfördernde Fragen. Stellen Sie Zeitfragen: Wie hätten die Menschen das Problem vor zehn, hundert Jahren oder tausend Jahren gelöst, wie werden sie das Problem in zehn, hundert oder tausend Jahren lösen? Oder die Geniefrage: Wie würden Albert Einstein, Machiavelli, Nelson Mandela, Steve Jobs, Bill Gates, Marie Curie, Mehmet Scholl oder Greta Thunberg et cetera das Problem lösen? Wie würden die Menschen in China, USA, Italien, auf dem Mars, im Bergwerk et cetera das Problem lösen? Vergrößern oder verkleinern Sie das Problem: Was würden wir tun, wenn wir

10 Millionen Euro hätten? Was würden wir tun, wenn wir nur noch 20 Euro hätten? Stellen Sie die Umkehrfrage: Was müssten wir tun, um das Problem zu vergrößern? Was müssten wir tun, um bewusst nur der anderen Seite zu helfen? Diese Methode heißt auch paradoxe Intervention.

Bitten Sie die Teilnehmer, die Ideen kurz zu erläutern und die Zettel für alle sichtbar aufzukleben. Achten Sie darauf, die Antworten nicht zu bewerten. Weder positiv noch negativ. »Ja, aber« ist streng verboten. Fällt einem Teilnehmer spontan eine weitere Idee ein, darf er diese spontan mit einem »Ja und« sofort dazukleben. Kreativität induziert weitere Kreativität. Die Teilnehmer können ähnliche Ideen gruppieren, ohne dabei zu viel Zeit zu verlieren. Der Prozessverantwortliche sollte die Teilnehmer auffordern, verschiedene bestehende Ideen zu kombinieren. Gerne auch absurde Kombinationen: Was ist, wenn wir Idee A mit Idee B kombinieren?

Sobald der kreative Prozess zum Erliegen kommt, machen Sie eine Pause. Sorgen Sie für eine bewusste Zäsur zwischen Ideengenerierung und -bewertung.

Überprüfen und verfeinern Sie die gesammelten Ideen im gemeinsamen Bewertungsprozess. Wichtig ist, den Bewertungsprozess in mehreren iterativen Schritten zu vollziehen. Die Bewertung ist die eigentliche Stärke eines Verhandlungs-Brainstormings. Beim Prüfen und Verfeinern von Ideen sind Gruppen Einzelpersonen deutlich überlegen. Betonen Sie stets die Vorläufigkeit der Ergebnisse. Während der Bewertungsphase ist es besonders wichtig, synchron vorzugehen. Einer spricht, die anderen hören zu. Es sollten keine Separatunterhaltungen stattfinden.

Bitten Sie die Prozessverantwortlichen, die Ideen zu ordnen und in eine logische Struktur zu bringen. Die Gruppe sollte die Ideen in eine Reihenfolge bringen, um die besten Ideen weiter zu verfeinern. Hierzu kann die Gruppe zum Beispiel Klebepunkte verwenden. Die Ideen mit den meisten Punkten werden als Erstes besprochen und weiter verfeinert. An dieser Stelle bewährt es sich, wenn ausreichend Zeit ist, die Ideen präzisiert zu formulieren und die Klebezettel einheitlich und leserlich zu beschriften

Die Bewertung der Ideen erfolgt in mehreren Schritten.[152] Die Ideen werden gründlich geprüft und verfeinert. Wichtig: es bleibt bei der obersten Grundregel rationalen Verhandelns: nichts ist vereinbart, bevor alles vereinbart ist. Nur mit dieser Regel erreichen Sie, dass sich alle Beteiligten dem Prozess öffnen und nicht im taktischen Klein-Klein verharren.

Im ersten Schritt überprüfen die Parteien die gefundenen Lösungsoptionen anhand der Interessen beider Parteien. Optimalerweise haben Sie bereits zum Auftakt des Verhandlungsprozesses einen Interessen-Workshop durchgeführt, wie wir ihn im Kapitel 2.2 unter »Sammeln Sie die Informationen strukturiert« kennengelernt haben. Wünschenswert sind Optionen, die auf die Interessen beider Seiten einzahlen. Zahlt eine Option nur auf die Interessen einer Seite ein, ist das ebenfalls eine wichtige Erkenntnis. Allein deshalb muss die Option nicht verworfen werden. Wir denken schließlich stets im gesamten Lösungspaket. Vielleicht findet sich eine andere Option zu einem anderen Thema, mit der dieses Defizit ausgeglichen werden kann. Dieses wichtige Prinzip des Kuhhandelns oder eleganten »Logrollings« habe ich Ihnen bereits im Kapitel 2.4 unter »Werden Sie ein Kuchenvergrößerungsprofi« vorgestellt.

Im zweiten Schritt verwenden Sie die universell verwendbare PMI-Methode nach Edward de Bono.[153] Das Prinzip ist einfach und damit gehirngerecht. Es bewährt sich in stressigen Situationen. Geben Sie der betrachteten Option ein Schlagwort und schreiben Sie es oben auf ein Blatt Papier. Teilen Sie das Papier in drei Spalten: Plus, Minus und Interessant. Füllen Sie gemeinsam immer erst die eine Spalte komplett aus, bevor Sie mit der nächsten beginnen. In die erste Spalte »Plus« schreiben Sie alle Vorteile der Option. Erst wenn dieser Schritt abgeschlossen ist, füllen Sie die Spalte »Minus« mit allen Nachteilen aus. Punkte, die sowohl Vorteil als auch Nachteil sind, fügen Sie in beide Spalten ein. Schließlich füllen Sie die dritte und letzte Spalte aus, die »Interessant«-Spalte. Hier fügen Sie alle Themen ein, die nicht eindeutig Vor- oder Nachteil sind und die der Klärung bedürfen. Ist ein offener Punkt geklärt, kann er einer der beiden Spalten zugeordnet werden. Nehmen Sie sich für jede der Spalten höchstens zwei bis fünf Minuten Zeit. Die PMI-Methode führt nicht zu eindeutigen Ergebnissen. Allerdings spannt sie auf einen Blick die wesentlichen Faktoren einer Lösungsoption auf. Dies führt stets zu wertvollen Erkenntnissen. Hilfreich ist es, die Vor- und Nachteile in der Reihenfolge ihrer Relevanz von wichtig zu unwichtig zu ordnen. Natürlich besteht die Möglichkeit, jedem Aspekt einen gewichteten Punktwert zuzuordnen und die beiden Seiten zu saldieren. Dann können Sie die verschiedenen Optionen miteinander vergleichen. In der Regel führt dies zu Scheingenauigkeit. Am Ende ist die Bewertung einer Option eine Kunst, die mit einem einfachen Algorithmus nicht zu fassen ist.

Im dritten Schritt gilt es, die gefundenen und bewerteten Optionen als geeignet auszuwählen und für die weitere Ausgestaltung und Konkretisierung im Rahmen der Verhandlung des Gesamtpakets vorzubereiten.

Bedienen Sie sich aus dem agilen Baukasten

»Unter Berücksichtigung sämtlicher Perspektiven muss der Problemraum zunächst erkundet und definiert werden, bevor überhaupt einzelne Lösungen in Betracht gezogen werden. Selbst wenn Lösungen gefunden werden, führen diese meist zu kontroversen Diskussionen und Auseinandersetzungen. (…) Daher muss es das Team neben dem Finden von Lösungen schaffen, Respekt, Vertrauen und Aufmerksamkeit zu gewinnen.«[154] Dieses Zitat könnte von Roger Fisher stammen, dem Vater und Mitautor des legendären Verhandlungsbuchs »Das Harvard-Konzept«. Stammt es aber nicht. Vielmehr ist es dem hervorragenden Buch und Methodenkoffer »Design Thinking – Das Handbuch« entnommen. Modernes Verhandeln passt bestens zu Design Thinking und anderen agilen Ansätzen. Wer nach methodischen Inspirationen für ein anspruchsvolles Verhandlungsprojekt sucht, ist gut beraten, sich im agilen Baukasten zu bedienen. Sobald ich ein neues Buch zum Thema Agilität in die Hand bekomme, scanne ich es nach Ansätzen, die auch beim Verhandeln hilfreich sind. Meist werde ich fündig. Warum ist das so?

Wir erleben zur Zeit eine kulturelle Transformation im Geschäftsleben. Nach den prozess- und effizienzorientierten Managementansätzen vergangener Jahrzehnte, werden Kreativität und vernetztes Denken zunehmend zu einer alltäglichen ökonomischen Anforderung. Deshalb schwappen aus dem IT- und Design-Bereich zunehmend Philosophien und Methoden in den Arbeitsalltag, die Innovation befördern und komplexe, vielschichtige Probleme lösen. Wer anspruchsvolle Verhandlungen zum Erfolg führen möchte, muss komplexe Probleme in interdisziplinären Teams lösen. Das ist auch die Kernanforderung bei agilen Arbeitsformen. Ich bin immer wieder verblüfft, wie sich die Ansätze und Werkzeuge von Verhandeln und Agilität ähneln. Viele agile Elemente sind unmittelbar beim Verhandeln verwendbar und inspirieren neue Verhandlungsmethoden. Agile Lösungsfindung ist betont iterativ und inkrementell, genauso wie eine gute Verhandlung. Durch diese Arbeitsweise ist die schnelle Anpassungsfähigkeit an veränderte Rahmenbedingungen gewährleistet. Eine Lösung wird Schritt für Schritt verfeinert ohne abzuspulenden Masterplan. Wenn wir die Kundenzentrierung der agilen Ansätze mit der Zentrierung auf den Verhandlungspartner gleichsetzen, erschließen sich weitere Analogien. Empathie und Einfühlungsvermögen sind für Verhandeln wie Agilität sowie Design Thinking zentral. Die Bedürfnisse und Motivationen von Menschen gilt es beim einen wie beim anderen zu berücksichtigen. Weitere wichtige Elemente beider Welten sind das interdisziplinäre Arbeiten in Teams, eine optimistische und neugierige Grundhaltung sowie der feste Wille, eine gute Lösung zu erarbeiten. Ich bin überzeugt davon, dass die agile Bewegung zukünftiges Verhandeln erkennbar befruchten wird. Sehen wir uns einige konkrete Ansätze dazu an.

Sowohl die Design-Thinking-Welt als auch die aus dem Bereich der agilen Softwareentwicklung stammende Scrum-Welt bedienen sich einer Fülle von Techniken. Einige dieser Techniken sind bestens für anspruchsvolle Verhandlungsprojekte geeignet. Lassen Sie uns zunächst vertieft zwei besonders geeignete Techniken ansehen, die »Empathy Map« und das Verhandlungs-Kanban-Board. Im Anschluss daran gebe ich Ihnen einen breiteren Überblick über weitere geeignete Design-Thinking, und Scrum-Techniken.

Bereiten Sie sich mit der »Empathy Map« vor. Die Empathy Map wird im Design Thinking in der Phase »Need Finding und Synthese« genutzt. Sie hilft dabei, Personen auf der emotionalen Ebene zu erfassen. Vor einem Verhandlungsgespräch können Sie dieses Werkzeug verwenden, um die emotionale Situation Ihres Verhandlungspartners besser einzuschätzen. Das hilft Ihnen, empathisch zu sein und dies Ihrem Verhandlungspartner zu zeigen. Ebenso können Sie die Empathy Map nutzen, um sich vor einem Interessen-Workshop, in dem Sie sich mit den Interessen Ihres Verhandlungspartners auseinandersetzen, auf Ihr Gegenüber konkret einzustimmen. Den Interessen-Workshop habe ich Ihnen im Kapitel 2.2 unter »Sammeln Sie die Informationen strukturiert« vorgestellt. Wie gehen Sie am besten vor, um für Verhandlungen eine Empathy Map einzusetzen?

Setzen Sie sich mit Ihrer Seite des Verhandlungsteams zusammen. Bewaffnen Sie die Teilnehmer mit quadratischen Post-its und etwas dickeren schwarzen Filzstiften. Gruppieren Sie sich um eine mit Papier bezogene Metaplan-Wand und schreiben Sie den Namen der zu untersuchenden Person in einen größeren Kreis in die Mitte der großen, mit Packpapier bezogenen Pinnwand. Fügen Sie ein oder zwei ausgedruckte Bilder dieser Person in den mittigen Kreis hinzu. Notieren Sie in der Mitte jetzt wichtige biografische Eckdaten der Person: Alter, Wohnort, persönlicher und beruflicher Status, Ausbildung, Herkunftsort oder -region. Einige Fotos dieser Person oder von Gegenständen, die mit dieser Person verknüpft sind, runden das Bild ab. Teilen Sie sodann von der Mitte ausgehend das Papier in vier Quadranten. Beschriften Sie die vier Quadranten jeweils mit Sehen, Hören, Denken und Fühlen. Füllen Sie im Team Post-its aus, um die folgenden Fragen zu beantworten.

- **Quadrant Sehen:** Was sieht die Person an einem typischen Tag? Was sieht die Person aktuell? Was sieht die Person, wenn sie sich auf die Verhandlungen vorbereitet? Beschäftigen Sie sich an dieser Stelle mit den visuellen Eindrücken, die eine Person hat.
- **Quadrant Hören:** Was hört die Person an einem typischen Tag? Was hört die Person aktuell? Was hört die Person, wenn sie sich auf die Verhandlungen vorbereitet?
- **Quadrant Denken:** Was denkt die Person an einem typischen Tag? Was denkt die Person aktuell? Was denkt die Person, wenn sie sich auf die Verhandlungen vorbereitet?
- **Quadrant Fühlen:** Was fühlt die Person an einem typischen Tag? Was fühlt die Person aktuell? Was fühlt die Person, wenn sie sich auf die Verhandlungen vorbereitet?

Mit dieser mit Post-its beklebten Übersichtskarte gewinnen Sie ein sehr dichtes Bild von einer Person. Beachten Sie, dass es sich dabei sämtlich um Hypothesen handelt, die Sie im Rahmen der Gespräche überprüfen. Mit diesem 360-Grad-Bild sind Sie bestens gewappnet, um empathisch auf die Situation Ihres Gegenübers im Verhandlungsgespräch einzugehen oder sich vertieft Gedanken über die wahren Bewegründe im Vorfeld im Rahmen eines Interessen-Workshops zu machen.

Nutzen Sie ein gemeinsames Kanban-Board. Kanban-Boards sind eine sehr effiziente Möglichkeit, Aufgaben im Team zu bearbeiten. Sie werden alternativ Scrum Boards oder Taskboards genannt und kommen zum Beispiel in der agilen Softwareentwicklung während eines Sprints, sprich einer mehrtägigen konzentrierten Teamarbeit, zum Einsatz. Kanban ist japanisch und bedeutet »visuelles Signal.« Mit einer einfachen Tafel, die in mehrere Spalten aufgeteilt ist, und Post-its, die von links nach rechts wandern, werden Aufgaben sichtbar in einen Workflow gebracht und damit alle Teammitglieder motiviert und informiert. Beim Verhandeln setzen Sie das Kanban-Board entweder ein, um ihr eigenes Team vorzubereiten oder um den Arbeitsfluss mit dem Verhandlungspartner zu organisieren. Sie können sich dabei auf Teilbereiche konzentrieren oder das gesamte Verhandlungsprojekt organisieren.

Wie genau Ihr Verhandlungs-Kanban-Board aufgeteilt ist, können Sie nach Ihren Bedürfnissen variieren. Ein sehr einfaches Kanban-Board besteht aus drei Spalten: »wartend«, »in Bearbeitung«, »fertig« von links nach rechts. Die Spalte »wartend« wird häufig »Backlog«, sprich Arbeitsrückstand genannt. Das jeweilige Arbeitspaket wird auf ein Post-it geschrieben und wandert je nach Status von links nach rechts. Diese Bewegung von links nach rechts nennt man Flow; sie wirkt motivierend für das Team. Ein wichtiges Prinzip ist die Work-In-Progress-Grenze oder WIP-Grenze. Das Team sollte immer nur an einer bestimmten Anzahl Aufgaben gleichzeitig arbeiten, um fokussiert zu arbeiten. Maximal bearbeitet das Team so viele Aufgaben, wie es Teammitglieder hat, besser deutlich weniger. Arbeitet das Team mehrere Tage an einem Projekt, kann es sich zu einem 15-minütigen »Daily Scrum« zu Beginn jedes Arbeitstages treffen. Jeder berichtet kurz, welche Arbeitspakete er am Vortag bearbeitet hat und heute bearbeiten wird. Eventuell wird kurz benannt, welche Herausforderungen bestehen.

Sehen wir uns konkrete Anwendungsmöglichkeiten beim Verhandeln an. Passen Sie die einzelnen Spalten an Ihre Bedürfnisse an. Bei anspruchsvollen Verhandlungen können Sie beispielsweise ein Kanban-Board entwickeln, um mit dem Partner den Vertragstext zu entwickeln, nachdem Sie sich auf Eckpunkte eines Verhandlungspakets geeinigt haben. In ihren Backlog (alternativ: »wartend«) tragen Sie die anzufertigenden Vertragsdokumente ein. Die Spalte »in Bearbeitung« unterteilen Sie in »Entwurf anfertigen«, »Feedback«, »Besprechung«. Die Spalte »fertig« können Sie in »fertiger Arbeitsstand« und »Freigabe« unterteilen, falls es eine höhere Instanz gibt, die den Text freigibt. Priorisieren Sie Ihren Backlog von wichtig zu unwichtig. Einigen Sie sich mit Ihrem Partner, welche beiden Vertragsdokumente zunächst formuliert werden und wer jeweils den ersten Entwurf macht. Rücken Sie das entsprechende Post-it zum jeweiligen Vertragsdokument in die Spalte »Entwurf anfertigen.« Sobald dies erledigt ist, rücken Sie das Post-it in die Spalte »Feedback« der anderen Seite. Ist das Feedback gegeben, wandert das Post-it auf »Besprechung« und Sie besprechen mit dem Partner die offenen Punkte, die Sie gegebenenfalls sofort in den Text einarbeiten. Sind Sie damit fertig, wandert das Post-it auf »fertiger Arbeitsstand« und wartet nun auf die »Freigabe« der nächsten Instanz. Natürlich kann es vorkommen, dass Sie eine zusätzliche Schleife einlegen müssen, dann wandert das Post-it nach links. Diesen Prozess von links nach rechts durchlaufen Sie nun mit allen Post-its. Ich denke, Sie verstehen die Idee. Jeder möchte die Post-its von links nach rechts wandern lassen. Das Team kommt in den Flow. Das Kanban-Board sähe zum Beispiel so aus:

Wartend	**In Bearbeitung**			**Fertig**	
	Entwurf anfertigen	**Feedback geben**	**Besprechung**	**Fertiger Arbeitsstand**	**Freigabe**
Klammerpapier					
Kaufvertrag					
Darlehensvertrag					
…					

Falls Sie mit Ihrem Verhandlungspartner effizient arbeiten, ist es sinnvoll, den gesamten Verhandlungsprozess mit einem Kanban-Board zu organisieren. Beachten Sie dabei aber, nicht in eine Logik des sequenziellen Verhandelns zu geraten. Sehen Sie sich dazu gegebenenfalls nochmals Tipp 3 im Kapitel 1.1 an. Es bleibt dabei, dass Sie am Ende ein Gesamtpaket verhandeln. Sprich der Schritt »Optionen auswählen« geschieht für das gesamte Paket gleichzeitig. Andernfalls besteht die Gefahr, dass Sie Tauschmöglichkeiten zwischen verschiedenen Themen übersehen und damit Wert auf dem Verhandlungstisch liegenlassen. Wenn Sie diesen wichtigen Punkt beachten, ist ein Kanban-Board wie das folgende eine sehr effektive Unterstützung Ihres Verhandlungsprozesses.

Wartend		**In Bearbeitung**					**Fertig**
Themensammlung	**Themen im Fokus**	**Interessen/ Kriterien/ Fakten klären**	**Optionen generieren**	**Optionen bewerten**	**Optionen auswählen (im Gesamtpaket)**	**Text erstellen**	
Thema 1 Thema 2 …							

Mit diesem Kanban-Board strukturieren Sie effektiv Ihren Verhandlungsprozess und erzeugen Verhandlungsflow. So gehen Sie vor: Nachdem Sie sich zu Beginn mit Ihrem Verhandlungspartner zu den übergreifenden Interessen ausgetauscht haben, sammeln Sie mögliche Themen. Für jedes Thema nehmen Sie ein Post-it. Einigen Sie sich auf die Themen, die Sie in dieser Verhandlung lösen können, und kleben Sie diese Themen eine Spalte weiter nach rechts. Sprechen Sie Thema für Thema durch. Wie immer sprechen Sie zuerst je Thema über die Interessen beider Seiten, mögliche objektive Kriterien und zu klärende Fakten. Danach generieren Sie zu jedem Thema kreativ Optionen. Bewerten Sie Optionen anhand der Interessen beider Seiten. Schließlich wählen Sie im Rahmen eines Gesamtpakets die aus Ihrer Sicht beste Option aus. Jetzt gilt es, diese Option auf das Papier zu bringen, falls dies nicht bereits zur Bewertung erforderlich war.

»Klauen« Sie bei Design-Thinking- und Scrum-Techniken. So wie die Empathy Map oder das Kanban-Board gibt es zahlreiche weitere Techniken des agilen Arbeitens, die Sie bei Verhandlungen einsetzen können. Beim Design Thinking sind die ersten drei der insgesamt fünf Phasen des Mikrozyklus[155] ein Füllhorn hilfreicher Techniken, die bei Verhandlungen kreative Lösungen befördern. Diese drei Phasen sind (1) die »Problemdefinition und Redefinition«, (2) das »Need Finding und Synthese« und (3) die »Ideengenerierung«.

Beim »Need Finding« stechen zum Beispiel die Techniken »Why-how-laddering«, die »5 Whys« oder »Point of View« sofort ins Auge.[156] Alle drei Techniken lassen sich hervorragend einsetzen, um Interessen der Verhandlungsteilnehmer besser zu verstehen. Kurz dargestellt geht es um Folgendes:

Beim »Why-how-laddering« schreiten wir die Abstraktionsleiter hoch und runter. Dabei entwickeln wir einerseits ein vertieftes Verständnis für die Interessen unseres Partners, anderseits konkrete Ideen, wie Interessen erfüllt werden können. Warum-Fragen führen zu abstrakten Antworten. Wie-Fragen zu konkreteren Antworten. »Warum möchte der Bewerber ein höheres Gehalt? Weil ihm Statusfragen wichtig sind. Wie könnten wir seinen Status erhöhen? Mit einem größeren Dienstwagen oder einem eindrucksvollen Titel.«

Die »5 Whys« sind ebenfalls schnell erklärt. Um zu den wahren und tiefen Interessen Ihres Verhandlungspartners zu gelangen, fragen Sie nicht nur einmal »Warum«. Tun Sie es einem Kind gleich und fragen Sie fünf Mal hintereinander: »Warum«. Nehmen Sie dabei jeweils die vorherige Antwort als Ausgangspunkt und bohren Sie tiefer. Wenn Sie bei trivialen Aussagen landen, haben Sie das Ende der Übung erreicht. Dann sehen Sie sich die Antwort an, die vor der trivialen Aussage kam. Das ist in der Regel ein Interesse, mit dem Sie gut arbeiten können. Übrigens muss Ihr Verhältnis mit Ihrem Verhandlungspartner sehr vertraut sein, damit er Ihnen fünf Mal auf die Frage »Warum« antwortet. Die Technik ist besser geeignet, um während der Vorbereitung eigene Hypothesen aufzustellen.

Bei »Point of View« nimmt das Team die Sichtweise verschiedener Stakeholder ein. Diese Technik ist hervorragend geeignet, um die unterschiedlichen Sichtweisen und Interessen zu analysieren, die innerhalb der Organisation eines Geschäftspartners oder einer Gewerkschaft bestehen. Wichtig ist bei dieser Technik, wie bei den anderen Techniken auch: Nehmen Sie mit Ihrem Verhandlungsteam eine Pinnwand und Post-its und visualisieren Sie mit »leichter Hand« Ihre Erkenntnisse.

Schreiben Sie in die Mitte der Metaplan-Wand Ihre Frage, etwa »Welche Interessen bestehen auf chinesischer Seite bei den nächsten Luftverkehrsverhandlungen?« Brainstormen Sie alle Stakeholder und schreiben sie auf ein Post-it, etwa »Airlines«, »Flughäfen«, »Verkehrsministerium«, »Außenministerium«, »IT-Unternehmen« et cetera. Nehmen Sie dann ganz bewusst die Sichtweise des jeweiligen Stakeholders ein und halten Sie dessen Interessen auf Post-its fest. Kennzeichen Sie mögliche Verknüpfungen und Konflikte der Stakeholder untereinander.

Auch im Scrum-Bereich gibt es spannende Ansätze, die Sie auf Verhandlungen übertragen können. Sehr bewährt haben sich die sogenannten Sprints, um sich auf Verhandlungen vorzubereiten oder ein kniffliges Verhandlungsproblem zu lösen. Wir haben diese Form der intensiven Zusammenarbeit auch bereits gemeinsam mit unseren Gegenübern erfolgreich durchgeführt. Ein Scrum-Sprint ist ein sehr gut vor- und nachbereiteter Projektprozess, der stark strukturiert ist. In einem festen Zeitrahmen von ein bis vier Wochen gilt es, so viele auf ein Ziel gerichtete Aufgeben zu erledigen wie möglich. Es gibt klare Rollen, ein tägliches 15-Minuten-Treffen namens Daily Scrum und ein gemeinsames Kanban-Board. Statt übertriebenem Planungsaufwand wird auf priorisierte und zielorientierte Arbeit im Team gesetzt. Dass passt sehr gut zu Verhandlungen. Versuchen Sie es.

Visualisieren Sie beim Verhandeln so viel wie möglich. In jeden Vorbereitungs- und Verhandlungsraum gehören Flipcharts, gute Flipchart-Stifte, eine Metaplan-Wand und Post-its. Außerdem ein Beamer oder ein großer Monitor. Werden diese Visualisierungswerkzeuge verwendet, ist das ein gutes Zeichen. Wenn nicht, ist zu befürchten, dass Sie nicht das volle Potenzial aus den Vorbereitungen und Verhandlungen herausholen.

Warum ist es so wichtig zu visualisieren?[157] In dem Moment, in dem der Erste an das Flipchart geht und den Mut hat, eine kurze Skizze anzufertigen oder ein Post-it anzukleben, verändert sich die Stimmung im Raum. Jeder schaut auf das entstehende Bild. Es geht nicht anders. Die Gruppe synchronisiert sich in diesem Moment. Während im Zwiegespräch der Verhandlung die andere Seite im Mittelpunkt steht, gerät nun das visualisierte gemeinsame Problem in den Fokus aller. Das gilt selbst, wenn die Skizze schlecht oder falsch ist. Denn das aktiviert die anderen Beteiligten, die Skizze zu verändern oder zu verbessern. Der übliche Pingpongmodus einer Verhandlung wird verlassen, es entsteht ein intensiver Dialog.

Was ist dabei zu beachten? Am besten gestalten Sie Ihre Skizze von Beginn an partizipativ, sodass jeder im Raum mitarbeiten kann. Daraus entsteht ein gemeinsamer Problemlösungsprozess. Und die gemeinsame Visualisierung ist ein erstes gemeinsames Arbeitsergebnis. Wie gestalten Sie die Visualisierung gemeinschaftlich? Platzieren Sie das leere Flipchart oder die leere Pinnwand so im Verhandlungsraum, dass auch die andere Seite leichten Zugang hat. Vorbereitete Flipcharts oder PowerPoint-Folien erzeugen nicht den gleichen Effekt wie Visualisierungen, die während des Verhandlungsgesprächs entstehen. Legen Sie funktionierende Stifte bereit und drücken Sie am besten Ihren Stift der anderen Seite direkt in die Hand, nachdem Sie mit der Skizze begonnen haben. Noch besser ist, wenn Sie von Beginn an mit Post-its oder Moderationskarten arbeiten. Dadurch unterstreichen Sie den Charakter des noch unfertigen, gerade entstehenden Bildes. Post-its haben den großen Vorteil, dass sie leicht neu sortiert und umgeklebt werden können. Achten Sie von Beginn an darauf, die Post-its oder Moderationskarten für die anderen leserlich zu beschriften. Nehmen Sie mitteldicke schwarze Filzstifte, schreiben Sie in Druckschrift und verwenden Sie Schlagworte oder maximal Halbsätze.

Trauen Sie sich nicht nur Worte zu verwenden. Schaffen Sie Beziehungen zwischen den einzelnen Elementen, nutzen Sie die gesamte Fläche der Pinnwand oder des Flipcharts. Verwenden Sie Pfeile und kleine Symbole wie Blitze, Smileys oder Herzen. Werden Sie gerne grafisch, das fördert und stimuliert die Kreativität, und Sie können das Unaussprechliche sichtbar machen. Ich schicke meine Verhandlungsteams gerne auf gute Visualisierungsseminare wie von Bikablo. Das verändert die Kommunikationsfähigkeit eines Teams von Grund auf und damit seine Verhandlungs-Performance.

Was können Sie in einer Verhandlung visualisieren? Beginnen Sie mit der spontan erstellten Agenda. Sammeln Sie Interessen und Lösungsoptionen mit Post-its. Erstellen Sie eine gemeinsame To-do-Liste oder ein Kanban-Board. Strukturieren Sie ein Problem mit einer Mindmap, stellen Sie Zusammenhänge dar oder zeichnen Sie einen Prozess auf. Es ist zu Beginn nicht so wichtig, was Sie in einer Verhandlung visualisieren, sondern dass Sie visualisieren.

Exkurs: Wie Piloten trotz Druck kreativ sein können

Am 15. Januar 2009 geriet US-Airways-Flug 1549 unmittelbar nach dem Start in einer Flughöhe von knapp 1000 Metern auf dem Weg von New York nach Charlotte in einen Schwarm Kanadagänse. Beide Triebwerke fielen aus und konnten nicht mehr gestartet werden. Drei Minuten später landete Kapitän Sullenberger den Airbus A-320 auf dem Hudson River. An Bord waren 155 Personen. Alle überlebten.

Aufgrund des Voice Recorders sind die Geschehnisse an Bord in diesen drei entscheidenden Minuten bestens dokumentiert. Auffällig ist, dass die beiden Piloten, die beide über 20 000 Flugstunden Erfahrung hatten, sehr ruhig und knapp in ihren Gesprächen bleiben. Dies, obwohl es sich um einen überraschenden und lebensgefährlichen Notfall handelt. Durch die Kollision mit den Vögeln wird der schwere Airbus A-320 zum Segelflieger. Mustergültig geht Kapitän Sullenberger in aller Kürze das FOR-DEC-Schema durch, das ich Ihnen bereits in Kapitel 2.5 unter »Exkurs: Piloten entscheiden mit FOR-DEC« vorgestellt hatte. Ihm stehen nur zwei Flughafenoptionen für eine Notlandung zur Verfügung: zum Flughafen La Guardia zurückkehren oder am Flughafen Teterboro in New Jersey landen. Beide Routen gehen über dicht besiedeltes Stadtgebiet. Ob der Schub reichen wird, ist mehr als zweifelhaft. Im Simulator im Nachgang schaffte keiner der Piloten die Rückkehr, gesetzt den Fall, das Manöver wäre bereits 35 Sekunden nach dem Vogelschlag eingeleitet worden. Der Kapitän fügt eine dritte Option hinzu, die in keiner Checkliste der Welt zu finden ist: die Landung des Flugzeugs auf dem Hudson River. Er entscheidet sich für diese Option, denn sie hat zwei Vorteile: Im »worst case« werden keine weiteren Menschenleben gefährdet, und nur bei der Variante der Landung auf dem Fluss behält Sullenberger die Kontrolle über das Geschehen. Er kann seine über 20 000 Flugstunden und seine Erfahrung als Kampfpilot für die anspruchsvolle Notwasserung nutzen und setzt sich nicht der Gefahr aus, die Landebahn mangels Schubs nicht zu erreichen.

Bemerkenswert sind die beiden Punkte, die Kapitän Sullenberger im Nachgang als besonders wichtig betonte. In einer Katastrophensituation gilt es nach seiner Aussage zum einen, als Chef die Ruhe zu bewahren und der Fels in der Brandung für das Team zu sein. Er rät, nochmals einen Schritt zurück zu machen und alle zur Verfügung stehenden Optionen zu überdenken. Wenn Piloten für ein anspruchsvolles Manöver etwas mehr Zeit haben, ist es sogar üblich, noch einmal »die Hände waschen« zu gehen. Nicht selten kommt in diesem Moment der Geistesblitz oder zumindest die Gewissheit, das Richtige zu tun. Zum anderen wies Sullenberger darauf hin, wie wichtig es ist, den Lösungsraum für die Ideen der anderen Teammitglieder zu öffnen. Kurz vor seiner finalen Entscheidung fragte er seinen Copiloten: »Got any ideas?« Die Antwort lautet zwar: »Actually not.« Aber selbst in dieser extremen Druckssituation bezog er die Meinung seines Copiloten ein.

Was können wir am Verhandlungstisch von dieser Episode lernen? Eine ganze Menge. Trainieren Sie beim Verhandeln regelmäßig Drucksituationen. Etwa dadurch, dass Sie an professionellen Verhandlungssimulationen teilnehmen, die Sie aus Ihrer Komfortzone bringen, oder, dass Sie zur Vorbereitung einer Verhandlung eine Mock-

Verhandlung in Ihrem Team führen. Piloten sagen: Wenn Sie Notfälle regelmäßig trainieren, werden sie am Ende einfach nur ein weiterer Standardablauf.

Fixieren Sie sich nicht zu früh auf eine Option, sondern sammeln Sie die Optionen. Beziehen Sie dabei die gesamte Lösungsintelligenz im Team und am Tisch ein.

Gerade in Notsituationen ist schließlich eine klare Rollenaufteilung im Verhandlungsteam wichtig. Während Sullenberger die Situation analysierte, konnte er sich auf seinen Copiloten und dessen Versuche verlassen, die Triebwerke wieder zum Laufen zu bringen. Ohne die schnelle und strukturierte Evakuierung durch die gut trainierte Kabinencrew wäre das Leben der Passagiere trotz hervorragender Landung am Ende gefährdet gewesen.

Zuletzt: Bevor Sie in einer hektischen Verhandlungssituation eine Entscheidung fällen, gehen Sie noch mal einen Schritt zurück und betrachten die Situation. Oder gehen Sie »die Hände waschen.«.

Checkliste Prinzip der Kreativität

- Nehmen Sie eine Haltung an, die Kreativität fördert.
  - Verstehen Sie Verhandlungen als einen Prozess der gemeinsamen Problemlösung. Suchen Sie auf allen Ebenen dieses Prozesses nach originellen Lösungen.
  - Sorgen Sie bei Verhandlungen für positive Stimmung. Achten Sie auf eine angenehme Atmosphäre und motivierte Teilnehmer.
  - Gewöhnen Sie sich ein festes kreatives Verfahren an: Problemdefinition, Recherche, Inkubation, Formen und Polieren.
  - Trennen Sie stets Ideenbildung und -bewertung. Unterbinden Sie beim Gruppen-Brainstorming, dass einzelne Gruppenmitglieder Eigentum an den Ideen beanspruchen.
- Verwenden Sie ein bewährtes Verfahren, um neue Ideen zu erzeugen.
  - Vereinbaren Sie klare Spielregeln, wie Trennungsprinzip und Eigentumsverbot.
  - Bereiten Sie das Verhandlungs-Brainstorming intensiv vor.
  - Stimulieren Sie jeden Teilnehmer, individuell Ideen zu generieren.
  - Überprüfen und verfeinern Sie die gesammelten Ideen im gemeinsamen Bewertungsprozess.

- Bedienen Sie sich aus dem agilen Baukasten.
  - Verwenden Sie die Empathy-Map, um die Lage Ihres Verhandlungspartners besser zu verstehen. Fragen Sie sich, was ihr Partner gerade sieht, hört, denkt und fühlt.
  - Nutzen Sie mit Ihrem Verhandlungspartner ein gemeinsames Kanban-Board, um den Verhandlungsprozess effektiv zu organisieren.
  - »Klauen« Sie bei Design-Thinking- und Scrum-Techniken. Viele sind hervorragend geeignet, um Verhandlungen zu beleben.
  - Visualisieren Sie so viel wie möglich. Verlassen Sie damit den Pingpongmodus und machen Sie die Verhandlung zum gemeinsamen Projekt.

Verhandlungsflow-Tipp: Kreativität ist die geheime Zutat bei anspruchsvollen Verhandlungen. Sorgen Sie, wann immer möglich, für eine positive, kreative Verhandlungsatmosphäre. Beziehen Sie Ihren Verhandlungspartner bewusst in diesen Prozess mit ein. Variieren Sie das Verhandlungstempo. Steigern Sie das Tempo, wenn Langeweile aufkommt. Werden Sie langsamer, wenn Überforderungssymptome auftreten.

3
Special Procedures: Souverän durch Turbulenzen steuern

Jede Verhandlung ist anders. Keine Verhandlung ist zu 100 Prozent planbar. Dennoch gibt es bestimmte Besonderheiten, die in vielen Verhandlungen auftreten. Zu jeder anspruchsvollen Verhandlung gehört eine Sackgasse, lautet eine Verhandlungsführer-Weisheit. Wir sehen uns an, wie Sie erfolgreich durch die Sackgasse navigieren. Problematische Taktiken und Partner gehören ebenfalls zum Verhandeln dazu. Stellen Sie sich darauf ein und lassen Sie sich nicht von Ihrem Weg abbringen, die bestmögliche Lösung zu verhandeln. Auch bei Verhandlungspartnern im Stile eines Donald Trump. Geschäftliche Verhandlungen finden in der Regel im Auftrag des Geschäftsherrn statt. In diesen Fällen ist es entscheidend, eine effektive Arbeitsbeziehung zwischen Auftraggeber und Verhandlungsführer zu organisieren. Ich zeige Ihnen, wie. Teamverhandlungen sind der Normalfall bei anspruchsvollen Verhandlungen. Hier schlummert viel Potenzial für Ihren Verhandlungserfolg. Deshalb gehe ich ausführlich darauf ein, wie Sie ein Verhandlungsteam effizient organisieren. Zuletzt beschäftigen wir uns mit den besonderen Gesetzen des digitalen Verhandelns per Webkonferenz und Co. Diese Form des Verhandelns wird nicht erst seit der Corona-Pandemie immer bedeutsamer.

3.1 Stockende Verhandlungen: Wie Sie sich aus der Warteschleife navigieren

Sackgassen gehören zum Verhandeln dazu. Fortgeschrittene Verhandlungsführer rechnen mit ihnen und planen sie ein. In einer Sackgasse befinden wir uns, wenn ein Scheitern der Verhandlungen droht, obwohl ein Lösungsraum (ZOPA) besteht. Die Verhandlungspartner finden diesen Lösungsraum jedoch nicht, weil sie ihren Verhandlungsprozess nicht effektiv organisiert haben. Deshalb liegt in jeder Sackgasse eine Chance: Jeder Seite wird deutlich vor Augen geführt, dass es in dieser Form nicht weitergeht. Etwas muss sich ändern, sonst wird aus dem Stocken ein Scheitern.

Nutzen Sie die Sackgasse, um die Kooperation mit Ihrem Verhandlungspartner zu verbessern. Jede Sackgasse ist anders. Es gibt keine Rezepte. Allerdings empfehle ich Ihnen, sich ein Repertoire an Strategien für diese kritische Situation anzulegen. Hier trennt sich die Spreu vom Weizen. Der Meisterverhandler bewahrt die Ruhe und freut sich auf die Chance, dem Verhandlungsprozess neuen Schwung zu geben, um wieder in den Verhandlungsflow zu kommen und ein optimales Ergebnis zu erzielen.

Beugen Sie der Sackgasse vor

Ist die Sackgasse erreicht, besteht erst einmal Sendepause zwischen den Verhandlungsteams. Das Risiko ist erhöht, dass aus der Sackgasse ein unkontrolliertes Scheitern wird. Deutet sich ein Deadlock an, ergreifen Sie besser Maßnahmen, um ihn zu vermeiden. Vorboten der Sackgasse sind emotionale Reaktionen auf beiden Seiten und langes Warten auf die Reaktion des Partners. Auch Rückwärtsverhandeln, also das Zurückfallen hinter zugestandene Punkte oder an die Öffentlichkeit sickernde Informationen, weisen auf einen nahenden Stillstand hin.

Legen Sie eine Pause ein oder vertagen Sie sich. Die Hitze des Augenblicks ist kein guter Ratgeber. Deutet sich die Sackgasse am Verhandlungstisch an, schlagen Sie am besten eine Pause vor. Handelt es sich um ein größeres Problem, können Sie vorschlagen, die Verhandlung komplett zu vertagen. Sie könnten sagen: »Wir sind an einen schwierigen Punkt gekommen. Aus unserer Sicht würde es beiden Seiten guttun, die Gesamtsituation zu bewerten. Wollen wir in den Kalender sehen, wann wir unsere Gespräche fortsetzen? Zum Einstieg beim nächsten Mal sollte jede Seite einen Vorschlag mitbringen, wie wir ganz konkret weitermachen. Was halten Sie davon?« Diese Elemente sollten immer vorhanden sein, wenn Sie eine Vertagung vorschlagen: Geben Sie einen Grund an, warum Sie sich vertagen möchten. Deuten Sie an, dass Sie den gesamten Prozess überprüfen möchten. Vereinbaren Sie den präzisen Fortsetzungszeitpunkt. Geben Sie sich eine gemeinsame Aufgabe, um den Verhandlungsprozess zu verbessern.

Bringen Sie den Fokus auf mögliche Verluste. Erinnern Sie sich an die Verlustaversion? Wir haben Sie unter anderem in Kapitel 2.6 beim Prinzip der Rationalität kennengelernt. Verlust bereitet uns den doppelten Schmerz im Vergleich zu einem gleich großen Gewinn. Diesen Effekt machen wir uns zunutze, bevor eine Sackgasse oder gar ein Abbruch der Verhandlung droht. Bereiten Sie eine Liste vor, mit den wesentlichen Dingen, die Ihr Verhandlungspartner verliert, falls es nicht zu einer Einigung kommt. Nehmen Sie sich ein Flipchart und visualisieren Sie für Ihren Verhandlungspartner alle Punkte, die sich für ihn bei einem Abbruch nicht realisieren. Dieses eindrucksvolle Werkzeug verfehlt selten seinen Zweck. Manchmal bietet es sich an, diese Liste mit dem eigenen Team oder den eigenen Entscheidungsträgern zu diskutieren, bevor ein verfrühter Abbruch droht.

Prüfen Sie, ob eine Teillösung möglich ist. Bevor ein Verhandlungsstillstand droht, ist ein guter Zeitpunkt, um zu prüfen, ob Sie eine Teillösung Ihrem Ziel näherbringt. Manchmal ist Ihr Verhandlungspartner nicht entscheidungsbereit für die große Lösung, oder es fehlt ihm das Vertrauen in Sie oder Ihre Organisation. Dann kann es sinnvoll sein, eine Pilotphase zu vereinbaren oder in einem Teilbereich ein Experiment zu wagen.

Führen Sie ein offenes Wort mit Ihrem Verhandlungspartner

Bevor der Stillstand droht, ist ein hervorragender Zeitpunkt, mit Ihrem Verhandlungspartner ein offenes Wort zu pflegen. Stellen Sie sicher, dass diese Aussprache in einer beruhigten und sicheren Atmosphäre stattfindet. Ist es zuvor hitzig gewesen, nehmen Sie sich eine Pause zum Abkühlen der Gemüter. Halten Sie den Kreis so klein wie möglich und sorgen Sie für eine vertrauliche Atmosphäre. Es ist eine gute Idee, einen Ort abseits des üblichen Verhandlungsgeschehens zu suchen. Gehen Sie ein paar Schritte im Park oder treffen Sie sich zu einem Kaffee an einem abgelegenen Tisch.

Beschreiben Sie die Situation aus der Sicht eines Dritten. Beschreiben Sie bei diesem Gespräch als Erstes in eigenen Worten, was gerade passiert. Nehmen Sie dabei die Haltung eines unabhängigen Dritten ein, der gerade analysiert, wie die Parteien in diese Situation kommen konnten. Gehen Sie dabei auf Ihre eigenen Beiträge ein, die zu diesem Zustand geführt haben. Versuchen Sie, das Geschehen möglichst analytisch zu beschreiben, vermeiden Sie dabei, das Verhalten Ihres Gegenübers zu bewerten. Ich-Botschaften sind in diesem Moment Pflicht. Ein mögliches Statement wäre: »Ich habe den Eindruck, dass unser Prozess ins Stocken gerät. Das ist mein Blick auf die Lage: Wir haben sehr viel Zeit mit gegenseitigem Abtasten verbracht, ohne die heißen Eisen anzupacken. Ihr neuer Vorschlag hat uns dann sehr überrascht. Dann haben wir viel Zeit für die Bewertung gebraucht, ohne Sie darüber zu informieren, wo wir stehen. Als wir Ihren Vorschlag dann abgelehnt haben, hatte ich den Eindruck, dass Sie sehr aufgebracht waren. Wie schätzen Sie die Lage ein?«

Jetzt ist ein guter Zeitpunkt, sich für eigene Fehler zu entschuldigen, allerdings nur, wenn Ihnen diese Entschuldigung ehrlich über die Lippen kommt.

Bitten Sie um Rat.[1] Dieses Werkzeug können Sie in vielen Situationen einsetzen. Gerade wenn es scheinbar nicht mehr weitergeht, ist die Bitte um einen Ratschlag besonders effektiv. Nahezu jeder fühlt sich geschmeichelt, wenn er um Rat gefragt wird. Zu Recht, Sie schaffen dadurch zwischen Ihnen und Ihrem Partner Augenhöhe. Sie erreichen, dass Ihr Partner Ihren Blickwinkel einnimmt und die weitere Problemlösung zu einer gemeinsamen Aufgabe wird. Sie könnten etwa formulieren: »Ich finde es sehr bedauerlich, wie wir in diese Situation geraten sind. Wir sind wirklich angetreten, um eine Lösung zu finden, die für beide Seiten positive Elemente hat. Jetzt bin ich auf Ihren Rat angewiesen. Was würden Sie an meiner Stelle tun, um den Prozess wieder in Gang zu bringen?« Rechnen Sie nicht sofort mit einer offenen Antwort und insistieren Sie ein wenig, wenn Ihr Partner zunächst ausweicht. Höchstwahrscheinlich haben Sie bei Ihrem Verhandlungspartner einen Denkprozess in Gang gesetzt und werden in Kürze wertvolle Hinweise erhalten.

Suchen Sie nach übergeordneten Werten und Interessen. Zu einem Stillstand kommt es häufig, wenn sich beide Seiten in ihren Prinzipien verheddern. In diesem Moment ist es eine gute Idee, nach übergeordneten Werten oder Interessen zu suchen, die das jeweilige Beharren auf den eigenen Prinzipien relativieren.

Ich kann mich noch gut erinnern, wie die Verhandlung mit einem großen Flughafenbetreiber über den Bau eines Umschlaggebäudes drohte, in die Sackgasse zu geraten. Das Verhandlungsteam war nicht bereit, mit uns über die Klausel des Erbpachtvertrages zu verhandeln. »Wir verwenden immer diese Klauseln, bei Hunderten von Bauprojekten. Diese sind vom Aufsichtsrat freigegeben, wir dürfen von diesen nicht abweichen.« Wir andererseits waren von unserer Rechtsabteilung ebenfalls gehalten, unseren Standardvertrag zu verwenden. Wir brachten durch folgenden Ansatz wieder Bewegung in die Verhandlungen: »Wir verstehen, dass es für Sie wichtig ist, gewisse Standards aufrechtzuerhalten, um Ihr Geschäft zu organisieren. Mit unserem Projekt werden wir unsere Partnerschaft auf ein vollkommen neues Niveau heben, unser gemeinsamer Umsatz wird sich mehr als verdoppeln. Wir dürfen dieses Projekt auf keinen Fall an einem Klauselstreit scheitern lassen. Was halten Sie von folgendem Vorschlag: Wir nehmen Ihren Standard als Ausgangspunkt und machen Ihnen einige wenige Änderungsvorschläge an für uns wichtigen Stellen. Aufgrund der Größe und Bedeutung des Projekts lassen sich diese wenige Abweichungen sicherlich argumentieren. Was meinen Sie?«

Leiten Sie die Sackgasse geschickt ein

Trotz aller Vorbeugung und aller offenen Worte sind Situationen unvermeidlich, in denen Sie in die Sackgasse geraten. Sie gehen dann auseinander ohne einen Plan, wie und ob es weitergeht. Natürlich gibt es Situationen, in denen die beste Alternative Ihres Partners oder Ihre eigene beste Alternative besser ist als der Deal, der sich am Verhandlungstisch abzeichnete. Dann scheitern die Verhandlungen endgültig, eine der Seiten schafft vollendete Tatsachen. Viel häufiger sind allerdings Situationen, in denen zwar ein Lösungsraum besteht, die Parteien aber nicht in der Lage sind, diesen zu finden. Es mag sein, dass Sie genau diese Situation erkennen. Allerdings befinden Sie sich dann in einem Dilemma. Wenn Sie Ihrem Partner zu sehr zu erkennen geben, Sie halten eine Lösung trotz aller Schwierigkeiten weiterhin für möglich, wird er von Ihnen erwarten, weitere Zugeständnisse zu machen. Er wird Ihre Fähigkeit, konsequent zu bleiben, gering einschätzen. Gleichzeitig nehmen Sie beiden Seiten die Chance, besser zu verstehen, welche Konsequenzen ein Scheitern der Verhandlungen haben wird. Wenn Ihnen die Sackgasse für geboten erscheint, ist es wichtig, sie handwerklich geschickt einzuleiten. Nehmen Sie das Heft des Handelns in die eigene Hand. Der ehemalige Polizeiverhandlungsführer Matthias Schranner hat dazu einen guten Ratschlag. Er empfiehlt, den Abbruch dreifach zu konditionieren, damit Sie ohne Gesichtsverlust wieder in die Verhandlungen einsteigen können. Sagen Sie: (1) Aus meiner Sicht, (2) ist zum jetzigen Zeitpunkt (3) zu den bisher diskutierten Themen eine Lösung nicht möglich. Damit halten Sie sich mehrere Spielfelder zum Wiedereinstieg offen. Persönlich, zeitlich und inhaltlich. Es mag Personen in Ihrer Organisation geben, die die Verhandlungen fortsetzen möchten. In einiger Zeit können sich die Rahmenbedingungen verändert haben. Fällt Ihnen ein neuer inhaltlicher Lösungsansatz ein, ist Ihnen ebenfalls der Weg an den Verhandlungstisch nicht verbaut.

Aber das allein genügt noch nicht. Nicht nur Sie selbst sollten das Gesicht wahren, wenn Sie an den Tisch zurückkehren. Auch für Ihren Verhandlungspartner sollte die Rückkehr an den Tisch so niederschwellig wie möglich erscheinen. Sagen Sie Ihm: »Vielen Dank für die konstruktiven Gespräche. Leider müssen wir heute an dieser Stelle die Gespräche beenden. Hier ist nochmals meine Karte, Sie können mich jederzeit auf meinem Handy anrufen, wenn Sie noch Rückfragen oder neue Erkenntnisse haben.« Damit kann ihr Gegenüber seinen Wunsch nach Fortsetzung der Gespräche elegant in eine Rückfrage verpacken.

Egal wer den ersten Schritt wagt, dann sind gute Ideen für den Wiedereinstieg erforderlich. Was Sie hier tun können, sehen wir uns im nächsten Schritt an.

Wagen Sie den Neustart

Wenn beide Seiten einige Zeit hatten, sich mit der neuen Situation auseinanderzusetzen, kommt häufig die Frage auf, wie es weitergeht. Gehen Sie nochmals in Ruhe Ihre Themenübersicht und Ihren Bewertungsbogen durch und arbeiten Sie die Knackpunkte heraus, an denen die Gespräche bislang gescheitert sind. Falls Sie einen guten Plan B haben, können Sie jetzt beginnen, diesen umzusetzen. Halten Sie aber Ihre Kanäle offen, um vorsichtige Kontaktaufnahmen Ihres Verhandlungspartners wahrzunehmen. Wenn Sie unsicher sind, ob es nicht vielleicht doch eine Lösung mit Ihrem Partner gibt, die Ihre Interessen ausreichend berücksichtigt, versuchen Sie, sich eine objektive Bewertung eines unabhängigen Dritten einzuholen. Im Zweifel greifen Sie zum Hörer. Sehr viele sehr gute Verhandlungsergebnisse werden erzielt, nachdem die Verhandlungen fast gescheitert waren. Ja, derjenige, der den Einstieg wagt, gibt zu erkennen, dass er weiterhin eine Lösung möchte. Diese Information lässt sich theoretisch ausbeuten und gegen Sie verwenden. Sie zeigen damit unter Umständen, dass Sie nicht an Ihren Plan B glauben, und geben damit Hinweise, wie viel Sie noch nachgeben. Ich würde das nicht überbewerten. Einerseits sind Sie geschickt in die Sackgasse hineingegangen, siehe oben. Jetzt haben Sie jede Möglichkeit, ohne Gesichtsverlust wieder einzusteigen. Andererseits erinnert sich am Ende einer erfolgreichen Verhandlung selten jemand daran, wer den ersten Schritt gewagt hat. Nicht immer ist es damit getan, dass Sie wieder einsteigen möchten. Häufig verweigert sich Ihr Partner weiteren Gesprächen. Wir sehen uns vier Strategien an, wie Sie Ihren Partner an den Tisch bekommen und beide Seiten ihr Gesicht wahren.

Machen Sie Plan B anfassbar. In Kapitel 2.3 hatten wir uns unter »Stärken Sie Ihre Verhandlungsmacht« bereits ein sehr effektives Mittel angesehen für den Fall, dass Sie über einen guten Plan B verfügen. Unterliegen Sie jetzt nicht der Transparenzillusion. Glauben Sie nicht, Ihrem Partner ist die Qualität Ihrer BATNA genauso klar wie Ihnen. Nehmen Sie sich die Zeit, ihm deutlich darlegen, wozu Sie in der Lage und gewillt sind. Stellen Sie ihm konkrete Dokumente zur Verfügung, etwa einen Klageentwurf, einen Projektplan oder ein Kooperationsvertragsentwurf mit seinem Konkurrenten. Seien Sie dabei möglichst sensibel und geben Sie ihm Zeit. Machen Sie ihm deutlich, dass ein Abschluss mit ihm weiterhin Plan A ist, Sie aber nicht vor Plan B zurückschrecken.

Gehen Sie mit kleinen Schritten in Vorleistung. Im Kalten Krieg wurde vom Psychologen Charles E. Osgood eine Methode entwickelt, Bewegung in verfahrene Konflikte zu bringen. Sie nennt sich GRIT, diese Abkürzung steht für »Graduated and Reciprocated Initiatives in Tension Reduction«. Die Idee ist, mit mehreren kleineren, von der anderen Seite positiv empfundenen Maßnahmen in Vorleistung zu gehen, um einen Konflikt Schritt für Schritt zu deeskalieren und Vertrauen wieder zu festigen. Dabei ist es wichtig, der anderen Seite klar zu kommunizieren, dass eine Deeskalation erwünscht ist. Selbst wenn die andere Seite nicht in Gegenleistung tritt oder aggressiv reagiert, sollten mehrere Schritte hintereinander erfolgen, um zu zeigen, dass die Deeskalation ernst gemeint ist. In internationalen Konflikten könnte die Freilassung von Gefangenen eine solche Geste sein. Selbst wenn diese Geste nicht erwidert wird, könnte zum Beispiel eine öffentliche positive Äußerung über die legitimen Ziele der anderen Seite folgen. Überlegen Sie, wie Sie diese effektive Methode im geschäftlichen Kontext einsetzen können. Vielleicht können Sie bei Ihrem Partner, mit dem Sie bei einem großen Deal ins Stocken geraten sind, eine kleinere Bestellung aufgeben. Sie könnten der Gewerkschaft ein kleineres Zugeständnis machen, das ihr wichtig ist, ohne eine Gegenleistung einzufordern. Unter Umständen fällt Ihnen zusätzlich noch eine positive Geste ein, zum Beispiel ein Blumenstrauß zum Geburtstag eines Funktionärs oder ein öffentliches Statement, in dem Sie betonen, dass die Gewerkschaft in der Vergangenheit eine wertvolle Rolle bei der Entwicklung des Unternehmens gespielt hat.

Schlagen Sie eine Fingerübung oder eine Arbeitsgruppe vor. Selbst wenn die Verhandlungen gescheitert sind, ist es nicht verboten, einen lösbaren Teilaspekt in einer Arbeitsgruppe zu bearbeiten. Entweder kann das Ergebnis dieser Arbeitsgruppe zu einer alleinstehenden Lösung führen oder die Initialzündung sein, um am Ende doch das große Paket zu lösen. Sind die Verhandlungen zu einem umfassenden Joint Venture mit Ihrem Partner gescheitert, können Sie dennoch prüfen, ob die Zusammenarbeit bei einzelnen Produkten in einzelnen Regionen sinnvoll ist.

Ich hatte schon die Situation, dass die Tarifverhandlungen grandios gescheitert waren und Arbeitskämpfe bereits durchgeführt waren. Wir haben uns dann im kleinen Kreis getroffen, um wenigstens am Thema Altersversorgung weiterzuarbeiten, um die fortgeschrittenen Überlegungen zu diesem Thema für spätere Verhandlungen zu sichern. Aus diesem Prozess heraus entwickelte sich neues Vertrauen, das am Ende sogar wieder zu einer Gesamteinigung führte.

Schlagen Sie ein rationales Verhandlungsverfahren vor. Stockende Verhandlungen sind ein hervorragender Moment, um ein anderes Verhandlungsverfahren zu erproben. Häufig verhandeln wir intuitiv. Erst wenn es nicht mehr weitergeht, hinterfragen wir unsere schlechten Gewohnheiten. Machen Sie den Vorschlag, dass sich beide Seiten einen ganzen Tag lang nur über ihre Interessen austauschen. Am Ende dieser Übung stehen auf einem Blatt Papier die zehn wichtigsten Interessen beider Seiten. Greifbar formuliert und in eine Reihenfolge gebracht. In Kapitel 2.2 unter »Sammeln Sie die Informationen strukturiert« steht, wie gemeinsame Brainstormings zu möglichen Optionen herangezogen werden können. Am Ende bauen die Parteien gemeinsam Lösungspakete zusammen, bis sie eine Lösung haben, die die legitimen Interessen beider Seiten optimal erfüllt. Handelt es sich um einen verfahrenen Konflikt, kann es sinnvoll sein, einen erfahrenen Konfliktprofi den Prozess steuern zu lassen. Diese und weitere Möglichkeiten, wie Dritte dabei helfen, eine Sackgasse zu überwinden, sehen wir uns im nächsten Abschnitt an.

Bringen Sie Dritte ins Spiel

Nach meiner Erfahrung denken wir bei stockenden Verhandlungen viel zu spät daran, Dritte in die Konfliktlösung einzubeziehen. Zwei Motive stehen dabei im Vordergrund. Einerseits wird von vielen Verhandlungsführern der Einsatz Dritter als persönliches Scheitern empfunden. Andererseits werden die Kosten Dritter in der Regel kritisch beäugt. Beides lässt sich schnell entkräften. Aus meiner Sicht ist es ein Zeichen von souveräner Stärke, wenn Sie im richtigen Moment einsehen, dass Ihnen ein Dritter helfen kann. Die Kosten eines Dritten relativieren sich häufig sehr schnell, wenn Sie im Verhältnis zu den Konfliktkosten oder den Kosten schlechter Lösungen gesehen werden. Dritte leisten nicht nur als Konfliktmittler einen Beitrag, um Verhandlungen wieder in den Flow zu bringen.

Erweitern Sie den Kreis. Häufig entstehen neue Lösungsperspektiven, wenn Dritte als Partei in die Verhandlungen gebracht werden. Beispielsweise kann eine dritte Partei zusätzliche Ressourcen mit an den Verhandlungstisch bringen. Gelingt es Ihnen, auf der Einkaufsseite einen weiteren Partner zu gewinnen, können Sie Ihr Einkaufsvolumen vergrößern und deshalb attraktiver für Ihren Gegenüber werden. Für den Fall, dass Sie Ihr Unternehmen verkaufen möchten, kann es sinnvoll sein, für den potenziellen Käufer einen Partner zu finden, der bereit ist, für einen Teilbereich einen höheren Preis zu bezahlen. Insgesamt können Sie dadurch gegebenenfalls Ihren Partner in die Lage versetzen, einen höheren Kaufpreis zu bezahlen.[2] Bei unseren Verhandlungen zu Überflugrechten über Russland sahen wir uns stets mit den Forderungen der russischen Staats-Airline konfrontiert. Sie war ein direkter Konkurrent und wollte entweder unseren Überflug verhindern oder zu 100 Prozent dafür entschädigt werden. Der russische Staat half ihr dabei. Das führte regelmäßig zu Sackgassen am Verhandlungstisch. Die Situation änderte sich grundlegend, als wir einen dritten Spieler an den Tisch brachten. Eine russische Fracht-Airline, die aus Deutschland heraus in Drittländer fliegen wollte. Plötzlich änderte sich die Dynamik, die russische Seite wollten nun etwas von uns bekommen, ein bloßes Verhindern von Überflugrechten war keine tragfähige Strategie mehr.

Tauschen Sie den Verhandlungsführer. Ein sehr effektives Mittel, um aus einer Sackgasse zu kommen, kann sein, den Verhandlungsführer oder das gesamte Verhandlungsteam auszuwechseln. Es gibt zahlreiche Gründe, warum dies sinnvoll sein kann. So wird ein Strategiewechsel deutlich glaubwürdiger verkörpert, wenn die Person des Verhandlungsführers wechselt. Hat ein Unternehmen sehr machtorientiert und positional verhandelt, kann es erforderlich werden, einen anderen Ansatz zu wählen. Ein interessenorientierter und konfliktgeschulter Verhandlungsführer verkörpert einen solchen Wechsel der Verhandlungsstrategie glaubwürdig. Seine Aufgabe ist es zunächst, verlorenes Vertrauen wieder aufzubauen.

Im Kapitel 1.1 haben wir im 4. Tipp die fünf verschiedenen Konfliktmodi kennengelernt. Verhandlungsführer haben unterschiedliche Stile, die in bestimmten Konstellationen nicht zusammenpassen. Manchmal passen die persönliche Chemie oder die Vorgeschichte nicht. Dann entwickelt sich eine Eskalationsspirale, die häufig im »Deadlock« endet. Beenden Sie die Eskalationsspirale und tauschen Sie den Verhandlungsführer aus. Bisweilen kann es erforderlich sein, den Verhandlungsführer auszutauschen, um Positionen zu räumen, bei denen er sich persönlich festgelegt hat.

Beachten Sie einige handwerkliche Grundsätze, wenn Sie einen Verhandlungsführer austauschen. Stellen Sie sicher, dass der bisherige Verhandlungsführer sein Gesicht wahrt. Ein guter Ansatz ist es, ihm eine andere anspruchsvolle Aufgabe zu übertragen, die eine gleichzeitige Verhandlungsführung im aktuellen Projekt ausschließt. Kommunizieren Sie einen solchen Wechsel offen und transparent gegenüber Ihrem Verhandlungspartner und Ihrem eigenen Team. Dies ist die Aufgabe der zuständigen Entscheidungsebene. Entfernen Sie den bisherigen Verhandlungsführer vollständig aus dem Verhandlungsteam und entziehen Sie ihm seine Zuständigkeiten. Andernfalls destabilisieren Sie den neuen Verhandlungsführer von Beginn an. Geben Sie einem neuen Verhandlungsführer Zeit, sich einzuarbeiten und das Vertrauen der anderen Seite zu gewinnen. Ich selbst bin nach einem langen Arbeitskampf als Verhandlungsführer mit der Gewerkschaft eingewechselt worden. Das persönliche Verhältnis der Verhandlungsführer war zerrüttet. Beide warfen sich massive Vertrauensbrüche vor. Für mich war es deshalb besonders wichtig, mit der anderen Seite über die Art und Weise zu sprechen, wie wir miteinander umgehen und den weiteren Prozess gestalten. Durch diesen Prozess gewannen wir Schritt für Schritt Vertrauen ineinander. Nützt der Wechsel des Verhandlungsführers allein nichts mehr, sollten Sie darüber nachdenken, einen Konfliktmittler hinzuzuziehen.

Nutzen Sie einen Dritten als Konfliktmittler.[3] Sie können Dritte in den unterschiedlichsten Formen bei Ihren Verhandlungen in einer Sackgasse ins Spiel bringen. Das funktioniert nur, wenn Ihr Partner dem Verfahren und der Person zustimmt, die bei der Konfliktbewältigung helfen soll. Wichtig ist, dass die Dritten neutral, allparteilich und konflikterfahren sind. Ein Moderator oder Facilitator hilft Parteien dabei, besser zu kommunizieren und einer festgelegten Agenda zu folgen. Er steuert den Prozess und hält sich mit eigenen Vorschlägen zurück. Nahe verwandt ist die Rolle des Mediators. Ein Mediator folgt einem festgelegten Verfahren, das den Harvard-Prinzipien ähnelt. Er lotst die Parteien durch einen rationalen und prinzipienbasierten Verhandlungsprozess. Dies ist vor allem dann hilfreich, wenn das Verhältnis der Parteien zerrüttet ist. Ein Schlichter unterbreitet den Parteien einen Vorschlag, den beide Seiten dann noch annehmen müssen. Der Schiedsrichter entscheidet schließlich einen Konflikt verbindlich. Gerade bei Verteilungskonflikten ist ein Schlichter oder Schiedsrichter wichtig, denn seine Lösung ist objektiver Standard im Sinne des Harvard-Konzepts.

Scheint eine Lösung in weiter Ferne, hat ein Dritter viele Vorteile. Durch Shuttle-Diplomatie zwischen den Verhandelnden kann er die Wogen glätten und das Verhandlungsdilemma überwinden. Das Verhandlungsdilemma besteht darin, dass zum interessenorientierten Verhandeln eine große Transparenz zwischen den Verhandlungspartnern erforderlich ist. Gleichzeitig kann diese Transparenz vom Partner ausgenutzt werden. Fehlt das Vertrauen, werden sich beide Seiten nicht direkt einander offenbaren. Der Mediator kann sich die Interessenlagen erklären lassen, ohne diese zunächst an die andere Seite weiterzutragen. Er kann selbst nach Lösungsräumen Ausschau halten und gegebenenfalls den Parteien entsprechende Hinweise geben. Ein neutraler Dritter entlastet die Parteien in der Prozesssteuerung. In der Regel bildet er einen emotionalen Puffer zwischen den Parteien. Jede Seite verhält sich gegenüber einem Dritten zurückhaltender. Ein Schlichter kann Zugeständnisse für die andere Seite entscheiden, ohne dass der Verhandlungsführer einen Gesichtsverlust erleidet. Es war am Ende der Schlichter und nicht der Verhandlungsführer, der das entschieden hat. Ein erfahrener und geschulter Dritter erkennt sehr schnell Punkte, an denen Kooperationsgewinne möglich sind. Bei engen Verhandlungen können diese Themen der entscheidende Beitrag für eine Lösung sein. Zusätzlich gibt es zahlreiche Zwischenformen zwischen Mediation und Schlichtung, die im jeweiligen Fall besonders effektiv sein können. Manchmal ist es auch sinnvoll, einen gemeinsamen neutralen Verhandlungsanalysten zu engagieren, der die Themen und jeweiligen Optionen übersichtlich aufbereitet und systematisch bewertet.

Die oberste Grundregel bei einer Verhandlung mit Unterstützung lautet: Lehnen Sie sich auf keinen Fall zurück und lassen alles den Dritten organisieren. Sie sollten sich wie bisher aktiv in die Verhandlungen einbringen und die klassischen Hausaufgaben wie Themenübersicht oder Scoring Sheet pflegen.

Nun halten Sie zahlreiche Strategien in Ihren Händen, wie Sie mit stockenden Verhandlungen umgehen können. Sie können Sackgassen vorbeugen, aber auch richtig einleiten und den Neustart aus der Sackgasse heraus wagen. Sehen Sie jede Sackgasse als Chance an. Jetzt kann es Ihnen gelingen, den Verhandlungsprozess neu zu justieren und am Ende doch noch in den Verhandlungsflow zu kommen. In hartnäckigen Fällen nutzen Sie die Unterstützung Dritter. Manchmal steht allerdings nicht die besondere Situation, sondern die Persönlichkeit Ihres Gegenübers zwischen Ihnen und einer Lösung. Wie Sie mit schwierigen Partnern in Verhandlungen umgehen, sehen wir uns im nächsten Kapitel an.

Checkliste Stockende Verhandlungen

- Beugen Sie vor.
  - Schlagen Sie eine Pause oder Vertagung vor. Häufig verhindern Sie eine Eskalation durch eine produktive Unterbrechung.
  - Stellen Sie komprimiert dar, was Ihr Verhandlungspartner bei einem Abbruch alles verlieren würde.
  - Prüfen Sie, ob eine kleinere Lösung als ursprünglich gedacht möglich ist.
  - Beschreiben Sie die Situation aus der Sicht eines Dritten.
  - Bitten Sie Ihren Partner um Rat.
- Leiten Sie die Sackgasse geschickt ein.
  - Konditionieren Sie einen Abbruch dreifach: persönlich, zeitlich und inhaltlich.
  - Halten Sie die Rückkehr an den Verhandlungstisch so niederschwellig wie möglich.
- Machen Sie einen neuen Anlauf.
  - Führen Sie Ihrem Partner Ihren Plan B plastisch vor Augen.
  - Gehen Sie mit kleinen Schritten in Vorleistung.
  - Ändern Sie das Verfahren.
- Bringen Sie Dritte ins Spiel.
  - Erweitern Sie den Kreis der Verhandlungsparteien.
  - Tauschen Sie den Verhandlungsführer aus.
  - Nutzen Sie einen Dritten als Konfliktmittler.

Verhandlungsflow-Tipp: Keine Angst vor der Sackgasse. Sie führt allen Beteiligten vor Augen, was auf dem Spiel steht. Außerdem ist sie eine hervorragende Chance, aus unproduktiven Mustern auszusteigen. Halten Sie nicht zu lange an aussichtslosen Verhandlungen fest. Sie verschenken dabei Lösungsraum. Unterbrechen Sie das Muster.

3.2 Problematische Partner: Wie Sie auch mit schwierigen Partnern erfolgreich vorankommen

Was macht einen schwierigen Verhandlungspartner aus? Ich empfehle Ihnen, über diese Frage nicht vertieft nachzudenken. Denn zum einen lässt sich das nicht generalisieren. Jede Kategorie führt in die Irre. Was Sie persönlich als schwierig erachten, kann für den Nächsten leicht zu bewältigen sein. Jeder Verhandler bringt seinen persönlichen Verhandlungsstil mit, und jede Paarung von Stilen führt zu eigenen Herausforderungen. Zum anderen führt der Fokus dieser Frage gerade nicht zu einem produktiveren Verhandlungsprozess. Das sollte aber auch in schwierigen Situationen unser Ziel bleiben. Wenn Sie Ihren Partner als schwierig abstempeln, verengt das gedanklich Ihre Optionen. Statt über Strategien nachzudenken, wie Sie mit den Manövern Ihres Partners umgehen, ärgern Sie sich über seine Persönlichkeit. Zudem ist es wahrscheinlich, dass Ihr Verhandlungspartner mitbekommt, wie Sie ihn einschätzen. Niemand lässt sich von jemandem überzeugen, der ihn als schwierig ablehnt.

Besser ist, wenn Sie sich auf einzelne schwierige Verhaltensweisen Ihres Verhandlungspartners konzentrieren. Dadurch stellen Sie sich auf die konkrete Situation ein und entwickeln maßgeschneiderte Gegenstrategien. Sie trennen zwischen Person und Verhalten. Das ist wichtig, um Ihrem Partner nach seinem Verhalten die goldene Brücke zurück zu einem besseren Prozess und einer besseren Lösung zu bauen.

Deshalb sehen wir uns als Erstes klassische Manöver an, mit denen Sie am Verhandlungstisch rechnen müssen. Mit diesem Wissen allein erhalten Sie einen guten »Impfschutz« vor gefährlichen Attacken. Zusätzlich lege ich Ihnen einige Strategien in Ihren Werkzeugkoffer, um Fehler beim Reagieren zu vermeiden und die Verhandlung wieder in den Problemlösungsmodus zu lenken.

Zuletzt sehen wir uns Verhaltensweisen an, mit denen wir im Zeitalter von Donald Trump vermehrt am Verhandlungstisch rechnen müssen. Sein extrem kompetitiver Verhandlungsstil wurde durch seine Präsidentschaft plötzlich wieder salonfähig, auch im Geschäftsleben. Grund genug, dass wir uns hier vertieft damit auseinandersetzen.

Kennen Sie alle denkbaren Manöver schwieriger Partner?

Kennen Sie den maskierten Magier? Er hat in den 90er-Jahren die geheimen Tricks der Zauberkünstler im US-Fernsehen enthüllt. Damit hat er sich bei seinen Kollegen unbeliebt gemacht. Ich hoffe nicht, dass mir mit der folgenden Liste das Gleiche unter Verhandlungsprofis passiert. Im Ernst: Ich habe es mir zum Hobby gemacht, Taktiken am Verhandlungstisch zu sammeln. Ich empfehle Ihnen nicht, diese Taktiken selbst anzuwenden. Sie schaden auf lange Sicht Ihrer Reputation und Glaubwürdigkeit. Entlarvt Ihr Partner die Taktik, ist das Vertrauen dahin. Die Taktiken dienen dem wettbewerblichen Element von Verhandlungen. Sie schaden aber dem zweiten Element von Verhandlungen, der Kooperation.

Warum sollten Sie sich dann mit diesen Taktiken beschäftigen? Eine Verhandlungstaktik funktioniert immer dann nicht, wenn sich die betroffene Seite der Taktik bewusst ist. Wenn Sie eine Taktik kennen, ist es deutlich wahrscheinlicher, sie auch als solche zu erkennen. Das ist mindestens die halbe Miete. Ich empfehle Ihnen folgende Haltung: Wenn sich echte Verhandlungsprofis am Tisch treffen, kennen sie ohnehin jede Taktik und jeden Trick. Dann können Sie diese getrost beiseite lassen und sich unmittelbar an die gemeinsame Problemlösung machen. Alle anderen werden schnell merken, dass ihnen bei uns Tricksereien nicht helfen.

Allgemein gehen wir davon aus, dass es unser Verhandlungspartner ehrlich meint. In den meisten Fällen ist das auch so. Genau diese Annahme machen sich die meisten Tricks zunutze. Wenn es um viel geht, kann der Einsatz einer Taktik Ihrem Partner einen entscheidenden Vorteil bringen. Bitte werden Sie deshalb aber nicht übertrieben argwöhnisch. Eine gesunde Wachsamkeit genügt vollkommen.

Übrigens wird nicht jede Taktik akribisch geplant und vorsätzlich angewandt. Manche Taktiken sind charakterimmanent und kommen intuitiv zum Einsatz. Mancher recht erfolgreiche Verhandler neigen zum Beispiel systematisch zur nebligen Erinnerung. Ihr Partner erinnert sich an vergangene Abmachungen, egal ob mündlich oder schriftlich, nur vage. Die Erinnerungslücke wird dann kunstvoll zum eigenen Vorteil uminterpretiert. Aus einer unklaren Situation wird eine eindeutige Einigung, und aus einer eindeutigen Einigung wird ein leeres Versprechen. Am Ende ist es egal, wie bewusst die Taktik zum Einsatz kommt. Unabhängig davon, ob vorsätzlich oder intuitiv, der Schaden ist der gleiche. Taktiken, die eng im Charakter verankert sind, sind nur schwer zu erkennen.

Meist ist ohnehin nicht sofort gewiss, dass es sich um eine Taktik handelt. Zunächst erscheint Ihnen als Verhandlungspartner der Einsatz einer bewussten Taktik durch die andere Seite eher als eine Möglichkeit. Dann gilt es, weitere Informationen zu sammeln, um Klarheit zu gewinnen.

Ich habe für Sie die 17 wichtigsten Taktiken zusammengestellt:[4]

Taktik	Beschreibung	Kluge Fragen und Soforthilfen
Lügen/Bluff zum Rückzugspunkt oder zur BATNA	Traditionelle Verhandler verwenden sehr viel Mühe darauf, die Vorstellung Ihres Partners zu manipulieren, wie weit sie gehen oder was sie gerade noch akzeptieren können. Sie sagen Dinge wie, »Das ist meine absolute Untergrenze.«; »Ich habe ein besseres Angebot, unter das ich nicht gehen werde.« Sie stellen Fakten falsch dar oder übertreiben sie.	Könnten Sie mir bitte erläutern, wie Sie zu dieser Untergrenze gelangen? Wie könnten wir dieses alternative Angebot verifizieren?
Zu gut, um wahr zu sein	Die andere Seite macht Ihnen ein unglaublich gutes Angebot. Sie glauben, Ihr Partner hat sich verrechnet oder ist endlich vernünftig geworden. Nachdem Sie sich gedanklich mit dem für Sie günstigen Deal angefreundet haben und bereits Ihren Auftraggeber informiert haben, geben Sie Ihrem Partner ein Signal. Jetzt fügt Ihr Partner noch Bedingungen und zusätzliche Themen hinzu, von denen bislang keine Rede war. Das Zurückrudern fällt Ihnen nun sehr schwer.	Ist das bereits das gesamte Paket, das Ihnen vorschwebt, oder gibt es noch weitere Aspekte, die wir berücksichtigen müssen? Verzeihen Sie, wir würden gerne das komplette Bild sehen, bevor wir eine abschließende Bewertung abgeben.

Taktik	Beschreibung	Kluge Fragen und Soforthilfen
Scheinforde-rungen	Ihr Partner stellt eine oder mehrere zusätzliche Forderungen auf. Er betont fortlaufend, dass ihm dieser Punkt besonders wichtig ist. In Wirklichkeit überhöht er die Bedeutung dieses Punktes künstlich. Im letzten Moment tauscht er diese scheinbar wichtige Forderung gegen eine erhebliche Konzession von Ihnen ein.	Kombinieren Sie zwei attraktive Pakete mit und ohne den verdächtigen Punkt. Sagen Sie: Gesetzt den Fall, wir würden Ihnen eines dieser Pakete anbieten können, welches würden Sie dann wählen? Gegebenenfalls bekommen Sie mit der Antwort einen ersten Hinweis.
Vollmachts-tricks	Bei Verhandlungen im Auftrag kann der Verhandlungsführer in zwei Richtungen tricksen. Er kann Ihnen den Eindruck vermitteln, er sei abschlussbefugt. Nachdem der Deal scheinbar steht, muss er plötzlich doch noch Rücksprache mit seinem Auftraggeber halten. Und der hat dann, wie es der Zufall will, doch noch Nachforderungen. Andererseits kann ihr Partner behaupten, sein Auftraggeber habe ihm einen klaren Rahmen gegeben. Nur wenn Sie deutlich nachbessern, könne dieser Rahmen eingehalten werden. In Wirklichkeit gibt es einen solchen Rahmen nicht.	Klären Sie zu Beginn, welche Befugnisse ihr Verhandlungspartner hat. Insbesondere bei Angeboten, die zu gut sind, um wahr zu sein (siehe oben), sollten Sie auch die Bevollmächtigung klären. Beruft Ihr Partner sich auf einen vorgegebenen Rahmen, ist das letztlich ebenfalls ein Bluff zum Rückzugspunkt. Siehe oben.
Good Cop/Bad Cop	Zunächst überzieht Sie der sogenannte »böse Polizist« mit aggressiven Forderungen. Dann kommt der »gute Polizist« und stellt sich scheinbar auf Ihre Seite. Aus lauter Dankbarkeit für das Verständnis des guten Polizisten machen Sie ungewollte Zugeständnisse. Der bekannteste und beliebteste manipulative Verhandlungstrick vieler Verhandler.	Ist Ihnen ein Verhandlungspartner besonders sympathisch und der andere unsympathisch, ist es wahrscheinlich, dass Sie gerade manipuliert werden. Diesen Trick können Sie besonders effektiv durch Benennen in den Griff bekommen: »Ich könnte fast den Eindruck bekommen, Sie hätte Ihre Rollen aufgeteilt. Welche Ansicht ist für unseren Deal eigentlich entscheidend?«
Konsistenz-fallen	Bei einer Konsistenzfalle versucht Ihr Partner, Sie zunächst dazu zu bringen, einem scheinbar unverdächtigen Standard zuzustimmen. In Wirklichkeit hat Ihr Partner bereits geprüft, dass der vorgeschlagene Standard für ihn sehr vorteilhaft ist. Damit verwandt ist die Fuß-in-der-Tür-Taktik. Ihr Partner bittet Sie um ein kleines Zugeständnis. Sobald er dieses erreicht hat, schiebt er weitere Forderungen nach, die scheinbar einfach nur konsequent sind.	Seien Sie zurückhaltend bei Standards, deren Folgen Sie nicht überblicken, etwa wie folgt: »Das ist ein Standard, es mag aber auch andere Standards geben, die für unsere Frage relevant sind. Könnten Sie uns bitte alle Ihre Fakten zur Verfügung stellen?« Möchte jemand bei Ihnen die Fuß in die Tür bringen, fragen Sie ihn offen danach, welches Ziel er am Ende verfolgt. Kündigen Sie an, dass Sie keine weiteren Zugeständnisse machen werden.

Taktik	Beschreibung	Kluge Fragen und Soforthilfen
In letzter Sekunde	Ein Klassiker ist, wenn Verhandler in letzter Sekunde nochmals mit einem vermeintlich kleinen Thema kommen, nachdem der Deal bereits geschlossen erschien, aber bevor der Vertrag gefasst ist. Häufig haben wir keine Lust, die Verhandlungen an diesem Detail scheitern zu lassen. Wir sehen all die Mühen, die uns an diesen Punkt gebracht haben, als gefährdet an. Hier wird die Verlustaversion ausgebeutet, der scheinbar nahe Verhandlungserfolg führt womöglich zu irrationalen Zugeständnissen.	Seien Sie auf ein solches Anknabbern in letzter Sekunde vorbereitet. Führen Sie immer eine Liste mit möglichen Gegenforderungen, die Sie in letzter Sekunde entgegenhalten können. Etablieren Sie von Beginn an eine Spielregel, die solches Verhalten verbietet. Im Zweifel sollten Sie hart bleiben, andernfalls müssen Sie damit rechnen, öfters ausgenutzt zu werden.
Reziprozitättricks	Das Prinzip der Reziprozität ist tief in unserer Psyche verankert. Nehmen Sie sich in Acht vor Partnern, die das bewusst ausnutzen. Hier gibt es viele Formen: Ihr Partner geht mit einem kleinen »Geschenk« in Vorleistung und verlangt im Gegenzug etwas viel Größeres. Oder er erwidert Ihre Gegenleistung sofort, aber nur mit einem kleinen Zugeständnis. Tür ins Gesicht: Einer völlig überzogenen Forderung wird eine kleine Forderung nachgeschoben. Wir empfinden das als großes Entgegenkommen und erfüllen die Forderung. Ohne Gegenleistung.	Achten Sie immer darauf, ob Leistung und Gegenleistung zueinander passen. Insbesondere wenn Sie unter Druck gesetzt werden. Wenn Sie im Zweifel sind, nehmen Sie sich eine Pause. Besprechen Sie mit einem unabhängigen Dritten, ob aus seiner Sicht Leistung und Gegenleistung stimmen.
Extreme Forderungen, kleine Zugeständnisse	Hier macht sich der Verhandlungspartner den Ankereffekt zunutze. Zuerst wird eine extrem hohe Forderung ausgesprochen. Dann folgen kleine Schritte des Nachgebens. Damit sollen Sie gefügig gemacht und in Richtung Anker manipuliert werden.	Es bieten sich die klassischen drei Gegenanker-Strategien an: Ignorieren Sie Anker und Zugeständnisse vollständig. Oder setzen Sie einen extremen Gegenanker. Letzte Möglichkeit ist, einen Walk-out zu machen. Bei allen drei Strategien ist wichtig, von Beginn an die goldene Brücke zurück zum konstruktiven Dialog anzulegen, zum Beispiel »Das führt uns nicht weiter. Lassen Sie uns lieber darüber sprechen, welche objektiven Kriterien angelegt werden können.«
Friss-oder-stirb	Ein letztes Angebot wird kombiniert mit der Aussage, sollte es nicht angenommen werden, sei die Verhandlung geplatzt. Diese Situation kann mit einem dramatischen Walk-out-Prozess kombiniert werden.	Eine schwierige Situation, für die es keine Patentrezepte gibt. Einige Ideen, um im Gespräch zu bleiben: »Würde es Sie stören, uns noch einmal zu erläutern, warum Sie nicht mit uns weiterverhandeln können?«; »Falls wir auf Ihr Angebot nicht eingehen können: Wie genau wäre der weitere Prozess?« Häufig funktioniert es auch, ein Gegenangebot zu machen, das Elemente des letzten Angebots enthält.

Taktik	Beschreibung	Kluge Fragen und Soforthilfen
Gegen sich selbst bieten lassen	Ihr Partner verlässt den üblichen Rahmen von Angebot und Gegenangebot und verlangt, dass Sie gegen Ihr vorheriges Angebot bieten.	Thematisieren Sie diese Abweichung vom üblichen Verhandlungsverfahren. Legen Sie dann, falls nötig, ein verändertes Angebot vor, das im Gesamtvolumen gleichbleibt, aber den Punkt modifiziert, der Ihrem Partner besonders wichtig ist.
Persönliche Attacken	Ihr Partner greift Ihre fachliche Kompetenz, Ihren Verhandlungsstil oder Ihre Ideen an. Oder er beleidigt oder diskriminiert Sie.	Gehen Sie gedanklich als Erstes auf den Balkon. Sie sind besonders stark, wenn Sie jetzt die Ruhe bewahren. Kleinere Attacken ignorieren Sie am besten. Am Verhandlungstisch sollten Sie nicht überempfindlich sein. Überschreitet der Angriff eine gewisse Schwelle, müssen Sie einschreiten. Benennen Sie das Verhalten und sprechen Sie über mögliche Spielregeln. Bauen Sie Ihrem Partner eine Brücke. War es nur ein Irrtum oder ein Missverständnis? Können Sie Diskretion über das Fehlverhalten gegen zukünftige Verhaltensänderung tauschen?
Drohungen	Ihr Partner droht drastische Konsequenzen für den Fall an, dass seine Forderungen nicht erfüllt werden.	Die Reaktion hängt stark davon ab, wie realistisch die angedrohte Folge ist. Zeigen Sie die Konsequenzen der Drohung auf. Ist die Drohung umgesetzt, verliert sie ihre Wirkung. Die Beziehung wird dadurch stark belastet. Der Drohende schädigt sich damit womöglich selbst stärker. Benennen Sie den Prozess, kritisieren Sie ihn als nicht effektiv und schlagen Sie einen effektiveren Prozess vor.
Neblige Erinnerung	Eine (meist) mündliche Vereinbarung wird im Nachgang deutlich zum eigenen Vorteil ausgelegt bis verfälscht.	Wenn Sie mit solchen Partnern verhandeln, sollten Sie Vier-Augen-Gespräche vermeiden. Versuchen Sie, Absprachen so schnell wie möglich schriftlich zu fassen. Nehmen Sie sich vor interpretationsfähigen Formulierungen in Acht.

Taktik	Beschreibung	Kluge Fragen und Soforthilfen
Irrational erscheinen/ »Chrustschows dritter Schuh«	Ihr Partner vermittelt Ihnen den Eindruck, er sei ein irrationaler Typ, der schlimmstenfalls sogar bereit ist, seine Selbstschädigung in Kauf zu nehmen. Ein schönes Beispiel ist der Sowjetführer Chrustschow, der während einer UN-Sitzung mit einem (mitgebrachten) Schuh auf den Tisch schlug. Es erschien beängstigend, wenn eine derart unkontrollierte Person auch in der Lage ist, Atomraketen abzufeuern. In Wirklichkeit war der Auftritt geplant.	Überlegen Sie zunächst, ob Ihr Partner wirklich irrational ist oder ob er nur Einschränkungen durch Dritte oder Informationen hat, von denen Sie nichts wissen. Falls Ihr Partner Irrationalität wirklich als Taktik betreibt, sollten Sie versuchen, auf der Seite Ihres Partners und auf Ihrer Seite weitere Personen einzubeziehen. Beobachtung hilft bei der Kontrolle von Irrationalität. Außerdem sollten Sie den Verhandlungsprozess und Ihre fairen Angebote schriftlich dokumentieren.
Mauern	Ihr Verhandlungspartner verweigert jegliches Verhandeln oder rückt nicht von seinem Stand ab. »Ich habe klare Vorgaben, von denen ich nicht abweichen kann.«	Stellen Sie klärende Fragen, um den Grund des Mauerns so gut wie möglich zu verstehen. Holen Sie sich Informationen von dritter Seite ein, ob die Gründe des Mauerns real sind. Deuten Sie das Mauern in eine Sorge Ihres Partners um, die Verhandlungen könnten nicht erfolgreich sein. Bereiten Sie Ihren Plan B »anfassbar« für die andere Seite vor.
Schmeichelei	Dem Verhandlungspartner wird Honig um den Bart geschmiert. Er soll dadurch dazu gebracht werden, den Forderungen entgegenzukommen.	Nehmen Sie das Lob an. Bedanken Sie sich kurz und schlicht. Setzen Sie den Verhandlungsprozess unbeeindruckt fort.

Vor einer wichtigen Verhandlung mit einem Partner, den Sie entweder nicht kennen oder dem ein schlechter Ruf vorauseilt, ist es eine gute Idee, diese Liste vorher nochmals durchzugehen. Sensibilisieren Sie sich für denkbare Taktiken und überlegen Sie sich Ihre Reaktion. Diese Liste ist nicht abschließend. Es gibt Hunderte von Taktiken, wie sie beispielsweise im Buch von Roger Dawson »Secrets of Power Negotiating: Inside Secrets from a Master Negotiator« aufgezählt sind. Die Taktiken lassen sich untereinander in verschiedenen Konstellationen kombinieren. Donald Trump ist dafür ein gutes Beispiel, wie wir gleich noch sehen werden. Statt sich auf jede einzelne Taktik vorzubereiten, ist es sinnvoller, sich einige Strategien anzugewöhnen, die Ihnen in jeder Situation helfen, wieder in einen konstruktiven Modus zurückzukehren. Sehen wir uns an, was Sie tun können.

Reagieren Sie nicht direkt auf Attacken und Taktiken

Die erste und oberste Grundregel bei Attacken und Taktiken lautet: Ruhe bewahren, tief durchatmen, keine intuitive Gegenreaktion. Die meisten Taktiken sind darauf ausgelegt, dass Sie unter Druck einen Fehler machen oder eine kognitive Verzerrung bei Ihnen ausgelöst wird. Gehen Sie stattdessen auf den berühmten Verhandlungsbalkon von William Ury, dem Mitautor des Harvard-Konzepts.[5] Das bedeutet konkret, dass Sie sich gedanklich aus dem Pingpong der Verhandlung herausnehmen und das Geschehen von oben, wie ein unbeteiligter Dritter, betrachten. Distanzieren Sie sich einen Augenblick von Ihrem Blickwinkel einer betroffenen Partei und auch von den in Ihnen ausgelösten Emotionen. Das ist nicht immer leicht und erfordert Übung, gerade wenn Ihr Blut in Wallung gerät. Schweigen Sie, um das Reiz-Reaktions-Schema zu unterbrechen. Bitten Sie um eine Pause. Vertagen Sie sich. Ist es Ihnen peinlich, einfach so um eine Pause zu bitten, dann können Sie auch eine Kaffee- oder Raucherpause vorschlagen. Bitten Sie immer einen Ihrer Teamkollegen, eine Pause vorzuschlagen, wenn er merkt, wie Sie auf einen Angriff reagieren möchten.

Gegenattacken wirken nicht souverän. Sie geraten automatisch in die Defensive, wenn Sie auf Ihren Partner reagieren. Er bestimmt dann das Tempo. Häufig werden Taktiken der anderen Seite als Erlaubnis verstanden, nunmehr selbst Tricks und Finten anwenden zu dürfen. Damit geben Sie das Heft des Handelns aus der Hand. Ihr Partner bestimmt die Spielregeln, und Sie spielen nach seinen Regeln und riskieren Ihren Ruf und Ihre Glaubwürdigkeit. Am Ende erinnert sich keiner mehr, wer begonnen hat.

Nutzen Sie vier erprobte Strategien, um mit schwierigen Partnern in den Lösungsmodus zu gelangen

Sobald Sie sich Ruhe verschafft haben, stehen Ihnen vier erprobte Strategien[6] zur Verfügung, wie Sie die Verhandlung wieder auf einen konstruktiven Weg bringen: Deuten Sie die Taktik Ihres Partners um, ignorieren Sie die Taktik, spielen das Spiel mit und entlarven Sie es oder verhandeln Sie über die Spielregeln der Verhandlung.

Deuten Sie die Taktik Ihres Partners um. Interpretieren Sie eine Forderung oder eine Beschlusslage Ihres Partners als Wunschvorstellung. Ich erlebe es häufig, dass Verhandlungspartner vor einer Verhandlung einen Beschluss Ihres Entscheidungsgremium herbeiführen. Der Gewerkschaftssekretär steigt zum Beispiel damit ein, die Tarifkommission habe beschlossen, der Abschluss dürfe nicht unter 5 Prozent Lohnsteigerung liegen. Sie könnten antworten: »Das wäre für Sie natürlich ein großartiges Ergebnis. Unser Vorstand möchte auch nicht mehr als die Inflation ausgleichen. Jeder hat seine Wunschträume. Am Ende müssen wir realistisch bleiben. Gibt es aus Ihrer Sicht noch einen anderen Maßstab als die Inflation?«

Wenn Ihr Verhandlungspartner Sie persönlich angreift, deuten Sie dies als Angriff auf das Problem um. Ein Angriff könnte lauten: »Ich glaube, Ihnen fehlt die nötige Erfahrung, um dieses Problem richtig beurteilen zu können.« Dann antworten Sie: »In der Tat wäre es sehr wertvoll, wenn jemand mit Erfahrung und Wissen auf unseren Vorschlag schaut. Was passt aus Ihrer Sicht an unserem Vorschlag noch nicht?«

Ignorieren Sie die Taktik. Sie können so tun, als hätten Sie die Taktik Ihres Verhandlungspartners nicht gehört. Stellt Ihnen Ihr Gegenüber ein Ultimatum, ignorieren Sie es. Sie können zum Beispiel das Thema wechseln oder eine Pause vorschlagen. Damit testen Sie auch, ob das Ultimatum ernst gemeint ist oder ob es nur ein Versuchsballon war. Sie können auch den Inhalt einer Taktik ignorieren und sich nur auf die Emotionen konzentrieren. Droht Ihr Partner wütend damit, Sie zu verklagen, können Sie sagen: »Ich habe den Eindruck, Sie sind sehr aufgebracht. Können Sie mir erklären, woran das liegt?« Natürlich können Sie nicht jedes Verhalten Ihres Partners ignorieren. Schwere persönliche Attacken oder betrügerisches Verhalten müssen Sie ahnden, andernfalls droht es Schule zu machen.

Spielen Sie das Spiel mit und entlarven Sie es. Kommt in Ihnen der Verdacht auf, Ihr Partner versucht, Sie hinters Licht zu führen, dann geben Sie das nicht sofort zu erkennen. Zum einen könnten Sie falsch liegen. Zum anderen schadet es gar nicht, wenn Ihr Partner Sie unterschätzt. Unterstellen Sie gegenüber Ihrem Verhandlungspartner, er meine es ehrlich mit Ihnen. Sie dürfen dabei durchaus ein wenig naiv wirken. Gehen Sie wie selbstverständlich offiziell davon aus, Ihr Partner sei ein Ehrenmann. Das bedeutet, er sagt die Wahrheit, hält sich an Versprechen, täuscht nicht über seine Befugnisse und wirft nicht wieder Fragen auf, die bereits geklärt waren.[7] Stellen Sie gezielte Fragen, um seine Angaben zu überprüfen. Nehmen Sie dabei aber nicht die Haltung eines Inquisitors ein, sondern schieben Sie die Fragen auf Ihre Verwirrung oder fehlende Sachkenntnis. Stellen Sie Ihrem Gegenüber Fragen, deren Antwort Sie bereits kennen. Achten Sie dann auf Details und Nuancen seiner Antwort. Sie können Ihren Partner auch Bitten unterbreiten, die für ihn unproblematisch sind, wenn er es ehrlich meint. Wenn Ihr Partner zum Beispiel die Solidität seiner Finanzsituation mehrfach betont, dann bitten Sie ihn um einen Einblick in seine Bücher. Durch freundliche, aber gezielte und beharrliche Fragen, durch entlarvende Bitten und mittels Gegenüberstellung von Informationen aus Ihrem Netzwerk merkt Ihr Partner, dass Sie ihm auf die Schliche gekommen sind. Da Sie nicht mit ihm auf offene Konfrontation gegangen sind, hat er nun die Möglichkeit, sein Gesicht zu wahren. Die meisten Verhandlungspartner lassen von einer Taktik ab, wenn sie sich entlarvt fühlen. Sie können auf einen fairen und konstruktiven Pfad zurückkehren.

Verhandeln Sie über die Spielregeln der Verhandlung. Machen wir uns nichts vor, manchmal gelingt es uns nicht, elegant eine Taktik umzudeuten oder zu entlarven. Ignorieren hilft auch nicht, wenn die Taktik massive Folgen hat und die andere Seite nicht von ihrer Taktik oder ihrem Angriff ablässt. Was Sie jetzt noch tun können, ist, auf die Meta-Ebene zu gehen und über die Art und Weise der Verhandlung zu verhandeln. Wenn Sie an diesen Punkt gekommen sind, ist es entscheidend, Ihrem Verhandlungspartner die Chance zu geben, sein Gesicht zu wahren und von Beginn an eine goldene Brücke zu einer konstruktiveren Zusammenarbeit zu planen.

Wählen Sie für den Einstieg in die Meta-Verhandlungen ein diskretes und möglichst entspanntes Ambiente. Konzentrieren Sie sich bei Ihrem Feedback immer auf einzelne Verhaltensweisen ihres Partners und niemals auf seine Persönlichkeit als Ganzes. Das Feedback zur Persönlichkeit ist viel zu fundamental für eine Verhandlung. Ein einzelnes Verhalten ist hingegen veränderbar.

Denken Sie frühzeitig darüber nach, wie Sie Ihrem Partner eine goldene Brücke bauen, um seine Taktiken zu beenden. Besonders geeignet und bei vielen Verhandlungen unentbehrlich ist der Verweis auf Irrtümer und Missverständnisse. »Nein, die Aussage war nicht als Drohung gemeint. Ich war nur in diesem Moment wütend und bin deshalb sehr deutlich geworden. Wahrscheinlich ein wenig zu deutlich.« Oder: »Jetzt, wo wir uns nochmals das Protokoll ansehen, muss ich Ihnen zugestehen, dass wir uns doch nicht so eindeutig verabredet hatten, wie ich mir das vorgestellt hatte.«

Am Ende können Sie natürlich nicht jeden schwierigen Partner mit Verhandlungskunst in den Griff bekommen. Dann sind Sie auf Ihre negativen Hebel angewiesen: Wie steht es um Ihre BATNA, wie können Sie Macht und Recht für sich nutzen, was hat Ihr Partner zu verlieren, wenn es nicht zu einer Einigung kommt? Führen Sie diese Punkte Ihrem schwierigen Partner vor Augen und machen Sie diese für ihn anfassbar, wenn Sie noch Hoffnung auf ein Einlenken haben. Ist das nicht der Fall, setzen Sie Ihre Mittel professionell ein. Sie haben alles versucht. Stellen Sie aber sicher, dass Ihr Partner Sie auch in letzter Sekunde noch erreichen kann. Machen Sie die Tür zu, aber schließen Sie sie nicht ab.

Im nächsten Abschnitt sehen wir uns den Prototyp des schwierigen Verhandlers an, den amerikanischen Präsidenten Donald Trump.

Gewöhnen Sie sich an Verhandler, die wie Donald Trump verhandeln möchten[8]

Donald Trump ist der einzige US-Präsident, der ein Verhandlungsbuch geschrieben hat: *The Art of the Deal.*[9] Nicht nur das. Er hat während des Wahlkampfs und danach immer wieder auf sein Verhandlungstalent hingewiesen: »I am different than other presidents. I am a deal-maker. I've made deals all my life.« Er verkörpert dabei das Leitbild eines »hard bargainers«, dem es darum geht, beim Verhandeln zu gewinnen. Es geht ihm nicht um die beste Lösung und den Aufbau einer Langzeitbeziehung. Sein einziges Ziel ist, bei jedem einzelnen Deal zu gewinnen. Oder zumindest dies öffentlich so darzustellen. Seine Hauptfähigkeit liegt nach seiner Ansicht darin, andere zu täuschen, gleichzeitig aber selbst nicht getäuscht zu werden. Er verkörpert das Gegenteil des an den US-Universitäten gelehrten Leitbilds eines kooperativen Verhandlers. Kooperationsgewinne lässt er am Tisch liegen, sie interessieren ihn nicht. Bereits jetzt beobachte ich, dass viele Verhandlungsführer im geschäftlichen Bereich Hemmungen verlieren, was ethisch fragwürdige Verhandlungstaktiken anbelangt. Wenn der US-Präsident sich so verhalten darf und damit auch noch erfolgreich ist, warum soll ich mich zurückhalten? Auch bei Vorlesungen und Seminaren zum Thema Verhandeln spielt der Trumpismus zunehmend eine Rolle. Für einen Teil der neuen Verhandlergeneration wird Trump zum Vorbild werden. Diese Leitfunktion ist unbestreitbar, leider in eine Richtung, die uns viele Konflikte und schlechte Lösungen bereiten wird.

Sein Buch hat Donald Trump im Übrigen nicht selbst geschrieben. Es wurde von dem Journalisten Tony Schwarz verfasst und ist deutlich moderater, als Trump heute tatsächlich auftritt. Der echte Autor Tony Schwarz hat das Buch als »größten Fehler seines Lebens, ohne Frage« bezeichnet. Es handele sich um eine reine Fiktion ohne Bezug zum realen Donald Trump.

Lassen Sie uns den realen Verhandler Trump ansehen. Seine öffentlich wahrnehmbare Verhandlungsstrategie besteht im Wesentlichen aus zwei Schritten: Der erste Schritt besteht darin, seinen Partnern zu beleidigen oder ihn zu bedrohen. Im zweiten Schritt wird der Partner dann mit Schmeichelei bedacht. Führt dieses Verfahren nicht zu den erwünschten Zugeständnissen, wird es beliebig oft wiederholt. Trump nutzt dabei den Kontrasteffekt. Die Wirkung beider Taktiken wird dadurch verstärkt, dass sie in unterschiedliche Richtungen zielen. Auf den ersten Blick erscheint dieses Vorgehen widersprüchlich und verwirrend. Am Ende ist es allerdings nur konsequent. Die dahinterliegende Grundhaltung lautet: Alles ist erlaubt, mit Ausnahme eines vorsätzlichen Betrugs. Vertragsbruch ist dabei auch immer eine Option. Lohnt sich der Vertragsbruch im Rahmen einer Kosten-Nutzen-Betrachtung, ist er für Trump stets eine Handlungsoption. Der Fokus liegt auf der persönlichen Machtverbesserung. Trumps spezielle Form der Empathie bedeutet, das Schlachtfeld aus Sicht der anderen Seite zu sehen. Kooperationsgewinne oder Beziehungseffekte spielen keine Rolle. Der jeweilige Deal wird isoliert betrachtet.

Ob und wie Trump am Tisch verhandelt, wissen wir übrigens nicht so genau. Wir können davon ausgehen, dass er sich auf die Machtverbesserung abseits des Verhandlungstisches konzentriert. An den Verhandlungstisch selbst schickt er seine Sherpas. Vom Unternehmer Trump wissen wir, dass er sich stets zweier Anwälte bei seinen Verhandlungen bediente. Der eine Anwalt hatte einen Ruf als ausgesprochen unfairer und maßloser Verhandlungspartner. Der zweite galt als konstruktiver und vertrauenswürdiger Dealmaker. Je nachdem, wie sich der Geschäftspartner im Vorfeld verhielt, wurde ihm der eine oder der andere Anwalt zugeordnet. Eine besondere Form der »good cop/bad cop«-Taktik.

Wie geht man mit einem wie Donald Trump am Verhandlungstisch um? Die gute Nachricht ist zunächst, dass das Verhandlungsmodell von Trump nur funktioniert, wenn es mit der entsprechenden Machtfülle eines geerbten New Yorker Immobilienimperiums oder der US-Präsidentschaft unterlegt ist. Deshalb sollten Sie als Erstes die Hebel und die Machtposition Ihres forsch auftretenden Partners analysieren. Rechtfertigen seine tatsächlichen Machtmittel sein Verhalten nicht, können Sie Drohungen und Ultimaten ins Leere laufen lassen. Gleichzeitig bringen Sie Ihren Plan B in Stellung, um Ihrem Verhandlungspartner möglichst real und anfassbar vor Augen zu führen, welche Folgen ein Scheitern haben wird.

Legen Sie sich für die Attacken im Trump-Stil ein dickes Fell zu. Reagieren Sie nicht auf jede Provokation. Oberstes Gebot bleibt, die Ruhe zu bewahren und die Situation zu analysieren. Sie sind der Verhandlungsprofi, der analytisch und kühl sein vorbereitetes Zielsystem stets vor Augen hält. Unbeeindruckt von Tricks und Attacken. Die Schmeicheleien nehmen Sie knapp und ohne Emotion zur Kenntnis und setzen unmittelbar in der Sache fort.

Wenn Sie mit einem Partner verhandeln, der stolz auf seine Verhandlungsfähigkeiten ist und einen starken Fokus darauf hat, wie er nach außen wirkt, dann bietet sich ein nichtlinearer Kompromiss an. Das geht so: Bauen Sie Ihrem Partner eine goldene Brücke. Nehmen Sie die ein bis zwei Positionen, die Ihrem Partner wichtig sind, und gestehen Sie ihm diese zu. Machen Sie dieses Zugeständnis öffentlich. Lassen Sie Ihrem schwierigen Partner die Freude und loben Sie ihn nach Vertragsschluss für seine Verhandlungskunst. Gleichzeitig finden Sie an anderer Stelle, die nicht so prominent ist, Lösungen, die auf Ihre Interessen einzahlen und Sie mehr als entschädigen. Besonders narzisstische Verhandlungsführer sind bereit, für ihre positive Selbstdarstellung einen hohen Preis zu bezahlen. Die Frage des mexikanischen Präsidenten an Donald Trump könnte lauten: Gesetzt den Fall, wir lassen Sie eine Mauer an unserer Grenze bauen und würden offiziell akzeptieren, dafür zu bezahlen, zu welchen Zugeständnissen wären Sie dann bereit? Bezahlungen nur eines symbolischen Preises? Unbegrenzter Freihandel? Wirtschaftshilfe? Militärische Zusammenarbeit? Wir alle können uns vorstellen, dass Donald Trump einen erheblichen Preis dafür bezahlen würde.

Kurzum: Rechnen Sie zunehmend mit Verhandlern im Trump-Stil. Mit unserer Tabelle der manipulativen Verhandlungstricks können Sie sich gut auf diese besondere Spezies einstellen. Rechnen Sie mit Kombinationen und Abwandlungen der Taktiken. Wenden Sie das oben dargestellte allgemeine Instrumentarium an: Ruhe bewahren, kleinere Attacken ignorieren, Verhalten konstruktiv umdeuten, das Spiel mitspielen und entlarven, über Spielregeln verhandeln und am Ende goldene Brücken für Ihren Partner bauen.

In diesem Kapitel sind wir auf mehrere Konstellationen gestoßen, in denen das Zusammenspiel zwischen Verhandlungsführer und seinem Auftraggeber für Taktiken genutzt wird. Wie Sie insgesamt Verhandlungen im Auftrag optimal organisieren, sehen wir uns im nächsten Kapitel an.

Checkliste Problematische Partner

- Kennen Sie die Tricks.
  - Die häufigsten: Bluff zum Rückzugspunkt, »zu gut, um wahr zu sein«, Scheinforderungen, Vollmachtentricks, Good Cop/Bad Cop
  - Die Psycho-Tricks: Konsistenzfallen, »in letzter Sekunde«, Reziprozitätstricks
  - Die aggressiven: Extreme Forderung – kleine Zugeständnisse, Friss-oder-stirb, gegen sich selbst bieten lassen, persönliche Attacken, Drohungen, Mauern
  - Die trickreichen: neblige Erinnerung, irrational erscheinen, Schmeichelei
- Reagieren Sie nicht direkt auf Attacken und Taktiken. Gehen Sie stattdessen auf den Verhandlungsbalkon.
- Gelangen Sie zurück in den Lösungsmodus. Vier Taktiken dazu:
  - Interpretieren Sie eine Forderung als Wunschvorstellung um. Träume darf man haben.
  - Ignorieren Sie die Taktik.
  - Unterstellen Sie, Ihr Partner sei ein Ehrenmann. Stellen Sie dazu naive Fragen, so lange bis sich Ihr Partner ertappt fühlt.
  - Geben Sie Feedback und verhandeln Sie über die Spielregeln der Verhandlung.
- Gehen Sie mit Verhandlern à la Trump souverän um.
  - Erkennen Sie das Muster: Bedrohen/schmeicheln; bedrohen/schmeicheln und so weiter; außerdem: Alles ist erlaubt.
  - Analysieren Sie die Machtsituation. Lassen Sie Ultimaten ins Leere laufen. Bringen Sie Ihren Plan B in Stellung.
  - Reagieren Sie nicht auf jede Provokation. Bleiben Sie von Schmeicheleien unbeeindruckt.
  - Bieten Sie nichtlineare Kompromisse an. Geben Sie Ihrem narzisstischen Verhandlungspartner öffentlichkeitswirksam einen für ihn wichtigen Punkt und lassen Sie sich das teuer bezahlen.

Verhandlungsflow-Tipp: Lassen Sie sich von den Trickbetrügern und Aggressiven nicht aus dem Konzept bringen. Folgen Sie insbesondere nicht deren Spielregeln. Bleiben Sie auf Ihrem Weg der produktiven Verhandlungen. Die Tricks lassen sich leicht durchschauen und häufig zu Ihrem Vorteil nutzen. Halten Sie sich immer Ihr Ziel vor Augen: maximalen Nutzen zu organisieren.

3.3 Verhandeln im Auftrag: Wenn Sie nicht für sich verhandeln

Im Geschäftsleben verhandeln wir selten für uns selbst. Meist handeln wir im Auftrag unseres Geschäftsherrn. Das kann unser Auftraggeber oder unser Vorgesetzter sein. Oder unser Unternehmen oder unsere Organisation. Wir verhandeln dann als Vertreter unseres Geschäftsherrn. Ein Vorstand kann unser Entscheidungsträger sein, er selbst handelt jedoch auch als Vertreter des Unternehmens, denn er ist nicht der Eigentümer. Diese Auftraggeber-Vertreter-Verhältnisse können also auch mehrstufig sein. Das macht die Sache in der Regel noch komplizierter. Wer geschäftlich erfolgreich verhandeln möchte, sollte sich mit diesem Verhältnis intensiv auseinandersetzen und einige Grundregeln beachten. Häufig knirscht diese Schnittstelle, weil die Interessen und Informationslagen des Geschäftsherrn und seines Vertreters auseinanderfallen. Der Hausverkäufer möchte einen hohen Verkaufspreis erzielen, sein Makler einen schnellen Abschluss ohne viel Aufwand. Die Gewerkschaft möchte einen hohen Abschluss erzielen, der Gewerkschaftssekretär scheut aber vielleicht den Aufwand eines Streiks. Der Mandant möchte den Rechtsstreit gewinnen, sein Anwalt vielleicht viele Stunden abrechnen.

Dennoch bringt der Einsatz von Vertretern bei Verhandlungen viele Vorteile mit sich. Häufig verfügt unser Vertreter beim Verhandeln über Wissen und Fähigkeiten, die wir nicht haben. Denken Sie an den Kartellrechtsanwalt, den Investment-Banker oder den gut informierten Immobilienmakler. Vielleicht hat er auch kommunikative, analytische oder persönliche Befähigungen, die uns abgehen. Oder ein Netzwerk zum Beispiel als Literaturagent, das uns besonders wichtig ist. Selbst wenn er nichts besser kann als wir, können wir durch ihn eigene Verhandlungszeit einsparen. Manche nutzen das Verhältnis von Geschäftsherrn und Vertreter für taktische Manöver. Während der Geschäftsherr sich als prinzipientreuer und strenger Vertreter zeigt, kann sein Vertreter kooperativ auftreten. Andersherum kann der scharfe Verhandlungsführer ab und zu von seinem freundlicheren Geschäftsherrn zurückgepfiffen werden. »Good cop/bad cop« lässt grüßen.

Der Einsatz eines Vertreters hat auf der anderen Seite Nachteile. In aller Regel erhält der Verhandlungsvertreter Geld für seine Dienste, sei es eine Fixvergütung, eine Stundenvergütung oder eine Provision. Das sind allerdings nicht die einzigen Kosten, die durch einen Vertreter entstehen. Hinzu kommen die Kosten für die regelmäßige Überwachung und Incentivierung des Vertreters, beispielsweise durch eine Abschlussprovision. Am Ende stehen schließlich Kosten durch Abschlüsse, die nicht optimal für den Geschäftsherrn sind, weil der Vertreter andere Interessen hat. Eine Studie hat zum Beispiel gezeigt, dass Immobilienmakler ihre eigenen Häuser zu besseren Preisen verkaufen als die ihrer Kunden. Die Erklärung ist einfach: In diesen Fällen erhalten sie den vollen Erlös und nicht nur 6 Prozent Maklerprovision.[10] Es lohnt sich also bedeutend mehr für die Makler, die erforderliche Zeit zu investieren.

Das Verhältnis von Auftraggebern und ihren Verhandlungsführern unterliegt dabei drei fundamentalen Dilemmata. Das erste ist das Vertrauensdilemma. Je mehr der Auftraggeber seinem Verhandlungsführer vertraut, desto mehr Freiheiten erhält er. Und je mehr Freiheiten ihm eingeräumt werden, desto mehr Missbrauchsmöglichkeiten ergeben sich. Das zweite ist das Flexibilitätsdilemma. Wenn Auftraggeber und Vertreter klare Absprechen treffen, um den Vertreter zu steuern, dann geht dies zulasten seiner Flexibilität. Ohne Flexibilität kann er aber nicht extremere Lösungsoptionen ausloten, die vielleicht die Interessen des Auftraggebers noch besser erfüllen würden. Das dritte Dilemma ist schließlich das Transformationsdilemma. Einerseits soll der Verhandlungsführer kreative Lösungen verhandeln. Weichen diese Lösungen aber zu weit vom üblichen Standard ab, wird das eher im Rahmen der Umsetzung negativ sanktioniert und führt zu Rechtfertigungsdruck.

Der häufigste Fall von Auftraggeber-Vertreter-Beziehungen findet in Unternehmen oder anderen Organisationen statt. Jeder Verhandlungsführer eines Unternehmens hat einen Entscheidungsträger oder Auftraggeber über sich. Was gilt es zu beachten, um diese Beziehungen effektiv zu gestalten? Dieses Zusammenspiel lässt sich von zwei Seiten betrachten: aus der Perspektive des Verhandlungsführers und aus der Perspektive des Auftraggebers. Im restlichen Buch bleiben wir bei der Sicht des Verhandlungsführers. Idealerweise fühlt er sich für den gesamten Verhandlungsprozess verantwortlich, also auch für das Zusammenspiel mit seinem Auftraggeber. Einige Tipps, wie Sie als Auftraggeber ihren Verhandlungsführer steuern, gebe ich Ihnen zusätzlich mit auf den Weg.

Verhandlungen im Auftrag erfordern ein deutlich höheres Maß an Kommunikation und Struktur. Wenn Sie diese beiden Themen von Beginn an richtig aufsetzen, erweitern sich Ihre taktischen Möglichkeiten enorm, und Verhandlungsflow kann sich einstellen.

Vereinbaren Sie mit Ihrem Auftraggeber einen Prozess zunehmender Freiheiten

Die übliche Form, einen Vertreter im Rahmen von Verhandlungen zu steuern, ist ein Verhandlungsmandat. Im einfachsten Fall nennt Ihnen Ihr Auftraggeber einen Minimalpreis, den Sie erzielen müssen, oder einen Maximalpreis, den Sie bezahlen dürfen. Das geht natürlich nur bei Ein-Themen-Verhandlungen, die es bekanntlich selten gibt. Selbst bei Verhandlungen, die vordergründig nur Ein-Themen-Verhandlungen sind, verändern Garantie, Service oder Finanzthemen sehr schnell die Gesamtbewertung. Etwas bessere Verhandlungsmandate erstrecken sich auf mehrere Themen, die untereinander priorisiert werden. Aber auch diese Mandate haben mehrere methodische Schwächen.

Sofern numerische Wert festgelegt werden, besteht immer die Gefahr, dass diese dem Verhandlungsführer zu viele oder zu wenige Freiheiten einräumen. Hat er zu viel Freiheit, entwickelt er womöglich zu wenig Ehrgeiz. Oder er gibt sich mit einer Lösung zufrieden, die gerade noch akzeptabel ist, aber keineswegs gut. Hat er zu wenig Freiheiten, schöpft er kreative Lösungen nicht aus und wird womöglich vom Verhandlungspartner mangels Autorität nicht akzeptiert.

Werden mehrere untere Schwellen oder rote Linien in mehreren Kategorien festgelegt, entstehen zusätzlich mehrere »bottom lines«. Das verhindert aber das Denken in einem großen Gesamtpaket, sprich einem optimal großen Verhandlungskuchen, der alle Themen umfasst. Gerade das Kuhhandeln oder sogenanntes »Logrolling« zwischen verschiedenen Themen wird dadurch verhindert. Das ist gefährlich, da das »Logrolling« die wichtigste Methode ist, um wirklich ein effizientes Verhandlungsergebnis zu erzielen und den Lösungsraum zum Nutzen beider Seiten voll auszuschöpfen. Viele kleinste gemeinsame Nenner führen zu schlechteren Lösungen. Interthematische Trade-offs, sprich Tauschgeschäfte zwischen mehreren Themen, werden verhindert. Hier gilt die Verhandlungsweisheit, der Kompromiss ist der Feind der wirklich guten Lösung.

Die größte methodische Schwäche besteht aber darin, dass ein solches Mandat in der Regel vor Beginn der Verhandlungen dem Verhandlungsführer vom Auftraggeber erteilt wird. Das negiert vollkommen, dass eine Verhandlung nicht nur aus einem Pingpong zwischen verschiedenen Positionen besteht. Jede Verhandlung ist zusätzlich ein gemeinsamer Lernprozess, in dem wir Schritt für Schritt die Interessen unseres Verhandlungspartners besser verstehen. Erteilt beispielsweise der Vorstand seinem Einkaufsleiter vor Beginn eines größeren strategischen Einkaufsprojekts ein Mandat für den Höchstpreis am grünen Tisch, geschieht tatsächlich Folgendes: Ein sachferner Auftraggeber erteilt aufgrund einer vagen Informationslage dem Verhandlungsführer ein sehr konkretes Mandat. Die Wahrscheinlichkeit ist hoch, dass dies zu Fehlsteuerungen führt. Ist die Vorgabe zu ambitioniert und unflexibel, besteht die Gefahr, dass der Verhandlungsführer von Beginn an sehr positional verhandeln muss. Mögliche Lösungsräume werden nicht gefunden, Mehrwertpotenziale am Tisch liegen gelassen. So betrachtet, erkennen wir auf Anhieb, dass das Risiko groß ist, auf einer solch dünnen und frühzeitigen Informationslage eine schlechte Entscheidung zu treffen. Das ist allerdings die Realität in vielen Unternehmen. Sind beide Seiten bereits zu Beginn mit einem statischen Mandat ausgestattet, gleicht der Verhandlungsbeginn meist einem gegenseitigen Abtasten. Es geht nicht darum, die gegenseitigen Interessen besser zu verstehen oder Lösungsoptionen zu erarbeiten. Jeder will der anderen Seite schlicht ihre »Bottom-Line« entlocken. Bei komplexen Verhandlungen führt diese Kommunikationsarmut zu schlechten Ergebnissen.

Gestalten Sie den Mandatserteilung als dynamischen Dialogprozess. Die wichtigste Erkenntnis ist deshalb, die Erteilung eines Mandats nicht als einmaligen und statischen Vorgang zu begreifen. Besser ist es, den Mandatsprozess zwischen Auftraggeber und Verhandlungsführer als dynamischen Dialogprozess zu gestalten, in dem die Vollmacht ständig kalibriert wird. Zu Beginn wird dem Verhandlungsführer lediglich eine Verhandlungsvollmacht erteilt. Sein Auftrag lautet, mit seinem Team einen effektiven Verhandlungsprozess zu organisieren. Im Rahmen dieses Prozesses gilt es nach den Regeln der modernen Verhandlungskunst am und abseits des Verhandlungstisches ein tiefes Verständnis zu den Interessen des Verhandlungspartners, zu möglichen Lösungsoptionen, zu fairen Standards und zu möglichen Alternativen beider Seiten zu entwickeln. Zusätzlich sollte der Auftraggeber von seinem Verhandlungsführer verlangen, mit der Gegenseite eine funktionsfähige und vertrauensvolle Arbeitsbeziehung aufzubauen. Bis er diese handwerklichen Voraussetzungen eines guten Verhandlungsprozesses nicht geschaffen hat, ist er zumindest im Innenverhältnis nicht befugt, einen verbindlichen Abschluss zu tätigen. Zum Auftakt nutzt der Verhandlungsführer gleichzeitig diesen Mandatsdialog, um seinerseits ein vertieftes Verständnis von den Interessen, Prioritäten und Alternativen des Auftraggebers zu gewinnen. Häufig liefert der Auftraggeber wertvolle Informationen zu möglichen Optionen und objektiven Standards, auch diese nimmt der Verhandlungsführer dankbar entgegen, unterlässt dabei aber nicht seine eigenen Recherchen und Gedanken zu diesen essenziellen Verhandlungsthemen. Wichtig ist, mit dem Auftraggeber zusätzlich darüber zu sprechen, wie mit der Situation des Stockens oder Scheiterns der Verhandlungen umzugehen ist. Fragen Sie ihn frühzeitig, anhand welcher Kriterien Sie gemeinsam überprüfen können, ob der Abschluss erfolgreich gewesen ist. Jetzt ist auch ein guter Moment, um die verschiedenen Rollen zu besprechen, insbesondere die Rolle des Auftraggebers im Rahmen der Verhandlungen sollte geklärt werden. Die verschiedenen Rollen im Rahmen eines Verhandlungsteams sehen wir uns im nächsten Kapitel an.

Folgen Sie dem Prinzip der zunehmenden Bevollmächtigung. Schreitet der Verhandlungsprozess voran, kann sich – je nach Situation – die Verhandlungsvollmacht mit zunehmender Lerntiefe in eine Abschlussvollmacht wandeln. Es gilt das Prinzip der zunehmenden Bevollmächtigung nach dem Motto: »Wir sind nun als Auftraggeber so gut informiert, Sie können gerne folgendes Verhandlungspaket oder ein artgleiches abschließen, ohne nochmals mit uns Rücksprache halten zu müssen.«

Gelingt ein funktionierender und laufender Mandatsdialog zwischen Auftraggeber und Verhandlungsführer, ist es sinnvoll, den Verhandlungspartner transparent über die eigenen Vollmachten zu informieren, zum Beispiel: »Formal könnte ich mit Ihnen einen (alternativ: keinen) Abschluss tätigen. Das ist aber nicht entscheidend. Für uns beide ist wichtig, dass mein Auftraggeber voll hinter dem Verhandlungsergebnis steht. Das sichert Ihnen die sichere und reibungslose Umsetzung unseres Ergebnisses und kostet keine zusätzliche Zeit. Ich stehe mit meinem Auftraggeber in einem engen und ständigen Dialog. Seien Sie versichert, dass ich mich persönlich bei meinem Auftraggeber für jedes Verhandlungsergebnis einsetzen werden, das wir hier am Verhandlungstisch erzielen. Gleichzeitig bin ich mit meinem Auftraggeber so eng abgestimmt, dass Sie mit einer hohen Gewissheit davon ausgehen dürfen, dass dieses Ergebnis einer Überprüfung durch meinen Auftraggeber standhält.«

Begreifen Sie die Gespräche zwischen Auftraggeber und Verhandlungsführer als weiteren Verhandlungsprozess

Wenn Sie im Auftrag verhandeln, sitzen Sie mindestens an zwei Tischen: an Ihrem »Front-Table« mit Ihrem Verhandlungspartner und an Ihrem »Back-Table« mit Ihrem Auftraggeber. Bei Lichte betrachtet handelt es sich an beiden Tischen um einen Verhandlungsprozess. In komplexen und großen Organisationen können Sie leicht bis zu 80 Prozent Ihrer Verhandlungszeit am »Back-Table« verbringen. Das Zusammenspiel von Auftraggeber und seinem Vertreter zeigt viele Charakteristika eines Verhandlungsprozesses auf. Beide Seiten haben eigene Interessen, die es kunstvoll zu verknüpfen gilt. Beide Seiten verfügen über unterschiedliche Informationsstände, die es auszugleichen gilt. Damit Auftraggeber und Verhandlungsführer ein effektives Verhandlungsteam werden, ist es von entscheidender Bedeutung, dass sie Interessen und Informationen effektiv austauschen.

Führen Sie einen Dialog über die wechselseitigen Interessen. Auf der einen Seite ist zu beachten, dass der Agent eigene Interessen verfolgt. Er hat eigene Vergütungsinteressen, vielleicht auch eigene zeitliche Präferenzen, oder er hängt stark an seiner Reputation. Auf der anderen Seite muss ein effektiv und rational verhandelnder Vertreter gerade die Interessen seines Auftraggebers kennen, um diese präzise vertreten zu können. Auftraggeber neigen dazu, mit ihren Vertretern häufig über ihre Positionen, selten jedoch über ihre Interessen zu sprechen. Was kann man tun? Die beste Idee ist, zwischen Auftraggeber und Verhandlungsführer einen laufenden Mandatsdialog zu führen, der immer auch die gegenseitigen Interessen thematisiert.

Der Auftraggeber achtet auf die Interessen des Agenten. Natürlich kann er Anreizsysteme wie Provisionen, Boni oder Compliance-Systeme etablieren, um die Interessen des Vertreters mit den eigenen zu synchronisieren. Besser ist es, bei Auswahl und Führung von Verhandlungsvertretern auf einige grundlegenden Interessen zu achten.

Welche inhaltlichen Interessen hat der Vertreter, sprich was ist ihm persönlich wirklich wichtig? Denkt er eher positional oder integrativ oder beherrscht er gar beide Disziplinen, je nach Bedarf? Welchen zeitlichen Beschränkungen unterliegt er? Viele überraschende Zugeständnisse und Entscheidungen beruhen auf dem Bedürfnis des Verhandlungsführers, andere Termine wahrzunehmen. Zum Beispiel seinen Urlaub oder eine andere Verhandlung, die ihm wichtiger ist. Als Auftraggeber sollten Sie deshalb solche Termine besser kennen.

Auf der anderen Seite sollten sich der Entscheidungsträger und der Verhandlungsführer zu Beginn ihres Dialoges intensiv und vertieft mit den Interessen des Entscheidungsträgers auseinandersetzen. In beiden Rollen sollte Sie darauf achten, diesem Punkt ausreichend Zeit zu widmen. Hier zahlt sich jede investierte Minute für beide Seiten im weiteren Verhandlungsverlauf mehrfach aus. Der Auftraggeber erhöht die Wahrscheinlichkeit, dass der Verhandlungsvertreter kreative Mehrwertlösungen findet, die wirklich seinen Interessen entsprechen. Der Verhandlungsvertreter erhöht seine Chancen, den Auftraggeber mit einer interessengerechten Lösung zu erfreuen. Ein wertvolles Werkzeug hierfür ist der Interessen-Workshop, wie wir ihn in Kapitel 2.2. unter »Sammeln Sie die Informationen strukturiert« kennengelernt haben.

Etablieren Sie einen effektiven Prozess des Informationsaustausches. Entscheidend für den Erfolg des Auftraggeber-Verhandlungsführer-Teams ist, dass Informationen in beide Richtungen schnell und unverfälscht fließen. Deswegen sollten beide Seiten regelmäßige Termine dafür vorsehen. Zusätzlich ist es erfolgskritisch, ein vertrauensvolles Miteinander zu organisieren. Nicht immer kennen Sie Ihren Verhandlungsvertreter ausreichend gut, denken Sie an Immobilienmakler oder neue Berater, dann empfiehlt es sich, die gegenseitige Offenheit Schritt für Schritt zu steigern in einem inkrementellen-reziproken Dialog wie mit einem Verhandlungspartner, wie wir das in Kapitel 2.2. unter »Motivieren Sie Ihren Partner, Informationen wahrheitsgemäß zu teilen« kennengelernt haben.

Passen Sie den Prozess zwischen Auftraggeber und Verhandlungsführer an die jeweilige Situation an

Der oben beschriebene Prozess der zunehmenden Bevollmächtigung des Verhandlungsführers durch seinen Auftraggeber ist ein Idealprozess. Die Kernbotschaft lautet: Sprechen Sie mit Ihrem Auftraggeber intensiv und frühzeitig über seine Interessen, den Verhandlungsprozess und die jeweiligen Rollen im Verhandlungsprozess. Geben Sie sich regelmäßige Updates. Vereinbaren Sie einen festen Verhandlungsrahmen – wenn überhaupt – erst, wenn der Lernprozess mit Ihrem Verhandlungspartner weit fortgeschritten ist.

Ein solch aufwendiges Verfahren ist nicht erforderlich, wenn Auftraggeber und Verhandlungsführer erfahren sind und eine vertrauensvolle Beziehung zueinander haben. Am schnellsten erarbeiten Sie sich einen solchen Status genau über den beschriebenen Idealprozess.

Nicht immer ist es allerdings möglich, einen solchen Prozess zu organisieren. Was ist, wenn Ihr Auftraggeber nicht erreichbar oder wenig Zeit für Sie hat? Wenn Sie mit Ihrem Auftraggeber keinen persönlichen Kontakt aufnehmen können, empfehle ich Ihnen, anhand der mutmaßlichen Interessen Ihres Auftraggebers ein Zielsystem zu entwerfen und ihm schriftlich zur Verfügung zu stellen. In Kapitel 2.1 habe ich Ihnen unter »Setzen Sie sich frühzeitig kluge Ziele für Ihre Verhandlungen« ausführlich beschrieben, wie Sie ausgehend von Ihren Interessen ein Zielsystem entwickeln können. Falls Sie nur ein Gespräch mit Ihrem Auftraggeber haben, sollten Sie dieses gut vorbereiten und ein einfaches Zielsystem vorstellen. Ihre wichtigsten Fragen lauten dann: »Was ist Ihnen an dieser Verhandlung wirklich wichtig? Woran messen wir, dass der Abschluss erfolgreich ist? Wie binde ich Sie vor einem Abschluss ein? War hat in diesem Prozess welche Rolle? Wie gehen wir mit einem Scheitern der Verhandlungen um? Welche Alternativen zu einem Abschluss haben wir? Welche Verhandlungsspielräume können Sie mir geben, damit ich durch geschicktes Umschichten wirklich die beste Lösung finden kann? Wie gehen wir damit um, wenn ich im Rahmen des Verhandlungsprozesses zusätzliche Informationen erhalte, die es erforderlich machen, unser Zielsystem anzupassen?« Denkt Ihr Auftraggeber sehr stark in Positionen, empfehle ich Ihnen, immer einen Zielwert oder Target zu den einzelnen Positionen und zusätzlich einen Rückzugspunkt zu vereinbaren. Vermitteln Sie mit Ihrem Auftraggeber, dass Sie sich selbstverständlich am Target und nicht am Rückzugspunkt orientieren werden. Der Spielraum bis zum Rückzugspunkt kann aber erforderlich werden, um zwischen Themen umzuschichten und Lösungsräume optimal auszuloten.

Achten Sie darauf, wie Ihr Partner das Zusammenspiel von Auftraggeber und Verhandlungsführer managt

Einige manipulative Verhandlungstricks Ihrer Verhandlungspartner beruhen darauf, die Besonderheiten von Verhandlungen im Auftrag auszunutzen. Entweder nutzt Ihr Partner Schwächen zwischen Ihnen und Ihrem Auftraggeber aus. Oder er spiegelt Ihnen im Verhältnis zu seinem Auftraggeber Tatsachen vor, die nicht der Realität entsprechen.

Ihren Verhandlungspartner freut es zum Beispiel, wenn auf der anderen Seite ein sogenannter »Dealmaker« der Verhandlungsführer ist, der von seinem Auftraggeber nur unvollständig überprüft wird. Ein »Dealmaker« ist stark auf den Abschluss orientiert. Er nimmt Risiken und unvollständige Abschlüsse in Kauf, um seine persönliche Abschlussquote zu erhöhen. Meist gibt es dazu in großen Organisationen eine verzerrte Wahrnehmung: Bereits der bloße Abschluss eines Deals wird unabhängig von seiner Bewertung als Erfolg interpretiert. Auf der anderen Seite wird jedes Scheitern in der Tendenz als Misserfolg des Verhandlungsführers ausgelegt, obwohl er nachweisen kann, dass das Scheitern vollkommen rational war. Guten Verhandlungspartner wird eine Neigung zum »Dealmaker« eines Verhandlungsvertreters nicht verborgen bleiben. Dann lässt sich mit diesen Element bewusst spielen: Einerseits wird das Ego des Verhandlungsführers bewusst angesprochen und er für seine hohe Abschlussquote von der anderen Seite gelobt, andererseits wird ihm regelmäßig subtil zu erkennen gegeben, dass ein zu starkes Gegenhalten seine Quote und positive Reputation nachhaltig schädigen könnte: »Ich dachte, Sie sind stolz darauf, auch in schwierigen Situationen zum Erfolg zu kommen.« Deshalb ist es wichtig, von Beginn an mit dem Auftraggeber einen engen Informationsaustausch zu pflegen. Im Laufe dieses Austauschprozesses gilt es, klare Kriterien schriftlich zu definieren, anhand derer gemessen werden kann, ob ein Abschluss erfolgreich ist. Und Sie sollten von Beginn an mit Ihrem Auftraggeber darüber sprechen, unter welchen Voraussetzungen ein Scheitern okay ist und wie Sie mit einem Abbruch der Verhandlungen umgehen.

Ein anderer Trick ist es, den Vertreter in eine positive Stimmung zu versetzen. Warum sich die Mühe machen, dem Entscheidungsträger auf der anderen Seite zu gefallen, wenn es genügt, den Vertreter zu gewinnen? So könnte die zynische Frage lauten. Hier ist von Schmeicheleien über kleinere Gefälligkeiten bis zur handfesten Korruption alles vorstellbar. Klare Absprachen und ein Compliance-System sind die geeigneten Gegenmaßnahmen. Die einfachste Möglichkeit ist, ein funktionsfähiges Vier-Augen-Prinzip zweier gleichberechtigter Vertreter zu etablieren.[11]

Weitere Tricks können darin bestehen, den Informationsfluss zwischen Auftraggeber und Vertreter bewusst zu stören, um Ihre Unwissenheit auszunutzen. Bemerkt Ihr Verhandlungspartner, dass Sie falsche Informationen haben, kann er Sie zum Beispiel bewusst ablenken, damit Sie keine Rücksprache mit Ihrem Auftraggeber halten.

Schließlich kann der Verhandlungsführer der anderen Seite in Bezug auf seinen Auftraggeber sämtliche Vollmachtentricks ausnutzen, die wir im vorherigen Kapital kennengelernt haben. Er kann entweder den Eindruck vermitteln, er sei abschlussberechtigt, ist es aber tatsächlich nicht. Dann kommt er nochmals mit einer Botschaft seines Auftraggebers zurück, der nochmals einen zweiten Biss vom Apfel nehmen möchte. Ein Klassiker bei demokratischen Gremien: »Wir haben das Verhandlungsergebnis unserem Gremium vorgestellt, aber leider hat es abgelehnt. An folgenden Stellen müssen wir nachbessern.« Oder er behauptet, es gebe einen entgegenstehenden Rahmen des Auftraggebers, der in Wahrheit nicht existiert: »Das bekomme ich beim Vorstand leider nicht durch. Er hat einen klaren Beschluss gefasst, der mich leider bindet.« Seien Sie vorsichtig, nicht immer handelt es sich dabei um Tricks. Dennoch: Genauso wie Sie sich verpflichten, mit voller Energie für die am Tisch gefundene Lösung einzutreten, können Sie das von Ihrem Partner auch verlangen. Ein Verhandlungsführer ist kein bloßer Moderator zwischen seinen Gremien und der anderen Seite. Oder führt in Wahrheit ein anderer die Verhandlungen?

Wenn Sie im Auftrag verhandeln, bilden Sie mit Ihrem Auftraggeber unweigerlich ein Team. Was bei Teamverhandlungen zu beachten ist und welche unterschiedlichen Rollen im Rahmen eines Verhandlungsteams zu besetzen sind, sehen wir uns im nächsten Kapitel an.

Checkliste Verhandeln im Auftrag

- Vereinbaren Sie einen Prozess zunehmender Freiheiten.
  - Verhandeln Sie immer auf Grundlage eines Mandats. Das macht Sie stark und Ihre Leistung transparent.
  - Der Mandatserteilung ist allerdings kein einmaliges Ereignis, sondern ein dynamischer Dialogprozess.
  - Der Auftraggeber verlangt vom Verhandlungsführer, einen effektiven Verhandlungsprozess inklusive funktionsfähiger Arbeitsbeziehung zu organisieren. Der Verhandlungsführer erarbeitet sich ein vertieftes Verständnis für die Interessen, Prioritäten und Alternativen des Auftraggebers.
  - Mit fortschreitendem Verhandlungsprozess können die Vollmachten des Verhandlungsführers zunehmen. Es gilt das Prinzip der fortschreitenden Bevollmächtigung.
- Begreifen Sie die Gespräche zwischen Auftraggeber und Verhandlungsführer als rationalen Verhandlungsprozess.
  - Führen Sie zu Beginn einen intensiven Dialog über die gegenseitigen Interessen.
  - Verstehen Sie sich als Auftraggeber-Verhandlungsführer-Team und lassen Sie Informationen schnell und unverfälscht in beide Richtungen fließen.
- Achten Sie auf das Zusammenspiel zwischen Auftraggeber und Verhandlungsführer.
  - Nutzt Ihr Partner die Existenz eines Auftraggebers bewusst für Vollmachtentricks?
  - Versucht Sie Ihr Partner von Ihrem Auftraggeber zu entzweien? Etwa indem er Ihnen schmeichelt oder bewusst versucht, den Informationsfluss zu stören?

Verhandlungsflow-Tipp: Gelingt es Ihnen, mit Ihrem Auftraggeber ein effektives Auftraggeber-Verhandlungsführer-Team zu organisieren, das sich fortlaufend und offen über Interessen, Prioritäten und Vollmachten austauscht, sind Sie am Verhandlungstisch unschlagbar. Verwenden Sie Zeit und Energie darauf, diesen Prozess zu organisieren. Sand im Getriebe an dieser Stelle führt immer zu suboptimalen Verhandlungsergebnissen.

3.4 Teamverhandlungen: Wie Sie im Team erfolgreich verhandeln

Teamverhandlungen sind heute im geschäftlichen Kontext der Normalfall. Die Verhandlungsliteratur beschäftigt sich noch wenig mit diesem für die Praxis wichtigen Thema.[12] Wenn überhaupt, versuchen einzelne Autoren, einfachere Rollenkonzepte aus dem Bereich der Geiselnahmeverhandlungen auf geschäftliche Verhandlungen anzuwenden. Grund genug, dieses Thema zu vertiefen, zumal die Praxis ausgefeilte Konzepte kennt und es bewährte Vorgehensweisen gibt.

Welchen Vorteil bringen Verhandlungen mit einem Verhandlungsteam? Ich sehe vor allem drei Vorteile. Der erste Vorteil ist die Möglichkeit, mehr Expertise und Know-how an den Verhandlungstisch und in die Verhandlungsvorbereitung zu bringen. Vom Techniker über den Finanzspezialisten oder den Juristen bis hin zum Fachexperten oder interkulturellem Experten bündeln Verhandlungsteams ein breites Spektrum von Fähigkeiten. Der zweite Vorteil liegt darin, dass Verhandlungsteams wesentlich komplexere Strategien verfolgen können. Erst durch den Einsatz von Teams werden parallele Verhandlungen mit mehreren Partnern oder in verschiedenen Arbeitsgruppen mit einem Partner möglich. Teams können viel intensiver auf den Ebenen Kommunikation, Analytik und Beziehungsmanagement arbeiten. Sie sind in der Lage, Verhandlungskampagnen an zahlreichen Verhandlungstischen gleichzeitig zu organisieren. Der dritte Vorteil des Verhandelns im Team liegt schließlich darin, dass Teams bessere und rationalere Entscheidungen treffen und kreativere Lösungen erarbeiten. Wenn es gelingt, in einem Team eine offene und fundierte Diskussion zu wichtigen Fragen zu führen, dann kommt es durch das Mehraugenprinzip zu weniger handwerklichen Fehlern oder kognitiven Verzerrungen. Die Entscheidungsqualität steigt durch die verschiedenen Blickwinkel und Expertisen, die die einzelnen Teammitglieder einbringen. Mehr Köpfe entwickeln mehr gute Ideen, um Kooperationsgewinne und interessengerechte Lösungen zu erreichen.[13] Sind wichtige Betroffene in den Verhandlungsprozess integriert, erhöht dies die Akzeptanz und Qualität bei der Umsetzung des Vereinbarten.

Allerdings haben Verhandlungsteams nicht nur Vorteile. Die erforderlichen Abstimmungsprozesse kosten viel Zeit, die im entscheidenden Moment häufig fehlt. Dieses Thema potenziert sich, wenn ein Team schlecht organisiert ist. Gelingt es dem Team nicht, die internen Konflikte zu lösen, kann die fehlende Abstimmung leicht auf den Verhandlungstisch überschwappen. Das kann verheerende Folgen haben. Unter bestimmten Voraussetzungen kommt es in einem Verhandlungsteam auch zum gefürchteten »Groupthink.« Kompetente Menschen treffen schlechte Entscheidungen, weil sie sich einem hohen Konformitätsdruck beugen. Das geschieht vor allem, wenn es einen dominanten Meinungsführer in der Gruppe gibt. Die Folgen sind überzogener Optimismus, die Beschönigung schlechter Entscheidungen und fehlende Beachtung von Experten oder Außenstehenden. Dem Groupthink lässt sich in einem Verhandlungsteam durch einen Advocatus diaboli vorbeugen. Dessen Aufgabe ist es, zu den Vorschlägen der Gruppe bewusst eine ablehnende Haltung einzunehmen, um Gegenargumente abzuwägen. Ebenfalls hilft ein systematischer Arbeitsprozess, der Informationen objektiv aufbereitet und die Vor- und Nachteile von Entscheidungen analysiert.

Nach meiner Erfahrung erhöhen Sie die Leistung eines Teams erheblich, wenn Sie auf vier Dinge achten: Sorgen Sie dafür, dass wichtige Rollen besetzt sind und jeder seine Rollen kennt. Etablieren Sie einen festen Arbeitsprozess, an dem sich das Team orientiert. Lösen Sie interne Teamkonflikte, bevor Sie auf den Verhandlungspartner treffen. Vereinbaren Sie Spielregeln, insbesondere für die Kommunikation am Tisch, innerhalb des Teams und innerhalb der Organisation.

Klären Sie die Rollen innerhalb des Verhandlungsteams

Verhandlungsteams werden in der Regel für ein einzelnes Projekt zusammengestellt. Die Teammitglieder stammen häufig aus allen Teilen der Organisation. Sie arbeiten im Verhandlungsteam »cross-funktional« zusammen. Meist sind verschiedene Hierarchieebenen vereint, in der Regel sitzen auch höherrangige Verantwortliche in Ihrem Team. Die Findungs- und Normungsphase des Teams frisst in solchen anspruchsvollen Situationen viel Zeit. Zeit, die Sie in der Regel nicht haben, weil die Organisation auf Ergebnisse Ihrer Verhandlung angewiesen ist. Meine klare Empfehlung lautet, das Rad nicht immer neu zu erfinden. Zumal es Erfahrungswerte gibt, wie Verhandlungsteams besonders gut zusammenarbeiten. Wenn ich neu in ein Verhandlungsteam komme, stelle ich an alle die Frage, welche Aufgabe sie innerhalb des

Teams haben. Häufig erläutern mir die Teammitglieder ihre Linienaufgabe oder ihre Qualifikation. Wie sie sich in das Teamgefüge einordnen, um Doppel- und Nichtbearbeitung und unklare Entscheidungs- und Kommunikationswege zu vermeiden, ist damit aber unklar. Jeder im Team muss eine Rolle haben, und jede Rolle muss besetzt sein.

Unterscheiden Sie zwischen Entscheider-, Verhandlungs- und Expertenrollen. Für die Klarheit im Denken ist es hilfreich, zwischen diesen drei Kategorien zu unterscheiden. Sie unterliegen jeweils anderen Entscheidungslogiken. Wer die Entscheider sind und welche Expertenrollen benötigt werden, hängt immer vom Verhandlungsgegenstand, von Ihrer Organisation und der konkreten Situation ab. Mit den Verhandlungsrollen verhält es sich anders. Sie werden immer benötigt. Dazu gleich mehr.

Wenn Sie allein für sich verhandeln, sind Sie Entscheider, Verhandler und Experte in einer Person. Wir sehen, diese drei Ebenen können sich überschneiden. Verhandeln Sie, wie im geschäftlichen Bereich üblich, im Auftrag, dann gibt es zumindest den oder die Entscheider und die Verhandlungsführung. Wenn Sie kein Team haben, sind Sie Verhandlungsführer und Experte in einer Person. Das Verhältnis der Ebenen Entscheidungsträger und Verhandlungsführung haben wir uns im vorherigen Kapitel ausführlich angeschaut. Ein Entscheider blickt aus der Vogelperspektive auf die Verhandlungen. Ihm stehen auf der Grundlage des vom Verhandlungsführer erzielten Ergebnisses drei Optionen zur Verfügung: Er kann dem Ergebnis zustimmen, er kann es ablehnen oder er kann weitere Verhandlungen einfordern. Während es bei Verhandlungen im Auftrag immer eine Entscheidungsebene und eine Verhandlungsebene gibt, sind Experten optional. Optimal ist, wenn der Verhandlungsführer selbst die erforderliche Fachkompetenz besitzt. Bei anspruchsvollen und komplexen Themen ist dies nicht möglich. Dann werden interne oder externe Experten hinzugezogen. Sie steuern ihre Fachkompetenz hinzu, fällen jedoch keine Entscheidungen. Sehen wir uns als Erstes die Verhandlungsrollen an, diese sind in jeder Verhandlung im Grunde gleich.

Weisen Sie die Verhandlungsrollen zu. Bei einer Verhandlung gibt es viele Aufgaben zu erledigen, die zur Verhandlungsführung zählen. Verhandeln Sie allein, müssen Sie alle diese Aufgaben selbst erledigen. Bei großen und anspruchsvollen Verhandlungen hat es sich bewährt, diese Aufgaben in mehrere Hände zu legen. Der Verhandlungsführer wird entlastet, gleichzeitig fließt zusätzliches Know-how in die Steuerung der Verhandlung ein.

Mehrere der Aufgaben lassen sich zu archetypischen Verhandlungsrollen zusammenfassen. Diese sind eine gute Orientierung. Welche Rollen es bei Ihrer Verhandlung konkret gibt und welche Aufgaben ihr zugeordnet sind, hängt von Ihrer Situation ab. Drei Faktoren beeinflussen Ihr Rollenkonzept: Auf wie viele Personen können Sie zugreifen? Welche individuellen Fähigkeiten haben Ihre Teammitglieder? Auf welcher Ebene liegt der Schwerpunkt Ihres Verhandlungsproblems?

Bei größeren Verhandlungsprojekten kann auch eine Rolle mehrfach besetzt sein. Dann bewährt es sich, einen der Rolleninhaber zum Führenden zu machen. Seine Verantwortung ist es, die Aufgabenverteilung innerhalb der Rolle zu koordinieren, das Gesamtbild der Rolle im Blick zu halten und den Verhandlungsführer im Bilde zu halten.

Wichtig ist, zu einem frühen Zeitpunkt die Aufgaben den Rollen und die Rollen den vorhandenen Teammitgliedern zuzuteilen. Dabei sollten Sie sich zum Prinzip machen, dass derjenige, der die Rolle in dieser Situation am besten ausfüllt, zugeteilt wird. Die formale Aufgabe und der hierarchische Status der jeweiligen Person müssen berücksichtigt werden, sollten aber nicht die entscheidende Rolle spielen. Verhandeln Sie öfters in ähnlichen Situationen oder mit ähnlichen Personen, bietet es sich an, ein für Ihre Organisation maßgeschneidertes Konzept zu verankern.

Sehen wir uns die typischen Rollen an und die Aufgaben, die sinnvollerweise mit diesen Rollen verbunden sind. Einzelne Aufgaben können je nach Konstellation auch anderen Rollen zugeteilt werden.

Die folgenden Tabelle gibt Ihnen einen ersten Überblick über die acht Verhandlungsrollen, die sich in der Praxis bewähren. Diese Rollen passen für alle Arten von Verhandlungen im Team, sei es bei Einkaufs-, Tarif- oder zwischenstaatlichen Verhandlungen. Nach dieser Übersicht gehe ich dann nochmals auf die einzelnen Rollen ein.

1	Verhandlungsführer	• Entscheidungen im Verhandlungsrahmen treffen … • Verhandlungsgespräch leiten und moderieren … • Nächste Schritte entscheiden inklusive Verhandlungsstruktur … • Mit Verhandlungsführer der anderen Seite kommunizieren … • Mit Entscheider kommunizieren … • Verhandlungstempo bestimmen … • Verantwortung für das Ergebnis übernehmen … • Transparenz über Informationen im Team schaffen …
2	Verhandlungs-analytiker (Stratege/ Commander)	• Verhandlungsführer vertreten … • Gesamtüberblick bewahren … • Verhandlungstemplate (Themen + Optionen) pflegen … • Agenda für Gespräche erstellen … • Nächste Schritte vorschlagen inklusive Prozessmanagement/ Verhandlungsstruktur … • Teamprozesse steuern … • Zeitplanung vorbereiten … • Andere Seite analysieren …
3	Bewerter (Ökonom/ Controller)	• Lösungsoptionen ökonomisch bewerten … • Scoring-Sheet führen … • Ökonomische Folgen abschätzen …
4	Redakteur (Vertragsgestalter)	• Rechtsrahmen analysieren … • Klauseln entwerfen … • Verträge gestalten … • Rechtliche Folgen abschätzen …

5	Informationsmanager	• Informationsbeschaffungsliste führen … • Informationen strukturiert sammeln und verteilen … • Dokumentenmanagement sicherstellen … • Ergebnisprotokoll schreiben … • Aufgabenliste führen …
6	Beziehungsmanager	• Andere Seite beobachten … • Reaktionen der anderen Seite einschätzen … • Folgen des Abschlusses für Beziehung abschätzen … • Informelle Gesprächsebene pflegen …
7	Kommunikator	• Medienberichterstattung überwachen (inklusive soziale Medien) … • Mediale Botschaften formulieren und platzieren …
8	Organisator	• Veranstaltungsmanagement (Verhandlungsort, Räume, Catering) … • Terminmanagement … • Teilnehmermanagement (wer nimmt in welcher Rolle teil) … • IT-Infrastruktur sicherstellen …

Machen Sie sich Gedanken, ob und wie Sie die Ebene der Entscheidungsträger an den Tisch mitnehmen. Die Grundregel lautet, Entscheidungsträger nicht mit an den Verhandlungstisch zu nehmen. Dafür gibt es im Wesentlichen drei Gründe:

Der erste Grund: Die Aufgabe des Entscheidungsträgers ist, rational zu entscheiden, ob ein Verhandlungsergebnis die Interessen der eigenen Organisation erfüllt oder nicht. Wer am Verhandlungstisch dabei ist, ist gefährdet, emotional in die Verhandlung involviert zu werden. Während einer Verhandlung verschiebt der Verhandlungspartner womöglich geschickt Ihren Referenzpunkt als Verhandlungsführer. Er stellt zum Beispiel hohe Forderungen, und Sie sind stolz, einen Teil davon »wegverhandelt« zu haben. Aber erreichen Sie damit auch noch Ihre ursprünglichen Ziele? Wer mit am Verhandlungstisch sitzt, riskiert immer, dem Denkfehler der versunkenen Kosten zu unterliegen. Zumindest die Investition der verschwendeten Arbeitszeit soll sich doch »rentieren«, richtig? Bei einer Entscheidung für die Zukunft dürfen Sie nicht die Kosten der Vergangenheit einbeziehen. Das gilt auch für die verschwendete Verhandlungszeit. Die Gefahr ist, mit dem vergangenen Aufwand Ergebnisse zu rechtfertigen, die nicht im eigenen Interesse liegen. Deshalb hat es sich bewährt, einen neutralen und nicht involvierten Entscheidungsträger zu haben, der aufgrund nüchterner Fakten entscheidet. Das trägt zur Qualitätssicherung bei Verhandlungen bei. Verstehen Sie mich nicht falsch. Während einer Verhandlung kann es neue Erkenntnisse oder veränderte Fakten geben, die es ausdrücklich rechtfertigen, vom ursprünglichen Zielsystem abzuweichen. Dann ist allerdings genau diese Diskussion mit den Entscheidern zu führen.

Sobald Ihr Verhandlungspartner zum Entscheidungsträger eskalierten möchte, verfolgt er intuitiv oder bewusst das Ziel, diese Qualitätssicherung aufzuheben. Der Entscheidungsträger soll emotional involviert werden. Wenn ein Partner erfolgreich eskaliert, sprich Zugeständnisse erreicht, schädigt das massiv die Reputation des Verhandlungsführers. Deutlich besser als eskalieren ist »erweitern.« Das geht so: Der Verhandlungsführer holt einen Vertreter der Entscheidungsebene an den Verhandlungstisch. Der Partner kann sich davon überzeugen, dass die Entscheidungsebene ihrem Verhandlungsführer den Rücken stärkt und dieser seine Auftraggeber gut informiert. Das Know-how des Entscheidungsträgers kann einen wertvollen Beitrag leisten, neue Lösungsideen zu entwickeln. Zusätzlich ist es möglich, dass der Entscheidungsträger Verknüpfungen mit anderen Themen erkennt. Beachten Sie: Der ursprüngliche Verhandlungsführer bleibt bei einer Erweiterung in seiner Rolle. Solange der Verhandlungspartner anwesend ist, entscheidet der Entscheidungsträger nichts. Er beteiligt sich nur am Informationsaustausch. Im Nachgang kann er dem Verhandlungsführer aufgrund der neuen Erkenntnisse weitere Spielräume einräumen. Exzellente Verhandlungsführer halten im Vorfeld einen so engen Draht zum Entscheidungsträger, dass sie diese Spielräume längst ausgelotet haben. Das »Erweitern« führt nicht zu weiteren Erkenntnissen, sondern bestätigt die exzellente Abstimmung zwischen Entscheidungsträger und Verhandlungsführer.

Der zweite Grund, warum Entscheidungsträger nicht an den Verhandlungstisch sollten: Es gibt in der Regel einen guten Grund, warum der Entscheidungsträger Sie als seinen Verhandlungsagenten engagiert. Wahrscheinlich möchte er seine wertvolle Zeit anderen Aufgaben widmen und setzt auf Ihre Verhandlungskompetenz. Beide Vorteile kann er nicht voll nutzen, wenn er selbst am Tisch sitzt. Im Gegenteil, es besteht die Gefahr, dass ein geschickter Verhandlungspartner die fehlende Fachkenntnis des Entscheiders gezielt ausnutzt und Lippenbekenntnisse erwirkt, deren Konsequenzen der Entscheider nicht einschätzen kann. Ich kann mich noch gut erinnern, wie der gestandene Verhandlungsführer auf unserer Seite die Minuten zählte, als der CEO mit dem Verhandlungsführer der anderen Seite ein Spitzengespräch unter vier Augen führte. Jede Minute kostet 5 Milionen Euro war die Daumenregel des erfahrenen Verhandlungsführers für diese Art von Eskalationsgespräch. Das Gespräch dauerte 20 Minuten.

Und schließlich: Die Fähigkeit, in einer großen Organisation in hochrangige Entscheidungspositionen aufzurücken, ist häufig mit kompetitiven Eigenschaften verknüpft. Bei Verhandlungen auf Augenhöhe schadet ein zu kompetitiver Antritt, wie wir bereits gesehen haben. Kooperationsgewinne werden nicht gehoben, die Umsetzung wird durch einen zu machtorientierten Verhandlungsstil häufig gefährdet. Deshalb ist es sinnvoll, einen Verhandlungsführer zu etablieren, der die Fähigkeit zum multimodalen Verhandeln besitzt. Er fungiert als Bindeglied zwischen Entscheidern und Verhandlungspartnern.

Allerdings gibt es mindestens zwei Gründe, Entscheidungsträger doch in das Verhandlungsteam zu integrieren. Der erste ist: Wenn Ihr Partner den Eindruck hat, es besteht keine Gleichrangigkeit mit seinen Vertretern, dann ist eine Teilintegration eines Entscheidungsträgers, etwa zu Beginn und zu bestimmten Meilensteinen sinnvoll. Auch hier gilt: nicht eskalieren oder den Verhandlungsführer tauschen, sondern das Team um den Entscheidungsträger erweitern.

Zweiter Grund: Der Entscheider verfügt über besondere Kenntnisse oder Fähigkeiten, die andernfalls am Verhandlungstisch fehlen. Er ist insofern nicht nur Entscheider, sondern auch wichtiger Input-Geber. Ist die Beteiligung eines Entscheidungsträgers unumgänglich, empfehlen sich Vorsichtsmaßnahmen. Falls Ihr Partner nicht weiß, wer der Entscheidungsträger ist, kann sich der Entscheider einfach ins Verhandlungsteam setzen und sich nicht zu erkennen geben. Das bezeichnen wir als graue Eminenz. Doch Vorsicht: Geschulte Augen achten darauf, wohin fragende Blicke gehen, wenn spontane Entscheidungen am Tisch zu treffen sind. Dadurch gewinnen Sie Einblicke in die informellen Entscheidungsstrukturen der anderen Seite. Besser ist es in diesen Fällen, mit diskreten Chats zu arbeiten oder per Webkonferenz zu verhandeln. Bei einer Teilintegration stärkt der anwesende Entscheider demonstrativ den Rücken des Verhandlungsführers und betont dessen Entscheidungsrahmen, Er definiert klar den zeitlichen Rahmen seiner Anwesenheit. Auch hier ist das Leitbild die Erweiterung des Verhandlungsteams und nicht die Eskalation der Verhandlungsführung. Manchmal hilft auch eine Präzisierung, um den anwesenden Vertreter des Entscheidungsträgers zu schützen. Häufig entscheiden in großen Organisationen Kollegialorgane, sprich Vorstände oder Geschäftsführungen. Dann ist ein Einzelner aus diesem Kollegialorgan, der tatsächlich nicht allein die Entscheidung fällen darf, nur ein einzelner Vertreter. Allein ist er nicht entscheidungsbefugt. Wichtig ist, diesen Zusammenhang dem Verhandlungspartner von Beginn an so darzustellen.

Überlegen Sie, wie viele Verhandlungsführer Sie sich leisten möchten. Beim Verhandlungsführer gilt das Highlander-Prinzip. Es kann nur einen geben. Eigentlich. Die Vorteile einer gebündelten Verhandlungsführung liegen auf der Hand. Falls erforderlich, ist die Entscheidungsgeschwindigkeit hoch. Langwierige Abstimmungen oder Meinungsverschiedenheiten entfallen. Die einmal gefasste Strategie kann konsequent umgesetzt werden. Eine diffuse oder gar sich gegenseitig hemmende Strategie aufgrund verschiedener Blickwinkel der Verhandlungsführer wird vermieden. Die Verantwortlichkeit für das Ergebnis ist klar. Die Kommunikation mit dem Auftraggeber, dem eigenen Verhandlungsteam und dem Verhandlungspartner liegt in einer Hand und ist damit eindeutig.

Dennoch gibt es Situationen, in denen eine Co-Verhandlungsführung sinnvoll ist. Eine hatte ich bereits genannt: Manchmal ist die Teilintegration eines höherrangigen Verantwortlichen erforderlich, um für den Verhandlungspartner Augenhöhe zu erzeugen. Sofern die beiden Verhandlungsführer miteinander harmonieren, sind einige Vorteile unbestreitbar. Durch geschickte Übergabe der Verhandlungsführung kann der Druck, der auf einer einzelnen Person lastet, verringert werden. Derjenige, der nicht spricht, hört zu oder plant nächste Schritte, ähnlich der Rolle des Analytikers.

Auch ist es dadurch möglich, sich ergänzende fachliche und stilistische Fähigkeiten verschiedener Persönlichkeiten zu kombinieren.

Vier Voraussetzungen sehe ich, damit Co-Verhandlungsführung gelingt:

1. Die beiden Verhandler begegnen sich auf Augenhöhe.
2. Sie kommunizieren und entscheiden effektiv.
3. Sie besitzen sich ergänzende Fähigkeiten.
4. Sie bestimmen zumindest unter sich einen zum Chef-Verhandler, der im Zweifel die Letztentscheidungsbefugnis hat.

Wenn ohnehin nur zwei verhandeln, dann ist unter den genannten Voraussetzungen ein Team aus zwei Verhandlungsführern eine elegante und variantenreiche Möglichkeit. Sofern zusätzlich ein größeres Team zu führen ist, würde ich empfehlen, die beiden Rollen Verhandlungsführer und Analytiker klar zu trennen. Sie erreichen damit 80 Prozent der Vorteile gemeinsamer Verhandlungsführung, ersparen sich aber 100 Prozent der Nachteile. Insbesondere die Gefahr von unterschiedlichen Botschaften ins eigene Team, aber auch gegenüber Verhandlungspartner und Auftraggeber ist bei unklarer Rollenverteilung erheblich. Zumal die Rolle Verhandlungsführer nicht bedeutet, dass nur der Verhandlungsführer am Tisch sprechen darf. Er darf an Analytiker oder andere Beteiligte abgeben, auch wenn er sich unter Druck gesetzt fühlt: »Das ist eine interessante Sichtweise. Frau X (Analytikerin), würden Sie bitte übernehmen? Welchen Punkt hatten wir als Nächstes auf unserer Agenda vorgesehen?«

Gönnen Sie sich den Luxus weiterer Verhandlungsrollen. Wenn Sie allein als Verhandlungsführer sind, müssen Sie alle acht Rollen unserer Tabelle selbst übernehmen. Sie sind Ihr eigener Analytiker, Bewerter, Redakteur und so weiter. Das zeigt, wie anspruchsvoll diese Rolle des Allein-Verhandlungsführers ist. Jede dieser Rollen ist wichtig. Bei großen, wichtigen Transaktionen ist sinnvollerweise jede diese Verhandlungsrollen durch mindestens eine Person zu besetzen. Woher nehmen Sie diese Ressourcen, wenn Ihnen nicht acht oder mehr Verhandlungsprofis zur Verfügung stehen? Steht Ihnen nur eine kleinere Gruppe zur Verfügung, kann eine Person mehrere Rollen übernehmen. Nicht jede Rolle benötigt immer eine eigene Person, aber jede Rolle sollte vergeben sein. Zusätzlich sehe ich drei weitere Quellen, um Ihre Verhandlungsrollen zu besetzen:

Ist ein Thema für eine Organisation wichtig, finden sich meist schnell mehrere Personen, die an den Verhandlungen teilnehmen möchten. Viele von ihnen sind Experten zu einem bestimmten Thema. Geben Sie diesen Experten zusätzlich nach persönlicher Eignung auch Verhandlungsrollen.

Bisweilen kommt es vor, dass unklar ist, in welcher Rolle jemand zum Verhandlungsteam gehört. Geben Sie diesen Personen eine Rolle. Möchte jemand weder Experte sein noch eine Verhandlungsrolle übernehmen, ist er ein Verhandlungstourist. Touristen sollten Sie besser zu Hause lassen.

Jede dieser Rollen können Sie schließlich auch an Profis außerhalb Ihrer Organisation vergeben. Das ist immer dann sinnvoll, wenn Sie nur ab und zu ein wichtiges Verhandlungsprojekt haben. Dann lohnt sich der dauerhafte Aufbau von Ressourcen nicht. Gleichzeitig möchten Sie keine Abstriche bei Ihrer Verhandlungsleistung akzeptieren. Das ist insbesondere dann der Fall, wenn auf der anderen Seite versierte Profis sitzen. Externe Experten bringen eine Expertise und Denkhaltung ein, die in dieser Form in Ihrer Organisation womöglich nicht existiert. Ihnen fällt es leichter, einen neutralen Blickwinkel einzunehmen, und Sie werden nicht so leicht emotional hineingezogen.

Behandeln Sie Ihre Experten gut und als Experten. Bei umfangreichen Verhandlungen kann der Verhandlungsführer nicht zu allen inhaltlichen Themen über Fachwissen verfügen. Er ist auf seine Experten angewiesen. Allerdings ist es für den Verhandlungsführer wichtig, selbst über Fachwissen zu verfügen. Er nutzt die Vorbereitungszeit, um sich systematisch inhaltlich zu orientieren. Zusätzlich ist es seine Aufgabe, sein Back Office so zu organisieren, dass das erforderliche Expertenwissen ihm möglichst unmittelbar zur Verfügung steht.[14] Wie gehen Sie am besten mit Experten um? Für mich ist wichtig, Experten frühzeitig als integralen Teil des Verhandlungsteams einzubinden, um sie mit Kontextwissen auszustatten. Damit sie sich auf verschiedene Szenarien vorbereiten und verschiedene Lösungsoptionen entwickeln können, sollten sie stets über den aktuellen Stand der Überlegungen und den Zeitplan informiert sein. Es ist sinnvoll, ihnen auch Einfluss auf die Willensbildung zu geben. Das nimmt sie in die Verantwortung und motiviert.

Einige konkrete Ratschläge: Erläutern Sie den Experten zu Beginn einer Verhandlungsrunde die übergeordneten Interessenlagen und Strategien. Diese Orientierung führt zu besseren Einschätzungen und erspart mühsame Nacharbeit. Formulieren Sie Ihre Erwartungshaltung an die inhaltliche Rolle: Für welche Themen ist der Experte Fachmann? In welcher Form stellt er seine Expertise zur Verfügung? Mit welcher zeitlichen Erwartung stellt er seine Ergebnisse zur Verfügung? Verpflichten Sie Experten auf disziplinierte Kommunikation entlang vereinbarter Regeln und auf Vertraulichkeit. Im Gegenzug sollten Sie Ihre Experten genauso wie das restliche Verhandlungsteam laufend über den aktuellen Verhandlungsstand informieren.

Geben Sie Ihren Experten ein klares Briefing, bevor sie am Verhandlungstisch auftreten. Für mich hat es sich bewährt, Experten zu bitten, nur dann Beiträge zu leisten, wenn dies durch den Verhandlungsführer moderiert wird, selbst wenn sie direkt vom Verhandlungspartner angesprochen werden. Stecken Sie mit Ihrem Experten einen klaren Rahmen ab, wie viel Information er zu einem bestimmten Zeitpunkt mit der anderen Seite teilt. Sehen Sie sich zu teilende Unterlagen vorab an. Im Zweifel sollte der

Experte um eine Auszeit bitten oder der Verhandlungsführer eine Auszeit anmoderieren. Das gilt auch für die Tätigkeit in Arbeitsgruppen oder ähnlichen Nebenverhandlungen. Die Aufgabe des Verhandlungsführers ist es, den Gesamtüberblick zu wahren und das Tempo des Informationsaustausches an die Strategie anzupassen. Ein Experte für ein einzelnes Fachthema kann nur schwer diesen Überblick wahren oder einschätzen, welcher nächste Schritt erforderlich ist, um die Verhandlung produktiv zu halten.

Strukturieren Sie Ihre Verhandlungsteams. Die schwierigen Themen werden am Ende einer Verhandlung diskutiert, wenn nur noch zwischen zwei und sechs, allerhöchstens zehn Personen im Raum sind. Selbst wenn die jeweiligen Verhandlungsteams aus 100 oder mehr Personen bestehen, was bei Regierungskonsultationen oder Tarifverhandlungen nicht selten der Fall ist: Am Ende trifft man sich im kleinsten Kreis. Deshalb empfehle ich Ihnen, sich zu Beginn einer Verhandlung zu überlegen, wer die Personen auf Ihrer Seite sind, die am Ende verhandeln. Das ist Ihre Sondierungskommission oder Ihr Top-Verhandlungsteam als kleinste Einheit.

Starten Sie mit dieser kleinsten Einheit. Überlegen Sie dann, wie Sie Ihr Gesamtteam so organisieren, dass am Ende alle Informationen bei Ihrer kleinsten Einheit gebündelt werden. Wie Sie Ihr Gesamtteam konkret strukturieren, hängt von Ihrer jeweiligen Situation ab.

Halten Sie die effektive Gruppengröße im Blick. Bei vertraulichen Verhandlungen sind zwei bis sechs, höchstens zehn Personen im Raum sinnvoll. Für Arbeitsgruppen oder Brainstormings haben sich zehn bis vierzehn Personen im Raum bewährt. Diskussionsgruppen, die auf Informationsaustausch beruhen, funktionieren gut bis maximal 20 Personen im Raum, sofern es einen oder mehrere Moderatoren gibt. Klassischerweise arbeiten Sie also mit einem kleinen Top-Verhandlungsteam (ein bis drei Personen je Seite) für Spitzengespräche, einer arbeitsfähigen Verhandlungskommission (fünf bis sieben Personen je Seite) für den Informationsaustausch und gemeinsame Ideenentwicklung sowie einem »Back Office.«

Die Mitglieder des Back Office befinden sich teilweise vor Ort und teilweise in Bereitschaft oder auch asynchron in der Distanz. Die Mitglieder des Back Office sind Verhandlungsexperten und Fachexperten, die je nach Rolle, wie etwa beim Organisator, nicht am Verhandlungstisch dabei sind. Soll ein Entscheidungsträger nicht am Tisch, aber am Verhandlungsort sein, kann er Bestandteil des Back Office sein. Das Verhandlungsteam informiert das Back Office regelmäßig über den Verhandlungsstand und lässt sich laufend von ihm beraten. Bei großen Back Offices ist es sinnvoll, wenn eine Person die Aktivitäten des Back Office koordiniert

Teilweise bilden die Verhandlungsführer einzelne oder mehrere thematische Arbeitsgruppen. Bei jeder Arbeitsgruppe ist präzise zu besprechen, welche Spielregeln gelten, wie der Auftrag lautet und welcher inhaltliche und zeitliche Rahmen besteht. Arbeitsgruppen helfen, in einen integrativeren Modus zu gelangen, in dem gemeinsam kreative Lösungen erarbeitet werden. Außerdem kann sich durch Arbeitsgruppen die Bearbeitungsgeschwindigkeit erhöhen, da parallel gearbeitet wird.

Überlegen Sie, wer vor Ort bei Verhandlungen dabei ist. Ihr Ziel ist, eine schlagkräftige und leicht zu koordinierende Gruppe vor Ort zu haben. Unterscheiden Sie auch hier zwischen Entscheidungsträgern, den Verhandlungsrollen und den Experten. Entscheidungsträger gehören nicht an den Verhandlungstisch. In dynamischen Situationen wie dem Verhandlungsfinale unter hohem Zeitdruck ergibt es vereinzelt Sinn, wenn die Entscheidungsträger oder eine von Ihnen bevollmächtigte Person oder Kommission verfügbar oder sogar am Verhandlungsort sind. Personen die Verhandlungsrollen innehaben, sollten immer vor Ort sein. Am Verhandlungstisch selbst sitzen stets der Verhandlungsführer und der Verhandlungsanalytiker. Bei den anderen Rollen kommt es auf die Situation an. Bei Experten entscheiden Sie im Einzelfall, ob sie am Verhandlungsort oder Standby verfügbar sind und ob sie mit an den Tisch genommen werden. Teilweise genügt eine asynchrone Einbindung der Fachexperten. Das hängt zum Beispiel davon ab, wie wichtig die Themen des Experten sind, ob seine Lösungskreativität erforderlich ist und wie lange er benötigt, um Fragen zu begutachten.

Denken Sie darüber nach, gemeinsame Rollen mit Ihrem Verhandlungspartner zu definieren. Fast jede Verhandlungsrolle kann von den Verhandlungsparteien durch einen neutralen Dritten mit Expertenwissen auch gemeinsam beauftragt werden. Diesen Joker sollten Sie immer in der Hinterhand haben. Damit können Sie in schwierigen Situationen Bewegung erzeugen und Vertrauen in das Verfahren bewirken. Ein neutraler Analytiker kann Struktur und Ordnung in die Verhandlungsthemen bringen.[15] Ein neutraler Bewerter schafft eine Faktenbasis, der beide Seiten vertrauen. Warum nach einer inhaltlichen Lösung nochmals Zeit verlieren mit aufwendigen Vertragsverhandlungen? Viel effizienter kann es sein, einen hervorragenden und neutralen Vertragsjuristen um entsprechende Entwürfe zu bitten.

Orientieren Sie das Team an einem strukturierten Arbeitsprozess

Damit ein Verhandlungsteam effizient arbeitet, richten Sie es an einem einheitlichen Arbeitsprozess aus. Damit erhöhen Sie die Leistung Ihres Teams erheblich. Jeder weiß auf Anhieb, was zu tun ist, und behält den Überblick über den Gesamtprozess. Sie vermeiden dadurch, dass wichtige Schritte nicht oder doppelt bearbeitet werden. Sofern Sie öfters in dieser Konstellation arbeiten, können Sie den Prozess immer weiter verfeinern und an eine sich verändernde Umwelt anpassen. Wie der Verhandlungsprozess präzise aussieht, hängt von Ihrer Organisation und Ihrer Situation ab. Hier skizziere ich nur, welche Elemente Ihr Prozess beinhalten sollte. Es mag in Ihrer Organisation weitere Schritte geben, die zu beachten sind. Zu jedem einzelnen

Element sollten Sie eine Checkliste erarbeiten, die Sie regelmäßig überarbeiten. Zusätzlich stellen Sie zu jedem Element Vorlagen zur Verfügung. Zu jedem Element definieren Sie einen Hauptverantwortlichen entsprechend den Verhandlungsrollen (siehe Tabelle). Die folgenden Punkte sind Daueraufgaben, die Sie bis zum Verhandlungsfinale weiter verfeinern. Sammeln Sie Ihre Erkenntnisse in sich weiterentwickelnden »lebendigen« Dokumenten.

- **Überblick verschaffen:** Als Erstes klären Sie die Grundlagen. Was ist der Anlass der Verhandlungen? Was ist prägnant in einem Satz der Gegenstand der Verhandlungen ist? Wer sind die Verhandlungsparteien? Über welche Größenordnungen sprechen wir? Wer ist der Entscheidungsträger?
- **Interessen klären:** Welche Interessen verfolgt Ihre Seite? Welche Interessen hat Ihr Partner? Priorisieren Sie die Interessen.
- **Personen erfassen:** Legen Sie Ihr Verhandlungsteam fest. Vereinbaren und dokumentieren Sie mit jedem Teammitglied seine Verhandlungsrolle. Dokumentieren Sie die Teammitglieder Ihres Verhandlungspartners.
- **Zeitplan aufstellen:** Notieren Sie fortlaufend alle relevanten Termine für Ihr Verhandlungsprojekt. Legen Sie frühzeitig Termine für den gesamten Verhandlungsprozess fest.
- **Zielsetzung/Mandat erarbeiten:** Verfassen Sie auf Grundlage Ihrer Interessen ein Zielsystem. Falls Sie im Auftrag verhandeln, vereinbaren Sie mit Ihrem Auftraggeber ein Mandat.
- **Objektive Kriterien:** Sammeln Sie objektive Kriterien für Ihre Verteilungsfragen.
- **Kernbotschaften formulieren:** Sofern Sie mit Dritten kommunizieren müssen: Formulieren Sie die Interessen Ihrer Seite als Kernbotschaften.
- **Hebel/BATNA zusammenstellen:** Halten Sie Ihre positiven, negativen und normativen Hebel fest und die Ihres Verhandlungspartners. Dokumentieren und arbeiten Sie an Ihrer BATNA. Beachten und beeinflussen Sie die BATNA Ihres Partners.
- **Longlist Give & Take:** Sammeln Sie alle Themen, die Sie von Ihrem Verhandlungspartner verlangen oder die Sie ihm geben könnten.
- **Informationsmanagement organisieren:** Sammeln Sie strukturiert und laufend wichtige Fakten. Halten Sie fest, welche Informationen Sie noch beschaffen möchten (Informationsbeschaffungsliste).
- **Verhandlungstemplate fortschreiben:** Erstellen Sie eine Übersicht aller Themen und möglicher Lösungsoptionen je Thema und passen Sie diese laufend an.
- **Scoring Sheet fortschreiben:** Bewerten Sie die zur Verfügung stehenden Lösungsoptionen im Gesamtkontext.

- **Vertragsgestaltung vorbereiten:** Entwerfen Sie frühzeitig mögliche Klauseln, wie Sie Ihr Verhandlungsergebnis vertraglich festhalten. Erarbeiten Sie mehrere Alternativen.
- **Verhandlungsrunden vor- und nachbereiten:** Halten Sie Checklisten bereit, wie Sie einzelne Verhandlungsrunden systematisch vor- und nachbereiten. Denken Sie an das Veranstaltungsmanagement und die inhaltliche, emotionale und kommunikative Vor- und Nachbereitung. Planen Sie einzelne Verhandlungsgespräche: Legen Sie Ziel, Agenda und Produkt des Gesprächs fest. Planen Sie Botschaften und Fragen.
- **Umsetzung sicherstellen:** Entwickeln Sie einen Projektplan, wie Sie Ihr Verhandlungsergebnis umsetzen.
- **Lektionen lernen:** Besprechen Sie mit Ihrem Team, was Sie in dieser Verhandlung gelernt haben. Was möchten Sie beibehalten und was in Zukunft ändern? Passen Sie Ihre Checklisten und Prozesse an.

Etablieren Sie Kommunikationsregeln für Ihr Team

Zu Beginn eines Verhandlungsprojekts klären Sie mit Ihrem Team drei Ebenen der Kommunikation: die Verständigung innerhalb des Teams, die Verständigung des Teams mit dem Auftraggeber und die Kommunikation des Teams mit dem Verhandlungspartner. Ziel dieser Maßnahme ist, dem Verhandlungsführer und Team zu ermöglichen, eine koordinierte und einheitliche Verhandlungsstrategie zu verfolgen. Sie verringern damit Fehler, Angriffspunkte und unnötige Mehrfachschleifen.

Betrachten wir als Erstes die Kommunikation innerhalb des Teams. Drei Aspekte sind wesentlich:

Sie sollten Teamkonflikte austragen, bevor Sie auf Ihren Verhandlungspartner treffen. Dafür ist es wesentlich, sich auf eine gemeinsame inhaltliche Zielsetzung für das Verhandlungsprojekt zu einigen. Häufig finden sich in einem Verhandlungsteam Entscheider und Experten aus unterschiedlichen Bereichen zusammen. Zum Beispiel HR-Experten, Juristen, Controller, Einkäufer, Vertriebler, Produktionsfachleute und so weiter. Sie nehmen unterschiedliche Blickweisen ein und verfolgen abweichende Interessen. Nehmen Sie sich zu Beginn Zeit, diese Interessen zu verstehen. Integrieren Sie möglichst viele dieser Interessen in Ihr Zielsystem. Diskutieren Sie das Zielsystem. Am Ende lässt sich nicht jedes Interesse einbauen und jeder Zielkonflikt auflösen. Dennoch ist ein klares und eindeutiges Zielsystem wichtig. Notfalls entscheiden die Entscheidungsträger oder der Verhandlungsführer das Zielsystem. Stellen Sie klar, dass Sie von allen Teammitgliedern erwarten, diese Ziele zu verfolgen, auch wenn einzelne Interessen abweichen. Achten Sie im weiteren Verlauf darauf, diese Regel einzuhalten.

Die Aspekte zwei und drei für die Kommunikation innerhalb des Teams sind voneinander abhängig: Transparenz und Vertraulichkeit. Ein Hochleistungsteam benötigt eine schnelle, vollständige und präzise Informationsgrundlage. Dann ist es selbstständig in der Lage, verschiedene Szenarien vorzubereiten, Inhalte intelligent miteinander zu verknüpfen und eng getaktete Abläufe zu organisieren. Es ist Aufgabe des Verhandlungsführers, diese Transparenz zu organisieren. Ein wichtiges Element ist, die Teammitglieder akribisch über den aktuellen Verhandlungsstand zu informieren. Die systematische und offene Nachbesprechung einer Verhandlungsrunde mit den Personen, die nicht am Tisch waren, ist ein essenzieller Bestandteil dieser Aufgabe. Ebenso achtet der Verhandlungsführer darauf, allen Teammitgliedern die Gelegenheit einzuräumen, wichtige Informationen im Team zu teilen. Zum Informationsfluss im Team zählt heutzutage auch die systematische und regelbasierte Kommunikation und Zusammenarbeit in einer geteilten IT-Plattform mit Chats, Aufgabenwerkzeugen oder Kalender. Richten Sie Ihren Fokus auf die Effizienz dieser Systeme.

Diese Transparenz erfordert auf der anderen Seite ein erhöhtes Maß an Vertraulichkeit außerhalb der Teamgrenzen. Falls bestimmte Informationen zu früh oder ohne die richtige Einordnung zu Ihrem Partner und an die Öffentlichkeit gelangen, kann dies katastrophale Folgen für Ihr Team haben. Erfährt Ihr Partner zu früh Ihren Rückzugspunkt, wird es schwer werden, darüber hinaus einen Verhandlungserfolg zu erzielen. Sprechen Sie das gegenüber Ihrem Team an. Kennzeichnen Sie stets hochvertrauliche Informationen, auch mündlich. Besprechen Sie, wie die Mitglieder Ihres Teams die Informationen mit ihren Vorgesetzten oder Kollegen teilen, zum Beispiel auf einer »need-to-know-basis.«

Die Frage der Vertraulichkeit führt unmittelbar zu den beiden weiteren Ebenen der Kommunikation eines Teams: der Kommunikation mit dem Verhandlungspartner und der Kommunikation mit den Entscheidungsträgern. Für beides empfehle ich Ihnen, das Primat des Verhandlungsführers zu beachten. Das bedeutet nicht, dass ausschließlich der Verhandlungsführer mit der anderen Seite und mit der Entscheidungsebene kommuniziert. Das halte ich in dynamischen Organisationen und Situationen für unrealistisch und nicht effizient. Die Verhandlungsführung droht damit zum Flaschenhals zu werden. Allerdings sollte der Verhandlungsführer in Abstimmung mit seinem Team den Rahmen und die Taktung für die Kommunikation außerhalb des Teams setzen. Bestehen Zweifel, stimmen sich die Teammitglieder mit dem Verhandlungsführer besser nochmals ab. Er klärt regelmäßig auf, welche Botschaften gezielt vermittelt werden und welche Informationen keinesfalls geteilt werden. Sofern Teammitglieder außerhalb des Teams kommunizieren, machen Sie das transparent. Am Verhandlungstisch selbst hat sich das Prinzip der Moderation bewährt. Der Verhandlungsführer oder der Sprecher Ihrer Seite moderiert die Beiträge der eigenen Seite.

Besonders wichtig wird die Moderation durch den Verhandlungsführer bei Verhandlungen aus der Distanz etwa per Webkonferenz. Nicht erst seit der Corona-Pandemie gewinnt das digitale Verhandeln an Bedeutung. Wie sehen uns im nächsten Kapitel die Grundlagen dazu an.

Checkliste Teamverhandlungen

- Klären Sie die Teamrollen:
  - Unterscheiden Sie zwischen Entscheider-, Verhandlungs- und Expertenrollen.
  - Weisen Sie Verhandlungsrollen zu: Verhandlungsführer, Verhandlungsanalytiker, Bewerter, Redakteur, Informationsmanager, Beziehungsmanager, Kommunikator, Organisator
  - Nehmen Sie Entscheidungsträger nicht mit an den Verhandlungstisch. Entscheidungsträger dienen der Qualitätssicherung und werden nicht emotional in Verhandlungen involviert. Es gibt aber Ausnahmen.
  - Klären Sie, wer Verhandlungsführer ist. Im Normalfall gibt es nur einen Verhandlungsführer. In Sondersituation ist eine Co-Verhandlungsführung möglich.
  - Behandeln Sie Experten als Experten. Versorgen Sie Experten laufend mit Kontextwissen. Steuern Sie, wie viele Informationen Experten mit der anderen Seite teilen.
  - Strukturieren Sie große Verhandlungsteams in verschiedene Einheiten: Top-Verhandlungsteam, Verhandlungskommission, Back Office.
  - Etablieren Sie gemeinsam mit Ihrem Partner neutrale Verhandlungsrollen wie wirtschaftliche Sachverständige oder Vertragsjuristen.
- Etablieren Sie einen strukturierten Arbeitsprozess für das Team:
  - Erste Analyse durchführen: Verhandlungsgegenstand klären, Interessen klären, Personen erfassen, Zeitplan aufstellen
  - Werkzeuge vorbereiten: Zielsetzung/Mandat beschreiben, objektive Kriterien sammeln, Kernbotschaften formulieren, Verhandlungsmacht analysieren, Informationsmanagement organisieren, Verhandlungstemplate/Scoring-Sheet fortschreiben.
  - Verhandlungsgespräche vor- und nachbereiten
  - Verhandlungen nachbereiten: Umsetzung sicherstellen, Lektionen für die Zukunft lernen
- Etablieren Sie klare Kommunikationsregeln:
  - Klären Sie Interessenkonflikte innerhalb des Teams und stellen Sie ein klares Zielsystem auf.
  - Sorgen Sie für Transparenz innerhalb des Teams und fordern Sie gleichzeitig Vertraulichkeit ein.

- Stellen Sie sicher, dass alle Informationen über den Verhandlungsführer laufen, ohne ihn zum Flaschenhals zu machen. Am Verhandlungstisch moderiert der Verhandlungsführer das Gespräch.

Verhandlungsflow-Tipp: Verhandlungsteams sind in geschäftlichen Verhandlungen der Normalfall. Noch werden viele Verhandlungsteam einfach zusammengewürfelt. Wenn es Ihnen gelingt, Ihr Team effizient zu organisieren und auf das gemeinsame Ziel einzuschwören, heben Sie riesige Potenziale. Verhandlungsteams unterliegen besonderen Anforderungen. Stellen Sie mehrere Hebel gleichzeitig und schaffen Sie die Grundlage für Team- und Verhandlungsflow-Erlebnisse.

3.5 Distant Negotiations: Wie Sie besser per Webkonferenz verhandeln

Erfahrene Verhandler wissen: Anspruchsvolle Verhandlungen führt man persönlich vor Ort. Die Studienlage hierzu ist eindeutig. Wenn die Parteien persönlich verhandeln, entsteht schneller Vertrauen. Das führt zu mehr Kooperation und zu besseren Ergebnissen. Persönliche Verhandlungen landen seltener in der Sackgasse und scheitern nicht so häufig.

Allerdings ist es nicht immer möglich, vor Ort persönliche Verhandlungen zu führen. Webkonferenzen sind eine echte Alternative zu persönlichen Verhandlungen. Wir betrachten hier vor allem Webkonferenzen mit Software-Lösungen wie Zoom, GoToMeeting oder Microsoft Teams, in Abgrenzung zu klassischen Videokonferenzen, die eigene Hardwarelösungen erfordern und im Home Office nicht verfügbar sind.

Beachten Sie die Unterschiede zwischen persönlichen Verhandlungen und Webverhandlungen

Der Kommunikationskanal ist für das Ergebnis einer Verhandlung bedeutsam. Das zeigen zahlreiche Studien. Viele Studien vergleichen persönliche Verhandlungen mit Verhandlungen per E-Mail- oder Telefon. Zu Video- oder Webverhandlungen gibt es erstaunlich wenig Untersuchungen. Wahrscheinlich gehen Studiendesigner davon aus, dass persönliche und Webverhandlungen im Wesentlichen das Gleiche sind. Wir Praktiker wissen: Das stimmt nicht. Es gibt Gründe, warum sich Videotelefonie anders als prognostiziert langsam verbreitete. Erst seit Apples FaceTime 2010 kommt die Technik langsam in der Fläche an.

Sehen wir uns die Vorteile von Verhandlungen per Webkonferenz an: Wir können uns nicht mit einer Krankheit bei unserem Verhandlungspartner anstecken. Diese Möglichkeit schätzen wir spätestens seit der Corona-Krise. In der Nach-Corona-Zeit kommen weitere hinzu. Die Reisezeit und -kosten entfallen. Der CO_2-Ausstoß ist gering. Das gemeinsame Bearbeiten von Dokumenten gelingt mit den vielen Anwendungen sogar besser als bei Vor-Ort-Verhandlungen. Bei sehr großen Verhandlungsteams können Sie am Bildschirm die Gesichter im Blick behalten. Sie bekommen sofortiges Feedback per Mimik. Das ist an langgezogenen Verhandlungstischen bei großen Tarifrunden nicht möglich. Und schließlich ist es leicht möglich, die Ton- und Bildfunktion auszuschalten. In schwierigen Situationen erhalten Sie so einen emotionalen Puffer.

Webkonferenzen zählen anders als Telefon und E-Mail zu den reichhaltigen Formen der Kommunikation (»Rich Communication Medium«). Wir kennen bereits die 7-38-55-Regel nach Albert Mehrabian aus dem 5. Tipp des Kapitels 1.1 »Stellen Sie effektive Fragen«. Im Laborexperiment zeigte sich, dass für die positive Wahrnehmung einer Botschaft beim Empfänger nur zu 7 Prozent der Inhalt, aber zu 38 Prozent der Tonfall und 55 Prozent die Körpersprache verantwortlich sind. Beim Telefonieren fehlen 55 Prozent der Kontextinformationen, beim Verhandeln per E-Mail sogar 93 Prozent. Und das hat Folgen.

Studien zeigen: Wenn wir per E-Mail verhandeln, ist es achtmal wahrscheinlicher, dass wir uns erzürnen. Mangels sozialer Kontrolle neigen wir zu aggressiverem Verhalten. Durch mehrmaliges Lesen und Korrigieren verlieben wir uns in unsere schriftlichen Positionen. Das verringert unsere Flexibilität bei der Lösungssuche. Vor allem ist es nicht möglich, Missverständnisse und falsche Annahmen sofort zu korrigieren.

Beim Telefonieren ist das ein wenig besser, allerdings fehlt das sofortige optische Feedback. Wir erkennen weder die schlechte Laune noch den überraschten Blick unseres Gegenübers. Wegen der fehlenden optischen Hinweise neigen wir am Telefon zum Monolog. Wir verringern unsere Freundlichkeitsrituale und damit die soziale Bindung zu unserem Verhandlungspartner. Diese kann beim Lösen komplexer Probleme entscheidend sein.

Beim Verhandeln per Webkonferenz erhalten wir immerhin Bild- und Toninformationen. Nur: Sind die 38 Prozent Tonfall und 55 Prozent Körpersprache in gleichem Maße vorhanden wie bei einer persönlichen Verhandlung?

Lassen Sie uns einen Blick auf die Nachteile des Verhandelns per Video im Verhältnis zum persönlichen Verhandeln werfen:

Der erste Punkt, den wir beleuchten müssen, ist die schlechtere Bildinformation. Die Auflösung ist gerade in Zeiten belasteter Netze nicht befriedigend. Das Bild ruckelt. Es gibt eine Verzögerung zwischen Senden und Empfangen, den sogenannten »Lag«. Normalerweise lassen sich diese Defizite mit hochwertiger Technik bei Kameras und Mikrofonen sowie hoher Bandbreite verringern. Andere Limitierungen bleiben aber unabhängig von der Qualität der Übertragung bestehen:

Laptop- oder Web-Kameras übertragen nur einen kleinen Bildausschnitt. Wir sehen nur Kopf und Oberkörper, die »Talking Heads.«

Die Beleuchtung verzerrt den visuellen Eindruck je nach Lichteinfall zusätzlich.

Der Blickkontakt funktioniert nicht oder ist nur eine Illusion. Ihre Kamera und das Videobild Ihres Gesprächspartners sind in der Regel nicht an der gleichen Stelle. Wir schauen uns über oder unter den Kopf oder aneinander vorbei an oder in die Kameras und nicht in die Augen.

Beim Ton gibt es weitere Einschränkungen, die aber nicht so massiv sind wie beim Bild. Vor allem wenn zwei oder mehr Personen gleichzeitig sprechen, funktioniert das schlechter als in der Realität. Je nach Position des Mikrofons ist der Klang zu dumpf oder zu leise, oder es raschelt.

Neben den technischen Problemen bei Bild und Ton kann auch die Bedienung der Technik und Applikationen herausfordernd sein. Wie wählt man sich nochmals bei dieser Plattform ein? Benötige ich die App oder geht das über das Web? Kann ich Externe einbinden? Wie hole ich jemanden wieder herein, der rausgeflogen ist? Wie teile ich ein Dokument und wie kann ich gleichzeitig daran arbeiten? Wie applaudiere ich? Wie positioniere ich das Live-Bild anders? Wie kann ich schnell visualisieren? Wo ist die Chatfunktion? Und so weiter.

Zusätzlich müssen wir beim Videoverhandeln Sicherheitsfragen beachten, die es beim persönlichen Verhandeln nicht gibt. Videokonferenz-Plattformen können gehackt werden, wie etwa beim sogenannten Zoombombing. Einige Anbieter werben mit einer 256-Bit-End-to-End-Verschlüsselung. Allerdings können Sie nicht verhindern, dass Ihr Partner gegen Ihren Willen Aufnahmen macht, sei es durch spezielle installierte Drittsoftware oder mittels der Videofunktion eines im toten Winkel aufgestellten Smartphones. Ebenfalls im toten Winkel der Kamera können sich ein oder mehrere Unbefugte aufhalten, die zuhören und Ihre Gegenüber unterstützen.

Der Zufall spielt beim persönlichen Verhandeln eine Rolle. Wer kann nicht von der Begegnung an der Kaffeemaschine oder auf dem Flur berichten. Nicht wenige Deals entwickeln wir beim gemeinsamen Frühstück oder besiegeln sie beim Bier an der Bar. Solche Zufallsbegegnungen gibt es bei Online-Verhandlungen nicht.

Keine Untersuchungen gibt es zu den beim Verhandeln auf Distanz fehlenden haptischen (wie Händedruck) oder kinetischen Informationen wie das plötzliche Aufspringen ans Flipchart. Wir können davon ausgehen, dass auch diese eine Rolle beim persönlichen Verhandeln spielen.

Webkonferenzen sind ein reichhaltiges Kommunikationsmedium – ein Vorteil im Verhältnis zu E-Mail und Telefon. Im Vergleich zu Vor-Ort-Verhandlungen gibt es allerdings beschränkende Faktoren. Diese Limitierungen wirken sich auf Themen wie die psychologische Sicherheit oder die soziale Nähe negativ aus. Vertrauen entsteht langsamer. Wir nehmen den Partner entfremdet wahr. Vertrauen ist für integrative und komplexe Verhandlungen aber eine wesentliche Voraussetzung. Durch die Distanz beim Verhandeln per Web entsteht eine erhöhte Unverbindlichkeit, die die Gefahr des Scheiterns steigert. Deshalb lohnt es sich, diesen Nachteilen im Verhältnis zu persönlichen Verhandlungen entgegenzuarbeiten.

Stellen Sie sich speziell auf das Medium Webkonferenz ein

Achten Sie auf Ihren Augenkontakt. Der Blickkontakt ist ein wichtiger Bestandteil der nonverbalen Kommunikation. Er trägt zur sozialen Nähe und Vertrauenswürdigkeit bei. Bei persönlichen Verhandlungen ist der Blickkontakt wechselseitig. Das gelingt bei Webkonferenzen bestenfalls eingeschränkt. Die Illusion von Augenkontakt entsteht nur, wenn Sie in die Kamera sehen. Platzieren Sie die Kamera auf Augenhöhe, damit Sie nicht auf Ihren Partner herab- oder hinaufschauen. Positionieren Sie das Videobild Ihres Gegenübers in die Nähe der Kamera. Schauen Sie immer wieder direkt in die Kamera und behalten Sie die Gesichter Ihrer Partner im Auge. Dazu ist ein Hin und Her zwischen Kamera und Videobild Ihres Gegenübers erforderlich. Kontrollieren Sie Ihre Gesichtszüge, lassen Sie sich nicht durch die Distanz zu sozialer Schlampigkeit verlocken. Selbst wenn Sie nicht im Fokus stehen, rechnen Sie immer damit, dass Sie jemand beobachtet. Blicken Sie in die Kamera oder auf das in der Nähe der Kamera platzierte Videobild Ihres Gegenübers. Auf Ihr eigenes Bild schauen Sie bitte nur ab und zu, um Ihre Position zu kontrollieren.

Akzeptieren Sie die durch die Kamera vorgegebene Box als das Spielfeld für Ihre Körpersprache. Fuchteln Sie nicht außerhalb dieses Bereichs mit Ihren Händen. Sitzen Sie ruhig, bewegen Sie Ihren Oberkörper nicht zu viel. Beschäftigen Sie sich mit nichts anderem. Spielen Sie nicht mit Gegenständen oder Ihrem Telefon. Achten Sie darauf, dass die Kamera nicht wackelt.

Achten Sie auf weiches und diffuses Licht von vorn oder schräg vorn. Viel Licht ist hilfreich. Es verringert das Rauschen des Signals. Vermeiden Sie Lichtreflexe des Monitors in Ihren Brillengläsern, dunkeln Sie gegebenenfalls Ihren Monitor ab. Testen Sie die Beleuchtung vor Beginn der Webkonferenz.

Benutzen Sie ein hochwertiges und kabelloses Headset. Das führt zu besserer Gesprächsqualität. Gerade bei langen Konferenzen entspannt das die Beteiligten. Sprechen Sie betonter und lauter. Lassen Sie längere Pausen zwischen Ihren Sätzen.

Passen Sie Ihre Kleidung und den Raum an die Situation an. Sie befinden sich bei einer Verhandlung in der Regel in einem beruflichen Kontext. Das sollte durch Ihre Kleidung und die Raumgestaltung unterstrichen werden. Allerdings sollten Sie das nicht übertreiben. Wer im Home Office mit schwarzem Anzug und Krawatte sitzt, wirkt albern. Die Kunst besteht darin, sich gleichzeitig an den beruflichen und privaten Kontext anzupassen. Für die äußere Erscheinung können Sie sich am »Casual Friday« orientieren. Sie müssen auch nicht umbauen oder in eine andere Wohnung ziehen. Sie können aber das Sichtfeld der Webkamera bewusst darauf kontrollieren, welche Einblicke Sie Ihrem Gesprächspartner in Ihren Privatbereich gewähren möchten.

Nutzen Sie Bildinformationen bewusst. Bereiten Sie Gegenstände vor, die Sie in die Kamera halten können. Vereinbaren Sie mit Ihrem Partner, bei größeren Runden Schilder mit Moderationshinweisen zu verwenden (wie: »Bitte wiederholen«, »Ich möchte gerne sprechen« oder »Das sollten wir dokumentieren«). Benutzen Sie elektronische Whiteboards über Ihren Touchscreen oder Ihr Tablet, um zu visualisieren.

Üben Sie mit dem Medium Webkonferenz, bevor Sie mit schwierigen Verhandlungen beginnen. Nutzen Sie dazu interne Verhandlungen und zunächst leichtere Verhandlungen. Versuchen Sie sich dabei Schritt für Schritt zu verbessern. Falls möglich, belegen Sie ein Online-Verhandlungstraining mit Live-Simulationen.

Entwickeln Sie produktive Gewohnheiten für Ihre Webverhandlungen

Zu Beginn einer Web-Konferenz erleben wir häufig eine chaotische Phase, bis sich jeder einwählt und die Technik funktioniert. Machen Sie es sich zum Ziel, fünf Minuten vor Beginn technisch startklar zu sein. Nutzen Sie die Testmöglichkeiten der Plattformen für Bild und Ton. Planen Sie fünf Minuten in der Agenda ein, bis alles funktioniert. Nutzen Sie diese Phase, um die anderen Teilnehmer zu beobachten und sich auf sie einzustimmen.

Ergreifen Sie Maßnahmen, um die soziale Distanz bewusst zu verringern. Planen Sie zu Beginn jeder längeren Runde weitere fünf bis zehn Minuten Plauderzeit ein. Und erzählen Sie bewusst etwas Persönliches von sich. Bauen Sie zum Beispiel private Elemente des Raums bewusst in Ihr Gespräch als Anknüpfungspunkt ein. Falls sich die Beteiligten nicht kennen, ist zu Beginn eine Vorstellungsrunde wichtig. Planen Sie bei späteren Pausen Zeit für Plaudereien ein. Daraus ergeben sich vielleicht Zufälle wie bei persönlichen Verhandlungen.

Machen Sie die technischen Herausforderungen zum Gegenstand der Diskussion. Sprechen Sie gegenüber Ihrem Partner offen an, was Ihnen schwerfällt. Thematisieren Sie die Nachteile des Mediums im Verhältnis zu persönlichen Verhandlungen. Etwa wie folgt: »Großartig, dass wir uns alle sehen können, trotz der räumlichen Distanz. Natürlich wäre es schöner, wenn wir uns persönlich treffen könnten. Lassen Sie uns das Beste daraus machen. Bitte geben Sie uns einen Hinweis, wenn das Bild ruckelt oder wir zu leise sprechen. Verstehen Sie uns gut?« Gehen Sie davon aus, dass sich Ihr Partner mit der Technik noch unwohler fühlt als Sie. Seien Sie ihm behilflich. Das trägt zu seiner Verfahrenszufriedenheit bei. Prüfen Sie deshalb auch, ob es sinnvoll ist, Ihrem Partner vorab einige Unterlagen zur Verfügung zu stellen.

Vereinbaren Sie zu Beginn der Webverhandlung Spielregeln, die das Medium betreffen. Wie etwa: »Wir unterbrechen uns nicht und lassen uns ausreden.« »Wir zeichnen die Verhandlungen nicht auf.« »Wir führen keine Monologe.« »Wir machen alle 45 Minuten eine Pause.« Rechnen Sie trotz aller Regeln damit, dass jemand die Gespräche aufzeichnet. Sagen Sie nichts, was Sie nicht im schlimmsten Fall auf YouTube ertragen könnten.

Planen Sie ein Drittel mehr Zeit ein als für persönliche Verhandlungen. Technische Probleme, weniger Dynamik in der Kommunikation und mehr Pausen machen Sie langsamer. Deshalb sollten Sie von Beginn an mit Ihrem Partner zusätzliche Puffertermine vereinbaren. Die Daumenregel lautet: Für einen Vor-Ort-Verhandlungstag sollten Sie drei halbe Verhandlungstage per Webkonferenz einplanen.

Wir neigen dazu, unseren Partner beim Verhandeln reaktiv abzuwerten. Das heißt, wir bewerten seine Aussagen nur negativ, weil sie von ihm stammen. Dieser Denkfehler ist gut dokumentiert. Das Medium Webkonferenz verstärkt ihn. Der Partner wirkt stärker verfremdet. Wir rechnen ihm die technischen Fehler persönlich zu nach dem Motto: »Das Bild ruckelt ausgerechnet immer bei ihm.« Feine Nuancen verschluckt das Medium. Wir müssen aktiv gegen unsere Tendenz arbeiten, die Lücken dem Partner negativ auszulegen. Geben Sie Ihrem Partner bei Online-Verhandlungen den »Benefit of the Doubt«, sprich legen Sie Zweifel für ihn positiv aus.

Webverhandlungen erfordern, dass wir noch präziser kommunizieren als bei persönlichen Verhandlungen. Lassen Sie Ihrem Partner den Vortritt und stellen Sie ihm kraftvolle offene Fragen. Unterbrechen Sie ihn nicht. Vor allem das sogenannte Paraphrasieren ist bei Online-Verhandlungen besonders bedeutsam. Fassen Sie nach dem Zuhören die Aussagen Ihres Partners mit eigenen Worten zusammen und bitten Sie ihn um Feedback: »Wenn ich Sie richtig verstehen, ist Ihnen wichtig, dass … Habe ich das richtig wiedergegeben?«

Reichern Sie die Webverhandlungen mit weiteren Technologien kommunikativ an. Nutzen Sie die Chat-Funktion Ihrer Konferenz-App. Richten Sie einen Messenger-Kanal mit dem Verhandlungsführer der anderen Seite ein.

Häufig haben wir nach Verhandlungen im Web das Gefühl, dass sich die Ergebnisse verflüchtigen und schwer festzuhalten sind. Diesen Effekt kennen wir von jeder Form des mündlichen Verhandelns. Durch die räumliche Distanz und die Defizite der Webübertragung verstärkt sich dieser Effekt. Machen Sie es sich deshalb zur guten Gewohnheit, nach jeder Webverhandlung nochmals kurz schriftlich nachzufassen. Fassen Sie die wesentlichen Ergebnisse aus Ihrer Sicht zusammen. Halten Sie die vereinbarten nächsten Schritte fest. Listen Sie die offenen Punkte und fehlenden Fakten auf. Geben Sie den Verhandlungen nochmals den gewünschten Rahmen. Bitten Sie Ihren Partner um Feedback zu Ihrer Zusammenfassung. Rufen Sie danach den Verhandlungsführer an, um sicherzustellen, dass keine Missverständnisse entstanden sind.

Stellen Sie sich auf erhöhte Anforderungen bei Teamverhandlungen ein

Größere Teamverhandlungen werden in einem Web-Setup noch anspruchsvoller. Deshalb möchte ich Ihnen dazu noch einige besondere Tipps geben.

Stellen Sie auf jeder Seite einen Experten ab, der sich ausschließlich um die IT und die technische Infrastruktur kümmert. Er führt vor Beginn der Verhandlungen für das Team ein technisches Briefing durch. Während der Gespräche gibt er technische Regieanweisungen. Sind alle Kameras gut positioniert? Verstehen sich die Teilnehmer akkustisch gut? Sind zusätzliche virtuelle Verhandlungsräume erforderlich? Passt die Bandbreite? Nehmen Sie diese Rolle ernst.

Machen Sie sich vor den Verhandlungen Gedanken, welche virtuellen Verhandlungsräume Sie benötigen. Gibt es ein großes Plenum? Sind Arbeitsgruppen erforderlich? Sind Räume für Sondierungen und Vier-Augen-Gespräche notwendig? Gibt es ein Back Office oder einen Back Channel? Geben Sie sich als Verhandlungsführer besondere Mühe, die verschiedenen Stakeholder-Gruppen informiert zu halten. Auch sie kämpfen im Hintergrund mit technischen Schwierigkeiten.

Die Tugenden des guten Verhandelns sind in diesem erschwerten Rahmen besonders wichtig. Vereinbaren Sie vorab mit Ihrem Partner eine klare Agenda und achten Sie darauf, sie einzuhalten. Planen Sie von Beginn an Pausen ein. Legen Sie fest, welches Produkt Sie bis zum Ende der Runde gemeinsam erarbeiten. Denken Sie darüber nach, einen Moderator zu bitten, durch die Agenda zu führen.

Klare Rollen sind jetzt besonders bedeutsam. Bestimmen Sie einen Verhandlungssprecher, der durch die Verhandlungen führt. Seine Aufgabe ist es, das Gespräch mit der anderen Seite zu führen und den Prozess zu kontrollieren. Er erteilt den Experten auf Ihrer Seite das Wort und entzieht es, wenn erforderlich.

Nutzen Sie leistungsfähige Webconferencing-Apps, die Ihnen Whiteboards, Text Chat, Break-Out-Sessions, digitale Gesten und Dokument-Sharing ermöglichen. Meiden Sie besser proprietäre Lösungen der Unternehmen. Bei großen Teamverhandlungen sind viele Externe beteiligt, deshalb sind Lösungen essenziell, die nicht von einer bestimmen Unternehmensplattform abhängen. Für mich ein Gebot der Augenhöhe und des Vertrauens.

Stellen Sie sicher, dass Ihr Team einen textlichen Chat-Kanal hat, den es während der Verhandlungen nutzt. Er darf nicht von der anderen Seite einsehbar sein. Beim persönlichen Verhandeln können Sie sich Blicke zuwerfen, Zettel austauschen oder ins Ohr flüstern. Dafür benötigen Sie eine digitale Alternative.

Webkonferenzen sind seit der Corona-Krise in den Fokus der Aufmerksamkeit gerückt. Gehen Sie achtsam mit den Besonderheiten dieses Mediums um. Überwinden Sie soziale Distanz und technische Hürden. Achten Sie besonders auf die klassischen Tugenden des guten Verhandelns.

Checkliste Verhandeln per Webkonferenz und Co.

- Verhandeln per Web ist eine eigenständige Disziplin. Sie ist reichhaltiger an Informationen als Verhandlungen per Telefon und E-Mail. An die Informationsdichte von persönlichen Verhandlungen reicht sie nicht heran
- Für anspruchsvolle Verhandlungen ist es wichtig, diese Lücke zu schließen. Die fehlenden Informationen und die gefühlte soziale Distanz wirken sich negativ auf die Ergebnisse aus
- Setzen Sie sich mit den vielen technischen Details auseinander. Bild, Ton, Beleuchtung und Software erfordern Ihre besondere Aufmerksamkeit
- Gestalten Sie die besonderen Regeln und Dynamiken des Mediums. Arbeiten Sie gegen die soziale Distanz an. Planen Sie Plauderzeiten und erhebliche zeitliche Puffer ein. Thematisieren Sie immer wieder die Herausforderungen des Mediums mit Ihrem Verhandlungspartner
- Große Teamverhandlungen per Web unterliegen zusätzlichen Herausforderungen. Vergeben Sie die Rolle des Technikexperten und gegebenenfalls eines Moderators. Bereiten Sie die Verhandlung schriftlich vor und nach. Richten Sie viele unterschiedliche virtuelle Räume für verschiedene Konstellationen ein

Verhandlungsflow-Tipp: Sie können auch bei digitalen Verhandlungen in den Flow kommen. Allerdings erfordert dies mehr Organisation, Geduld und Vorbereitung. Besonders zum Einstieg und im Verhandlungsfinale ist persönlicher Kontakt zu empfehlen. Bauen Sie bewusst persönliche Elemente ein, um der sozialen Distanz des Mediums entgegenzuwirken.

4 Always happy landings: Wie Sie zum Verhandlungsprofi werden

Ein Flugzeug zu fliegen lernt man nicht per Buch. Genauso verhält es sich mit dem Verhandeln. Dennoch: Verkehrspiloten beschäftigen sich in ihrer Ausbildung intensiv mit den theoretischen Grundlagen des Fliegens. Sie wiederholen ihr gesamtes Berufsleben lang die theoretischen Grundlagen, schreiben immer wieder Tests und bereiten sich auf jeden Flug intensiv vor. Zusätzlich gehen sie regelmäßig in den Simulator. Dort üben sie Routinen und extreme Situationen, die im realen Flug zu riskant für eine Simulation sind. Zusätzlich sammeln sie während des gesamten Berufslebens Erfahrung. Sie lernen von Beginn an, sich gegenseitig und offen Feedback zu geben.

Wenn Sie zum Verhandlungsprofi werden möchten, empfehle ich Ihnen, ähnlich vorzugehen. Studien zeigen: Erfahrung verbessert Ihre Leistung beim Verhandeln. Sie beschleunigen diesen Zugewinn, wenn Sie Ihre Erfahrungen in eine bestehende systematische Struktur einordnen. In diesem Buch gebe ich Ihnen zahlreiche Strukturen an die Hand. Entscheiden Sie, welche Struktur zur jeweiligen Situation und zu Ihrem persönlichen Stil passt. Es ist nicht so entscheidend, welche Struktur Sie verwenden, sondern dass sie überhaupt eine Struktur nutzen. Ordnen Sie zum Beispiel ein Verhalten den fünf Konfliktmodi zu. Stellen Sie sich die Frage, wo Sie sich bei der Pareto-Optimierung befinden. Prüfen Sie, auf welcher der drei Ebenen Inhalt, Prozess, Beziehung zu wenig Zeit investiert wurde. Oder fragen Sie: Ist es Ihnen gelungen, die Designprinzipien und -elemente des Verhandlungsprozesses zu implementieren?

Eine zweites wichtiges Element, Ihren Erfahrungszugewinn zu beschleunigen, ist, sich regelmäßig Feedback zu Ihrem Verhalten in Verhandlungen einzuholen. Häufig sind wir blind für unsere größten Fehler.

Der dritte Turbo für die Verbesserung Ihrer Verhandlungs-Performance sind schließlich Verhandlungssimulationen. Sammeln Sie Erfahrungen in einer risikofreien Umgebung.

Mit diesen drei Turbos – Systematik, Feedback, Simulationen – beschleunigen Sie Ihre Professionalisierung. Sie bewältigen komplexe Verhandlungen zunehmend leichter. Damit schaffen Sie die Basis, um schneller und öfter in den Verhandlungsflow zu gelangen.

4.1 Fokussieren Sie sich auf eine Sache, die Sie ändern möchten

Sie beginnen beim Verhandeln nicht bei null. Der intuitive Verhandlungsstil ist uns in die Wiege gelegt. Zusätzlich haben Sie eigene Erfahrungen gesammelt und unbewusst eigene Verhandlungsstrukturen entwickelt. In diesem Buch unterbreite ich Ihnen zahlreiche Angebote für weitere Strukturen. Sie finden Strategien, Modelle, Werkzeuge oder Checklisten. Manche Ideen verinnerlichen Sie beim ersten Durchlesen, andere sehen Sie sich mehrfach an. Einige Vorschläge passen nicht zu Ihrer Situation oder Ihren Überzeugungen. Das ist vollkommen okay. Bei meinen Seminarteilnehmern hat sich folgende Methode bewährt, um das eigene Verhandlungsrepertoire zu erweitern: Gehen Sie nach dem Lust-Prinzip vor. Schreiben Sie sich die fünf bis zehn Ideen aus diesem Buch auf, die Sie für sich spannend finden. Suchen Sie sich aus dieser Liste die eine Sache heraus, die Sie bei Ihren Verhandlungen verändern. Arbeiten Sie nicht auf mehreren Baustellen gleichzeitig. Fokussieren Sie sich wirklich nur auf diese eine Verhaltensweise. Setzen Sie sich intensiv damit auseinander, bis es funktioniert. Schreiben Sie Ihre Erkenntnisse zum Abschluss in eine kurze Notiz. So ist übrigens dieses Buch entstanden. Passt die Methode für Sie und Ihre Situation nicht, ist das eine wichtige Erkenntnis. Sobald Sie mit dieser einen Sache fertig sind, nehmen Sie sich die nächste Idee Ihrer Liste vor.

Denken Sie immer daran, wie Sie die neue Idee in Ihrer Organisation verankern. In einer Organisation hilft es Ihnen nicht viel, wenn Sie allein über eine neue Erkenntnis verfügen. Stellen Sie sich vor, Sie erkennen für sich, dass der Nullsummen-Mythos ein Denkfehler ist und Sie die optimale Lösung durch Kuchenvergrößerungsstrategien verhandeln. Ihr Chef hatte diese Erkenntnis noch nicht und vertraut weiter auf seine intuitiven Basarstrategien. Dann müssen Sie zunächst Ihren Chef ins Boot holen.

Drei Tipps dazu, wie Sie professionelles Verhandlungsmanagement in Ihrer Organisation verankern: Sprechen Sie die Sprache Ihrer Organisation. Der Vorteil eines professionellen Verhandlungsansatzes ist erhöhter Nutzen für die Organisation, und zwar langfristig. Zeigen Sie auf, welcher konkrete Nutzen sich ergibt. Das können geringere Stückkosten, schnellere Prozesse, zufriedenere Kunden oder weniger Streiks sein. Argumentieren Sie mit den Interessen und Werten Ihrer Organisation.

Dokumentieren Sie Ihre »Best Practice« für andere in Ihrer Organisation. Präsentieren Sie Ihre Verhandlungsansätze im Team-Meeting. Versorgen Sie Ihre Kollegen mit für Ihre Organisation maßgeschneiderten Checklisten und Formularen, die professionelles Verhandeln fördern. Führen Sie kollegiale Beratungen zum Thema Verhandlungen durch und verwenden Sie professionelles Verhandlungsvokabular und Verhandlungswerkzeuge.

Suchen Sie nach Verbündeten. Die Erkenntnis verbreitet sich langsam, aber sicher, dass Verhandlungen mehr sind als ein Gerangel, um die eigene Position durchzusetzen. Die Vorteile professioneller Verhandlungsstrategien werden immer stärker wissenschaftlich belegt. Die zunehmend populären agilen Methoden und professionelles Verhandeln passen ebenfalls zueinander. Nutzen Sie diesen Rückenwind und fordern Sie gemeinsam mit Ihren Mitstreitern die Auditierung von Verhandlungsprozessen und die professionelle Schulung der Verhandlungsteams ein.

4.2 Nutzen Sie die Kraft guter Checklisten

In Bereichen, in denen Teamwork und Disziplin entscheidend sind, bewähren sich Checklisten. Piloten verwenden konsequent Checklisten. Dadurch wird die Flugsicherheit deutlich erhöht. Piloten verwenden ihre Checklisten einerseits für Standardmanöver wie Start oder Landung, andererseits bei Zwischenfällen wie Triebwerksausfall oder Rauch in der Kabine. Bei einem Verkehrsflug im Zwei-Mann-Cockpit liest der nicht steuernde Pilot die Checkliste in der Regel vor. Der steuernde Pilot arbeitet die ausgerufenen Punkte ab. Damit stellen die Piloten sicher, dass alle Einstellungen passen und kein wesentlicher Punkt vergessen wird. Auch in der Chirurgie bewähren sich Checklisten. Checklisten schützen sowohl vor Unwissenheit als auch vor Vergessen eigentlich bekannter Themen unter Stress.[1]

Meine Empfehlung: Teamwork und Disziplin sind bei anspruchsvollen Verhandlungen erfolgskritisch. Erarbeiten Sie für sich für wichtige Prozessschritte Checklisten. Nutzen Sie Checklisten zur individuellen Vorbereitung und im Team. Individuelle Checklisten sind zum Beispiel für die Vorbereitung eines Verhandlungsgesprächs sinnvoll. Checklisten, die Sie im Team verwenden, passen Sie an die Anforderungen Ihrer Organisation an und erarbeiten sie am besten in einem Team-Workshop. Die fünf Designelemente des Verhandlungsprozesses eignen sich bestens für entsprechende Checklisten. Fertigen Sie Checklisten für die Logistikplanung, die Definition des strategischen Rahmens, die Erarbeitung des Verhandlungstemplates, die abschließende Inventur oder das Verhandlungsfinale an.

Beachten Sie einige simple Designprinzipien guter Checklisten. Zu Beginn steht ein klarer Auslöser für die Checkliste, wie etwa »Logistische Vorbereitung der Verhandlung«. Insgesamt enthält eine Checkliste zwischen fünf und neun einzelne Punkte, die abzuarbeiten und zu kontrollieren sind. Formulieren Sie die Punkte als Frage. Achten Sie auf eine klare und prägnante Sprache. Vermeiden Sie jede inhaltliche oder optische Ablenkung, etwa durch Farben oder Symbole. Eine Checkliste ist ein, maximal zwei DIN-A4-Seiten lang. Am Ende jedes Verhandlungsprojekts steht eine »Lessons Learned«-Runde. Ziel jeder Runde ist es, die bestehenden Checklisten zu überprüfen und, soweit erforderlich, anzupassen oder zu erweitern. Wichtig: Eine Checkliste richtet sich an Experten. Sie dürfen Vorwissen voraussetzen und beginnen nicht bei Adam und Eva. Außerdem darf eine Checkliste den Prozess nicht in bürokratischem Aufwand ersticken. Es bleibt immer ein Raum für die individuelle Beurteilung der Situation bestehen.

Checklisten bewähren sich in Verhandlungen sehr. Richtig eingesetzt führen sie zu einer Kultur der Disziplin und des Teamworks. Sie verbessern die Kommunikation und verhindern Fehler. Sie machen Prozesse delegierbar und kontrollierbar. Vergessen Sie dabei nicht, Checklisten als Hilfe für Experten zu verstehen. Stellen sie keine Hilfe dar, sollten Sie keine Checkliste verwenden.

4.3 Gehen Sie regelmäßig in den Verhandlungssimulator

Der effektivste Weg, Ihre Verhandlungsfähigkeiten zu verbessern, ist die Teilnahme an einer Verhandlungssimulation. Jedes gute Verhandlungstraining enthält Simulationen. Ihre Vorteile sind unschlagbar im Verhältnis zu jeder anderen Unterrichtsform.

Ihre echte Leistung bei einer realen Verhandlung zu messen ist unmöglich. Erreichen Sie Ihre Ziele, waren die Ziele womöglich nicht ambitioniert genug. Verfehlen Sie Ihre Ziele, waren sie eventuell zu ehrgeizig. Jede Verhandlung ist ein Unikat. Deshalb fehlt Ihnen die Vergleichsmöglichkeit. Bei Simulationen ist das anders. Ein Vorteil einer simulierten Verhandlung besteht darin, dass Teilnehmer eines Seminars zum gleichen Sachverhalt gleichzeitig und parallel verhandeln können. Beispielsweise gleichzeitig in zehn Zweierpaaren. Im Anschluss daran findet das Debriefing statt. Anders als in der echten Welt liegen zehn vergleichbare Ergebnisse vor. Die Aha-Erlebnisse sind enorm aufgrund der unterschiedlichen Ergebnisse der Teilnehmer. Erstmals lässt sich Verhandlungsleistung messen und vergleichen. Wobei sich zu einfache Analysen verbieten. Die Leistung muss in den drei Bereichen Inhalt, Prozess und Beziehung betrachtet werden.

Der nächste Vorteil besteht darin, in einer risikoarmen Situation zu verhandeln. Reale Verhandlungen erlauben keine Fehler. Es geht um echte Menschen und echtes Geld. Anders ist es bei einer Verhandlungssimulation: Hier können Sie in einem geschützten Raum neue Strategien ausprobieren. Kooperative testen ihre Fähigkeit zum Wettbewerb. Konkurrenzorientierte spielen kooperativ und erleben, was passiert. Nutzen Sie diese Chance, Ihr Repertoire zu erweitern.

Verhandlungssimulation gibt es in allen Varianten. Als einfache Preisverhandlung, in der Sie Ankerstrategien testen. Als komplexe Mehr-Themen-Verhandlungen, in denen Sie Ihre Fähigkeiten trainieren, den Verhandlungskuchen zu vergrößern und die Pareto-Front zu erreichen. Es gibt Zwei-, Drei- oder Mehr-Parteien-Verhandlungen, in denen Sie die Dynamiken wechselnder Koalitionen und sich verändernder BATNA erleben. Manche Verhandlungen gehen über eine Runde, manche über viele Runden und simulieren dabei die Besonderheiten von Langzeitbeziehungen zwischen Verhandlungspartnern. Die Königsdisziplin sind komplexe Ganztagessimulationen mit 20 bis 70 Teilnehmern. Sie zeichnen sich durch ein hohes Maß an Realität und miteinander verwobene Verhandlungsstränge aus. Hier erleben Sie, was es bedeutet, aufgrund der Mehrfachbelastung in einen kognitiven Strudel zu geraten. Netzwerkeffekten ausgesetzt zu sein oder mit kaskadierendem Entscheidungseffekten konfrontiert zu werden.[2] Je nach Ihrem persönlichen Reifegrad wählen Sie die passende Simulationen aus.

Natürlich finden Simulationen unter Laborbedingungen statt, Sie bilden die Realität nicht vollständig ab. Dennoch verlangen Simulationen Ihnen echtes Verhalten ab, und Sie werden echte Fehler erleben, die in Ihnen sehr effektive Lernprozesse auslösen. Gute Verhandlungssimulationen sind realitätsnah. Im Anschluss findet ein transparentes Debriefing durch einen erfahrenen Verhandler statt, der Ihre Leistung in bewährte Strukturen und Rahmen einordnet und mit anderen Teilnehmern vergleicht. Sie erhalten Experten und Peer-Feedback. Nutzen Sie diese Chance regelmäßig. Wie ein guter Pilot arbeiten auch professionelle Verhandlungsführer ihr gesamtes Berufsleben an Ihren Fähigkeiten.

4.4 Führen Sie ein Verhandlungstagebuch

Lernen Sie systematisch aus Ihren Verhandlungserfahrungen. Als letzten Prozessschritt machen Sie es sich zur Gewohnheit, Ihre gewonnenen Erkenntnisse zu dokumentieren. Vier Prinzipien sind erfolgskritisch, um dabei effektiv zu sein: Halten Sie diesen Prozess einfach und konzentrieren Sie sich auf die wesentlichen Erkenntnisse. Führen Sie diesen Schritt bitte stets schriftlich durch. Ordnen Sie Ihre Erkenntnisse in eine übergeordnete Struktur ein. Passen Sie Ihre Checklisten an. Sie können diesen Prozess individuell oder als Teamprozess durchführen.

Die Erfahrung zeigt: Wenn wir diesen Prozessschritt zu üppig interpretieren, findet er nicht statt. Zwei einfache Fragen bewähren sich besonders. Zuerst: Was hat gut funktioniert? Als Eselsbrücke dient die Abkürzung WWW für »What Worked Well.« Notieren Sie ein bis zwei Punkte, die Sie gerne für zukünftige Verhandlungen bewahren möchten. Die Gegenfrage lautet: Was würden Sie beim nächsten Mal anders machen? Die Eselsbrücke hier ist WWYDD für »What Would You Do Differently«[3]. Notieren Sie ein bis zwei Dinge, die Sie beim nächsten Mal verändern würden.[4]

Als übergeordnete Struktur können Sie die sieben Verhandlungsprinzipien verwenden. Haben Sie das Verhandlungsoptimum für sich und Ihren Partner erreicht?

Wie gut waren Sie informiert? Ist es Ihnen gelungen zu führen? Haben Sie effektiv zusammengearbeitet und Werte geschaffen? Haben Sie das Verhandlungsdilemma gut gemanagt? Sind Sie rational geblieben? War genügend Raum für Rationalität?

Zuletzt stellen Sie sich die Frage, welche Ihrer Checklisten anzupassen sind, um sicherzustellen, dass Sie Ihre neuen Erkenntnisse in Zukunft anwenden.

4.5 Lassen Sie sich Feedback von Ihren Verhandlungspartnern und Ihrem Team geben

Wir sehen unsere blinden Flecken nicht. Blinde Flecken sind Verhaltensweisen, die uns selbst nicht auffallen, die unsere Mitmenschen aber wahrnehmen. Die einzige Möglichkeit, diese blinden Flecken zu erkennen, ist, Feedback von anderen zu erhalten. Feedback ist eine großartige Möglichkeit, zu wachsen und sich zu verbessern. Allerdings fällt es uns schwer, Feedback zu erhalten. Uns ist wichtig, akzeptiert und respektiert zu werden. Besonders von unseren Verhandlungspartnern und Teamkollegen. Deshalb ist Feedback schmerzhaft. Dieser Schmerz lohnt sich, wenn Sie Ihre Leistung wirklich verbessern möchten.

Entscheidend ist nicht, anderen Feedback zu geben, sondern die Weichen zu stellen, um selbst hochwertiges Feedback während und nach Verhandlungen zu erhalten. Drei Tipps helfen Ihnen dabei:

Teilen Sie Ihrem Partner und Ihren Kollegen zu einem frühen Zeitpunkt mit, dass Sie an offenen und ehrlichen Rückmeldungen zu Ihrem Verhalten interessiert sind. Damit senken Sie die Hürde, Ihnen tatsächlich Feedback zu geben. Der Feedback-Geber kann stets den Einstieg wählen: »Sie hatte mich ja um offenes Feedback gebeten.« Schlagen Sie dabei die 48-Stunden-Regel vor. Feedback muss nicht fünf Minuten nach einem kritischen Vorfall gegeben werden, aber spätestens nach 48 Stunden. Andernfalls geht der konkrete Bezug verloren, und es staut sich unnötig Frust an.

Sofern Sie trotz dieser Bitte keine Feedbacks erhalten, werden Sie direkter. Fragen Sie im passenden Moment: »Welche Sache, die ich ändern kann, würde für Sie einen Unterschied bedeuten?«[5]

Sehen Sie am Ende jedes Verhandlungsprozesses als letzten Prozessschritt vor, sich gegenseitig Feedback zu geben zur Art und Weise des Verhandlungsprozesses. Planen Sie diesen Schritt sowohl mit dem Partner als auch getrennt davon mit Ihrem Verhandlungsteam fest ein. Das steigert die Chance, dass dieser wichtige Schritt stattfindet. Wenn Sie nach einer Verhandlung direkt auf Ihren Partner zugehen und ihn um Feedback bitten, besteht eine hohe Wahrscheinlichkeit, dieses zu erhalten. Mir hat noch kein Partner diesen Wunsch abgeschlagen, im Gegenteil sind die meisten sehr gerne zu diesem Schritt bereit. Sie honorieren Ihren Versuch, an sich auf Grundlage des Feedbacks Ihres Partners zu arbeiten.

Damit haben Sie fünf Strategien an der Hand, wie Sie Schritt für Schritt Ihre Verhandlungsleistung verbessern und ein wahrer Verhandlungsprofi werden. Nutzen Sie die Ideen dieses Buches. Eine nach der anderen. Checklisten und ein Verhandlungstagebuch erleichtern es Ihnen, diese Gewohnheiten in Ihren Alltag zu integrieren. Regelmäßige Trainings und Feedbacks erweitern Ihren Horizont und stimulieren Ihr persönliches Wachstum. Damit Sie immer schneller und öfter in den Verhandlungsflow gelangen. Dies führt zu besseren Verhandlungsergebnissen. Für Sie selbst und Ihre Verhandlungspartner. Viel Spaß dabei!

Danksagung

Ich danke allen, die mich zu diesem Buchprojekt inspirierten und mich dabei unterstützten.

Als erstes danke ich meiner Frau Dominica. Sie begeisterte mich für das Buch und war mein ständiger Schreibcoach. Als A380-Pilotin entwickelte sie mit mir die Ideen für die Piloten-Exkurse und hat diese am Ende auch redigiert. Sie hat mir den Rücken freigehalten an den vielen Tagen und Wochenenden, die ich (bis Corona) in der Deutschen Nationalbibliothek beim Recherchieren und Schreiben verbrachte. Ebenso danke ich meinen Kindern Julie und Jakob für ihre Geduld und ihr Verständnis. Sie begeistern mich mit jeder Kuchenvergrößerung, die sie zur Entlastung ihrer Eltern verhandeln.

Vielen Dank an Giso Weyand für die ersten Ideen und Michael Schickerling für die intensive gemeinsame Arbeit am Konzept dieses Buches. Ebenso danke ich Valerian Klein für die intensiven Diskussionen zu den Inhalten und die präzise Recherche.

Mein besonderer Dank geht an meine Lektorin Stephanie Walter vom Campus Verlag, die mich mit viel Geduld und Kompetenz bei diesem Projekt begleitet hat.

In dieses Buch sind meine Erfahrungen und mein akademisches Wissen zum Thema Verhandlungen eingeflossen. Deshalb danke ich meinen Vorgesetzten, Kollegen, Kunden, Verhandlungslehrern und Verhandlungspartnern, von denen ich lernen durfte und die mich in vielen Aspekten unterstützen.

Viele meiner Chefs und Vorgesetzten waren und sind hervorragende Verhandler mit teilweise völlig unterschiedlichen Ansätzen. Davon profitierte ich sehr und dafür bin ich dankbar. Alle machen oder machten nicht zuletzt wegen ihrer Verhandlungskünste außergewöhnliche Karrieren: Hans-Helmut Ebersbach, Jochen Wallisch, Peter Gerber, Roland Busch, Stefan Lauer, Karl Ulrich Garnadt, Michael Niggemann, Bettina Volkens und aktuell Martin Seiler. Vielen Dank für alles. Bettina und Peter danke ich für das sehr wertvolle Feedback zum Buchkonzept und die Unterstützung beim Schreiben.

Besonders inspirierend und lehrreich waren die Begegnungen mit den großartigen Konfliktmittlern: Klaus von Dohnanyi, Matthias Platzeck, Jörg Risse und Holger Dahl.

Sehr viel konnte ich von meinen Verhandlungspartnern auf der anderen Seite lernen. Sei es von den internationalen Partnern in China, Russland oder den USA. Und natürlich von den hervorragenden Verhandlungsführern auf der Seite der Gewerkschaften.

Im akademischen Bereich danke ich Matt Mulford, Roman Trötschel, Brian Mandell, Arvid Bell, William Ury und Sheila Heen für das vermittelte Know-how. Ebenso der Goethe Universität in Person von Hülya Sözsahibi und der Bucerius Law School in Person von Matthias Jacobs für die Lehraufträge zum Verhandlungsmanagement und die großartige Unterstützung. Besonders danke ich meinen Studenten, die mich immer wieder fordern und motivieren.

Zuletzt danke ich meiner Familie im Allgemeinen und meinen Eltern im Speziellen. Vielen Dank für eure lebenslange Unterstützung, Begleitung und Liebe. Als kleinster von drei Brüdern hatte ich von frühester Kindheit ein ideales Trainingscamp für fortgeschrittene Verhandlungsstrategien. Danke!

Anmerkungen

Was ist Verhandlungsflow?

1 Selbst das sogenannte Harvard-Konzept, siehe Fisher, Ury, & Patton, Das Harvard-Konzept: Die unschlagbare Methode für beste Verhandlungsergebnisse, 2018, verwendet im englischen Original nicht den Begriff Konzept, sondern heißt, »Getting to Yes«.

2 Zu diesem Umstand bei der Problemlösung allgemein Dörner, 2003, S. 297.

3 Harari, 2015, S. 37–38.

1 Ready for Departure: Mit Verhandlungslust und Professionalität zu besseren Lösungen

1 Voeth & Herbst, 2015, S. 39.

2 Ein schönes Beispiel für Scoring-Systeme sind die Vergleichstabellen der Stiftung Warentest. In Kapitel 2.1 beschäftigen wir uns intensiv mit Scoring-Systemen.

3 Jung & Krebs, 2016, S. 428.

4 Siehe dazu ausführlich Kahnemann, 2012, S. 152 ff..

5 Northcraft & Neale, 1987.

6 Shell, Bargaining for advantage, 2018, S. 176.

7 Lai, Bowles, & Babcock, 2013.

8 Voss & Raz, 2017, S. 246.

9 Siehe dazu auch Haft, 2009, S. 3, der die Ebenen Sache, Personen und Ablauf nennt.

10 Lax & Sebenius, 2006, S. 181.

11 Haft, 2009, S. 100 ff..

12 Mit dieser Problematik werden wir uns später in Kapitel 2.1 »Prinzip der Nutzenoptimierung: Schaffen Sie für sich und Ihre Verhandlungspartner so viel Wert wie möglich« beschäftigen.

13 Lax & Sebenius, 2006, S. 52.

14 Mnookin, Peppet, & Tulumello, 2000, S. 328.

15 Die zweidimensionale Betrachtungsweise des Verhaltens zur Konfliktbewältigung ist Kern des »Thomas-Kilmann-Modells der Konfliktlösung«. Siehe dazu Thomas & Kilmann, Das Thomas-Kilmann-Modell der Konfliktlösung, 2007.

16 Anschaulich dazu die Übersichten der Vor- und Nachteile der verschiedenen Konfliktstile Thomas, Introduction to Conflict Management: Improving Performance Using the TKI, 2002, S. 13 f.

17 Siehe zur Vertiefung Thomas, Introduction to Conflict Management: Improving Performance Using the TKI, 2002.

18 Zur Vertiefung: Jung & Krebs, 2016 listen in ihrem hervorragenden Verhandlungsbuch 44 unterschiedliche Fragetypen auf.

19 Rackham & Carlisle, The Effective Negotiator – Part I: The Behaviour of Successful Negotiators, 1978, S. 9.

20 Vgl. Mehrabian, 1981.

21 Siehe zu Stimmfragen ausführlich Voss & Raz, 2017, S. 211.

22 Jung & Krebs, 2016, S. 420.

23 Lax & Sebenius, 2006, S. 207.

24 Fisher, Ury, & Patton, Das Harvard-Konzept: Die unschlagbare Methode für beste Verhandlungsergebnisse, 2018, S. 69.

25 Fisher, Ury, & Patton, Das Harvard-Konzept: Die unschlagbare Methode für beste Verhandlungsergebnisse, 2018, S. 75.

26 Gläßler & Kirchhoff, 2005.

27 Shell, Bargaining for advantage, 2018, S. 71.

28 Das Thema Interessen haben wir bereits in Kapitel 1.1 im 7. Tipp »Harvard-Ansatz 1: Achten Sie auf die Interessen aller Verhandlungspartner« behandelt

29 Rackham & Carlisle, The Effective Negotiator – Part II: Planning for Negotiations, 1978.

30 Fisher, Ury, & Patton, Das Harvard-Konzept: Die unschlagbare Methode für beste Verhandlungsergebnisse, 2018, S. 126 ff.

31 Shell, Bargaining for advantage, 2018, S. 45.

32 Jung & Krebs, 2016, S. 279 f..

33 Zu finden im posthum herausgegebenen Sammelband Follet, 1942, S. 3 f.

34 Siehe dazu die Studie Larrick & Wu, 2007.

35 Beispiel aus (Malhotra, Negotiating the Impossible: How to Break Deadlocks and Resolve Ugly Conflicts without Money or Muscle, 2016, S. 54.

36 Wu, 1996, S. 5.

37 Lax & Sebenius, 2006, S. 54.

38 Lax & Sebenius, 2006, S. 253.

39 Eine ähnliche Phasenstruktur der Verhandlung findet sich etwa bei Haft, 2009, S. 175 ff.

40 Allgemein zu diesem Gedanken im Managementkontext und zum »Thinking Issue« Mintzberg, Ahlstrand, & Lampel, 2005, S. 366.

41 Galinsky, Geoffrey, Okhuysen, & Mussweiler, 2005.

42 Mit diesen und weiteren Risiken bei der Zielsetzung werden wir uns noch in Kapitel 2.1 unter »Setzen Sie sich frühzeitig kluge Ziele für Ihre Verhandlung« beschäftigen.

43 Harari, 2015, S. 37–38.

44 Shapiro, 2018, S. 153.

45 So sind kreative Verhandler weniger eng fokussiert, zeigen mehr Lösungsoptionen auf und erhöhen Kooperationsgewinne beider Parteien Schei, 2013 und De Pauw, Venter, & Neethling, 2011, können sich aber auch einen entsprechenden Teil des Verhandlungskuchens sichern Kurtzberg, 1998.

46 Zu dieser Gefahr siehe auch Fisher, Ury, & Patton, Das Harvard-Konzept: Die unschlagbare Methode für beste Verhandlungsergebnisse, 2018, S. 123 und Jung & Krebs, 2016, S. 151 f.

47 Zur Definition von Interessen siehe Fisher, Ury, & Patton, Das Harvard-Konzept: Die unschlagbare Methode für beste Verhandlungsergebnisse, 2018, S. 76.

48 Csikszentmihalyi, 2018.

49 Zum Teamflow Burow, 2015; van den Hout, Davis, & Weggeman, 2018.

50 Die Charakteristika sind angelehnt an das Konzept von Teamflow bei van den Hout, Davis, & Weggeman, 2018.

51 Diese Grundvoraussetzung nennt auch Burow, 2015, S. 43.

52 Zur Bedeutung der Herausforderung für die Entstehung von Flow Csikszentmihalyi, 2018, S. 79 ff.

53 Dieser Ansatz ist angelehnt an das Element »high-skill-integration« bei van den Hout, Davis, & Weggeman, 2018, das dort als Voraussetzung für Teamflow betrachtet wird.

54 Ury W. , 2016, S. 109 f.

55 Ury W. , 2016, S. 108.

56 Hüther, 2016, S. 36.

57 So dargestellt in Brandl, 2018, S. 26.

58 Diese Tipps stammen im Wesentlichen aus Ebermann & Fahnenbruck, Entscheidungsfindung, 2011, S. 134.

59 Auch diese Punkte sind im Wesentlichen entnommen aus Ebermann & Fahnenbruck, Entscheidungsfindung, 2011, S. 134 f.

60 Bell & Mandell, 2018.

2 Auftrieb erzeugen: Die sieben Prinzipien erfolgreichen Verhandelns

1 Seneca, Epistulae morales ad Lucilium, VIII, LXXI, 3, Übersetzung aus: Seneca, 2018, S. 505.

2 Siehe dazu Zetik & Stuhlmacher, 2002.

3 Sprich ein Fall einer großen ZOPA mit jeweils wenig ambitionierten Rückzugspunkten. Das Konzept der ZOPA haben wir in Kapitel 1.1 im Rahmen des Tipps 1 »Schätzen Sie die Verhandlungssituation anhand von BATNA, ZOPA und Reservationspreis ein« näher betrachtet.

4 Lax & Sebenius, 2006, S. 163 ff.

5 Die Fragen sind teilweise angelehnt an Lax & Sebenius, 2006, S. 171.

6 Siehe dazu ausführlich Kapitel 2.4 unter »Vermeiden Sie Denkfehler, die Ihnen die Zusammenarbeit erschweren«.

7 Dieses Optimum hat nichts mit dem sogenannten Pareto-Prinzip (80:20-Regel) zu tun, ist aber nach dem gleichen italienischen Mathematiker Pareto benannt.

8 Mit dieser haben wir uns im Rahmen des 1. Tipps »Schätzen Sie die Verhandlungssituation anhand von BATNA, Rückzugspunkt und ZOPA ein« in Kapitel 1.1 bereits beschäftigt.

9 Mit der Klärung der Interessen haben wir uns in Kapitel 1.1 unter Tipp Nr. 7 »Harvard-Ansatz 1: Achten Sie auf die Interessen aller Verhandlungspartner« beschäftigt.

10 Teilweise angelehnt an Raiffa, Richardson, & Metcalfe, Negotiation Analysis: The Science and Art of Collaborative Decision Making , 2007, S. 206 ff., siehe dort auch zur weiteren Vertiefung.

11 Der Ankereffekt war Thema des Kapitels 1.1 im Tipp Nr. 2 »Ankern Sie richtig und planen Sie Ihre Konzessionen«

12 Falls Sie eine andere Maximalzahl als 100 für die Bewertung innerhalb eines Themas verwendet haben, dann teilen Sie bitte natürlich durch diese Zahl.

13 Die Betriebswirte unter Ihnen werden sich an einem Detail des Beispiels in Abbildung 4 stoßen. Denn die Punktwerte innerhalb eines Themas sind teilweise nicht linear, sprich sie entwickeln sich nicht so geradlinig, wie man das vermuten würde. Und dies sogar bei gleichmäßig sich verändernden Lösungsoptionen, bei denen Sie mit einer entsprechend linearen Kostenwirkung rechnen würden. Sehen sich zum Beispiel das Thema Lohnerhöhung genauer an. Der Sprung von 1 Prozent auf 3 Prozent ist 30 Punkte, der Sprung von 3 Prozent auf 5 Prozent aber 50 Punkte. Der Grund ist folgender: Der Score soll einen Punktwert dafür angeben, wie gut die Interessen Ihrer Seite insgesamt erfüllt werden. Sicherlich ist eine reine Bewertung der Kosten (hier: einer Lohnerhöhung) ein guter Ausgangspunkt. Neben das Interesse nach niedrigen Lohnkosten treten aber andere Interessen, wie zufriedene

Mitarbeiter oder die Einhaltung von Budgets oder der Vergleich mit dem Wettbewerb. So könnte hier zum Beispiel das Wettbewerbsniveau eine Erhöhung von 3 Prozent vorsehen und auch die Mitarbeitererwartungen ausreichend abdecken, insofern erhält die 3-Prozent-Option einen höheren Punktwert, als die bloße Kostenwirkung vermuten lassen würde. Ähnliche nichtlineare Effekte gibt es auch beim Scoring zwischen den Themen. Auf den ersten Blick erscheint es aus Kostensicht ein wenig überraschend, wenn dem Arbeitgeber laut Scoring-Tabelle eine Einmalzahlung von 750 Euro für alle Mitarbeiter genauso willkommen ist (Unterschied zu keiner Regelung: 10 Punkte) wie lediglich ein zusätzlicher freier Tag p. a. für Gewerkschaftsmitglieder (Unterschied zu keiner Regelung ebenfalls 10 Punkte). Allerdings fließt in diesen Punktwert auch das Interesse des Arbeitgebers ein, die Mitarbeiter nicht in die Hände der Gewerkschaft treiben zu wollen.

14 Unter anderem den Rückzugspunkt haben wir uns im Kapitel 1.1 unter »Schätzen Sie die Verhandlungssituation anhand von BATNA, Rückzugspunkt und ZOPA ein« bereits näher angesehen.

15 Ebenso ist der Effekt, dass der Nutzen nicht immer linear zum Beispiel zur Kostenwirkung verläuft, weil zum Beispiel emotionale Schwellwerte (»3 vor dem Komma«) erreicht werden müssen, in Geld dargestellt recht verwirrend.

16 Siehe dazu zum Beispiel Latham & Locke, 1991.

17 Auch mit dem Reservationspunkt, der BATNA und der ZOPA haben wir uns im Kapitel 1.1 unter »Schätzen Sie die Verhandlungssituation anhand von BATNA, Rückzugspunkt und ZOPA ein« bereits beschäftigt.

18 Siehe dazu grundlegend Ordóñez, Schweitzer, Galinsky, & Bazerman, 2009.

19 Angelehnt an Ordóñez, Schweitzer, Galinsky, & Bazerman, 2009, S. 12 ff.

20 Ziele sollten sich nicht auf einzelne inhaltliche Verhandlungsthemen beziehen (wie Preis, Menge, Qualität etc.) sondern für alle Themen übergreifend relevant sein. Andernfalls verschenken Sie durch zu viele »rote Linien« bei Einzelthemen wertvollen Lösungsraum und provozieren einen Thema-für-Thema-Basar mit vielen Einzelkompromissen und wenigen übergreifenden Tauschgeschäften. Wir erinnern uns: Gerade durch den »Inter-Themen-Tausch« können Sie den Nutzen für beide Seiten steigern, wenn Sie »Low-Cost-Themen mit »High-Value-Themen« tauschen.

21 Fisher, Ury, & Patton, Das Harvard-Konzept: Die unschlagbare Methode für beste Verhandlungsergebnisse, 2018, S. 91 f.

22 Malhotra & Bazerman, Investigative Negotiation, 2007.

23 Mit Lösungsoptionen und objektiven Kriterien haben wir uns auch schon in Kapitel 1.1 unter »Harvard-Ansatz 2: Entwickeln Sie mehrere Lösungsoptionen« und »Harvard-Ansatz 3: Finden Sie objektive Kriterien für Verteilungskonflikte« beschäftigt

24 Siehe dazu auch Jung & Krebs, 2016, S. 120 f.

25 Siehe dazu ausführlich Taleb, 2015; zum Thema Schwarze Schwäne bei Verhandlungen Voss & Raz, 2017, S. 256.

26 Voss & Raz, 2017, S. 274.

27 Jung & Krebs, 2016, S. 291 f.

28 So etwa Mühlisch, 2007, S. 10.

29 Beispielsweise Mühlisch, 2007.

30 Häcker, Schwarz, & Treuer, 2014, S. 54.

31 Siehe dazu auch Jung & Krebs, 2016, S. 142.

32 Häcker, Schwarz, & Treuer, 2014, S. 55.

33 Siehe dazu beispielweise Wiedemann, 2011, S. 61 ff. und Hofinger, 2011.

34 Wiedemann, 2011, S. S. 74.

35 Wissenschaftliche Bezeichnung: enterisches Nervensystem, kurz »ENS«.

36 Fisher, Ury, & Patton, Das Harvard-Konzept: Die unschlagbare Methode für beste Verhandlungsergebnisse, 2018, S. 53.

37 Siehe dazu Ekman, Gefühle lesen: Wie Sie Emotionen erkennen und richtig interpretieren, 2007, S. 249, Ciaramicoli, 2001.

38 Galinsky, Maddux, Gilin, & White, 2008.

39 Lax & Sebenius, 2006, S. 82.

40 Fisher, Ury, & Patton, Das Harvard-Konzept: Die unschlagbare Methode für beste Verhandlungsergebnisse, 2018, S. 67.

41 Kolb & Porter, 2015, S. 67.

42 Jung & Krebs, 2016, S. 397 f.

43 Freedman & Fraser, 1966.

44 Siehe zum Beispiel Thompson L. , 2015, S. 142.

45 Beispiel stammt aus Mnookin, Peppet, & Tulumello, 2000, S. 17.

46 Malhotra & Bazermann, Negotiation Genius: How to Overcome Obstacles and Achieve Brilliant Results at the Bargaining Table and Beyond, 2007, S. 96.

47 Valdesolo & DeSteno, 2011.

48 Chartrand & Bargh, The Chameleon Effect: The Perception-Behavior Link and Social Interaction, 1999. Hintergrund ist der sogenannte »Chamäleon-Effekt«, wonach Interaktionspartner die Tendenz haben, unterbewusst die Haltung, Gesten und Verhaltensweisen des Gegenübers anzunehmen. Dieser Vorgang hat wiederum Auswirkungen auf die Zuneigung zu dem anderen, das Gefühl von Verbundenheit und prosoziale Verhaltensweisen. Siehe dazu Chartrand, Cheng, & Jefferis, You're just a chameleon: The automatic nature and social significance of mimicry, 2002.

49 Beispiele teilweise aus Malhotra & Bazermann, Negotiation Genius: How to Overcome Obstacles and Achieve Brilliant Results at the Bargaining Table and Beyond, 2007, S. 97.

50 Zum Beispiel Lorenz, 1988.

51 Fisher & Shapiro, Beyond Reason. Using Emotions as you negotiate, 2006.

52 Ekman & O'Sullivan, Who Can Catch a Liar?, 1991; Mann, Vrij, & Bull, 2004.

53 Siehe dazu ausführlich Haft, 2009, S. 14 ff.

54 Voeth & Herbst, 2015, S. 174.

55 Dieses plastische Beispiel stammt aus Haft, 2009, S. 34.

56 Inspiriert und angelehnt an Haft, 2009, S. 31 ff.

57 Siehe dazu zum Beispiel Hoffman, 2015, S. 15; von Groote & Hoffmann, 2006, S. 346–354.

58 Hier hat sich das Konzept der fünf emotionalen Grundbedürfnisse als Rahmen bewährt, das wir uns im Kapitel 2.2 unter »Motivieren Sie Ihren Partner, Informationen wahrheitsgemäß zu teilen« angesehen hatten.

59 Drucker, 2008; Allen, 2015.

60 Kahnemann, 2012, S. 58.

61 Kahnemann, 2012, S. 58.

62 Interessantes Interview mit einem erfahrenen Verhandlungsführer zum Thema Energieregulation im Verhandlungsmarathon Eichhorn, 2001, S. 180 ff.

63 Kahnemann, 2012.

64 Diese Einteilung stammt von Shell, Bargaining for advantage, 2018, S. 179.

65 Siehe dazu die Studie Park, Levine, McCornack, Morrison, & Ferrara, 2002, die nahelegt, dass Lügen meist nicht direkt erkannt werden, sondern mittels Informationen von Dritten und Sachbeweisen im Nachhinein aufgedeckt werden.

66 Shell, Bargaining for advantage, 2018, S. 189.

67 Beispiele finden Sie bei Voss & Raz, 2017, S. 150.

68 Bell & Mandell, 2018, S. 44.

69 Shapiro, 2018, S. 44.

70 Ebermann & Scheiderer, Führungs- und Teamverhalten, 2011, S. 182.

71 So im Fall des Northwest-Airlink-Flugs 5719: National Transportation Safety Board, 1994, S. 55.

72 Ebermann & Scheiderer, Führungs- und Teamverhalten, 2011, S. 182.

73 Ebermann & Scheiderer, Führungs- und Teamverhalten, 2011, S. 182.

74 Ebermann & Scheiderer, Führungs- und Teamverhalten, 2011, S. 197.

75 Lorenz, 1988.

76 Voeth & Herbst, 2015, S. 195 f.

77 Sogenannte Verfügbarkeitsheuristik (»availability heuristic«), siehe zum Beispiel Kahnemann, 2012, S. 18.

78 Kahnemann, 2012, S. 349.

79 Beispiel aus Shell, Bargaining for advantage, 2018, S. 84.

80 Siehe zu allen sechs Prinzipien der Beeinflussung Cialdini, 2008.

81 Beispiel aus Shell, Bargaining for advantage, 2018, S. 94.

82 Mnookin, Peppet, & Tulumello, 2000, S. 93 verwenden den Begriff »shadow of the law«. Durchsetzbares Recht ist eine Rahmenbedingung des Verhandelns und beruht auf staatlicher Macht.

83 Ury, Brett, & Goldberg, 1996, S. 31.

84 Siehe dazu vertiefend (Lax & Sebenius, 2006, S. 211.

85 Angelehnt an (Thompson L. , 2015, S. 128.

86 Risse, Die griechische Verhandlungs-Tragödie – wie Athen seine Partner über den Tisch zog, 2015.

87 Siehe dazu (Thompson & Hastie, Social Perception in Negotiation, 1990.

88 Jung & Krebs, 2016, S. 280.

89 Thompson L. , 2015, S. 111.

90 Jung & Krebs, 2016, S. 229.

91 Thompson & Hrebec, Lose-Lose Agreements in Interdependent Decision Making, 1996.

92 Siehe dazu Risse, Wirtschaftsmediation, 2003, S. 75 ff.

93 Die Folgen sind Verzögerungen im Verhandlungsprozess, siehe Loewenstein & Moore, 2004.

94 Zur »illusion of transparency« siehe Gilovich, Savitsky, & Medvec, 1998.

95 Vorauer & Claude, 1998.

96 Zur »reactive devaluation« siehe Ross & Stillinger, 1991, S. 394 f.

97 Ross & Stillinger, 1991, S. 394.

98 Zitiert nach: Malhotra & Bazermann, Negotiation Genius: How to Overcome Obstacles and Achieve Brilliant Results at the Bargaining Table and Beyond, 2007, S. 132.

99 Siehe dazu mit Verweis auf viele anderen Studien Taylor, 1989.

100 Neale & Bazerman, 1983) für die Variante der »final offer arbitration«

101 Babcock & Loewenstein, 1997.

102 Zur »Downward Comparison« Wills, 1981.

103 Malhotra & Bazermann, Negotiation Genius: How to Overcome Obstacles and Achieve Brilliant Results at the Bargaining Table and Beyond, 2007, S. 134.

104 Nach Stanovich, What Intelligence Tests Miss: The Psychology of Rational Thought, 2009 lassen sich die Denkfehler kategorisieren. Während bei den meisten Kategorien kein Zusammenhang mit Intelligenz hergestellt werden kann, gibt es einige Denkfehler, bei denen die Intelligenz die Anfälligkeit, auf sie hereinzufallen, verringert. Der Großteil dieser intelligenteren Menschen sitzt aber selbst in diesen Fällen den Denkfehlern auf.
Wurden intelligentere Menschen auf den Denkfehler hingewiesen, unterliefen ihnen danach weniger Denkfehler. Stanovich & West, On the Relative Independence of Thinking Biases and Cognitive Ability, 2008, S. 690.

105 Diese Frage ist angelehnt an den Vorschlag aus Malhotra & Bazermann, Negotiation Genius: How to Overcome Obstacles and Achieve Brilliant Results at the Bargaining Table and Beyond, 2007, S. 147.

106 Siehe zu diesem Vorschlag auch Lax & Sebenius, 2006, S. 209.

107 Mit den Auswirkungen, die die Betonung von Ähnlichkeiten auf die Verhandlungsbeziehung haben kann, haben wir uns bereits im Kapitel 2.2 »Motivieren Sie Ihren Partner, Informationen wahrheitsgemäß zu teilen« beschäftigt.

108 Cialdini, 2008, S. 148 f.

109 Siehe dazu die Studie Burger, Messian, Patel, del Prado, & Anderson, 2004, bei der der Einfluss von »incidental similarities« untersucht wurde.

110 Cialdini, 2008, S. 149.

111 Cialdini, 2008, S. 149.

112 Verhandler, die sich bewusst dem nonverbalen Verhalten des Gegenübers anpassen, können so kreativere und für beide Seiten vorteilhaftere Ergebnisse erzielen. Siehe dazu Maddux, Mullen, & Galinsky, 2008.

113 Cialdini, 2008, S. 19.

114 Fisher, Ury, & Patton, Das Harvard-Konzept: Die unschlagbare Methode für beste Verhandlungsergebnisse, 2018, S. 45 ff.

115 Lax & Sebenius, 2006, S. 146.

116 Oder entscheidungsbefugte Algorithmen. Ist zum Zeitpunkt der ersten Auflage aber noch nicht konkret absehbar.

117 Diese Checkliste ist inspiriert von Lax & Sebenius, 2006, S. 57 ff. und der dort dargestellten »all-party-map«.

118 Lax & Sebenius, 2006, S. 56.

119 Drösser, 2015, bezogen auf Verletzte und Tote je 1 Mrd. Personenkilometer.

120 EU-OPS 1.965, Anlage 1 (a)(4) enthält eine Liste der für das Training nötigen Abschnitte des CRM.

121 Badke-Schaub & Wiedemann, 12. Aktuelle Themen und zukünftige Entwicklungen in der Luftfahrt, 2012, S. 222.

122 Lufthansa, 1999.

123 Badke-Schaub, 7. Handeln in Gruppen, 2012, S. 130.

124 Ebermann & Scheiderer, Führungs- und Teamverhalten, 2011, S. 183.

125 Ebermann & Scheiderer, Führungs- und Teamverhalten, 2011, S. 183.

126 Ebermann & Scheiderer, Führungs- und Teamverhalten, 2011, S. 184.

127 Voss & Raz, 2017, S. 130.

128 Patterson, Grenny, McMillan, & Switzler, 2012, S. 59.

129 Mnookin, Peppet, & Tulumello, 2000, S. 46 ff.

130 Siehe dazu auch von Groote & Hoffmann, 2006.

131 Angelehnt an Mnookin, Peppet, & Tulumello, 2000, S. 60 f.

132 Der »Shapley Value« geht zurück auf Shapley, 1953. Zum »Howard Raiffas Hybrid Modell« siehe Raiffa, The Art and Science of Negotiation, 1982.

133 Siehe dazu vertiefend Medvec & Galinsky, 2005; Leonardelli, Gu, McRuer, Medvec, & Galinsky, 2019.

134 Das Bild ist angelehnt an Fisher, Ury, & Patton, Das Harvard-Konzept: Die unschlagbare Methode für beste Verhandlungsergebnisse, 2018, S. 241.

135 Siehe dazu Lax & Sebenius, 2006, S. 237 ff.

136 Zur herausragenden Bedeutung der Strukturierung beim Verhandeln siehe Haft, 2009, S. 29 ff.

137 Tidd & Lockard, 1978.

138 Angelehnt an Malhotra & Bazermann, Negotiation Genius: How to Overcome Obstacles and Achieve Brilliant Results at the Bargaining Table and Beyond, 2007, S. 142.

139 Diesen Typus Verhandlungsführer nennen Jung/Krebs »dancer«, siehe (Jung & Krebs, 2016, S. 132.

140 Siehe dazu auch Lerner, 2005.

141 Siehe dazu Ambady & Rosenthal, 1992 oder auch Gladwell, 2005.

142 Zur Reduktion der Komplexität durch Vertrauen grundlegend Luhmann, 2014.

143 Wie Sie Vertrauen aufbauen können, habe ich bereits in Kapitel 2.4 »Bauen Sie Schritt für Schritt eine tragfähige Arbeitsbeziehung auf« beschrieben.

144 Siehe dazu beispielsweise Friese & Hofmann, 2016; zur Regulation negativer Emotionen Hill & Updegraff, 2012 sowie Teper, Segal, & Inzlicht, Inside the Mindful Mind: How Mindfulness Enhances Emotion Regulation Through Improvements in Executive Control, 2013 und zum Umgang mit belohnendem Feedback Teper & Inzlicht, Mindful Acceptance Dampens Neuroaffective Reactions to External and Rewarding Performance Feedback, 2014. Für einen Überblick über den Zusammenhang der Achtsamkeit mit verschiedensten Aspekten der Selbstregulation siehe Ostafin, Robinson, & Meier, 2015.

145 Notebaert, 2017, S. 92.

146 Notebaert, 2017, S. 238.

147 Siehe zu den Grundlagen auch (Riskin, 2010.

148 Beispielsweise die Achtsamkeits-App »Balloon«.

149 Notebaert, 2017.

150 Wie man mit Sackgassen und stockenden Verhandlungen umgeht, werden wir uns auch noch in Kapitel 3.1 näher ansehen.

151 Diehl & Stroebe, 1987.

152 Siehe auch Risse, Wirtschaftsmediation, 2003, S. 336 ff.

153 de Bono, 2006, S. 18 ff.

154 Uebernickel, Brenner, Pukall, Naef, & Schindlholzer, 2015.

155 Uebernickel, Brenner, Pukall, Naef, & Schindlholzer, 2015, S. 25.
156 Siehe Uebernickel, Brenner, Pukall, Naef, & Schindlholzer, 2015, S. 128 ff.
157 Siehe dazu Haussmann, 2014, S. 251 f.

3 Special Procedures: Souverän durch Turbulenzen steuern

1 Siehe auch Kolb & Porter, 2015, S. 160.
2 Siehe Jung & Krebs, 2016, S. 300.
3 Weh, 2018.
4 Siehe dazu Mnookin, Peppet, & Tulumello, 2000, S. 24 f.), (Shell, Bargaining for advantage, 2018, S. 190 ff.
5 Ury W. L., 1996, S. 29 ff.
6 In Anlehnung an Ury W. L., 1996, S. 116 ff.
7 Ury W. L., 1996, S. 123 f.
8 Siehe dazu auch Shell, Transactional Man: Teaching Negotiation Strategy in the Age of Trump, 2019.
9 Trump & Schwartz, 1987.
10 Rutherford, Springer, & Yavas, 2005.
11 Jung & Krebs, 2016, S. 41 f.
12 Veröffentlichungen zum Thema Teamverhandlungen: Brett, Friedman, & Behfar, 2009; Thompson, Peterson, & Brodt, Team Negotiation: An Examination of Integrative and Distributive Bargaining, 1996; Mannix, 2005; Bazerman & Neale, 1992, S. 126 ff.; Jung & Krebs, 2016, S. 399 f., 479.
13 Thompson, Peterson, & Brodt, Team Negotiation: An Examination of Integrative and Distributive Bargaining, 1996.
14 Jung & Krebs, 2016, S. 179.
15 Raiffa, Richardson, & Metcalfe, Negotiation Analysis: The Science and Art of Collaborative Decision Making , 2007, S. 341.

4 Always happy landings: Wie Sie zum Verhandlungsprofi werden

1 Siehe zum gesamten Thema Checklisten: Gawande, 2011.
2 Bell & Mandell, 2018.
3 Siehe zu WWW und WWYDD Jung & Krebs, 2016 unter diesen Stichwörtern.
4 Es gibt eine App von Harvard-Professor Michael Wheeler, die Sie dabei unterstützt, wenn Sie gerne app-basiert arbeiten. Sie heißt »Negotiaton 360«.
5 Frage aus Stone & Heen, 2015.

Literatur

Allen, D. (2015). Wie ich die Dinge geregelt kriege: Selbstmanagement für den Alltag. München/Zürich: Piper.

Ambady, N., & Rosenthal, R. (1992). Thin Slices of Expressive Behavior as Predictors of Interpersonal Consequences: A Meta-Analysis. *Psychological Bulletin, 111*(2), S. 256–274.

Babcock, L., & Loewenstein, G. (1997). Explaining Bargaining Impasse: The Role of Self-Serving Biases. *Journal of Economic Perspevtives, 11*(1), S. 109–126.

Badke-Schaub, P. (2012). 7. Handeln in Gruppen. In P. Badke-Schaub, G. Hofinger, & K. Lauche, *Human Factors: Psychologie sicheren Handelns in Risikobranchen* (S. 121–140). Berlin/Heidelberg: Springer-Verlag.

Badke-Schaub, P., & Wiedemann, R. (2012). 12. Aktuelle Themen und zukünftige Entwicklungen in der Luftfahrt. In P. Badke-Schaub, G. Hofinger, & K. Lauche, *Human Factors: Psychologie sicheren Handelns in Risikobranchen* (S. 221–234). Berlin/Heidelberg: Springer-Verlag.

Bazerman, M. H., & Neale, M. A. (1992). *Negotiating Rationally.* New York: The Free Press .

Bell, A., & Mandell, B. (Januar 2018). Cognitive Maelstroms, Nested Negotiation Networks, and Cascading Decision Effects: Modeling and Teaching Negotiation Complexity with Systemic Multiconstituency Exercises. *Negotiation Journal*, S. 37–67.

Brandl, P. (2018). Crash-Kommunikation: Warum Piloten versagen und Manager Fehler machen. Offenbach: Gabal Verlag.

Brett, J. M., Friedman, R., & Behfar, K. (September 2009). How to Manage Your Negotiating Team. *Harvard Business Review*, S. 105–109. Abgerufen am 22. 05 2020 von https://hbr.org/2009/09/how-to-manage-your-negotiating-team

Burger, J. M., Messian, N., Patel, S., del Prado, A., & Anderson, C. (2004). What a Coincidence! The Effects of Incidental Similarity on Compliance. *Personality and Social Psychology Bulletin, 30*(1), S. 35–43.

Burow, O.-A. (2015). Team-Flow: Gemeinsam wachsen im Kreativen Feld. Weinheim/Basel: Beltz.

Chartrand, T. L., & Bargh, J. A. (1999). The Chameleon Effect: The Perception-Behavior Link and Social Interaction. *Journal of Personality and Social Psychology, 76*(6), S. 893–910.

Chartrand, T. L., Cheng, C. M., & Jefferis, V. E. (2002). You're just a chameleon: The automatic nature and social significance of mimicry. In M. Jarymowicz, & R. K. Ohme, *Natura automatyzmow (Nature of Automaticity)* (S. 19–24). Warschau: IPPAN & SWPS.

Cialdini, R. (2008). *Influence: Science and Practice.* Boston: Allyn and Bacon.

Ciaramicoli, A. (2001). Der Empathie-Faktor: Mitgefühl, Toleranz, Verständnis. München: Deutscher Taschenbuchverlag.

Csikszentmihalyi, M. (2018). *Flow: Das Geheimnis des Glücks.* Stuttgart: Klett-Cotta.

de Bono, E. (2006). Edward de Bono's Thinking Course: Powerful Tools to Transform Your Thinking. Harlow: BBC Active.

De Pauw, A.-S., Venter, D., & Neethling, K. (2011). The Effect of Negotiator Creativity on Negotiation Outcomes in Bilateral Negotiation. *Creativity Research Journal, 23*(1), S. 42–50.

Diehl, M., & Stroebe, W. (1987). Productivity Loss In Brainstorming Groups: Toward the Solution of a Riddle. *Journal of Personality and Social Psychology, 53*(3), S. 497–509.

Dörner, D. (2003). Die Logik des Misslingens: Strategisches Denken in komplexen Situationen. Reinbek bei Hamburg: Rowohlt Taschenbuch Verlag.

Drösser, C. (29. April 2015). Ist das Flugzeug das sicherste Verkehrsmittel?: Eine Kolumne von Christoph Drösser. *Die Zeit.* Abgerufen am 20. März 2020 von https://www.zeit.de/2015/18/flugzeug-fliegen-sicherheit-sicher-stimmts

Drucker, P. (2008). Managing Oneself, Reprint of an article from the Harvard business review March-April 1999, p. 65–74. Boston, Massachusetts, USA: Harvard Business School Publishing.

Ebermann, H.-J., & Fahnenbruck, G. (2011). Entscheidungsfindung. In J. Scheiderer, & H.-J. Ebermann, *Human Factors im Cockpit: Praxis sicheren Handelns für Piloten* (S. 143–174). Berlin/Heidelberg: Springer-Verlag.

Ebermann, H.-J., & Scheiderer, J. (2011). Führungs- und Teamverhalten. In J. Scheiderer, & H.-J. Ebermann, *Human Factors im Cockpit: Praxis sicheren Handelns für Piloten* (S. 175–200). Berlin/Heidelberg: Springer-Verlag.

Eichhorn, C. (2001). Souverän durch Self-Coaching: Ein Wegweiser nicht nur für Führungskräfte. Göttingen: Vandenhoeck&Rupprecht.

Ekman, P. (2007). Gefühle lesen: Wie Sie Emotionen erkennen und richtig interpretieren. München: Springer.

Ekman, P., & O'Sullivan, M. (1991). Who Can Catch a Liar? *American Psychologist, 46*(9), S. 913–920.

Fisher, R., & Shapiro, D. (2006). *Beyond Reason. Using Emotions as you negotiate.* New York: Penguin Books.

Fisher, R., Ury, W., & Patton, B. (2018). Das Harvard-Konzept: Die unschlagbare Methode für beste Verhandlungsergebnisse. München: Deutsche Verlagsanstalt.

Follet, M. P. (1942). *Dynamic Administration: The Collected Papers of Mary Parker Follet.* (H. C. Metcalf, & L. Urwick, Hrsg.) New York: Harper & Brothers Publishers.

Freedman, J. L., & Fraser, S. C. (1966). Compliance Without Pressure: The Foot-In-The-Door Technique. *Journal of Personality and Social Psychology, 4*(2), S. 195–202.

Friese, M., & Hofmann, W. (2016). State Mindfulness, Self-Regulation, and Emotional Experience in Everyday Life. *Motivation Science, 2*(1), S. 1–14.

Galinsky, A. D., Maddux, W. W., Gilin, D., & White, J. B. (2008). Why It Pays to Get Inside the Head of Your Opponent. *Psychological Science 19 (4),* S. 378–384.

Galinsky, A., Geoffrey, J., Okhuysen, G., & Mussweiler, T. (August 2005). Regulatory Focus at the Bargaining Table: Promoting Distributive and Integrative Success. *Personality and Social Psychology 31,* S. 1087–1098.

Gilovich, T., Savitsky, K., & Medvec, V. H. (1998). The Illusion of Transparency: Biased Assessments of Others' Ability to Read One's Emotional States. *Journal of Personality and Social Psychology, 75*(2), S. 332–346.

Gladwell, M. (2005). *Blink! Die Macht des Moments.* Frankfurt am Main: Campus Verlag.

Gläßler, U., & Kirchhoff, L. (April 2005). Lehrmodul 2: Interessenermittlung. *Zeitschrift für Konfliktmanagement*, S. 130–133.

Häcker, R., Schwarz, V., & Treuer, W.-D. (2014). *Tatsachenfeststellung vor Gericht.* München: C. H.Beck.

Haft, F. (2009). Der Verhandlungs-Manager: Anleitung zum strukturierten Verhandeln. München: Normfall GmbH.

Harari, Y. N. (2015). *Eine kurze Geschichte der Menschheit.* München: Deutsche Verlags-Anstalt.

Haussmann, M. (2014). UZMO – Denken mit dem Stift: Visuell präsentieren, dokumentieren und erkunden . München: Redline Verlag.

Hill, C. L., & Updegraff, J. A. (2012). Mindfulness and Its Relationship to Emotional Regulation. *Emotion, 12*(1), S. 81–90.

Hoffman, J. (2015). Menschen entschlüsseln : Ein Kriminalpsychologe erklärt, wie man spezielle Analyse- und Profilingtechniken im Alltag nutzt. München: mvg Verlag.

Hofinger, G. (2011). Fehler und Unfälle. In P. Badke-Schaub, G. Hofinger, & K. Lauche, *Human Factors. Psychologie sichern Handelns in Risikobranchen* (S. 39–60). Berlin Heidelberg: Springer.

Hüther, G. (2016). *Biologie der Angst: Wie aus Streß Gefühle werden.* Göttingen: Vandenhoeck & Ruprecht GmbH & Co. KG.

Jung, S., & Krebs, P. (2016). Die Vertragsverhandlung: Taktische, strategische und rechtliche Elemente. Wiesbaden: Springer Fachmedien.

Kahnemann, D. (2012). *Schnelles Denken, langsames Denken.* München: Siedler Verlag.

Kolb, D. M., & Porter, J. L. (2015). *Negotiating at work: Turn small wins into big gains.* San Francisco: Jossey-Bass.

Kurtzberg, T. R. (1998). Creative Thinking, Cognitive Aptitude, and Integrative Joint Gain: A Study of Negotiator Creativity. *Creativity Research Journal, 11*(4), S. 283–293.

Lai, L., Bowles, H. R., & Babcock, L. (2013). Social Costs of Setting High Aspirations in Competitive Negotiations. *Negotiation and Conflict Management Research, 6*(1), S. 1–12.

Larrick, R. P., & Wu, G. (2007). Claming a Large Slice of a Small Pie: Asymmetric Disconfirmation in Negotiation. *Journal of Personality and Social Psychology, 93*(2), S. 212–233.

Latham, G., & Locke, E. (Dezember 1991). Self-regulation through goal setting. *Organizational Behavior and Human Decision Processes*, S. 212–247.

Lax, D. A., & Sebenius, J. K. (2006). 3-D Negotiation: Powerful Tools to Change the Game in Your Most Important Deals. Boston: Harvard Business Review Press.

Leonardelli, G. J., Gu, J., McRuer, G., Medvec, V. H., & Galinsky, A. D. (2019). Multiple equivalent simultaneous offers (MESOs) reduce the negotiator dilemma: How a choice of first offers increases economic and relational outcomes. *Organizational Behavior and Human Decision Processes, 152*, S. 64–83.

Lerner, J. S. (2005). Negotiating under the influence: Emotional hangovers distort your judgment and lead to bad decisions. *Negotiation, 8*(6), S. 1–3.

Loewenstein, G., & Moore, D. A. (2004). When Ignorance Is Bliss: Information Exchange and Inefficiency in Bargaining. *The journal of legal studies, 33*(1), S. 37–58.

Lorenz, E. H. (1988). Neither Friends nor Strangers: Informal Networks of Subcontracting in French Industry,. In D. Gambetta, *Trust: Making and Breaking Cooperative Relations* (S. 194–210). New York: Basil Blackwell.

Lufthansa. (1999). *Cockpit safety survey, Abt. FRA CF.* Frankfurt am Main.

Luhmann, N. (2014). *Vertrauen: Ein Mechanismus der Reproduktion sozialer Komplexität.* Konstanz/München: UVK Verlagsgesellschaft mbH.

Macioszek, H.-G. (1995). Chruschtschows dritter Schuh: Anregungen für geschäftliche Verhandlungen . Hamburg: Ulysses Verlag.

Maddux, W. W., Mullen, E., & Galinsky, A. D. (2008). Chameleons bake bigger pies and take bigger pieces: Strategic behavioral mimicry facilitates negotiation outcomes. *Journal of Experimental Social Psychology, 44*, S. 461–468.

Malhotra, D. (2016). Negotiating the Impossible: How to Break Deadlocks and Resolve Ugly Conflicts (without Money or Muscle). Oakland: Berret-Koehler Publishers.

Malhotra, D., & Bazerman, M. (September 2007). Investigative Negotiation. *Harvard Business Review*, S. 72–76.

Malhotra, D., & Bazermann, M. H. (2007). Negotiation Genius: How to Overcome Obstacles and Achieve Brilliant Results at the Bargaining Table and Beyond. Ne York: Bantam Books.

Mann, S., Vrij, A., & Bull, R. (2004). Detecting True Lies: Police Officers' Ability to Detect Suspects' Lies. *Journal of Applied Psychology, 89*(1), S. 137–149.

Mannix, E. A. (2005). Negotiating as a Team. *HBS Working Knowledge*. Abgerufen am 22. Mai 2020 von https://hbswk.hbs.edu/archive/negotiating-as-a-team

Medvec, V., & Galinsky, A. (April 2005). Putting More on the Table: How Making Multiple Offers can Increase the Final Value of the Deal. *HBS Negotiation Newsletter*, S. 3–5.

Mehrabian, A. (1981). Silent Messages: Implicit Communication of Emotions and Attitudes. Belmont, California: Wadsworth.

Mintzberg, H., Ahlstrand, B., & Lampel, J. (2005). *Strategy Safari. A Guided Tour Through the Wilds of Strategic Management.* New York/London/Toronto/Sydney: Free Press.

Mnookin, R. H., Peppet, S. R., & Tulumello, A. S. (2000). *Beyond Winning. Negotiating to create value in deals and disputes.* Cambridge: Belknap Harvard.

Mühlisch, S. (2007). Fragen der Körpersprache. Antworten zur nonverbalen Kommunikation. Paderborn: Junfermann Verlag.

National Transportation Safety Board. (1994). Aircraft Accident Report: Controlled Collision with Terrain Express II Airlines, Inc./Northwest Airlink Flight 5719. Jetstream BA-3100, N334PX. Hibbing, Minnesota. December 1, 1993. Washington, D. C.

Neale, M. A., & Bazerman, M. H. (1983). The Role of Perspective-Taking Ability in Negotiating under Different Forms of Arbitration. *Industrial and Labor Relations Review, 36*(3), S. 378–388.

Northcraft, G., & Neale, M. (1987). Experts, Amateurs, and Real Estate: An Anchoring-and-Adjustment Perspective on Property Pricing Decisions. *Organizational Behavior and Human Decision Processes 39*, S. 84–97.

Notebaert, K. (2017). Wie das Gehirn Spitzenleistungen bringt: Mehr Erfolg durch Achtsamkeit. Methoden und Beispiele für den Berufsalltag. Frankfurt: Frankfurter Allgemeine Buch.

Ordóñez, L., Schweitzer, M., Galinsky, A., & Bazerman, M. (Februar 2009). Goals gone wild: The systematic side effects of overprescribing goal setting. *The Academy of Management Perspectives, 23*(1), S. 6–16.

Ostafin, B. D., Robinson, M. D., & Meier, B. P. (Hrsg.). (2015). *Handbook of Mindfulness and Self-Regulation.* New York: Springer Science+Business Media.

Park, H. S., Levine, T. R., McCornack, S. A., Morrison, K., & Ferrara, M. (2002). How People Really Detect Lies. *Communication Monographs, 69*(2), S. 144–157.

Patterson, K., Grenny, J., McMillan, R., & Switzler, A. (2012). *Heikle Gespräche: Worauf es ankommt, wenn viel auf dem Spiel steht.* Wien: Linde Verlag.

Rackham , N., & Carlisle, J. (1978). The Effective Negotiator – Part II: Planning for Negotiations. *Journal of European Industrial Training, Vol. 2, No. 7*, S. 2–5.

Rackham, N., & Carlisle, J. (1978). The Effective Negotiator – Part I: The Behaviour of Successful Negotiators. *Journal of European Industrial Training, 2*(6), S. 6–11.

Raiffa, H. (1982). *The Art and Science of Negotiation.* Cambridge/London: Harvard University Press.

Raiffa, H., Richardson, J., & Metcalfe, D. (2007). *Negotiation Analysis: The Science and Art of Collaborative Decision Making* . Cambridge: Harvard University Press.

Riskin, L. (2010). Further Beyond Reason: Emotions, the Core Concerns, and Mindfulness in Negotiation. *Nevada Law Journal*, S. 289–337.

Risse, J. (2003). *Wirtschaftsmediation.* München: Verlag C. H.Beck.

Risse, J. (03. 07 2015). Die griechische Verhandlungs-Tragödie – wie Athen seine Partner über den Tisch zog. *manager magazin.* Abgerufen am 20. 03 2020 von https://www.manager-magazin.de/unternehmen/artikel/verhandeln-acht-tricks-die-wir-von-den-griechen-lernen-koennen-a-1041939.html

Ross, L., & Stillinger, C. (1991). Barriers to Conflict Resolution. *Negotiation Journal, 7*(4), S. 389–404.

Rutherford, R. C., Springer, T., & Yavas, A. (2005). Conflicts between principals and agents :evidence from residential brokerage. *Journal of Financial Economics , 76*(3), S. 627–665.

Schei, V. (2013). Creative People Create Values: Creativity and Positive Arousal in Negotiations. *Creativity Research Journal, 25*(4), S. 408–417.

Seneca, L. A. (2018). *Epistulae morales ad Lucilium. Briefe an Lucilius über die Ethik (Lateinisch/Deutsch)* (Bd. 1). (M. Giebel, Hrsg., H. Gunermann, F. Loretto, & R. Rauthe, Übers.) Ditzingen: Reclam.

Shapiro, D. (2018). Verhandeln: Die neue Erfolgsmethode aus Harvard. Frankfurt: Campus Verlag.

Shapley, L. (1953). A Value for N-Person Games. In H. Kuhn, & A. Tucker, *Contributions to the Theory of Games II* (S. 307–318). Princeton, New Jersey: Princeton University Press.

Shell, G. R. (2018). *Bargaining for advantage.* New York: Penguin Books.

Shell, G. R. (2019). Transactional Man: Teaching Negotiation Strategy in the Age of Trump. *Negotiation Journal, 35*(1), S. 31–45.

Stanovich, K. E. (2009). *What Intelligence Tests Miss: The Psychology of Rational Thought.* New Haven/London: Yale University Press.

Stanovich, K. E., & West, R. F. (2008). On the Relative Independence of Thinking Biases and Cognitive Ability. *Journal of Personality and Social Psychology, 94*(4), S. 672–695.

Taleb, N. N. (2015). Der Schwarze Schwan: Die Macht höchst unwahrscheinlicher Ereignisse. München: Albrecht Knaus Verlag.

Taylor, S. E. (1989). Positive Illusions: Creative Self-Deception and the Healthy Mind. New York: Basic Books, Inc.

Teper, R., & Inzlicht, M. (2014). Mindful Acceptance Dampens Neuroaffective Reactions to External and Rewarding Performance Feedback. *Emotion, 14*(1), S. 105–114.

Teper, R., Segal, Z. V., & Inzlicht, M. (2013). Inside the Mindful Mind: How Mindfulness Enhances Emotion Regulation Through Improvements in Executive Control. *Current Directions in Psychological Science , 22*(6), S. 449–454.

Thomas, K.W. (2002). Introduction to Conflict Management: Improving Performance Using the TKI. California (United States of America): CPP, Inc.

Thomas, K.W., & Kilmann, R.H. (2007). *Das Thomas-Kilmann-Modell der Konfliktlösung.* California (United States of America): CPP, Inc.

Thompson, L. (2015). The Mind and the Heart of the Negotiator. Essex: Pearson.

Thompson, L., & Hastie, R. (1990). Social Perception in Negotiation. *Organizational Behavior and Human Decision Processes, 47*(1), S. 98–123.

Thompson, L., & Hrebec, D. (1996). Lose-Lose Agreements in Interdependent Decision Making. *Psychological Bulletin, 120*(3), S. 396–409.

Thompson, L., Peterson, E., & Brodt, S.E. (1996). Team Negotiation: An Examination of Integrative and Distributive Bargaining. *Journal of Personality and Social Psychology, 70*(1), S. 66–78.

Tidd, K.L., & Lockard, J.S. (1978). Monetary significance of the affiliative smile: A case for reciprocal altruism. *Bulletin of the Psychonomic Society, 11*(6), S. 344–346.

Trump, D.J., & Schwartz, T. (1987). *The Art of the Deal.* New York: Random House.

Uebernickel, F., Brenner, W., Pukall, B., Naef, T., & Schindlholzer, B. (2015). *Design Thinking Das Handbuch.* Frankfurt am Main: Frankfurter Allgemeine Buch.

Ury, W. (2016). Wissen, was ich will, und erfolgreich verhandeln: Der Einstieg ins Harvard Konzept. München: Deutsche Verlags-Anstalt.

Ury, W.L. (1996). Schwierige Verhandlungen. Wie Sie sich mit unangenehmen Kontrahenten vorteilhaft einigen. München: Wilhelm Heyne Verlag.

Ury, W.L., Brett, J.M., & Goldberg, S.B. (1996). *Konfliktmanagement. Wirksame Strategien für den sachgerechten Interessenausgleich.* Frankfurt/Main: Campus Verlag.

Valdesolo, P., & DeSteno, D. (2011). Synchrony and the Social Tuning of Compassion. *Emotion, 11*(2), S. 262–266.

van den Hout, J.J., Davis, O.C., & Weggeman, M.C. (2018). The Conceptualization of Team Flow. *The Journal of Psychology, 152*(6), S. 388–423.

Voeth, M., & Herbst, U. (2015). *Verhandlungsmanagement: Planung, Steuerung und Analyse.* Stuttgart: Schäffer Poeschel.

von Groote, E., & Hoffmann, J. (2006). Team Psychologie & Sicherheit: Distant Profiling. In R. Michaeli, Competitive Intelligence: Strategische Wettbewerbsvorteile erzielen durch systematische Konkurrenz-, Markt- und Technologieanalysen (S. 346–354). Berlin/Heidelberg: Springer-Verlag.

Vorauer, J.D., & Claude, S.-D. (1998). Percived Versus Actual Transparency of Goals in Negotiation. *Personality and Social Psychology Bulletin, 24*(4), S. 371–385.

Voss, C., & Raz, T. (2017). Kompromisslos verhandel: Die Strategien und Methoden des Verhandlungsführers des FBI. München: Redline Verlag.

Weh, F. (2018). Schlichtung und Mediation im kollektiven Konflikt. In R. Giesen, A. Junker, & V. Rieble, *Arbeitskamp, Verhandlung und Schlichtung: 14. ZAAR-Kongress, 28. April 2017* (S. 91–114). München: ZAAR Verlag.

Wiedemann, R. (2011). Menschlicher Irrtum. In J. Scheiderer, & H.-J. Ebermann, *Human Factors im Cockpit: Praxis sicheren Handelns für Piloten* (S. 61–90). Berlin/Heidelberg: Springer Verlag.

Wills, T. A. (1981). Downward Comparison Principles in Social Psychology. *Psychological Bulletin, 90*(2), S. 245–271.

Wu, G. (1996). *Two Psychological Traps in Negotiation.* Boston: Harvard Business School.

Zetik, D. C., & Stuhlmacher, A. F. (2002). Goal Setting and Negotiation Performance: A Meta-Analysis. *Group Processes & Intergroup Relations, 5*(1), S. 35–52.

Register